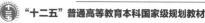
▶ 高等院校软件工程学科系列教材

"十二五"普通高等教育本科国家级规划教材

软件工程案例教程

软件项目开发实践

第4版

韩万江 姜立新 ◎ 编著

机械工业出版社

CHINA MACHINE PRESS

本书以案例的形式讲述了软件工程中软件项目开发的实践过程，全面涵盖软件项目开发中需求分析、概要设计、详细设计、编程、测试、交付以及运维等各个阶段涉及的理论、方法、技术、提交的产品文档等，书中贯穿始终的软件项目案例可以让学习者在短时间内掌握软件项目开发的基本知识、开发过程，并有效提高实践能力，同时，党的二十大精神也走进教材。本书共分9章，第1章和第2章介绍了软件工程的基本概念、软件开发模型，以及软件工程模型与方法。第3章到第9章针对软件项目开发各个阶段的内容展开详细介绍，附录对软件工程开发的相关文档和课程思政信息进行了介绍。

本书既适合作为高等院校计算机及相关专业软件工程、软件测试课程的教材，也适合作为广大软件技术人员的培训教程，还可供软件开发相关技术人员参考使用。

图书在版编目（CIP）数据

软件工程案例教程：软件项目开发实践 / 韩万江，姜立新编著. —4版. —北京：机械工业出版社，2022.11
高等院校软件工程学科系列教材
ISBN 978-7-111-72266-3

I.①软… II.①韩… ②姜… III.①软件工程—案例—高等学校—教材 IV.①TP311.5

中国版本图书馆CIP数据核字（2022）第251537号

机械工业出版社（北京市百万庄大街22号　邮政编码100037）
策划编辑：姚　蕾　　　　　　责任编辑：姚　蕾
责任校对：张昕妍　张　薇　　责任印制：李　昂
河北鹏盛贤印刷有限公司印刷
2023年4月第4版第1次印刷
185mm×260mm·25印张·637千字
标准书号：ISBN 978-7-111-72266-3
定价：69.00元

电话服务　　　　　　　　　　网络服务
客服电话：010-88361066　　机　工　官　网：www.cmpbook.com
　　　　　010-88379833　　机　工　官　博：weibo.com/cmp1952
　　　　　010-68326294　　金　书　网：www.golden-book.com
封底无防伪标均为盗版　　机工教育服务网：www.cmpedu.com

前　言

党的二十大报告将实施科教兴国战略，强化现代化建设人才支撑，放在重要的战略位置，是对教育科技人才极端重要性的充分强调。党的二十大报告作出教育、科技、人才"三位一体"的战略部署，赋予了高等教育新的历史使命和时代课题。本书同样担负此历史的重任，党的二十大报告在科教人才战略中排在第一位的就是办好人民满意的教育，因此编者的宗旨是编写出让读者满意的教材。

本书第 1 版于 2005 年 2 月出版，十几年来，每 4～5 年修订一版，目前是第 4 版。前 3 版得到了广大读者的好评，被众多高校选为教材，作者也收到很多反馈，其中既有热情的赞扬，也有中肯的建议，在此深表感谢。我们参考了很多同行的建议，同时结合近年对软件工程技术发展的研究，以及多年教学和项目实践的经验，对第 3 版进行了全面修订。第 4 版的主要更新包括：结合软件工程技术的发展，重新梳理了软件工程理论和技术，全书贯穿传统软件工程技术与敏捷化软件工程技术的对比，总结了软件开发实践的过程、经验和方法；重新甄选了可以反映敏捷化开发的项目案例，并对这些案例进行精心整理。本书是理论与实践相结合的典范，每章都有对应的项目案例展示和分析，并且提供案例文档。通过对软件工程中的需求分析、概要设计、详细设计、编程、测试、产品交付、维护等过程的学习，读者可以掌握软件开发的基本流程，同时结合每章的案例分析，读者能够更加深入地理解软件开发实践过程，并在短时间内提高软件开发技能。本书通过贯穿始终的案例，将理论与实践相结合，可以帮助读者快速掌握软件开发的核心技能。最后，附录 1 说明了软件工程项目开发过程中的主要文档，同时结合教材案例介绍了通过自动化平台生成统一化项目文档的过程。附录 2 结合党的二十大报告精神，将思政案例融入教材，实现嵌入式思政。

本书是一本系统化、有针对性且有实效的书籍，对从事软件项目开发以及希望学习软件开发的人员有非常好的指导作用。

本书由韩万江、姜立新编著，同时对韩卓言、田怡凡、韩睿、邱雅颖、陈珑峥、姜贺阳等为本书撰写所做的贡献表示感谢！

由于作者水平有限，书中难免有疏漏之处，诚请各位读者批评指正，并希望你们将使用本书的体会和遇到的问题告诉我们，以便我们在下一版中进行完善。读者可发邮件至 casey_han@263.net。我们将一直保持初心，持续改进，不断打磨精品，为广大读者奉献最有价值的资源。

韩万江

2022 年 6 月于北京

目　录

第1章

软件工程之道

老子曰"道可道，非常道"，那么软件工程之道是什么？从软件诞生至今，软件危机一直困扰着我们，无数的软件工程理论好像都没有很好地解决软件的问题。但还是要做软件，软件是信息科技的核心，是信息基础设施的重要组成部分，通过软件推动的数字经济已经是中国经济快速增长的重要引擎。

1.1 软件工程的背景

软件（software）是计算机系统中与硬件（hardware）相互依存的另一部分，它包括程序（program）、相关数据（data）及其说明文档（document）。其中，程序是按照事先设计的功能和性能要求执行的指令序列，数据是程序能正常操纵信息的数据结构，文档是与程序开发、维护和使用有关的各种图文资料。

软件工程（Software Engineering，SE）是针对软件这种具有特殊性质的产品的工程化方法，它涵盖软件生命周期的所有阶段，并提供了一整套工程化的方法来指导软件从业人员的工作。软件工程是用工程科学的知识和技术原理来定义、开发和维护软件的一门学科。

1.1.1 软件定义一切

软件定义一切，软件无处不在，软件承载文明，软件是信息技术之魂、网络安全之盾、经济转型之擎、数字社会之基。50 年前，软件只运行在少量大型、昂贵的机器上，30 年前，软件可以运行在大多数公司和工业环境中，现在，移动电话、手表、电器、汽车、玩具以及工具中都运行着软件，并且对更新、更好软件的需求永远不会停止。

计算机软件已经成为现代科学研究和解决工程问题的基础，是管理部门、生产部门、服务行业中的关键因素，它已渗透到各个领域，成为当今世界不可缺少的一部分。展望未来，软件仍将是驱动各行各业取得新进展的动力。因此，人们需要学习并研究工程化的软件开发方法，使开发过程更加规范，这已变得越来越重要。

20 世纪中期，软件产业从零开始起步，迅速发展成为推动人类社会发展的龙头产业。随着信息产业的发展，软件对人类社会越来越重要，人们对软件的认识也经历了一个由浅到深的过程。

第一个写软件的人是 Ada（Augusta Ada Lovelace），在 19 世纪 60 年代，她尝试为 Babbage（Charles Babbage）的机械式计算机写软件，尽管失败了，但她被永远载入了计算机发展的史册。20 世纪 50 年代，软件伴随着第一台电子计算机的问世诞生了，以写软件为职业的人也开始出现，他们大多是经过训练的数学家和电子工程师。20 世纪 60 年代，美国的大学开始增设计算机专业，教人们编写软件。软件的发展历史大致可以分为如下三个阶段。

第一个阶段是 20 世纪五六十年代，即程序设计阶段，基本采用个体手工劳动的生产方式。这个时期的程序是为特定目的而编制的，软件的通用性很有限，往往带有强烈的个人色彩。早期的软件开发也没有系统的方法可以遵循，软件设计是在某个人的头脑中完成的一个隐藏的过程，而且除了源代码之外，往往没有软件说明书等文档。因此这个时期尚无软件的概念，基本上只有程序、程序设计概念；不重视程序设计方法；设计的程序主要用于科学计算，规模很小，使用简单的工具，通常采用低级语言；硬件的存储容量小，运行可靠性差。

第二阶段是 20 世纪六七十年代，即软件设计阶段，采用小组合作生产方式。这个时期的软件开始作为一种产品被广泛使用，出现了"软件作坊"，专门应别人的要求写软件。这个阶段的程序设计基本采用高级语言开发工具，人们开始提出结构化方法，硬件的速度、容量、运行可靠性有明显提高，而且硬件的价格降低，人们开始使用产品软件（可购买），从而建立了软件的概念。但是开发技术没有新的突破，软件开发方法基本上仍然沿用早期的个体化软件开发方式。随着软件数量的急剧增加，软件需求日趋复杂，维护难度越来越大，开发成本日益高涨，此时的开发技术已不适应规模大、结构复杂的软件开发，失败的项目越来越多。

第三个阶段从 20 世纪 70 年代开始，即软件工程时代，采用工程化的生产方式。这个阶段的硬件向超高速、大容量、微型化以及网络化方向发展；第三、第四代语言出现；数据库、开发工具、开发环境、网络、分布式、面向对象技术等工具和方法都得到应用；软件开发技术有很大进步，但未能获得突破性进展，也未能满足发展的要求。这个时期很多的软件项目开发时间大大超出了规划的时间表，一些项目导致财产的流失，甚至造成了人员伤亡。同时，一些复杂的、大型的软件开发项目被提出，软件开发的难度越来越大，在软件开发过程中遇到的问题找不到解决的办法，这些问题积累起来形成了尖锐的矛盾，失败的软件开发项目屡见不鲜，因而导致了软件危机。

1.1.2 软件工程的诞生

"软件工程"这一概念是在 1968 年召开的一个讨论所谓"软件危机"问题的会议上首次被提出的。软件危机指的是计算机软件开发和维护过程中所遇到的一系列严重问题。概括来说，软件危机包含两个方面的问题：一是如何开发软件，以满足不断增长、日趋复杂的需求；二是如何维护数量不断增加的软件产品。落后的软件生产方式无法满足迅速增长的计算机软件需求，从而导致软件开发与维护过程中出现了一系列严重问题。

最突出的例子是美国 IBM 公司于 1963～1966 年开发的 IBM360 系列机的操作系统。该项目的负责人弗雷德·布鲁克斯（Fred Brooks）在总结该项目时无比沉痛地说："……正像一只逃亡的野兽落到泥潭中做垂死挣扎，越是挣扎，陷得越深，最后无法逃脱灭顶的灾难……程序设计工作正像这样一个泥潭……一批批程序员被迫在泥潭中拼命挣扎……谁也没有料到问题竟会陷入这样的困境……"IBM360 操作系统的教训已成为软件开发项目中的典型事例被记入史册。软件开发中最大的问题不是技术问题，而是管理问题。

具体地说，软件危机主要有以下表现。

- 对软件开发成本和进度的估计常常不准确，开发成本超出预算，项目经常延期，无法按时完成任务。
- 开发的软件不能满足用户要求。
- 软件产品的质量低。
- 开发的软件可维护性差。
- 软件通常没有适当的文档资料。
- 软件的成本不断提高。
- 软件开发生产率的提高赶不上硬件的发展和人们需求的增长。

出现软件危机的原因，一方面与软件本身的特点有关，另一方面与软件开发和维护的方法不正确有关。软件危机的产生迫使人们不得不改变软件开发的技术手段和管理方法。从此软件生产进入软件工程时代。

1968 年，北大西洋公约组织的计算机科学家在德国召开的国际学术会议上第一次提出了"软件危机"这个名词，同时讨论和制定了摆脱"软件危机"的对策。在会议上第一次提出了软件工程的概念，从此一门新兴的工程学科——软件工程学应运而生。

"软件工程"的概念是为了有效地控制软件危机的发生而提出的，它的中心目标就是把软件作为一种物理的工业产品来开发，要求"采用工程化的原理与方法对软件进行计划、开发和维护"。软件工程是一门旨在开发满足用户需求、及时交付、不超过预算和无故障的软件的学科，它的主要对象是大型软件，最终目的是摆脱手工生产软件的状况，逐步实现软件开发和维护的自动化。

从微观上看，软件危机的特征表现在完工日期拖后、经费超支，甚至工程最终宣告失败等方面；而从宏观上看，软件危机的实质是软件产品的供应赶不上需求的增长。

虽然"软件危机"还没得到彻底解决，但自从软件工程概念被提出以来，经过几十年的研究与实践，软件开发方法和技术已经得到很大的进步。尤其应该指出的是，人们逐渐认识到，在软件开发中最关键的问题是软件开发组织不能很好地定义和管理其软件过程，使一些好的开发方法和技术都起不到应有的作用。也就是说，在没有很好地定义和管理软件过程的软件开发中，开发组织不可能在好的软件方法和工具中获益。

1.1.3　软件工程的本质

软件工程是一门工程学科，涉及软件生产的各个方面——软件开发技术活动、软件开发管理活动，以及支持软件开发的工具、方法、理论的开发。

软件工程与计算机科学、系统工程息息相关。计算机科学关注支撑计算机和软件系统的基础理论和方法，软件工程关注软件开发过程中的实际问题，系统工程关注复杂系统的开发和演化的各个方面，是在考虑了系统硬件、软件和人的特性的情况下设计整个系统的活动。

"工程"是科学和数学的某种应用，这一应用使自然界的物质和能源的特性能够通过各种结构、机器、产品、系统和过程成为对人类有用的东西。因而，"软件工程"就是科学和数学的某种应用，这一应用使计算机设备的能力借助于计算机程序、过程和有关文档成为对人类有用的东西。它涉及计算机学科、工程学科、管理学科和数学学科。软件工程包括运用现代科学技术知识来设计并构造计算机程序的过程以及开发、运行和维护这些程序所必需的相关文件资料。软件工程研究的主要内容是方法、过程和工具。

1.2　软件工程知识体系

ISO/IEC/IEEE 把软件工程定义为"开发、运行与维护软件的系统性、学科性、定量化的方法"。

软件工程的成果是为软件设计和开发人员提供思想方法和工具，而软件开发是一项需要良好组织、严密管理且各方面人员配合协作的复杂工作。软件工程正是指导这项工作的一门科学。软件工程学一般包含软件开发技术和软件工程管理两方面的内容，其中软件开发方法学和软件工程环境属于软件开发技术的范畴，软件工程经济学属于软件工程管理的范畴。软件工程在过去一段时间内取得了长足的进步，在软件的开发和应用中起到了积极的作用。随着软件开发的深入以及各种技术的不断创新和软件产业的形成，人们越来越意识到软件过程管理的重要性，传统的软件工程理论也随着人们的开发实践不断发展和完善。

高质量的软件工程可以保证生产出高质量的、用户满意的软件产品。但是，人们对软件工程的界定总是存在一定的差异。软件工程应该包括哪些知识呢？

1998 年，美国联邦航空管理局在启动一个旨在提高技术和管理人员软件工程能力的项目时发现，他们找不到软件工程师应该具备的公认的知识结构，于是他们向美国联邦政府提出了关于开发"软件工程知识体系指南"项目的建议。美国安柏瑞德（Embry-Riddle）航空大学计算与数学系的 Thomas B. Hilburn 教授接手了该研究项目，并于 1999 年 4 月完成了《软件工程知识本体结构》的报告。该报告发布后迅速引起软件工程界、教育界和政府对建立软件工程本体知识结构的兴趣。人们很快普遍接受了这样的认识：建立软件工程知识体系的结构是确立软件工程专业至关重要的一步，如果没有一个得到共识的软件工程知识体系结构，将无法验证软件工程师的资格，无法设置相应的课程或者无法建立对相应课程进行认可的判断准则。对建立权威的软件工程知识体系结构的需求迅速在世界各地被提出。1999 年 5月，ISO 和 IEC 的第一联合技术委员会（ISO/IEC JTC1）为顺应这种需求，立即启动了标准化项目——"软件工程知识体系指南"。美国电子电气工程师学会与美国计算机联合会联合建立的软件工程协调委员会（SECC）、加拿大魁北克大学以及美国 MITRE 公司（与美国 SEI共同开发 SW-CMM 的软件工程咨询公司）等共同承担了 ISO/IEC JTC1 "SWEBOK（Software Engineering Body of Knowledge）指南"项目任务。

2014 年 2 月 20 日，IEEE 计算机协会发布了软件工程知识体系 SWEBOK 指南第 3 版。SWEBOK 指南第 3 版标志着 SWEBOK 项目到达了一个新的阶段。

SWEBOK V2 界定了软件工程的 10 个知识域（Knowledge Area，KA）：软件需求（software requirement）、软件设计（software design）、软件构建（software construction）、软件测试（software testing）、软件维护（software maintenance）、软件配置管理（software configuration management）、软件工程管理（software engineering management）、软件工程过程（software engineering process）、软件工程工具和方法（software engineering tools and methods）、软件质量（software quality）。

在 SWEBOK V3 中，软件工程知识体被补充、细分为软件工程教育需求（the educational requirements of software engineering）和软件工程实践（the practice of software engineering）两大类，共 15 个知识域。软件工程教育需求包含 4 个知识域，分别是工程经济基础（engineering economy foundation）、计算基础（computing foundation）、数学基础（mathematical foundation）、工程基础（engineering foundation）。软件工程实践包含 11 个知识域，分别是软件需求、软

件设计、软件构建、软件测试、软件维护、软件配置管理、软件工程管理、软件工程过程、软件工程模型与方法（software engineering models and methods）、软件质量、软件工程专业实践（software engineering professional practice）。SWEBOK V3 的体系知识域如图 1-1 所示。

图 1-1　SWEBOK V3 体系知识域

与 SWEBOK V2 相比，SWEBOK V3 的主要内容有以下几个方面的变化。

- 更新了所有知识域的内容，反映出软件工程近 10 年的新成果，并与 CSDA、CSDP、SE2004、GSwE2009 和 SEVOCAB 等标准进行了知识体系的统一。
- 新增了 4 个基础知识域（软件工程经济基础、计算基础、数学基础和工程基础）和 1 个软件工程专业实践知识域。
- 在软件设计和软件测试中新增了人机界面的内容；把软件工具的内容从原先的"软件工程工具和方法"中移到其他各知识域中，并将该知识域重命名为"软件工程模型和方法"，使其更关注方法。
- 突出了架构设计和详细设计的不同，同时在软件设计中增加了硬件问题的新主题和面向方面（aspect-oriented）设计的讨论。
- 新增了软件重构、迁移和退役的新主题，更多地讨论了建模和敏捷方法。
- 在多个知识域中都增加了对保密安全性（security）的考虑。
- 合并了多个标准中的参考文献，并进行更新和遴选，减少了参考文献的数量。

SEEK 在 SWEBOK V3 的基础上提出了计算基础、数学与工程基础、职业实践、软件模型与分析、软件设计、软件验证与确认、软件演化、软件过程、软件质量、软件管理共 10 个知识领域，42 个知识单元，并给出 15 个可扩展的知识领域作为参考：以网络为中心的系统，信息与数据处理系统，金融与电子商务系统，容错与抗毁系统，高安全性系统，安全关键系统，嵌入式与实时系统，生物系统，科学系统，电信系统，航空与运输系统，工业过程控制系统，多媒体、游戏和娱乐系统，小型与移动平台的系统，基于代理的系统等。

鉴于软件工程学科近年来的发展新趋势与软件人才培养发生的新变化，吸纳我国软件工程学科与软件工程教育发展的经验，教育部软件工程专业教学指导委员会基于 SWEBOK3.0 及相关学科的知识体系，参考 SEEK（Software Engineering Education Knowledge）课程体系，提出中国版软件工程知识体系 C-SWEBOK（Chinese SWEBOK），在软件服务工程、软件工程典型应用、软件工程职业实践等知识领域方面进行了适当扩充与细化，融入部分中国软件工程教育元素，以便适应我国软件人才培养的需要。C-SWEBOK 旨在进一步完善和形成适合中国国情的软件工程专业教育理论与知识基础，为我国众多高校的软件工程课程体系与学科建设提供指导，也有利于提高我国软件人才的培养质量。

C-SWEBOK 主要包括软件需求、软件设计、软件构造、软件测试、软件维护、软件配置管理、软件工程管理、软件工程模型与方法、软件工程过程、软件质量、软件工程经济学、软件服务工程、软件工程典型应用、软件服务职业实践、计算基础、工程基础、数学基础共 17 个知识领域，122 个知识单元。其知识体系框架如图 1-2 所示。

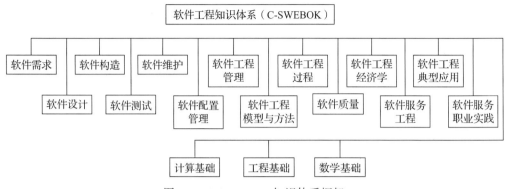

图 1-2　C-SWEBOK 知识体系框架

SWEBOK V3 软件工程实践知识域可以分为三个体系：软件开发实践体系，包括软件工程模型与方法、软件需求、软件设计、软件构造、软件测试、软件维护；工程管理体系，包括软件工程管理、软件配置管理、软件质量、软件工程经济学；软件过程改进体系，包括软件过程管理。

1.3　软件工程路线图

软件工程是用工程科学的知识和技术原理来定义、开发和维护软件的一门学科。在不断探索软件工程的原理、技术和方法的过程中，人们研究和借鉴了工程学的某些原理和方法，并形成了软件工程学。软件工程的目标是提高软件的质量与生产率，最终实现软件的工业化生产。既然软件工程是"工程"，那么我们从工程的角度看一下软件项目的实施过程，如图 1-3 所示。

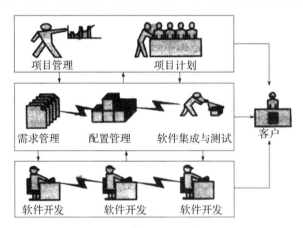

图 1-3　软件项目的实施过程

客户的需求启动了一个软件项目，我们需要先规划这个项目，即完成项目计划，然后根据该项目计划实施项目。项目实施的依据是需求，这里的需求类似于工程项目中的图纸，开发人员按照图纸生产软件，即设计、编码。在开发生产线上，将开发过程的半成品通过配置管理来存储和管理，然后进行必要的集成和测试，直到最后提交给客户。在整个开发过程中需要进行项目跟踪管理。软件工程活动是"生产一个最终满足需求且达到工程目标的软件产品所需要的步骤"，主要包括开发类活动、管理类活动和过程改进类活动，这里将它定义为"软件工程的三段论"或者"软件工程的三线索"。一段论是"软件项目开

发"，二段论是"软件项目管理"，三段论是"软件过程改进"。这个三段论可以用一个三角

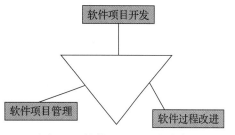

形表示，如图 1-4 所示，核心的一边是软件项目开发，"软件项目管理"和"软件过程改进"是对"软件项目开发"的支撑，当然三者也需要相互支撑。我们知道三角形结构是最稳定的，要保证三角形的稳定性，三条边缺一不可，而且要保持一定的相互关系。

图 1-4 软件工程的三个线索

为了确保软件管理、软件开发过程的有效性，应该保证上述过程的高质量和持续改进。要让软件工程成为真正的工程，就需要软件项目的开发、管理、过程改进等方面规范化、工程化、工艺化、机械化。

软件开发过程中脑力活动的"不可见性"大大增加了过程管理的难度，因此软件工程管理中的一个指导思想就是千方百计地使这些过程变为可见的、事后可查的记录。只有从一开始就在开发过程中严格遵循质量管理规定，软件产品的质量才会有保证。否则，开发工作一旦进行到后期，无论怎样测试和补漏洞，都无济于事。一个软件项目的基本流程和各阶段之间的关联关系如图 1-5 所示。

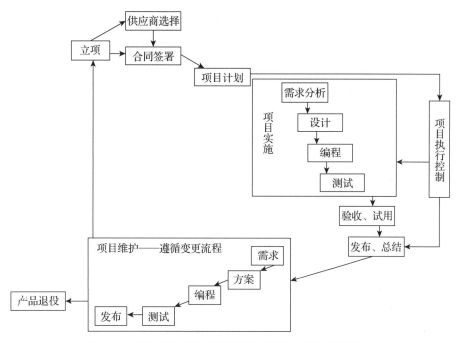

图 1-5 软件项目的基本流程及各阶段之间的关联关系

按照项目的初始、计划、执行、控制、结束五个阶段，可以总结出软件工程的相关过程如下。

1）初始阶段的过程，包括立项、供应商选择、合同签署。

2）计划阶段的过程，包括范围计划、时间计划、成本计划、质量计划、风险计划、沟通计划、人力资源计划、合同计划、配置管理计划。

3）执行阶段的过程，包括需求分析、概要设计、详细设计、编程、单元测试、集成测试、系统测试、项目验收、项目维护。

4）控制阶段的过程，包括范围计划控制、时间计划控制、成本计划控制、质量计划控制、风险计划控制、沟通计划控制、人力资源计划控制、合同计划控制、配置管理计划控制。

5）结束阶段的过程，包括合同结束、项目总结。

这些过程活动分布在软件工程的软件项目管理、软件项目开发和软件过程改进三条线索中。

"软件工程"与其他行业的工程有所不同，其模式或者标准很难统一为一个模型，所以软件工程的模型是有弹性的，标准是一个相对的标准。按照软件项目的初始、计划、执行、控制、结束五个阶段，我们建立了基于过程元素的软件工程模型，如图1-6所示。该模型用虚线分成两部分，第一部分是过程构建和过程改进，其中的过程库是软件项目的标准过程积累；第二部分为基于过程的软件项目实施过程。

我们将图1-6中虚线下面的部分展开为包含过程的流程模式，五个阶段中可以包含一些过程，这些过程元素存储在过程库中，这样就形成了一个基于过程元素的弹性软件工程模型，如图1-7所示。

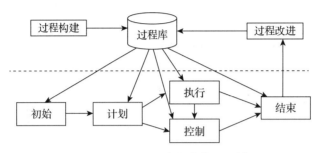

图1-6　基于过程元素的软件工程模型

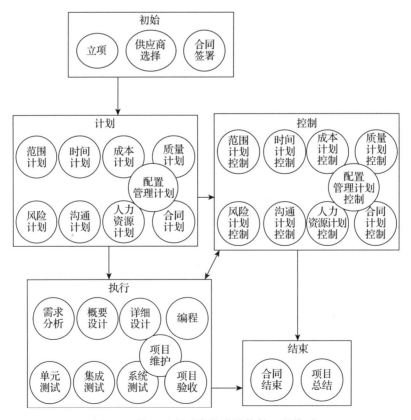

图1-7　基于过程元素的弹性软件工程模型

该弹性软件工程模型包含软件工程的开发、管理、过程改进三个方面，对于一个具体的项目，可以选择软件项目开发过程组和软件项目管理过程组中的过程进行组合来完成项目。这里的"弹性"是指可以根据项目的需要选择过程，而软件过程又可以根据需要进行组合。也就是说，一个项目可以根据具体情况进行排列和取舍，形成特定项目的模型。

1.3.1　软件项目开发路线图

软件项目开发过程是软件工程的核心过程，本书重点针对这个过程展开介绍，通过这个过程可以生产出用户满意的产品。软件工程提供了一整套工程化的方法来指导软件人员的工作。软件开发过程中的每个环节都有对应的模式，例如需求分析模式、系统设计模式、编程模式、测试模式、部署模式等。

图 1-8 是软件项目开发的路线图，该路线图展示了从需求分析开始的软件开发的基本流程。需求分析是项目开发的基础；概要设计为软件需求提供实施方案；详细设计是对概要设计的细化，它为编程提供依据；编程是软件的具体实现；测试用来验证软件的正确性；产品交付是将软件提交给使用者；维护指软件在使用过程中进行完善和改进的过程。

图 1-8　软件项目开发路线图

同传统工程的生产线上有很多工序（每道工序都有明确的规程）一样，软件生产线上的工序主要包括需求分析、概要设计、详细设计、编程、测试、产品交付、维护等。采用一定的流程将各个环节连接起来，并用规范的方式操作全过程，如同工厂的生产线，这样就形成了软件工程模型，也称为软件开发生存期模型。

软件开发过程是随着开发技术的演化而改进的。从早期的瀑布（Waterfall）开发模型到迭代开发模型，再到敏捷（Agile）开发方法，展示了不同时代的软件产业对于开发过程的不同认识，以及对于不同类型项目的理解方法。

没有规则的软件开发过程带来的只可能是无法预料的结果，这是我们在经历了一次次的项目失败之后逐渐领悟到的道理。随着软件项目规模的不断加大，参与人员的不断增多，对规范性的要求愈加严格，基于软件项目管理的、工程化的软件开发时代已经来临。

1.3.2　软件项目管理路线图

美国项目管理专家 James P. Lewis 曾说，项目是一次性、多任务的工作，具有明确规定的开始日期和结束日期、特定的工作范围和预算，以及要达到的特定性能水平。

项目经理首先必须要弄明白什么是项目。项目涉及 4 个要素：预期的绩效、费用（成本）、时间进度、工作范围。这 4 个要素相互关联、相互影响。

例如，你去采购商品，原来想好要采购很多东西，回来却发现很多东西忘了买，为避免这种问题，当你再出去采购时会在一张纸上记录下所有需要购买的东西，即采购清单，你可以"完成一个采购项就在采购清单上打一个钩"，如果清单中每一项都打钩了，就表示完成了所有的采购任务，这个采购清单就是你的计划，你通过不断在采购清单上打钩来控制"采购"这个项目很好地完成。再举一个熟悉的例子，假如让你负责一个聚会活动，那么你就是这个聚会活动的项目经理，如何使这个项目成功就是你的任务。为了很好地完成这个任务，你需要知道聚会中有哪些活动、费用如何、如何安排时间等，在聚会进行过程中，你需要控制哪些活动完成了、哪些活动没有完成、活动进展得如何、费用花费得如何等。经历几次没有计划的聚会后，你会觉得有必须要事前制订好一个节目单——相当于一个计划，记录有哪些活动、如何安排时间、如何控制花费等。

软件项目管理也是这样，软件项目管理就是指如何管理好软件项目的范围、时间、成本、质量，也就是管理好项目的内容、花费的时间（进度）、花费的代价（规模成本）、产品质量，为此需要制订一个好的项目计划，然后控制好这个计划，即软件项目管理的实质是软件项目计划的编制和项目计划的跟踪控制。计划与跟踪控制是相辅相成的关系：计划是项目成功实施的指南和跟踪控制的依据，而跟踪控制又用来保证项目计划的成功执行。

实际上，项目计划切合实际是一个非常高的要求，需要对项目的需求进行详细分析，根据项目的实际规模制订合理的计划。计划的内容包括进度安排、资源调配、经费使用等，为了降低风险，还要进行必要的风险分析并制订风险管理计划，同时要对自己的开发能力有非常准确的了解、制订切实可行的质量计划和配置管理计划等。这来源于项目经理的职业技能和实践经验的持续积累。

制订合适的项目计划之后，才能进行有效的跟踪与监督。当发现项目计划的实际执行情况与计划不符时，要进行适当、及时的调整，确保项目按期、按预算、高质量地完成。项目成功与否的关键是能不能成功地实施项目管理。图 1-9 便是软件项目管理的路线图。

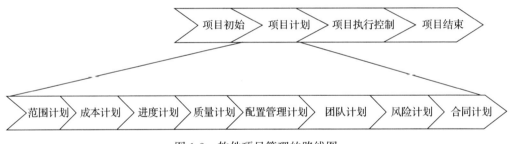

图 1-9　软件项目管理的路线图

1.3.3　软件过程改进路线图

自 20 世纪 70 年代出现软件危机以来，人们不断地开展新方法和新技术的研究与应用，但未取得突破性的进展。直到 20 世纪 80 年代末，人们得出这样一个结论：一个软件组织的软件能力取决于该组织的过程能力，一个软件组织的过程能力越成熟，该组织的软件生产能力就越有保证。

所谓过程，简单来说就是做事情的一种固有方式，我们做任何事情都有过程存在，小到日常生活中的琐事，大到工程项目。对于一件事，有经验的人对完成这件事的过程会很了解，他知道完成这件事需要经历几个步骤，每个步骤都完成什么事，以及需要什么样的资源、什么样的技术等，因而可以顺利地完成工作；没有经验的人对过程不了解，就会有无从下手的感觉。图 1-10 和图 1-11 可以形象地说明过程在软件开发中的地位。如果项目人员只将关注点放在最终的产品上，如图 1-10 所示，不关注其间的开发过程，那么不同的开发团队或者个人可能采用不同的开发过程，结果导致开发的产品有的质量高，有的质量差，完全依赖于团队或个人的素质和能力。

反之，如果将项目的关注点放在项目的开发过程，如图 1-11 所示，则不管谁来做，都采用统一的开发过程，也就是说，企业的关注点为过程。经过统一开发过程开发的软件，产品的质量是一样的。可以通过不断提高过程的质量来提高产品的质量，这个过程是公司能力的体现，而不依赖于个人。也就是说，产品的质量依赖于企业的过程能力，不依赖于个人能力。

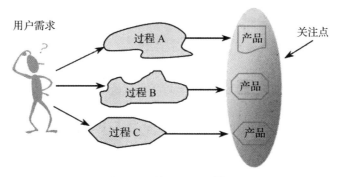

图 1-10 关注开发的结果

绝对不能简单地将软件过程理解为软件产品的开发流程，因为我们要管理的并不只是软件产品开发的活动序列，而是软件开发的最佳实践，它包括流程、技术、产品、活动间关系、角色、工具等，是软件开发过程中各个方面因素的有机结合。因此，在软件过程管理中，首先要进行过程定义，将过程以一种合理的方式描述出来，并建立企业内部的过程库，使过程成为企业内部可以重用（也称复用）的共享资源。要不断地改善和规范过程，以提高企业的生产力。

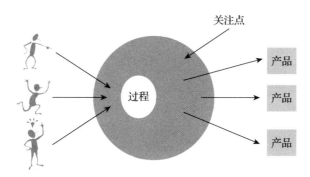

图 1-11 关注开发的过程

软件过程是极其复杂的过程。软件是由需求驱动的，有了用户的实际需求才会引发一个软件产品的开发。软件产品从需求的出现到最终产品的出现要经历一个复杂的开发过程，软件产品在使用时要根据需求的变更进行不断的修改（这称为软件维护），我们把用于进行软件开发及维护的全部技术、方法、活动、工具以及它们之间的相互变换统称为软件过程。由此可见，软件过程的外延非常大，包含的内容非常多。一个软件开发机构做过一个软件项目，无论成功与否，都能够或多或少地从中总结出一些经验，做过的项目越多，经验越丰富。一个成功的开发项目是很值得总结的，从中可以总结出一些完善的过程，我们称之为最佳实践（best practice）。最佳实践开始存放在成功者的头脑中，很难在企业内部共享和重复利用，发挥其应有的效能。长期以来，这些本应属于企业的巨大的财富被人们所忽视，这无形中给企业带来了巨大的损失，当人员流动时这种企业的财富也随之流失，并且这种财富也无法被其他的项目再利用。过程管理就是对最佳实践进行有效的积累，形成可重复的过程，使我们的最佳实践可以在企业内部共享。过程管理的主要内容包括过程定义与过程改进。过程定义是对最佳实践加以总结，以形成一套稳定的、可重复的软件过程。过程改进是根据实践中过程的使用情况，对过程中有偏差或不够切合实际的情况进行优化的活动。通过实施过程管理，软件开发机构可以逐步提高其软件过程能力，从根本上提高软件生产能力。

美国卡内基·梅隆大学软件工程研究所（CMU/SEI）主持研究与开发的 CMM/PSP/TSP 技术，为软件工程管理开辟了一条新的途径。PSP（个人软件过程）、TSP（团队软件过程）和 CMM（能力成熟度模型）为软件产业提供了一个集成化的、三维的软件过程改进框架，它们提供了一系列的标准和策略来指导软件组织如何提升软件开发过程的质量和软件组织的能力，而不是给出开发过程的具体定义，如图 1-12 所示。PSP 注重个人的技能，能够指导软件工程师保证自己的工作质量；TSP 注重团队的高效工作和产品交付能力；CMM 注重组织能力和高质量的产品，它提供了评价组织的能力、识别优先需求改进和追踪改进进展的管理方式。

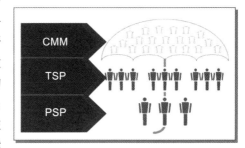

图 1-12　CMM/PSP/TSP 的关系

除了这个众所周知的 CMM/PSP/TSP 过程体系之外，目前"敏捷开发"（agile development）也被认为是软件工程的一个重要发展，它强调软件开发应当能够对未来可能出现的变化和不确定性做出全面反应。

事实上，只要软件企业在开发产品，它就一定有一个软件过程，不管这个过程是否被写出来。如果这个过程不能很好地适应开发工作的要求，就需要进行软件过程改进。只有不断地改善软件过程，才能提升项目成功率。

举个例子，Watts S. Humphrey 服兵役的时候，训练用猎枪打泥鸽子，开始时 Watts 的成绩非常差，并且经过努力训练，成绩还是没有提高。教官对 Watts 观察了一段时间后，建议他用左手射击。作为一个习惯右手的人，开始 Watts 很不习惯，但练了几次后，Watts 的成绩几乎总是接近优秀。

这个例子说明了几个问题。首先，要通过测量来诊断一个问题，通过了解 Watts 击中了几只鸽子和脱靶的情况，很容易看出必须对 Watts 的射击过程做些调整。然后，必须客观地分析测量的数据，通过观察 Watts 的射击，教官就可以分析 Watts 射击的过程——上膛、就位、跟踪目标、瞄准，最后射击。教官的目的就是发现 Watts 射击的哪些步骤存在问题，找到问题所在。

如果 Watts 不改进他的射击过程，他的成绩不会有什么变化，他也不会成为一个优秀的枪手。只进行测量并不会有什么提高，只靠努力也不会有什么提高，在很大程度上是工作方式决定了结果。如果还是按照老办法工作，得到的结果还会是老样子。

同样，不管是个体的过程、团队的过程还是企业的过程，都需要进行软件过程改进。软件过程改进的路线图如图 1-13 所示。

图 1-13　软件过程改进路线图

从图 1-13 中可以得知，软件过程改进有以下五个步骤。

1）把目标状态与目前状态做比较，找出差距。

2）制订改进差距的分阶段计划。

3）制订具体的行动计划。

4）执行计划，同时在执行过程中对行动计划按情况进行调整。

5）总结本轮改进经验，开始下一轮改进。

现在人们越来越认识到软件过程在软件开发中的重要作用。目前国内还没有对软件开发的过程进行明确规定，文档不完整也不规范，软件项目的成功往往归功于软件开发团队中一些杰出个人或小组的努力。这种依赖于个别人员的成功并不能为全组织的软件生产率和质量的提高奠定有效的基础，只有通过建立全过程的改善机制，采用严格的软件工程方法和管理，并且坚持不懈地付诸实践，才能实现全组织的软件过程能力的不断提高，使软件开发更规范、更合理。

应当在企业范围内培育和建立过程持续改进的文化氛围，通过过程体系的改进来不断积累关于过程的经验。同时，注意将组织的知识固化于过程之中。过程的丰富和积累有赖于人员的能力和经验，应当完善培训体系，充分保证项目组成员获得工作所需的必要技能。在项目的实践中，只有过程能力和人员能力相辅相成地发挥作用，才能形成提高、固化、再提高的过程持续改进的良性循环。

1.4　软件开发的传统模型

围绕软件工程项目的开发活动，可以分化出很多软件开发模型。软件工程模型建议用一定的流程将各个开发环节连接起来，并用规范的方式操作全过程，就可以形成不同的软件开发模型，这个模型就是在项目规划过程中选择的策略。常见的软件开发模型有瀑布模型、V 模型、增量式模型、螺旋式模型、快速原型模型等。瀑布模型也称为线性模型，瀑布模型就是将其他行业中实现工程项目的做法搬到软件行业中来，它要求项目目标固定不变、前一阶段的工作没有彻底完成之前决不进行后一阶段的工作。然而对于软件来说，项目目标固定不变很不现实。为了解决这一问题，在瀑布模型中添加了种种反馈机制。虽然瀑布模型太理想化，已不再适合现代的软件开发模式，但我们应该认识到，线性方法是人们最容易掌握并能熟练应用的思想方法。当人们碰到一个复杂的非线性问题时，总是千方百计地将其分解或转化为一系列简单的线性问题，然后逐个解决。我们应该灵活应用线性方法，例如，增量式模型就是一种分段的线性模型，螺旋式模型则是接连的弯曲了的线性模型。在其他模型中也都能找到线性模型的影子。

1.4.1　瀑布模型

瀑布模型（waterfall model）是一个经典的模型，也称为传统模型（conventional model），它是一个理想化的软件开发模型，如图 1-14 所示。它要求项目所有的活动都严格按照顺序执行，一个阶段的输出是下一阶段的输入。在很多标准中都明确定义了瀑布模型，这是软件工程中经常涉及的模型。这个模型没有反馈，一个阶段完成后，一般就不返回了——尽管实际的项目中要经常返回上一阶段。虽然瀑布模型比较"老"，甚至有些过时，但在一些小的项目中还会经常用到。

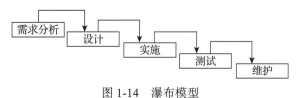

图 1-14　瀑布模型

1.4.2 V 模型

V 模型是瀑布模型的一个变种，如图 1-15 所示。它同样需要一步一步地执行，即前一阶段的任务完成之后才可以执行下一阶段的任务。这个模型强调测试的重要性，它将开发活动与测试活动紧密地联系在一起，每一步都将比前一阶段进行更加完善的测试。

实验证明，一个项目 50% 以上的时间都花在测试上。大家通常对测试存在一种误解，认为测试是开发周期的最后一个阶段。其实，早期的测试对提高产品的质量、缩短开发周期起着重要作用。

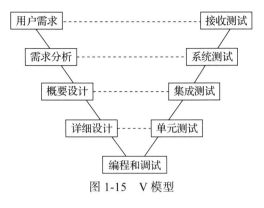

图 1-15 V 模型

V 模型正好说明了测试的重要性，这个模型中测试与开发是并行的，体现了全过程的质量意识。

1.4.3 原型模型

原型模型是在需求阶段快速构建一部分系统的软件开发模型，如图 1-16 所示。用户可以通过试用原型提出原型的优缺点，这些反馈意见可以作为进一步修改系统的依据。开发人员对开发的产品的看法有时与客户不一致，因为开发人员更关注设计和编程实施，而客户更关注需求。因此，开发人员通过快速构造一个原型将很快与客户就需求达成一致。

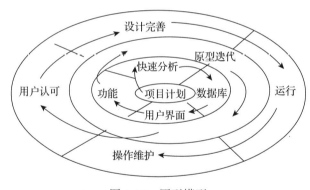

图 1-16 原型模型

1.4.4 增量式模型

增量式模型（incremental model）由瀑布模型演变而来，它假设需求可以分段，分为一系列增量产品，每一个增量产品可以分别开发。首先构造系统的核心功能，然后逐步增加功能和完善性能的方法就是增量式模型，如图 1-17 所示。

1.4.5 喷泉模型

喷泉模型如图 1-18 所示，该模型认为软件开发过程自下而上周期的各阶段是相互重叠和多次反复的，就像水喷上去、落下来，类似于一个喷泉。该模型主要用于面向对象软件开发项目，其特点是各项活动之间没有明显的界限。而面向对象方法学在概念和表示方法上的一致性，保证了各个开发活动之间的无缝过渡。由于具有面向对象技术的优点，该模型的软件开发过程与开发者对问题认识和理解的深化过程同步。该模型重视软件研发工作的重复与渐进，通过相关对象的反复迭代并在迭代中充实扩展，实现了开发工作的迭代和无间隙。喷泉模型分为分析、设计、实现、确认、维护和演化，是一种以用户需求为动力、以对象为驱动的模型，它克服了瀑布模型不支持软件重用和多项开发活动集成的局限性。

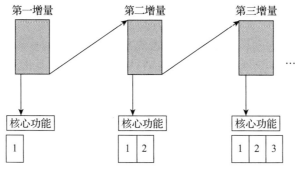

图 1-17　增量式模型

1.4.6　智能模型

　　智能模型也称为面向知识的模型，是基于知识的软件开发模型，它综合了若干模型，并把专家系统结合在一起。该模型应用基于规则的系统，采用归约和推理机制，每一个开发阶段需要用相关的智能软件专家系统等进行分析，它所要解决的问题是特定领域的复杂问题，涉及大量的专业知识，如图 1-19 所示。智能模型可以帮助软件人员完成开发工作，并使维护在系统规格说明阶段进行，是今后软件工程的发展方向。

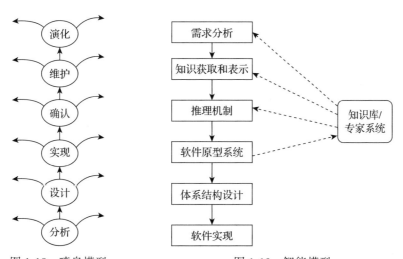

图 1-18　喷泉模型　　　　　　　图 1-19　智能模型

　　尽管存在多种不同的软件开发模型，但是很多模型都有瀑布模型的影子，或者说它们是瀑布模型的组合或是对瀑布模型的改进，也就是说软件开发过程的模型是需求、设计（包括总体设计、详细设计）、编程、测试、产品交付、维护等过程活动的组合和安排。

1.5　软件开发的敏捷模型

　　由于高新技术的出现且技术更迭越来越快，产品的生命周期日益缩短，企业要面对新的竞争环境，抓住市场机遇，迅速开发出用户所需要的产品，就必须实现敏捷反应。与此同时，业界不断探寻适合软件项目的开发模式，其中，敏捷软件开发（agile software development）模式越来越得到大家的关注，并被广泛采用。

敏捷开发是一种灵活的开发方法，用于在一个动态的环境中向干系人快速交付产品。其主要特点是关注持续的交付价值，通过迭代和快速用户反馈管理不确定性和应对变更。

2001 年年初，许多公司的软件团队陷入了不断增长过程的泥潭中，一批业界专家聚集在一起概括出了一些可以让软件开发团队具有快速响应变化能力的价值观和原则，他们自称为敏捷联盟。在随后的几个月中，他们创建出了一份价值观声明，也就是敏捷开发宣言：

> 个体和互动 高于 流程和工具
> 可工作的软件 高于 详尽的文档
> 客户合作 高于 合同谈判
> 响应变化 高于 遵循计划

敏捷软件开发是一种面临迅速变化需求的快速软件开发方法，是一种以人为核心、迭代、循序渐进的开发方法，是一种轻量级的软件开发方法。它是对传统生存期模型的挑战，也是对复杂过程管理的挑战。

图 1-20 是敏捷联盟提出的敏捷模型的整体框架图，敏捷是一种思维模式，它由《敏捷宣言》的价值观所界定，受《敏捷宣言》原则指导，并通过各种实践实现。这种思维模式、价值观和原则定义了敏捷方法的组成部分。今天所使用的各种敏捷方法都根植于敏捷思维模式、价值观和原则。

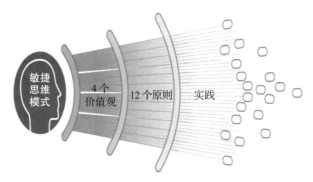

图 1-20 敏捷模型的整体框架图

"敏捷方法"是一个囊括各种框架和方法的涵盖性术语。图 1-21 结合上下文将敏捷定位为一个总称，它指的是符合《敏捷宣言》价值观和原则的任何方法、技术、框架、手段或实践。图 1-21 还将敏捷方法和看板方法视为精益方法的子集。这样做的原因是，它们都是精益思想的具体实例，都反映了"关注价值""小批量""消除浪费"的概念。

1.5.1 Scrum

Scrum 以英式橄榄球争球队形（Scrum）为名，Scrum 将软件开发团队比作橄榄球队，有明确的更高目标，具有高度自主权，它的核心是迭代和增量。紧密地沟通合作，以高度弹性解决各种挑战，确保每天、每个阶段都向明确的目标推进。

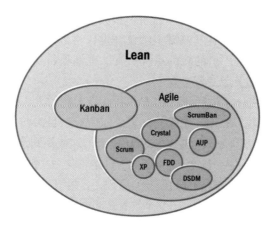

图 1-21　敏捷是许多方法的总称

Scrum 是一个框架，由 Scrum 团队及其相关的角色、活动、工件和规则组成，Scrum 模型架构如图 1-22 所示，包括 3-3-5-5 核心要素，即三个角色、三个工件、五个事件、五个价值观。在这个架构里可以应用各种流程和技术。Scrum 采用迭代增量式的方法来优化可预测性和管理风险。

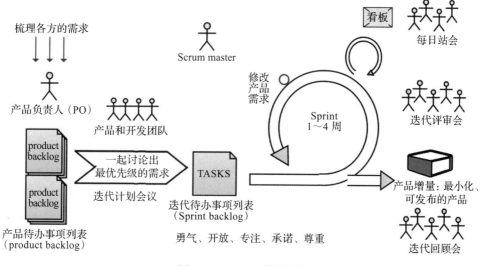

图 1-22　Scrum 模型架构

如果 Sprint 周期过长，对"要构建什么东西"的定义就有可能会改变，复杂度和风险也有可能会增加。Sprint 通过确保至少每 1～4 周（一般建议 2 周）一次对达成目标的进度进行检视和调整，来实现可预见性。Sprint 也把风险限制在 1～4 周的成本上。

1. 三个角色

Scrum 团队由产品负责人（product owner）、Scrum 主管（Scrum master）和开发团队组成。Scrum 团队是跨职能的自组织团队。Scrum 团队迭代增量式地交付产品，最大化获得反馈的机会。增量式地交付"完成"的产品保证了可工作产品的潜在可用版本总是存在。

1）**产品负责人**代表了客户的意愿，以保证 Scrum 团队在做从业务角度来说正确的事情；同时代表项目的全体利益干系人，负责编写用户需求（用户故事），排出优先级，并放入产品订单（product backlog），从而使项目价值最大化。产品负责人利用产品订单，督促团队优先开发最具价值的功能，并在其基础上继续开发，将最具价值的开发需求安排在下一个 Sprint 迭代中完成。他对项目产出的软件系统负责，规划项目初始总体要求、ROI 目标和发布计划，并为项目赢得驱动及后续资金。

2）**Scrum 主管**负责 Scrum 过程正确实施和利益最大化的人，确保 Scrum 过程既符合企业文化，又能交付预期利益。Scrum 主管的职责是向所有项目参与者讲授 Scrum 方法和正确的执行规则，确保所有项目相关人员遵守 Scrum 规则，这些规则形成了 Scrum 过程。

3）**开发团队**负责找出可在一个迭代中将 Sprint 订单转化为功能增量的方法。他们对每一次迭代和整个项目负责，在每个 Sprint 中通过实行自管理、自组织和跨职能的开发协作，实现 Sprint 目标和最终交付产品。开发团队一般由 5～9 个具有跨职能技能的人（设计者、开发者等）组成。

2. 三个工件

Scrum 模型的工件以不同的方式表现工作任务和价值。Scrum 中的工件就是用于最大化关键信息的透明性，因此每个人都需要有相同的理解。

1）**增量**是一个 Sprint 完成的所有产品待办列表项，以及之前所有 Sprint 所产生的增量价值的总和，它是在每个 Sprint 周期内完成的、可交付的产品功能增量。在 Sprint 的结尾，新的增量必须是"完成"的，这意味着它必须可用并且达到了 Scrum 团队"完成"的定义的标准。无论产品负责人是否决定真正发布它，增量必须可用。通过进行更频繁的软件集成，实现更早地发现和反馈错误，降低风险，并使整个软件交付过程变得更加可预测和可控，以交付更高质量的软件。在每个 Sprint 都交付产品功能增量。这个增量是可用的，产品负责人可以选择立即发布它。每个增量的功能都被添加到之前的所有增量上，并经过充分测试，以此保证所有的增量都能工作。

2）**产品待办事项列表**也称为产品订单，是 Scrum 里的一个核心工件。产品待办事项列表是包含产品想法的一个有序列表，所有想法都按照期待实现的顺序来排序。它是所有需求的唯一来源。这意味着开发团队的所有工作都来自产品待办事项列表。一开始，产品待办事项列表是一个长短不定的列表。它可以是模糊的或不具体的。通常情况下，它在开始阶段比较短小而模糊，随着时间的推移，逐渐变长，越来越明确。通过产品待办事项列表梳理活动，即将被实现的产品待办事项会变得明确，粒度也拆得更小。产品负责人负责维护产品待办事项列表，并保证其状态更新。产品待办事项可能来自产品负责人、团队成员，或者其他利益干系人。产品待办事项列表包含已划分优先等级的、项目要开发的系统或产品的需求清单，包括功能性需求和非功能性需求及其他假设和约束条件。产品负责人和团队主要按业务和依赖性的重要程度划分优先等级，并做出估算。估算值的精确度取决于产品待办事项列表中条目的优先级和细致程度，入选下一个 Sprint 的最高优先等级条目的估算会非常精确。产品的需求清单是动态的，随着产品及其使用环境的变化而变化，并且只要产品存在，它就随之存在。在整个产品生命周期中，管理层不断确定产品需求或对之做出改变，以保证产品的适用性、实用性和竞争性。

3）**Sprint 待办事项列表**也称为 Sprint 订单（Sprint backlog），是一个需要在当前 Sprint 完成的且梳理过的产品待办事项列表，包括产品待办事项列表中的最高优先等级条目。该列表反映了团队对当前 Sprint 里需要完成工作的预测，定义团队在 Sprint 中的任务清单，这些任务会将当前 Sprint 选定的产品待办事项列表转化为完整的产品功能增量。Sprint 待办事项列表在 Sprint 计划会议中形成，任务被分解为以小时为单位。如果一个任务超过 16h，那么它就应该被进一步分解。每项任务信息将包括负责人及其在 Sprint 中任一天时的剩余工作量，且仅团队有权改变其内容。在每个 Sprint 迭代中，团队强调应用"整体团队协作"的最佳实践，保持可持续发展的工作节奏和每日站立会议。有了 Sprint 待办事项列表后，Sprint 就开始了，开发团队成员按照 Sprint 待办事项列表来开发新的产品增量。

3. 五个事件

Scrum 的五个事件由 Sprint 计划会议（Sprint plan meeting）、每日站立会议（daily meeting）、Sprint 评审会议（Sprint review meeting）、Sprint 回顾会议（Sprint retrospective meeting）、Sprint 迭代（时间盒）构成。Scrum 提倡所有团队成员坐在一起工作，进行口头交流，并强调项目有关的规范（discipline），这些有助于创造自我组织的团队。

1）**Sprint 计划会议**。Sprint 计划会议的目的就是为这个 Sprint 的工作做计划。这份计划是由整个 Scrum 团队共同协作完成的。Sprint 开始时，均需召开 Sprint 计划会议，产品负责人和团队共同探讨该 Sprint 的工作内容。产品负责人从最优先的产品待办事项列表中进行筛选，告知团队其预期目标；团队则评估在接下来的 Sprint 内预期目标可实现的程度。Sprint 计划会议一般不超过 8h。在前 4h 中，产品负责人向团队展示最高优先级的产品，团队则向他询问产品订单的内容、目的、含义及意图。而在后 4h 进行本 Sprint 的具体安排。Sprint 计划会议最终产生的待办事项列表就是 Sprint 待办事项列表（Sprint backlog），它为开发团队提供指引，使团队明确构建增量的目的。

2）**每日站立会议**。通过将整个软件交付过程分成多个迭代周期，帮助团队更好地应对变更，应对风险，实现增量交付和快速反馈。通过关注保持整个团队可持续发展的工作节奏、每日站立会议和组织的工作分配，实现团队的高效协作和工作，达到提高整个团队生产力的目的。在 Sprint 开发中，每一天都会举行项目状况会议，被称为每日站立会议。每日站立会议有一些具体的指导原则。

- 会议准时开始。对于迟到者，团队常常会制定惩罚措施。
- 欢迎所有人参加。
- 不论团队规模大小，会议被限制在 15 分钟内。
- 所有出席者都应站立（有助于保持会议简短）。
- 会议应在固定地点和每天的同一时间举行。
- 在会议上，每个团队成员需要回答三个问题：
  - 今天你完成了哪些工作？
  - 明天你打算做什么？
  - 完成目标的过程中是否存在障碍（Scrum 主管需要记下这些障碍）？

每日站会一般要展示燃尽图（burndown chart），燃尽图是一个展示项目进展的图表，如图 1-23 所示，纵轴代表剩余工作量，横轴代表时间，显示当前 Sprint 中随时间变化而变化的剩余工作量（可以是未完成的任务数目）。剩余工作量趋势线与横轴之间的交集表示在那个时间点最可能的工作完成量。我们可以借助燃尽图设想在增加或减少发布功能后项目的情况，我们可能缩短开发时间或延长开发期限以获得更多功能。它可以展示项目实际进度与计划之间的矛盾。

3）**Sprint 评审会议**。Sprint 评审会议一般需要 4 个小时，由团队成员向产品负责人和其他利益干系人展示 Sprint 周期内完成的功能或交付的价值，并决定下一次 Sprint 的内容。在每个

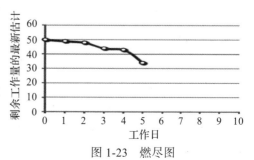

图 1-23　燃尽图

Sprint 结束时，团队都会召开 Sprint 评审会议，团队成员在 Sprint 评审会议上分别展示他们开发出的软件，得到反馈信息，并决定下一次 Sprint 的内容。

这个会议也会梳理产品待办事项列表，产品待办事项通常会很大，也很宽泛，而且想法变来变去，优先级也会变化，所以产品待办事项列表梳理是一个贯穿整个 Scrum 项目始终的活动。该活动包含但不限于以下内容。

- 保持产品待办事项列表有序。
- 把看起来不再重要的事项移除或者降级。
- 增加或提升涌现出来的或变得更重要的事项。
- 将事项分解成更小的事项。
- 将事项归并为更大的事项。
- 对事项进行估算。

产品待办事项列表梳理的一个最大的好处是为即将到来的几个 Sprint 做准备。为此，梳理时会特别关注那些即将被实现的事项。

4）Sprint 回顾会议。每一个 Sprint 完成后都会举行一次 Sprint 回顾会议，在会议上所有团队成员都要反思这个 Sprint。举行 Sprint 回顾会议是为了进行持续过程改进。会议的时间限制在 4 个小时以内。这些任务会将当前 Sprint 选定的产品订单转化为完整的产品功能增量，开始下一个迭代。

5）Sprint 迭代（冲刺）。一个迭代就是一个 Sprint（冲刺），Sprint 的周期（时间盒）被限制在 1～4 周（一般建议 2 周）。Sprint 是 Scrum 的核心，其产出是可用的、潜在可发布的产品增量。Sprint 的长度在整个开发过程中保持一致。新的 Sprint 在上一个 Sprint 完成之后立即开始。

4. 五个价值观

Scrum 的五个价值观分别是**承诺**（Commitment）、**专注**（Focus）、**开放**（Openness）、**尊重**（Respect）和**勇气**（Courage）。Scrum 团队成员通过 Scrum 的角色、事件和工件来学习和探索这些价值观。Scrum 的成功应用取决于人们对这 5 个价值观的践行。

1）承诺。愿意对目标做出承诺，人们致力于实现 Scrum 团队的目标。

2）专注。把心思和能力都用到承诺的工作上去，每个人专注于 Sprint 工作和 Scrum 团队的目标。

3）开放。Scrum 把项目中的一切开放给每个人看，Scrum 团队及其利益攸关者同意将所有工作和工作中的挑战公开。

4）尊重。每个人都有自己独特的背景和经验，Scrum 团队成员相互尊重，彼此是有能力和独立的人。

5）勇气。有勇气做出承诺，履行承诺，接受别人的尊重，Scrum 团队成员有勇气去做正确的事并处理那些棘手的问题。

1.5.2　XP

XP（eXtreme Programming，极限编程）是由 Kent Beck 提出的一套针对业务需求和软件开发实践的规则，它的作用在于将二者力量集中在共同的目标上，高效并稳妥地推进开发。其力图在不断变化的客户需求的前提下，以持续的步调提供高响应性的软件开发过程及高质量的软件产品，保持需求和开发的一致性。XP 是一些工程实践的最佳实践，这些实践常常应用到软件开发过程中。

XP 提出的一系列实践旨在满足程序员高效的短期开发行为和实现项目的长期利益，这一系列实践长期以来被业界广泛认可，通常会全面或者部分被实施敏捷开发的公司采用。

这些实践如图 1-24 所示，从整体实践（entire team practice）、开发团队实践（development team practice）、开发者实践（developer practice）三个层面，XP 提供如下 13 个核心实践。整体实践包括团队意识（whole team）、项目规划（planning game）、小型发布（small release）以及客户验收（customer test）。开发团队实践包括集体代码所有（team code ownership）、程序设计标准 / 程序设计规约（coding standard/convention）、恒定速率（sustainable pace，又称为 40 小时工作）、系统隐喻（metaphor）、持续集成（continuous integration/build）。开发者实践包括简单的设计（simple design）、结对编程（pair programming）、测试驱动开发（test-driven development）、重构（refactoring）。具体介绍如下。

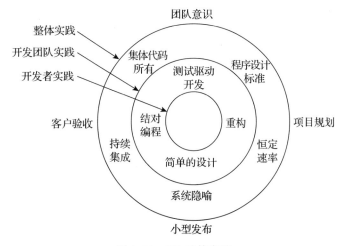

图 1-24　XP 最佳实践

团队意识。XP 项目的所有贡献者坐在一起。这个团队必须包括一个业务代表——"客户"来提供要求，设置优先事项，如果客户或他的助手之一是真正的最终用户，则是最好的；团队中当然包括程序员；可能包括测试人员，帮助客户定义客户验收测试；分析师可帮助客户确定要求；通常还有一个教练，帮助团队保持在正确轨道上；可能有一个上层经理，提供资源，处理对外沟通，协调活动。一个 XP 团队中的每个人都可以以任何方式做出贡献。最好的团队中没有所谓的特殊人物。

项目规划。预测在交付日期前可以完成多少工作，以及现在和下一步该做些什么。不断地回答这两个问题，就是直接服务于如何实施及调整开发过程。与此相比，希望一开始就精确定义整个开发过程要做什么事情以及每件事情要花多少时间，则事倍功半。针对这两个问题，XP 有两个主要的相应过程：软件发布计划（release planning）和周期开发计划（iteration planning）。

小型发布。每个周期开发达成的需求是用户最需要的东西。在 XP 中，每个周期完成时发布的系统，用户都应该可以很容易地评估，或者已能够投入实际使用。这样，软件开发不再是看不见、摸不着的东西，而是实实在在的价值。XP 要求频繁地发布软件，如果可能，应每天都发布新版本；而且在完成任何一个改动、整合或者新需求后，就应该立即发布一个新版本。这些版本的一致性和可靠性，靠验收测试和测试驱动开发来保证。

客户验收。客户对每个需求都定义了一些验收测试。通过运行验收测试，开发人员和客户可以知道开发出来的软件是否符合要求。XP 开发人员把这些验收测试看得和单元测试一样重要。为了不浪费宝贵的时间，最好能将这些测试过程自动化。

集体代码所有。在很多项目中，开发人员只维护自己的代码，而且不喜欢其他人修改自己的代码。因此即使有比较详细的开发文档，但程序员很少、也不太愿意去读其他程序员所写的代码；而且因为不清楚其他人的程序到底实现了什么功能，程序员一般也不敢随便改动其他人的代码。同时，由于程序员只维护自己的代码，可能因为时间紧张或技术水平的局限性，某些问题一直不能被发现或得到比较好的解决。针对这一点，XP 提倡大家共同拥有代码，每个人都有权利和义务阅读其他人的代码，从而发现和纠正错误，重整和优化代码。这样，这些代码就不仅是一两个人写的，而是由整个项目开发队伍共同完成的，会减少很多错误，会尽可能地提高重用性，代码质量会非常好。

程序设计标准／程序设计规约。XP 开发小组中的所有人都遵循一个统一的编程标准，因此，所有的代码看起来好像是一个人写的。因为有了统一的编程规范，每个程序员更容易读懂其他人写的代码，这是实现集体代码所有的重要前提之一。

恒定速率。XP 团队处于高效工作状态，并保持一个可以无限期持续下去的步伐。大量的加班意味着原来的计划是不准确的，或者是程序员不清楚自己到底什么时候能完成哪些工作。开发管理人员和客户无法准确掌握开发速度，开发人员也因此非常疲劳从而降低了效率及质量。XP 认为，如果出现大量的加班现象，开发管理人员（如 coach）应该和客户一起确定加班的原因，并及时调整项目计划、进度和资源。

系统隐喻。为了帮助每个人一致、清楚地理解要完成的客户需求和要开发的系统功能，XP 开发小组用很多形象的比喻来描述系统或功能模块是怎样工作的。

持续集成。在很多项目中，往往很晚才把各个模块整合在一起，在整合过程中开发人员经常会发现很多问题，但不能肯定到底是谁的程序出了问题；而且，只有整合完成后，开发人员才开始稍稍使用整个系统，然后就马上交付给客户验收。对于客户来说，即使这些系统能够通过最终验收测试，因为使用时间短，客户心里并没有多少把握。为了解决这些问题，XP 提出，在整个项目过程中，应该频繁地、尽可能早地整合已经开发完的 USERSTORY（每次整合一个新的 USERSTORY）。每次整合都要运行相应的单元测试和验收测试，保证符合客户和开发的要求。整合后，就发布一个新的应用系统。这样，整个项目开发过程中，几乎每隔一两天就会发布一个新系统，有时甚至一天会发布好几个版本。通过这个过程，客户能非常清楚地掌握已经完成的功能和开发进度，并基于这些情况与开发人员进行有效、及时的交流，以确保项目顺利完成。

测试驱动开发。反馈是 XP 的四个基本价值观之一。在软件开发中，只有通过充分的测试才能获得充分的反馈。XP 中提出的测试在其他软件开发方法中都可以见到，如功能测试、单元测试、系统测试和负荷测试等。不同的是，XP 将测试结合到它独特的螺旋式增量型开发过程中，测试随着项目的进展而不断积累。另外，由于强调整个开发小组拥有代码，因此测试也是由大家共同维护的，即：任何人在往代码库中放程序（CheckIn）之前，都应该运行一遍所有的测试；任何人如果发现了一个 bug，都应该立即为这个 bug 增加一个测试，而不是等待写该程序的人来完成；任何人接手其他人的任务或者修改其他人的代码和设计，改动完以后如果能通过所有测试，就证明他的工作没有破坏原系统。这样，测试才能真正起到帮助获得反馈的作用，而且通过不断地优先编写和累积，测试应该可以基本覆盖全部的客户和开发需求，因此开发人员和客户可以得到尽可能充足的反馈。

重构。XP 强调简单的设计，但简单的设计并不是没有设计的流水账式的程序，也不是没有结构、缺乏重用性的程序设计。开发人员虽然对每个 USERSTORY 都进行简单设计，但同时也在不断地对设计进行改进,这个过程叫作设计的重构。重构主要是努力减少程序和设计中重复出现的部分,增强程序和设计的可重用性。此概念并不是 XP 首创的,它已被提出了近 30 年,一直被认为是高质量代码的特点之一。但 XP 强调把重构做到极致,应随时随地尽可能地进行重构,程序员不应该心疼以前写的程序,而要毫不留情地改进程序。在每次改动后,都应运行测试程序,保证新系统仍然符合预定的要求。

简单的设计。 XP 要求用最简单的办法实现每个小需求,前提是按照简单设计开发的软件必须通过测试。这些设计只要能满足系统和客户当下的需求就可以了,不需要任何画蛇添足的设计,而且所有这些设计都将在后续的开发过程中被不断地重整和优化。在 XP 中,没有那种传统开发模式中一次性的、针对所有需求的总体设计。在 XP 中,设计过程几乎一直贯穿整个项目开发:从制订项目的计划,到制订每个开发周期(iteration)的计划,到针对每个需求模块的简捷设计,到设计的复核,以及一直不间断的设计重整和优化。整个设计过程是一个螺旋式的、不断前进和发展的过程。从这个角度看,XP 把设计做到了极致。

结对编程。 XP 中,所有的代码都是由两个程序员在同一台机器上写的。这保证了所有的代码、设计和单元测试至少被另一个人复核过,代码、设计和测试的质量因此得到提高。这样看起来像是在浪费人力资源,但是各种研究表明事实恰恰相反——这种工作方式极大地提高了工作效率。在项目开发中,每个人会不断地更换合作编程的伙伴。结对编程不但提高了软件质量,还增强了程序员相互之间的知识交流和更新、沟通和理解。这不但有利于个人,也有利于整个项目、开发团队和公司。从这一点看,结对编程不仅仅适用于 XP,也适用于所有其他的软件开发方法。

1.5.3　DevOps

常规的软件开发项目认为软件提交了,项目就完成了,但是这样做有很大问题。这个项目最后不能成为可用的产品,项目也不算成功。理论上讲,一个项目交付了只完成了这个产品 20%～30% 的任务,还需要运维和打磨这个交付产品,才能得到可用的、有价值的产品。传统上这个过程很漫长,而 DevOps 统一了这个过程,也加快了可用产品的交付速度,是真正意义上的软件产品全周期管理模型。

DevOps 一词是 Development 和 Operations 的组合,重视软件开发人员和运维人员的沟通合作,通过自动化流程来使软件构建、测试、发布更加快捷、频繁和可靠。**DevOps 可以填补开发端和运维端之间的信息鸿沟,改善团队之间的协作关系。** 不过需要澄清的一点是,从开发到运维,中间还有测试环节。**DevOps 其实包含三个部分:开发、测试和运维。** 换句话说,DevOps 希望做到软件产品交付过程中 IT 工具链的打通,使各个团队减少时间消耗,更加高效地协同工作。专家们总结出了图 1-25 所示的 DevOps 能力图,良好的闭环可以大大增加整体的产出。**DevOps 的最终目标是通过持续学习和改进更快速地交付高质量的产品。**

图 1-25　DevOps 能力图

为什么当前我们需要 DevOps,甚至很多大型互联网公司也在进行 DevOps 转型?其中最关键的原因是其核心思想能够满足当前业务和技术变革的需要,即"快速的交付价值,灵活的响应变化"。"快速的交付价值"意味着能先人一步占领市场,"灵活的响应变化"意味着减少变化带来的不利因素,使企业立于不败之地。以往在软件开发的世界里,以月甚至以年为周期进行发布是一种常态。但近些年由云、移动互联网、AI、社交技术以及区域链等技术推动的业务变革呈现爆炸式的发展，在这种大背景下，即使是大型的互联网公司也随时面临着业务上被淘汰的危险，持续的业务创新、快速的上线、卓越的用户体验以及快速获得反馈才是企业制胜的法宝。

随着时间的推移，DevOps 的定义也在不断演进，但对于其核心观点，整体业界仍保持着一致的认识。DevOps 不是单一的技术或者工具，甚至不只是一个流程，而是包含应用设计、敏捷开发、持续交付和监控运维等一系列流程，涉及企业文化、团队协作流程等多个方面，它可以被理解为一系列可以高速、高质量进行软件开发的工具链。

结合软件生产全生命周期来看，DevOps 落地实践的核心目标是缩短开发周期、提高部署频率和更可靠地进行发布。DevOps 的诞生源于企业要适应瞬息万变的市场，能够做到持续交付。

1.5.4 规模化敏捷模型

规模化敏捷是敏捷方法超越团队级别，基于一个产品或者产品投资组合级别上的扩展。这里的前提是一个 Scrum 团队是组织敏捷和进化的有机生命单元。主要模型有大规模敏捷框架（Scaled Agile Framework，SAFe）、大规模 Scrum（LeSS）和规范化敏捷交付（DAD）、Scrum@Scale、Nexus、Spotify，而 SAFe 模型是最主要的规模化实践模型。

1.6 软件工程中的复用原则

如今，汽车企业不再自己制造轮胎，而是向擅长制造轮胎的企业购买轮胎；国际飞机制造公司可以没有下属的飞机制造厂；建筑设计院无须组建自己的建筑公司。软件开发的道理也一样：借助于唾手可得的组件，小型团队也可以开发出优秀的软件。所以，应该提倡软件工程的复用性。

基于复用（重用）的软件工程是比较理想的软件工程策略，在开发过程中可以最大化重用已经存在的软件。尽管复用的效益已经被认可很多年，但是，只是近几年才渐渐从传统的开发过程转向复用的开发过程。

复用可以提高软件质量和效率，可以真正实现软件的工程化，使软件开发人员把更多的时间用于规划。需要什么功能的软件，可以到软件超市购买，就如同可以按照需要的标准购买需要的元器件一样。

复用让我们不必从头做起，不会重走弯路，可以"踩着别人的肩膀往上走"。复用不仅可以降低开发成本，减少重新规划、设计、编程和测试新功能的工作量，而且有很多其他的优势，如提高软件的可靠性、降低风险、提高专家的利用率、增强标准化的兼容性、减少开发时间等。

可以复用的软件单元有很多种，如应用系统的复用、模块的复用、对象类和函数的复用等。经过 20 年的发展，复用技术水平得到了很大的提高。复用可以是任何级别上的复用，包括简单的函数和复杂的应用。表 1-1 展示了一些复用技术的主要方法。

表 1-1　主要的复用方法

复用方法	方法描述
设计模式	通过应用系统的设计模式表达抽象或具体的对象以及它们之间的接口，这是总体概要性的复用
基于模块的开发	系统的开发基于标准的模块集成
应用框架	在开发一个新的应用时，通过对一些抽象或者具体的类的集合进行修改和扩展来复用
系统级的复用	一些系统提供接口以及一系列访问系统的方法，这个系统可以作为一个黑盒进行复用
面向服务的复用	在开发过程中通过连接一些外部提供的服务来实现复用
应用产品线的复用	为了满足不同客户的要求，在开发系统的时候将应用类型归纳为一个通用的架构

（续）

复用方法	方法描述
集成商用的产品	在开发系统的时候在现有的系统基础上进行集成，如集成商用数据库系统
可配置的系统	在设计系统的时候通过配置文件满足不同客户的需要
程序库	一些类库和函数库在设计和实现的时候考虑了通用的情况，以便复用
程序生成器	利用程序生成器可以生成一些系统或者系统的框架
面向问题的开发	程序编译的时候可以将一些共享模块在不同的地方进行集成

尽管有多种复用的方法，但是是否采用复用技术是管理问题而不是技术问题。在进行复用规划时，应当考虑如下关键因素。

- 软件的开发进度要求。如果软件开发进度要求比较紧，应当采用成熟的、商品化的系统，而不是一个个独立的模块。
- 软件的生存期。如果开发的软件要求很长的使用期限，这时应当主要考虑系统的可维护性，不是考虑如何快速复用，而是考虑如何长期使用，因此应当对模块做一些变更处理，明白其是如何使用的。
- 开发团队的背景、技能和经验。所有的复用技术都是相当复杂而且需要花时间了解和掌握的，所以，如果团队在某些领域有很高的技能，可以考虑这方面的复用。
- 软件的风险和非功能需求等。要验证复用软件的可靠性，同时要考虑系统的性能。如果软件系统有很高的性能要求，最好不要使用通过代码生成器生成的代码，因为通过代码生成器会产生很多无效代码。
- 应用领域。在一些应用领域，如生产和机械领域，有通用的产品可以复用，通过配置就可以复用。
- 系统运行的平台。一些复用模块的模式，如 COM/ActiveX 是特定于微软平台的，所以如果你的系统设计在这样的平台上，可以考虑基于特定平台下的复用。

软件人员一定要建立复用的概念，只有做到复用才可以大幅度减少项目的实施成本。复用可以分为 3 个层次：最低级的层次是人员的复用，中级层次是文档管理流程的复用，高级层次是系统的完全复用。在项目立项初期，需要参考公司以前的资源，如做过的项目、产品以及这些部分的文档和人员列表，并根据现有的合同定义的框架找到最接近的可以使用的部分，这些就是项目的基础。通常反对一切从零开始的创新，任何技术人员都应充分利用已有的资源。

1.7　小结

本章讲述了软件工程的起源、软件工程知识体系、软件工程三个线索和软件工程模型，软件工程的三个线索是软件开发过程、软件管理过程、软件过程改进，给出了传统和敏捷软件工程的定义和对比。要想实现软件工业的产业化，软件工程必须是真正意义上的工程。本章给出了软件开发过程路线图、软件管理过程路线图和软件过程改进路线图。针对软件开发过程，阐述了传统生存期模型和敏捷生存期模型，以及每个生存期模型的特点。

1.8　练习题

一、填空题

1. 软件工程是一门综合性的交叉学科，它涉及计算机学科、_____学科、_____学科和_____学科。

2. 软件工程研究的主要内容是 _____三个方面。

3. 软件生产的复杂性和高成本使大型软件生产出现了很多问题，即出现 _____ ，软件工程正是为了克服它所提出的一种概念及相关方法和技术。

4. SWEBOK V3 中，软件工程知识体细分为_____和_____两大类。

5. _____模型假设需求可以分段，成为一系列增量产品，每一增量可以分别开发。

6. _____模型比较适用于面向对象的开发方法。

7. 软件工程是用工程科学的知识和技术原理来_____软件的一门学科。

二、判断题

1. SWEBOK V3 分为两大类，共有 15 个知识域。（　　　）

2. 软件工程的提出起源于软件危机，其目的是最终解决软件的生产工程化。（　　　）

3. 软件工程学一般包含软件开发技术和软件工程管理两方面的内容，软件开发方法学和软件工程环境属于软件开发技术的内容，软件工程经济学属于软件工程管理。（　　　）

4. 软件开发中的最大的问题不是管理问题，而是技术问题。（　　　）

5. XP（eXtreme Programming，极限编程）是由 Kent Beck 提出的一套针对业务需求和软件开发实践的规则，包括 13 个核心实践。（　　　）

6. DevOps 希望做到的是软件产品交付过程中 IT 工具链的打通。（　　　）

三、选择题

1. 下列所述不是敏捷生存期模型的是（　　　）。

    A. Scrum   B. XP   C. V 模型   D.OPEN UP

2. 软件工程的出现主要是由于（　　　）。

    A. 程序设计方法学的影响   B. 其他工程科学的影响

    C. 软件危机的出现   D. 计算机的发展

3. 以下（　　　）不是软件危机的表现形式。

    A. 开发的软件不满足用户的需要   B. 开发的软件可维护性差

    C. 开发的软件价格便宜   D. 开发的软件可靠性差

4. 以下不是 SWEBOK V3 软件工程实践中的知识域的是（　　　）。

    A. 软件需求   B. 工程基础   C. 软件构造   D. 软件设计

5. 下列所述不是软件组成的是（　　　）。

    A. 程序   B. 数据   C. 界面   D. 文档

6. 下列对"计算机软件"描述正确的是（　　　）。

    A. 是计算机系统的组成部分

    B. 不能作为商品参与交易

    C. 是在计算机硬件设备生产过程中生产出来的

    D. 只存在于计算机系统工作时

7. 软件工程方法的提出起源于软件危机，其目的应该是最终解决软件的（　　　）问题。

    A. 软件危机   B. 质量保证   C. 开发效率   D. 生产工程化

8. 软件工程学涉及软件开发技术和项目管理等方面的内容，下述内容中（　　　）不属于开发技术的范畴。

    A. 软件开发方法   B. 软件开发工具   C. 软件工程环境   D. 软件工程经济

第 2 章

软件工程模型与方法

软件工程是计算机学科中一个年轻且充满活力的研究领域。现代科学技术将人类带入了信息社会，计算机软件扮演着十分重要的角色，软件工程已成为信息社会高技术竞争的关键领域之一。通往这个众妙之门需要一些方法，软件工程方法为建造软件提供了技术上的解决方案，覆盖了软件需求建模、设计建模、编程、测试、维护等方面。

软件工程模型与方法（software engineering models and methods）为软件工程建立了重要基础，使软件工程的活动系统化、可重用并最终更加成功，也使软件产品具有可移植性和可复用性等关键特征。软件工程模型与方法所讨论的内容广泛，既关注软件生命周期的特定阶段，也涵盖整个软件生命周期。

2.1 软件工程建模

软件建模为软件工程师提供了一种有组织的系统化的方法，用于表示软件的重要特征。它使软件及其构成元素的决策制定，以及与利益相关者讨论这些重要决策的过程变得更加容易。

软件模型是软件组件的抽象或精练。实际上，没有哪一个抽象能够完全地描述某一个软件部件，软件模型是多种抽象的聚合，它仅仅描述了软件系统特定的方面、视点或视图，只提供那些对决策和分析该软件系统所必需的信息。为了精练，需要对软件模型所处的上下文进行一系列假设，并将这些假设包含在软件模型的描述中。当复用某个软件模型时，可以首先确认这些假设是否成立，以建立模型与新环境的对应关系。

软件模型通常包括以下属性：

- **完整性**：模型中实现和确认全部软件需求的程度。
- **一致性**：模型包含不冲突的需求、声明、约束、功能或部件描述的程度。
- **正确性**：模型满足其需求和设计约束，没有缺陷的程度。

模型用于指代真实的对象和它们的行为，以说明软件将如何运行。模型审查（如搜索、仿真或检查）将暴露模型或软件中的不确定部分，与之对应的需求、设计或实现将得到适当的处理。

为了描述软件系统的功能、业务规则和数据组织，以及静态结构和动态行为等特征，在实际软件开发的架构、分析、设计、实现等不同阶段都会存在多种具体软件模型，如企业架构模型、技术架构模型、领域模型、UI 模型、数据库模型、业务规则模型、系统部署模型、测试模型等。一个典型的软件模型由多个子模型聚合而成。每个子模型为特定的目的而构造，描述了软件系统的一部分特征。子模型可以包含一个或多个图。子模型可以用一种或多种建模语言实现。软件模型由建模语言描述。OMG 提出的统一建模语言（UML）具有丰富的视图。使用这些视图以及语言结构可以构造信息模型、行为模型、结构模型等。

2.1.1　信息模型

信息模型以数据和信息为中心，是一种抽象表示，它标识和定义数据实体的一系列概念、属性、关系和约束。语义或概念化信息模型经常用于从问题视图的角度将软件模型表示为某些形式或上下文。它不关心如何将这种模型映射到实际软件的实现过程或方法中，只包含概念化真实系统时所需的概念、属性、关系和约束。后续对语义或概念化信息模型的转换需要刻画物理的数据模型，以便实现该软件。

2.1.2　行为模型

行为模型（behavioral model）标识和定义软件的功能。行为模型通常有三种基本形式：状态机、控制流和数据流。状态机通过一系列预定的状态、事件和转换对软件系统进行建模。模型环境中发生的卫式（guarded）或非卫式（unguarded）触发事件使软件从一个状态向下一个状态转换。控制流描述一个事件序列如何激活或禁止各种处理过程。数据流描述处理过程中从数据源到目的地的一系列数据移动步骤。

2.1.3　结构模型

结构模型（structure model）以各种构件的形式展示了软件系统的物理或逻辑组成。结构模型建立了软件与其运行环境的边界。结构建模经常使用的构造方法包括对实体进行合成、分解、泛化和特殊化，识别实体间关系的类型和数量，定义过程或函数接口等。UML 的结构视图包括类图、组件图、对象图、部署图和包图。

2.1.4　统一建模语言——UML

统一建模语言（Unified Modeling Language，UML）是一种基于面向对象方法的图形建模语言，用于对软件系统进行说明。1994 年 10 月，Grady Booch 和 James Rumbaugh 将Booch 和 OMT（这两个方法被公认为是面向对象方法的前驱）统一起来，并于 1995 年 10月推出了 UM（Unified Method）草案 0.8 版。1995 年秋，Ivar Jacobson 加入研究，并将OOSE 合并进来，形成了 UML。Booch、Rumbaugh 和 Jacobson 是三位著名的面向对象专家，UML 就是在他们提出的面向对象理论基础上发展起来的。1997 年 11 月，国际对象管理组织（OMG）批准将 UML 作为基于面向对象技术的标准建模语言。UML 制定了一整套完整的面向对象的标记和处理方法，是一种通用的可视化建模语言，用于对软件进行描述和可视化处理，并构造和建立软件系统的文档。UML 适用于各种软件开发方法、软件生命周期的各个阶段、各种应用领域以及各种开发工具。

UML 的主要目标如下：
- 使用面向对象概念为系统（不仅是软件）建模；

- 在概念产品与可执行产品之间建立清晰的耦合；
- 创建一种人和机器都可以使用的语言。

UML 能够描述系统的静态结构和动态行为：静态结构定义了系统中重要对象的属性和操作以及这些对象之间的相互关系；动态行为定义了对象的时间特性和对象为完成目标任务而相互进行通信的机制。UML 不是一种程序设计语言，但可以用代码生成器将 UML 模型转换为多种程序设计语言代码，或使用反向生成器工具将程序源代码转换为 UML 模型。

UML 由基本构造块、规则以及公共机制组成。UML 的基本构造块（即用于 UML 建模的词汇）有三个：事务（thing）、关系（relationship）和图（diagram）。

UML 事务：对模型中最有代表性的成分的抽象。UML 模型中的事务包括 4 种，即结构事务（structural thing）、行为事务（behavioral thing）、分组事务（grouping thing）和注释事务（annotation thing）。结构事务是 UML 模型中的名词，如类（class）、接口（interface）、协作（collaboration）、用例（use case）、构件（component）、节点（node）等。行为事务是 UML 中的动词，如交互（interactive）、状态机（state machine）等。分组事务是 UML 模型中的组织部分，它们是一些由模型分解成的"盒子"，最主要的分组事务是包（package）。注释事务是 UML 模型中的解释部分，主要的解释事务为注解（note）。

UML 关系：用于将上述事务结合起来，主要有 4 种，即关联、依赖、泛化和实现。

UML 图：将各种事务和关系表示出来。有两类图，一类是结构视图（又称为静态模型图），强调系统的对象结构；一类是行为视图（动态模型图），关注的是系统对象的行为动作。类图（class diagram）、对象图（object diagram）、包图（package diagram）、构件图（component diagram）和部署图（deployment diagram）都是结构视图。用例图（use case diagram）、顺序图（sequence diagram）、协作图（collaboration diagram）、状态图（state diagram）和活动图（activity diagram）都是行为视图。

作为一种建模语言，UML 的定义包括 UML 语义和 UML 表示法两个部分。UML 语义用于描述基于 UML 的精确元模型定义。UML 表示法是定义 UML 符号的表示法。这些图形符号和文字所表达的是应用级的模型，它在语义上是 UML 元模型的实例。下面对 UML 的图示做简单介绍。

用例图。用例图描述角色以及角色与用例之间的连接关系，说明谁要使用系统，以及他们使用该系统可以做些什么。一个用例图包含多个模型元素，如系统、参与者和用例，并且显示了这些元素之间的各种关系，如泛化、关联和依赖。

类图。类图是描述系统中的类以及各个类之间关系的静态视图。它能够让我们在正确编写代码以前对系统有一个全面的认识。类图是一种模型类型，确切地说是一种静态模型类型。

对象图。与类图极为相似，对象图是类图的实例，对象图显示类的多个对象实例，而不是实际的类。它描述的不是类之间的关系，而是对象之间的关系。

包图。包图是在 UML 中用类似于文件夹的符号表示的模型元素的组合。系统中的每个元素都只能为一个包所有，一个包可嵌套在另一个包中。使用包图可以将相关元素归入一个系统。一个包中可包含附属包、图表或单个元素。其实，包图并非正式的 UML 图。一个包图可以由任何一种 UML 图组成，通常是 UML 用例图或 UML 类图。包是一个 UML 结构，它使你能够把用例或类之类的模型元件组织为组。包被描述成文件夹，可以应用在任何一种

UML图上。

活动图。活动图描述用例要求所要进行的活动，以及活动间的约束关系，有利于识别并行活动。它能够演示出系统中哪些地方存在功能，以及这些功能和系统中其他组件的功能如何共同满足前面使用用例图建模的商务需求。

状态图。和状态图描述类的对象所有可能的状态，以及事件发生时状态的转移条件，还可以捕获对象、子系统和系统的生命周期。它能够呈现出对象的状态，以及事件（如消息的接收、时间的流逝、错误、条件变为真等）如何随着时间的推移来影响这些状态。状态图应该连接到所有具有清晰的可标识状态和复杂行为的类。该图可以确定类的行为，以及该行为如何根据当前的状态变化，也可以展示哪些事件将会改变类的对象的状态。状态图是对类图的补充。

顺序图（序列图）。顺序图是用来显示参与者如何以一系列顺序的步骤与系统的对象交互的模型。顺序图可以用来展示对象之间是如何进行交互的。顺序图将显示的重点放在消息序列上，即强调消息是如何在对象之间被发送和接收的。

协作图。和顺序图相似，协作图显示对象间的动态合作关系，可以将其看成类图和顺序图的交集。协作图建模对象或者角色，以及它们彼此之间是如何通信的。如果强调时间和顺序，则使用顺序图；如果强调上下级关系，则选择协作图。这两种图合称为交互图。

构件图（组件图）。构件图描述代码构件的物理结构以及各种构件之间的依赖关系，用来建模软件的组件及其相互之间的关系。这些图由构件标记符和构件之间的关系构成。在构件图中，构件是软件的单个组成部分，可以是一个文件、产品、可执行文件和脚本等。

部署图（配置图）。部署图用来建模系统的物理部署，例如计算机和设备，以及它们之间是如何连接的。部署图的使用者是开发人员、系统集成人员和测试人员。

以上10种模型图各有侧重，用例图侧重描述用户需求，类图侧重描述系统具体实现。它们描述的方面也不相同，类图描述的是系统的结构，顺序图描述的是系统的行为；抽象的层次也不同，构件图描述系统的模块结构，抽象层次较高，类图描述模块的具体结构，抽象层次一般，对象图描述模块的具体实现，抽象层次较低。

与所有的语言一样，UML不能将构造块随意放在一起，一个结构良好的模型应该是语义上前后一致的，而且要与相关模型协调一致，因此UML有一套规则。UML用于描述事务的语义规则如下。

- 命名：为事务、关系和图起名字。
- 范围：给一个名称以特定含义的语境。
- 可见性：描述如何让人看见名称和如何使用。
- 完整性：描述事务如何能够正确和一致地相互联系。
- 执行：描述运行或者模拟动态模型的含义。

2.2　软件工程方法

随着信息技术的发展，计算机的应用日益广泛，由计算机代替人完成的工作逐步增多，软件系统的应用也越来越广泛。软件开发的任务是构造软件系统，并将它们部署到现实世界中，通过软件系统与周围环境的交互，解决人们在现实世界中遇到的问题。软件系统与现实世界的关系如图2-1所示。在实际应用中，软件系统的作用范围有限，只能与现实世界中的某一小部分进行交互，这部分是人们希望软件系统能够影响的部分，也是人们产生问题的部分。要解决问题，就需要改变现实中某些实体的状态，或者改变实体状态变化的演进顺序，使其达到期望的状态和理想的演进顺序。这些实体和状态构成了问题解决的基本范围，称为问题域。当软件系统被用来解决某些问题时，这些问题的问题域集合就是该软件系统的问题域。软件系统通过影响问题域来帮助人们解决问题，称为解系统。解系统是问题的解决手段，它不是问题域的组成部分。问题域与解系统之间存在可以互相影响的接口，用以实现交互活动，它们之间的关系如图 2-2 所示。

图 2-1　软件系统与现实世界的关系

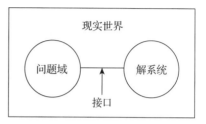

图 2-2　问题域与解系统的关系

软件开发就是对问题域的认识和描述，即软件开发人员对问题域产生正确的认识，并用一种编程语言将这些认识描述出来，提供软件产品。开发人员借助自然语言对问题域进行正确认识，然后通过编程语言正确地表达出来。这两种语言之间存在一定的差距，即存在鸿沟，为此，开发人员需要做大量的工作以缩小这个鸿沟。在软件开发过程中，对问题域的理解要求比日常生活中对它的理解更深刻、更准确，这需要一些专业的方法，这些正是软件工程学需要解决的问题。

软件工程方法提供了一种有组织的、系统化的、在目标计算机上开发软件的方法。软件工程方法为构造软件提供技术上的解决方法，这些方法依赖于一组基本原则，这些原则涵盖了软件工程的所有技术领域。通过对这些方法、相关技巧及开发工具的使用，软件工程师可以将软件设计与构建的细节可视化，并最终将这些表示转换成可用的代码和数据。对软件工程师而言，有众多的软件工程方法可以选择。为了软件开发任务而选择一种或者几种合适的软件开发方法非常重要，将对软件项目成功与否产生巨大的影响。本节将对一些常用的软件工程方法进行讨论。目前使用最广泛的方法是结构化方法和面向对象方法。从认识事物方面看，这些方法在分析阶段提供了一些对问题域进行分析、认识的途径；从描述事物方面看，它们在分析和设计阶段提供了一些从问题域逐步过渡到编程语言的描述手段，也就是为上面所说的语言鸿沟铺设了一些平坦的路段。

传统的结构化软件工程方法并没有完全填平语言之间的鸿沟，如图 2-3 所示。在面向对象的软件工程方法中，从面向对象分析到面向对象设计，再到面向对象编程、面向对象测试都是紧密衔接的，它们填平了语言之间的鸿沟，如图 2-4 所示。

在编程领域，面向对象方法中基本的抽象物不是功能，而是一些真正存在的实体，通过设计一些对象完成工程；而结构化方法通过设计一些函数完成功能。对象通过信息传播进行沟通，一个对象可以通过询问得到另一个对象的信息；而结构化方法是通过全局数据、函数调用等方式传递信息的。

结构化方法和面向对象方法都首先在编程领域取得了成功，故其软件工程方法所用的概念和组织机制都从编程领域抽象而来。

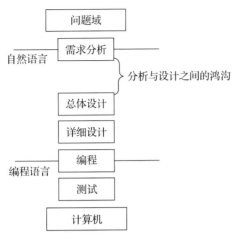

图 2-3 结构化软件工程方法

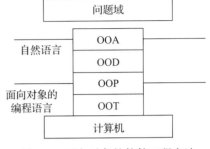

图 2-4 面向对象的软件工程方法

随着 Internet 以及信息技术的迅猛发展，软件工程技术也得到快速发展，出现了很多新的软件工程方法，例如敏捷化方法等。当然，目前最成熟的软件工程技术还是结构化软件工程（面向过程）技术和面向对象软件工程技术。

2.2.1 面向过程（结构化）方法

结构化方法是最早、最传统的软件开发方法，也称为"面向过程的软件工程技术"，从20 世纪 60 年代初提出的结构化程序设计方法，到 20 世纪七八十年代的结构化分析和结构化设计方法，直到现在，结构化方法仍然是软件开发的基础工具和方法。结构化方法是根据某种原理、使用一定的工具、按照特定步骤进行工作的一种软件开发方法，强调开发方法的结构合理性以及所开发软件的结构合理性。结构是指系统内各个组成要素之间的相互联系、相互作用的框架。结构化开发方法提出了一组提高软件结构合理性的准则，如分解与抽象、模块独立性、信息隐蔽等。面向过程（POP）是分析解决问题的步骤，用函数实现这些步骤，然后在使用的时候一一调用即可。例如，采用面向过程的结构化方法实现五子棋游戏的步骤如下：

1）开始游戏；

2）黑子先走；

3）绘制画面；

4）判断输赢；

5）轮到白子；

6）绘制画面；

7）判断输赢；

8）返回第二步；

9）输出最后结果。

把上面的每个步骤分别用函数来实现，问题就解决了。

针对软件生命周期各个不同的阶段，结构化方法包括结构化分析（SA）、结构化设计（SD）和结构化编程（SP）等不同的方法。结构化方法以软件功能或行为视点为软件建模的出发点，从软件系统的高层视图（包括数据和控制元素）开始，通过增加软件设计细节，逐渐分解或细化模型构件。最终，详细设计涵盖了需要编码（手工、自动生成或二者兼有）、创建、测试和确认的非常具体的细节或软件规约。

1. 结构化需求分析

结构化分析方法是一种发展成熟、简单实用、使用广泛的面向数据流的分析方法，于 20世纪 70 年代中期由 E.Yourdon、Tom Demarco 等人提出，也称为 E.Yourdon Tom Demarco 方法。结构化需求分析中主要解决的是"需要系统做什么？"的问题。常用的描述软件功能需求的工具是数据流图和数据字典。需求规格说明将功能分解为很多子功能，然后用诸如数据流的方法分析这些子功能，并采用数据流图等形式表示出来。采用结构化分析方法，开发人员定义系统需要做什么、需要存储和使用哪些数据、需要什么样的输入和输出，以及如何将这些功能结合起来。

这种分析方法对问题的描述不是以问题域中固有的事物作为基本单位并保持它们的原貌，而是打破了各项事物之间的界限，在全局范围内以功能、数据或者数据流为中心来进行分析，所以这些方法的分析结果不能直接映射问题域，而是经过不同程度的映射和重新组合。因此，传统的结构化分析方法容易隐蔽一些对问题域的理解偏差，给后续开发阶段的衔接带来困难。

2. 结构化设计

问题域经过结构化分析之后，可以进行结构化设计，即概要设计（总体设计）和详细设计。概要设计主要是将系统分解为模块，并表示模块之间的接口和调用关系。详细设计则进一步描述模块内部，如数据结构或者算法。

结构化的概要设计是以模块化技术为基础的软件设计方法，以需求分析的结果作为出发点构造一个具体的软件产品。其主要任务是在结构化需求分析的基础上建立软件的总体结构，设计具体的数据结构，决定系统的模块结构，包括模块的划分、模块间的数据传送以及调用关系。在进行结构化软件设计时应该遵循的最主要的原理是模块独立。构成系统逻辑模型的是数据流图和数据字典。数据流图描述数据在软件中流动和被处理的过程，是软件模型的一种图示，一般包括 4 种图形符号：变换/加工、外部实体、数据流向和数据存储。

结构化设计的基本方法是从数据流图出发推导出软件的模块结构图，从数据字典推导出模块基本要求、数据存储要求、数据结构以及数据文件等。这种结构化的设计方法和结构化的需求分析方法是不同的表示体系。结构化需求分析的结果主要是数据流图（Data Flow Diagram，DFD）。结构化设计的主要方法是模块划分，其结果主要是模块结构图（Module Structure Diagram，MSD）。

结构化详细设计是对概要设计进行进一步的细化，在概要设计的基础上描述每个模块的内部结构及其算法，最终将产生每个模块的程序流程图。其目标是为软件结构图中的每个模块提供程序员编程实现的具体算法。DFD 中的数据流不能对应 MSD 中的模块数据，也不能对应模块之间的调用关系。DFD 中的加工也不一定对应 MSD 中的模块，这种需求分析和设计之间表示体系的不一致是需求分析与设计之间的鸿沟。

3. 结构化编程

经过概要设计和详细设计，开发人员对问题域的认识和描述越来越接近系统的具体实现，即编程。编程阶段是利用一种编程语言产生一个能够被机器理解和执行的系统，是将软件设计的结果翻译成用某种程序设计语言编写的程序。作为软件工程的一个阶段，编程是软件设计的自然结果，这方面的技术相对成熟。

4. 结构化测试

测试过程的目的在于识别软件产品中存在的缺陷，然而一般情况下，执行完测试之后也不能确保系统中没有任何缺陷，因此，应该说测试提供了一种可以操作的方法来减少系统中的缺陷，并增加了用户对系统的信心。测试程序时需要一组测试输入，然后看看程序是否按照预期结果运行。如果程序没有按照预期运行，则需要记录缺陷结果，然后修复，重新测试。

5. 结构化维护

软件产品被开发出来并交付用户使用后，就进入软件的运行与维护阶段，这个阶段是软件生命周期的最后一个阶段。

软件维护的最大难点是人们在理解软件过程中所遇到的障碍。维护人员往往不是当初的开发人员，读懂并正确理解他人开发的软件不是容易的事情。结构化软件工程方法中，各个阶段的文档表示不一致，程序不能很好地映射问题域，增加了维护工作的难度。

2.2.2　面向对象方法

面向过程的结构化编程采用的是时间换空间的策略，因为在早期计算机配置低、内存小，如何节省内存则成了首要任务，哪怕是运行的时间更长。随着硬件技术的发展，硬件不再是瓶颈，相反如何更好地模拟现实世界、系统的可维护性等问题凸显出来，于是面向对象设计应运而生。目前 PC 上的一般应用系统，由于不太需要考虑硬件的限制，而系统的可维护性等方面却要求很高，因此通常采用面向对象方式；对内存限制有所要求的嵌入式系统，则大多采用面向过程方式进行设计编程。

Jacobson 丁 1994 年提出了面向对象软件工程（OOSE）方法，这种开发方法以 20 世纪 60 年代末 SIMULA 语言的诞生为标志，它已经深入到软件领域的很多分支，包括面向对象分析、面向对象设计、面向对象实现等。其最大特点是面向对象用例（use case），并在用例的描述中引入了外部角色的概念。用例是精确描述需求的重要武器，它贯穿于整个开发过程，包括对系统的测试和验证。

面向对象模型表示为封装了数据和关系，以及与其他对象交互的方法的对象的集合。对象可以是真实的或者虚拟的实体。这种模型使用图进行构建，描述了软件特定的视图，可以逐步细化而形成详细设计。详细设计进一步通过持续的迭代或转换（采用某种机制），成为模型的实现视图。实现视图使用最终发布和部署的软件产品的代码或包表示。

面向对象（OOP）把构成问题的事务分解成各个对象，而建立对象也不是为了完成一个个步骤，而是为了描述某个事物在解决整个问题过程中所发生的行为。下面举例说明面向过程和面向对象编程。

面向对象就是一种以事物为中心的编程思想，让我们在分析和解决问题时把思维和重点转向现实中的客体，把构成事物分解成各个对象，建立对象是为了描述某个事物在整个解决问题的步骤中的行为，然后通过 UML 工具厘清这些客体之间的联系，最后用面向对象的语言实现这种客体以及客体之间的联系。针对五子棋的实现，面向对象的设计从另外的思路来解决问题。整个过程可以分为：

1）黑白双方，双方的行为是一模一样的；

2）棋盘系统，负责绘制画面；

3）规则系统，负责判定是否犯规、输赢等。

第一类对象（玩家对象）负责接收用户输入，并告知第二类对象（棋盘对象）棋子布局的变化，棋盘对象接收到棋子的变化就要负责在屏幕上显示出这种变化，同时利用第三类对象（规则系统）来对棋局进行判定。

面向对象保证了功能的统一性，从而为扩展打下基础。现在要加入悔棋的功能，如果要改动面向过程的设计，那么从输入、判断到显示这一连串的步骤都要改动，甚至步骤之间的顺序也要进行大规模调整。如果是面向对象，只改动棋盘对象就可以，棋盘系统保存了黑白双方的棋谱，只需要简单回溯，而不用顾及显示和规则判断，同时整个对象功能的调用顺序都没有变化，改动只是局部的。由此可以看出，面向对象更易于扩展。

面向对象分析（OOA）、面向对象设计（OOD）、面向对象编程（OOP）、面向对象测试（OOT）是构造面向对象系统的活动，它们也构成了面向对象软件工程的主要活动。

目前，在整个软件开发过程中，面向对象方法是很常用的。采用面向对象方法时，在需求分析阶段建立对象模型，在设计阶段使用这个对象模型，在编程阶段使用面向对象的编程语言开发这个系统。

Coad 和 Yourdon 给出的面向对象定义为：对象 + 类 + 继承 + 通信。如果一个软件系统采用这四个概念来设计和实现，就可以认为该软件系统是面向对象的。面向对象有如下特点：

- 从问题域中客观存在的事物出发来构造软件系统，用对象作为这些事物的抽象表示，并以此作为系统的基本构成单位；
- 事物的静态特征用对象的属性表示，事物的动态特征用对象的服务表示；
- 对象的属性和服务结合为一个独立的实体，对外屏蔽其内部细节，称为封装；
- 将具有相同属性和相同服务的对象归为一类，类是对这些对象的抽象描述，每个对象是其类的一个实例；
- 通过在不同程度上运用抽象的原则，可以得到较一般的类和较特殊的类。特殊类继承一般类的属性与服务，面向对象软件工程方法支持对这种继承关系的描述和实现，从而简化系统的构造过程及其文档；
- 复杂的对象可以用简单的对象作为其构成部分，称为聚合；
- 对象之间通过消息进行通信，以实现对象之间的动态联系；
- 通过关联表达对象之间的静态关系；

为便于理解面向对象软件工程方法的特点，下面先简单介绍面向对象的基本概念。

- **对象**。对象是系统中用来描述客观事物的一个实体，它是构成系统的基本单位。一个对象出一组属性和对这组属性进行操作的一组服务构成。属性和服务是构成对象的两个主要因素。属性是描述对象静态特征的一个数据项，服务是描述对象动态特征的一个操作序列。
- **类**。类代表的是一种抽象，它代表对象本质的、可观察的行为。类给出了属于该类全部对象的抽象定义，而对象则是符合这种定义的一个实体。对象既具有共同性，也具有特殊性。
- **继承**。一个类可以定义为另外一个更一般的类的特殊情况，称一般类为特殊类的父类或者超类，特殊类是一般类的子类。
- **封装**。封装是面向对象方法的一个重要原则，主要包括两层意思：一是指将对象的全部属性和全部操作结合在一起，形成一个不可分割的整体；二是指对象只保留有限的对外接口，使之与外界发生联系，外界不直接访问和存取对象的属性，只能通过允许的接口操作，这样就隐蔽了对象的内部细节。

- **消息**。消息传递是对象之间的通信手段，一个对象通过向另外一个对象发消息来请求其服务，一个消息通常包括接收对象名、调用的操作名和适当的参数。消息只告诉接收对象需要完成什么操作，并不指示接收者如何完成操作。
- **结构**。在任何一个复杂的问题域，对象之间都不是相互独立的，而是相互关联的，因此构成一个有机的整体。
- **多态性**。对象的多态性是指在一般类中定义的属性或者服务被特殊类继承之后，可以具有不同的数据类型或者表现出不同的行为，这使同一个属性或者服务名在一般类及其各个特殊类中可以具有不同的语义。

面向对象方法认为数据和行为同等重要，是一种将数据和对数据的操作紧密结合起来的方法，这是其与传统结构化方法的主要区别。面向对象方法的出发点和基本原则是尽量模拟人类的习惯和思维方式，描述问题的问题空间与其解空间在结构上尽可能一致。面向对象方法的开发过程是多次重复和迭代的演化过程，在概念和表示方法上的一致性保证了各项开发活动之间的平滑过渡。喷泉模型就是有代表性的面向对象模型。

1. 面向对象分析

面向对象分析（OOA）强调直接针对问题域中客观存在的各种事物建立 OOA 模型中的对象。用对象的属性和服务分别描述事物的静态特征和行为。问题域中有哪些值得考虑的事物，OOA 模型中就有哪些对象，而且对象及其服务的命名都强调与客观事物一致。另外，OOA 模型也保留了问题域中事物之间的关系，将具有相同属性和相同服务的对象归为一类，用继承关系描述一般类与特殊类之间的关系。OOA 针对问题域运用面向对象（OO）方法，建立一个反映问题域的 OOA 模型，不考虑与系统实现有关的问题。分析的过程是提取系统需求的过程，主要包括理解、表达和验证。

面向对象分析的关键是识别出问题域内的对象，并分析它们相互之间的关系，最终建立简洁、精确、可以理解的正确问题域模型。在用面向对象观点建立起来的模型中，对象模型是最基本、最重要、最核心的模型。

2. 面向对象设计

面向对象设计（OOD）是将面向对象分析所创建的分析模型转换为设计模型，是针对系统的一个具体实现运用 OO 方法进行设计的过程。OOD 包括两个方面的工作：一方面是将OOA 模型直接搬到 OOD，即不经过转换，仅做某些必要的修改和调整；另一方面是针对具体实现中的人机界面、数据存储、任务管理等因素补充一些与实现有关的部分。

OOA 与 OOD 采用一致的表示法是面向对象分析与设计优于传统结构化方法的重要因素之一。OOA 与 OOD 不存在转换的问题，只需要进行局部的修改或者调整，并增加几个与实现有关的独立部分，因此 OOA 转换与 OOD 之间不存在鸿沟，二者能够紧密衔接，降低了从 OOA 转换到 OOD 的难度并减少了转换工作量。

面向对象设计和面向对象分析采用相同的符号表示，两者没有明显的分界线，它们往往反复迭代进行。在面向对象分析中，主要考虑系统做什么，而面向对象设计主要解决系统如何做。从面向对象分析到面向对象设计，是同一种表示方法在不同范围的运用，面向对象设计的问题域部分是从面向对象分析模型中直接拿来的，仅针对实现的要求进行必要的增补和调整。

3. 面向对象编程

认识问题域与设计系统的工作已经在 OOA 和 OOD 阶段完成，面向对象编程（OOP）的工作就是用一种面向对象的编程语言针对 OOD 模型中的每个部分编写代码。理论上来说，在 OOA 和 OOD 阶段对于系统需要设立的每个对象类及其内部构成（属性和服务）与外部关系（结构和静态、动态联系）都应有透彻的认识和准确的描述。面向对象编程主要是指编程人员采用具体的数据结构来定义对象的属性，用具体的语句来实现服务流程图所表示的算法。

4. 面向对象测试

面向对象测试（OOT）是指对于用 OO 技术开发的软件，在测试过程中继续运用 OO 技术进行以对象概念为中心的软件测试。OOT 以对象的类作为基本测试单位，查错范围主要是类定义之内的属性和服务，以及有限的对外接口（消息）所涉及的部分。由于对象的继承性，在对父类测试完成之后，子类的测试重点只是那些新定义的属性和服务。

5. 面向对象维护

面向对象软件工程方法改进了传统的结构化软件工程维护过程，程序与问题域一致，各个阶段的表示一致，从而大大降低了理解的难度。无论是从程序中发现了错误而反向追溯到问题域，还是从问题域追踪到程序，都是比较顺畅的。另外，对象的封装性使一个对象的修改对其他对象影响较小，从而避免了波动效应。所以，面向对象的维护过程比结构化方法的维护过程要简单一些。

2.2.3　数据建模方法

数据模型从所使用的数据和信息的角度进行构建。数据模型由数据表和关系所定义。数据建模方法主要用于定义和分析数据库设计中的数据需求或业务软件中的数据仓库。此时，数据作为业务系统的资源或财产进行管理。

2.2.4　形式化方法

软件工程的形式化方法（formal method）使用严格的数学符号和语言定义、开发和验证软件。通过使用规约语言，可以以系统化和自动或半自动化的形式检查软件模型的确定性、一致性、完整性和正确性。形式化方法强调规约语言、程序精化和推导、形式化验证和逻辑推理。

1）规约语言。规约语言提供了形式化方法的数学基础。规约语言是形式化的高级计算机语言（不是传统的第三代语言），用于在软件规约、需求分析或设计等阶段描述特定的输入输出行为。规约语言不是可直接执行的计算机语言，通常由符号、语法、使用这些符号的语义以及一系列所允许的对象间的关系构成。

2）程序精化和推导。程序精化是通过一系列转化建立下层（或更详细的）规约的过程。通过持续转化，软件工程师推导出程序的一个可执行表示形式。可以细化规格说明，增加细节直至模型可以用第三代编程语言表示，或者成为特定规约语言的可执行部分。这种规约精化的过程使所定义的规格说明具有更精确的语义属性，不仅明确了实体间的关系，而且明确了这些关系和操作在运行时的准确含义。

3）形式化验证。模型检查是一种形式化验证的方法。通过状态空间搜索或者可达性分析，它可以证明所给出的软件设计具备了或者保持了特定模型的属性。例如，在所有可能的事件或消息交错到达的情况下，可以使用模型检查进行程序行为正确性的分析验证。使用形式化验证方法要求严格定义软件的模型和运行环境。这种模型通常采用有限状态机或其他形式化定义的自动机表示。

4）逻辑推理。逻辑推理是软件设计的一种方法。此方法为每一个具有显著特征的程序块指定其前置条件和后置条件，然后采用数学逻辑推导出在所有的输入条件下，这些前置条件和后置条件都能够满足的证明。这种方法为软件工程师提供了一种无须执行软件就可预知软件行为的途径。一些集成开发环境（IDE）支持在设计和编程的过程中提示或显示这些逻辑推理的结果。

2.2.5 快速原型方法

快速原型方法（prototyping method）构建软件原型是一种活动。它通常建立不完整的或者功能最小化的应用软件版本，其目的是尝试新的软件特征、固化需求反馈或用户界面，以及进一步探索软件需求、设计或实现选择等。软件工程师使用快速原型方法加深对软件或构件的理解。这种方法与其他软件工程方法的差别在于经常从理解最透彻的软件部分开始开发。原型产品需要进一步开发，才能成为最终的软件产品。

1）原型的风格，指开发原型产品的各种方法。原型产品可以是可被丢弃的代码或草图，也可以是可执行的规约。每一种原型产品都有各自的生命周期。应根据项目所需结果的类型、质量和紧急程度选择合适的风格。

2）原型的目标。原型产品的目标服从于特定产品。例如，需求规格说明、设计单元或构件的架构、算法或人机用户界面等。

3）原型评估技术。软件工程师或其他项目利益相关者可以用多种方法来使用或者评估原型产品，而这些方法的选择主要取决于最初选择原型开发时的根本诉求。可以从实际需要实现软件或者目标需求（如需求原型）的角度对原型产品进行评估或者测试。原型产品也可以作为未来软件开发的模型（如作为用户界面的规格说明）。

2.2.6 面向构件方法

构件不是一个新的概念，Java 中的 JavaBean 规范和 EJB 规范都是典型的构件。构件的特点在于它定义了一种通用的处理方式。例如，JavaBean 拥有内视的特性，这样就可以通过工具来实现 JavaBean 的可视化。而 EJB 规范定义了企业服务中的一些特性，使 EJB 容器能够为符合 EJB 规范的代码增添企业计算所需要的能力，例如事务、持久化、池等。所以，与对象相比，构件的进步就在于通用规范的引入。通用规范往往能够为构件添加新的功能，但也给构件添加了限制。OOP 有一个大的限制：对象之间的相互依赖关系。要去掉这个限制，一个好的想法就是构件。构件和一般对象之间的关键区别是构件是可以替代的。

基于构件软件工程开发的整个过程从需求开始，由开发团队使用系统需求分析技术建立待开发软件系统需求规约。在完成体系结构设计后，并不立即开始详细设计，而是确定哪些部分可由构件组装而成。此时开发人员面临的决策问题包括"是否存在满足系统需求的构件？"以及"这些可用构件的接口与体系结构的设计是否匹配？"等。如果现有构件的组装无法满足需求，就只能采用传统的或面向对象的软件工程方法开发新构件。反之，可以进入基于构件的开发过程，该过程大致包含如下活动。

构件识别。通过接口规约以及其他约束条件判断构件是否能在新系统中复用。构件识别分为发现和评估两个阶段。发现阶段的首要目标是确定构件的各种属性，如构件接口的功能性特征（构件能够向外提供什么服务）及非功能性属性（如安全性、可靠性等）等。由于构件的属性往往难以获取、无法量化，因此构件的发现难度较大。评估阶段根据构件属性以及新系统的需求判断构件是否满足系统的需求。评估方法常常涉及分析构件文档、与构件已有用户交流经验和开发系统原型。构件识别有时还需要考虑非技术因素，如构件提供商的市场占有率、构件开发商的过程成熟度等级等。

构件适配。针对不同的应用需求，用户可以选择独立开发构件或选择可复用的构件进行组装。这些构件对运行环境做出了某些假设。软件体系结构定义了系统中所有构件的设计规则、连接模式、交互模式。如果被识别或自主开发的构件不符合目标系统的软件体系结构，就可能导致该构件无法正常工作，甚至影响整个系统的运行，这种情形称为失配（mismatch）。调整构件使之满足体系结构要求的过程就是构件适配。构件适配可通过白盒、灰盒或黑盒的方式对构件进行修改或配置。白盒方式允许直接修改构件源代码；灰盒方式不允许直接修改构件源代码，但提供了可修改构件行为的扩展语言或编程接口；黑盒方式不允许直接修改构件源代码且没有提供任何扩展机制。如果构件无法适配，就不得不寻找其他适合的构件。

构件组装。构件必须通过某些良好定义的基础设施才能组装成目标系统。体系结构风格决定了构件之间连接或协调的机制，是构件组装成功与否的关键因素之一。典型的体系风格包括黑板、消息总线、对象请求代理等。

构件演化。基于构件的系统演化往往表现为构件的删除、替换或增加，其关键在于如何充分测试新构件以保证其正确工作且不对其他构件的运行产生负面影响。对于由构件组装而成的系统，其演化的工作往往由构件提供商完成。

2.2.7　面向代理方法

面向代理软件工程（Agent-Oriented Software Engineering，AOSE）是近年来软件工程领域出现的一个前沿研究方向，它是在面向过程技术、面向对象技术、面向构件技术的基础上发展起来的。它试图将代理理论和技术与软件工程的思想、原理和原则相结合，为基于代理系统的开发提供工程化手段。近年来，随着 Internet 上的 Web 应用以及软件开发社会化的发展，面向代理软件工程受到了学术界和工业界的高度关注和重视，研究活跃，发展迅速。

面向代理软件工程的核心思想是将代理作为工程化软件系统的主要设计观念。代理技术最初是由美国 M. Minsky 教授提出的，用来描述具有自适应和自治能力的硬件、软件或其他任何自然物和人造物。随着该项技术的提出，在人工智能各领域掀起了研究代理技术和基于代理的系统的高潮。尽管目前对代理的定义有很多争议，但人们普遍认为代理一般具有如下特性。

- 自治性：代理在进行运作时，不需要人或其他个体的直接介入或干预，其自身就具有一定的控制能力。但不否认在启动运作或在运作过程中，代理会得到必要的信息输入。
- 开放性：研究代理之间的交互语言是很重要的，因为它可以通过某种工具实现与人类或非人类的代理进行交互。
- 反应能力：代理具有适应环境变化的能力，能够对环境的变化做出及时的反应。

此外，代理软件具有功能的连续性及自主性（autonomy）。也就是说，代理能够连续不断地感知外界发生的变化或者自身状态的改变，并自主产生相应的动作。

随着代理越来越受到重视，研究人员把这一概念也引入到软件开发的方方面面，其目的是增强软件之间的可协作性。采用这种方法开发出的应用程序被视为软件代理。软件代理的研究是一项综合性的理论与技术研究，涉及人工智能、网络通信、工程数据交换标准、软件工程和操作系统等多个方面。它的实际应用将极大地提高在异质计算环境中各种软件的协作能力，增强软件的可重用性，这在计算机网络广泛应用的今天有着非常重要的意义。

尽管目前对软件代理尚缺乏统一的定义，但其基本思想是使软件实体能够模拟人类社会的组织形式、协作关系、进化机制，以及认知、思维和解决问题的方式。所以可以将软件代理作为一个对象驱动的智能软件包，它通过与其他代理及用户的通信感知外部世界，并根据感知结果（外部事件）及内部状态的变化独立地决定和控制自身的行为，其结构如图2-5所示。

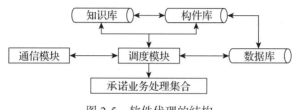

图 2-5   软件代理的结构

软件代理由以下几个部分组成。

通信模块。通信模块不仅是感知外部世界的接口，而且具有与其他软件代理进行联系的通信机制。通信模块不断地监测来自外界或其系统中其他软件代理的信息流，并对外部信息流进行合法性检测，以确定其消息类型和内容。对于有效的消息，通信模块将其提交给调度模块做进一步处理。

承诺业务处理集合。承诺业务处理集合是软件代理可处理的所有业务集合，它描述了软件代理向用户和其他软件代理所能提供的服务。它是调度模块决定是否接收通信模块传递来的消息的重要依据。

调度模块。调度模块接收到消息后，将根据消息的内容检索承诺业务处理集合。对于那些不在承诺业务处理集合范围内的消息，调度模块将予以拒绝；对于那些承诺的业务处理，调度模块将根据消息的类型和内容从知识库中获取问题求解规则，然后依据规则的定义，调用构件库中的一个或多个构件来处理外界请求，调度模块处理完成以后，将处理结果传递给通信模块，再由通信模块传递给外界。

数据库。在业务处理过程中，软件代理自身状态的变化记录在数据库中，业务处理所需要的所有内部数据也都存储在数据库中。

知识库。知识库记录了软件代理求解问题所需要的所有知识，包括描述性知识和判断性知识。描述性知识描述了应用领域内各个对象的特征及结构，而判断性知识是与应用领域有关的业务处理规则。

构件库。构件库的思想就是从业务处理过程中提取具有共性的数据和操作，并按照对象的属性和特点设计成一个个构件，然后封装成一个个处理动作，最后由调度模块组成某个软件代理所需要的业务处理流程。

此外，在系统中可存在多个软件代理，这些软件代理将以协同工作的方式实现。

目前，面向代理软件工程还有很多发展障碍。由于代理的结果是从人工智能的角度进行研究的，因此缺少实践工作的支持，而且对开发人员的专业要求比较高，针对性强，只能在限制领域内进行研究。面向代理软件工程中缺少统一性是阻碍代理软件工程发展的主要原因。

2.2.8　敏捷开发方法

敏捷开发方法（agile development method）起源于 20 世纪 90 年代，目的是应对大型软件开发项目中采用烦琐的基于计划的方法所造成的负担过重问题。敏捷开发方法是一种轻量级方法，具有每一次迭代开发过程持续时间短、团队自组织、设计简明、代码重构、测试驱动开发、客户频繁参与开发和强调每个开发阶段都创建一个演示版本等诸多特征。本节将简要讨论一些比较流行的敏捷开发方法，包括快速应用开发（Rapid Application Development，RAD）、极限编程（eXtreme Programming，XP）、Scrum 和特征驱动开发（Feature-Driven Development，FDD）。

1. RAD

这种方法主要应用于数据密集型业务系统的开发。软件工程师采用由专门的数据库开发工具所支持的 RAD 方法快速开发、测试和部署新的或者更新的业务应用。

2. XP

这种方法使用剧本或场景描述需求，从定义测试要求开始项目开发。客户直接加入开发团队（参与定义可接受性测试）。采用结对编程，并进行持续的代码重构和集成。将需求分解为任务，确定其优先级，估算工作量，再进行开发和测试。对软件的每个增量版本进行测试。频繁发布增量版本，如每两周一次等。

3. Scrum

这种方法比其他方法更有利于项目管理。项目经理管理增量式项目中的各种活动。每一次增量被称为一次"冲刺"（迭代），持续不超过 30 天。规划产品待开发项列表，并根据此表确定开发任务，定义和分配优先级并估算工作量。每一次增量都测试和发布一个可工作的软件版本，如图 2-6 所示。

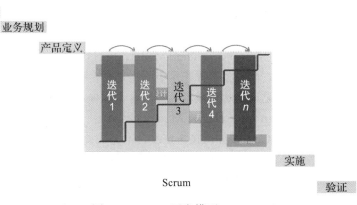

图 2-6　Scrum 开发模型

4. FDD

这是一种模型驱动、短周期和迭代式的软件开发方法，采用 5 阶段开发过程：

1）构建产品模型，确定问题范围；

2）创建要求和功能特征列表；

3）建立功能开发计划；

4）进行本轮迭代的功能设计；

5）编程、测试，进行功能集成。

FDD 类似于增量开发方法。除了代码拥有者是个人而不是团队以外，FDD 也类似于 XP。FDD 强调软件的整体架构，提升了首次建立的工作版本的功能正确性，而不强调持续的重构。学术文献和实际应用中存在众多的敏捷方法。与存在适用于敏捷方法的场合一样，总会存在适用于重量级基于计划的软件工程方法的应用场合。实践者将根据组织业务要求，平衡轻量级和重量级方法的特征，定义将敏捷方法和基于计划的方法相结合的新方法。

我们也处在一个快节奏的时代，这个时代瞬息万变。大家也知道，市场驱动业务，业务驱动研发，这样进一步推动我们去推行敏捷开发、快速迭代、快速交付，因为只有做到持续交付，才能更好地去满足市场的需求、满足客户的期望。有人把持续交付看作研发交付给运维，但持续交付应该是持续交付更有价值的东西给最终用户，从这个角度讲，持续交付倒逼持续运维、持续部署、持续集成、继续测试、继续构建。

2.2.9 模型驱动开发方法

模型驱动开发方法（Model Driven Development Method，MDD）或称模型驱动工程（Model Driven Engineering，MDE），是一种在软件开发整个生命周期中以模型为核心工件的高级别抽象的开发方法，它使用软件模型完成软件的分析、设计、构建、部署和维护等开发活动。模型在相应工具的支持下，被转换成代码或者可运行配置。MDA（Model Driven Architecture）是 OMG 在 2001 年发布的一种以可移植性、互操作性和可重用性为目标的 MDD 实现方案，涵盖了一组实现 MDD 标准和工具的集合，定义了关于 MDD 软件开发方法的一种概念框架。MDA 的目的是分离业务建模与底层平台技术，以保护软件建模的成果不受技术变迁的影响。MDA 定义了以下三种抽象级别的模型。

- 计算独立模型（Computation Independent Model，CIM）：描述系统的需求和相关的系统业务上下文。此模型通常描述系统将用于做什么，而不描述如何实现系统。CIM 通常用业务语言或领域特定语言来表示，仅当系统的使用是业务上下文的一部分时，才会非常有限地涉及系统的使用。
- 平台独立模型（Platform Independent Model，PIM）：描述如何构造系统，而不涉及用于实现模型的技术。此模型不描述用于为特定平台构建解决方案的机制。PIM 在由特定平台实现时可能是适当的，或者可能适合于多种平台上的实现。
- 平台特定模型（Platform Specific Model，PSM）：从特定平台的角度描述解决方案。其中包括如何实现 CIM 和如何在特定平台上完成该实现的细节。

MDD 的核心思想是首先抽象出能够完整描述业务功能且与具体实现技术无关的平台无关模型 PIM，然后针对不同实现技术制定相应的转换规则，通过这些转换规则及辅助工具将 PIM 转换成与具体实现技术相关的平台相关模型 PSM，最后将经过充实的 PSM 转换成代码。MDD 代表了一套理论和工业化软件开发的方法框架。本节将讨论 MDD 所涉及的软件建模的类型与层次、MDD 的实现机制和 MDD 项目管理等问题。软件模型通常包括以下几种。

- 功能模型：描述系统能做什么，即定义系统的功能、性能、接口和界面等。
- 业务模型：描述系统怎么做，即定义系统在何时、何地、由何角色、按什么业务规则完成特定的功能的步骤或流程。
- 数据模型：描述系统的数据组织，即定义数据源与目的、数据存储位置，以及数据关联等系统数据结构。

MDD 包括以下实现机制。

- 建模语言：描述系统的概要抽象（profile），如 UML 或领域特定语言（Domain Specific Language，DSL）。
- 设计模式：描述在特定的应用场景下针对某一类重复出现问题的通用解决方案模板。
- 模型转换：将一种模型转换成另一种模型的自动化手段，如将模型转换成代码。

MDD 项目管理包括组织与角色、MDD 开发过程和工具。MDA 不要求特定的软件开发过程。MDD 可以与敏捷软件开发相结合，模型被作为交付软件的一部分；也可以与极限编程相结合，进行增量开发、测试和极限建模。

2.2.10　无代码开发模式

无代码开发模式就是改变以往业务需求与编程逻辑的对接方式，以无代码（不生产代码）的方式对接业务需求，从根本上改变了生产方式，节省了中间过渡环节。纵观软件工程发展史，无论是从面向过程到面向对象的工具语言变化，还是 Scratch、Axure 以及我们最熟悉不过的 Excel 软件出现，都是人类追求无码化、降低开发应用门槛、提升效率的大胆实践。企业级无代码通过对产业分工、商业模式、开发模式、开发流程、开发者角色的变革，推动软件工程向前跨越了一大步。

基于为企业级客户提供具备可用性、正确性、经济型产品的根本目标，软件开发工具及方法论都经历了阶段性变革。从传统软件开发流程，到敏捷开发，再到无代码开发，软件开发实现了开发流程更敏捷、代码量更少、交付周期更短、创新能力更强的目的。无码化的配置过程，能够与客户进行持续对接，用配置好的界面去交流，沟通效率更高，如图 2-7所示。

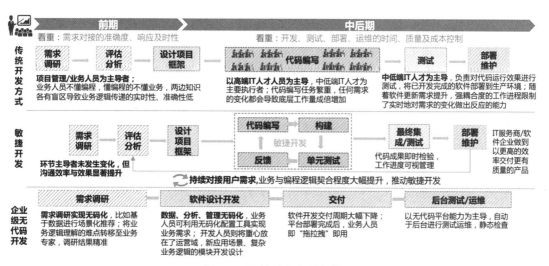

图 2-7　软件开发流程变革

2.3　软件工程方法对比

综合以上软件工程相关技术，我们分别就特点、分析方法、适用范围进行总结，如表 2-1 所示。

表 2-1　软件工程方法比较

方　　法	主要特点	分析方法	适用范围
面向过程（结构化）方法	通用性、重用性、扩展性差	利用面向过程程序语言和程序设计流程图	开发小规模的专用软件
面向对象方法	较好的通用性、重用性和扩展性	系统抽象为对象集合	开发广泛应用领域的大规模软件系统
面向构件方法	有一定的通用性、重用性和扩展性	系统划分为功能模块，逐个实现，再连接起来	模块化、结构化程序，可开发较大规模的系统
面向代理方法	较好的通用性、重用性和扩展性，且具有智能性	系统抽象为具有拟人化的代理集合	各种大型复杂系统
敏捷开发方法	快速迭代反馈，可以应对需求的变化	将需求通过用户故事迭代式实现	用户可以参与项目，并参与项目迭代反馈

2.4　软件逆向工程

软件逆向工程是根据对软件代码的分析恢复其设计和需求的过程。逆向工程的目的是通过改进一个系统的可理解度来推进测试或者维护工作，并产生一个非主流系统所需的文档。逆向工程的第一个阶段通常是对代码进行修饰性改动，改进其可读性、结构和可理解性，执行这些修饰性改动的过程如图 2-8 所示。通过改动重新定义程序格式，所有的变量、数据结构和函数被分配了有意义的名字，使原来的程序成为规范化的程序。然后可以开始提取代码、设计和需求，有些工具可以根据代码生成数据流和控制流图，也可以提取结构图。对全部代码有了透彻的了解后，就可以提取设计和编写需求规格说明了。

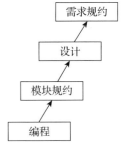

图 2-8　软件逆向工程过程

2.5　基于容器技术的软件工程化管理

软件项目的工程化流程主要分为四大阶段：开发、测试、生产、运维。而软件环境是各个阶段顺利交接的基础和瓶颈。如何解决环境统一和轻量级交付，即"隔离"+"运行环境打包"，是软件人员一直在思考的问题。而容器（container）技术是最近很火热的概念，它可以为解决此类问题提供技术支持。有人预言：容器技术将统治世界，并将改变开发规则。目前，Docker 在三大容器技术（Docker Swarm/SwarmKit、Apache Mesos、Kubernetes）中占有率最高。Docker 是 PaaS 提供商 dotCloud 于 2013 年进行的一个开源项目，旨在解决各种应用程序运行环境的部署和发布问题。Docker 的最终目的是实现对应用组件的封装、分发、部署、运行等生命周期的管理，达到应用组件级别的"一次封装，随处运行"。由于 Docker

具有这样的特性，因此它的主要应用是在云平台上，用户可以便捷地开发和部署应用程序，将应用程序托管在 PaaS 管理的云基础设施中，从而大大缩短开发周期，降低运维成本。通过结合轻量型应用隔离和基于镜像的部署方法，容器将应用及其依赖项一同打包，从而有效降低开发和操作间出现不一致的概率，进而简化应用部署，缩短交付周期，更快地为客户创造价值。

容器允许开发人员将所有组件和相关软件包放入一个"盒子"中，使应用程序能从基本操作系统中抽取出来，并在一个隔离的环境中运行。毫无疑问，要使容器工作，操作系统必须要有相关的软件包。这解决了应用程序开发人员正在处理的一个主要问题——把应用程序从它运行的环境中分离出来，这是自开发和实现应用程序以来一直困扰开发人员的问题。使用容器之后，在部署应用程序时，开发人员不必再担心应用程序所处的运行环境。

容器不是虚拟机，虚拟机的确可以做到"隔离"+"运行环境打包"，但虚拟机是一个很笨重的解决方案。它的缺点很明显：每个应用镜像里需要包含一个操作系统，体积过大；另外，一个机器运行多个不同环境的应用需要多个操作系统虚拟机，管理和运行的效率成问题。容器精简了操作系统这一层。Docker 是一个非常轻量级的方案，而且拥有虚拟机没有的一些功能，利用 Docker 可以运行非常多的容器，而且对内存、磁盘和 CPU 的消耗比传统的虚拟机要低许多。使用 Docker 部署一个应用是非常简单的，多数情况下我们可以使用相同的镜像（Image）。在容器设计过程有一个名为 Dockerfile 的文件，这个文件相当于用户 Docker 的设计，在 Dockerfile 完成后，build 命令可以理解为编译过程，实际上就是通过 Dockerfile 的描述生成 Docker 镜像，然后把镜像交付给测试者，测试者测试通过后再把镜像提交给使用者，其对应的阶段如表 2-2 所示。这样可以顺利完成开发、测试、生产、运维的轻量级交接。

表 2-2 Docker 镜像的各个阶段

	开　　发	交　　付	运　　维
容器的形式	Dockerfile 描述文件	Docker Image 镜像文件	Container 动态进程
执行的命令	build	run, commit	stop, start, restart

可以将上述表格理解为通过描述文件 Dockerfile 生成了镜像文件 Docker Image，加载 Docker Image 运行就形成了动态进程容器 Container。

但是，容器技术还有很多问题需要解决，例如安全、标准等问题。货运公司之所以可以轻松实现集装箱在船舶、铁路、公路运输间的传送，正是因为集装箱是采用国际统一的标准尺寸构建的。同样，软件容器及其应用也应制定类似的标准规范。但是，目前软件行业的确缺少必要的标准。

2.6　MSHD 项目案例说明

本书以"多源异构灾情管理系统"项目（以下简称为 MSHD 项目）为贯穿始终的案例，详细介绍这个项目案例的需求分析、概要设计、详细设计、编程构建、软件测试、软件交付、软件维护等过程，如图 2-9 所示。本案例结合软件开发各个阶段，理论联系实践，不但有详细的介绍说明，还提供案例文档和代码学习以及部分教学视频。

通过本书中的案例，可以基本实现软件工程化流程中开发、测试、生产和运维环节的实践过程。

图 2-9　MSHD 项目案例路线图

　　业务在高速变革，技术的变革与业务相比，有过之而无不及。应用架构从以往的服务集中到如今盛行的微服务，IT 架构从物理机、虚拟机到如今的容器化、云服务，开发技术栈无论是前端还是后端都呈现出百花齐放的姿态。无论是业务变革还是技术变革，最终都会对企业的开发流程造成影响，进而推动其进行变革。开发流程从早期的瀑布式开发，到敏捷开发，再到如今的 DevOps，如图 2-10 所示。本案例采用敏捷的开发流程，采用微服务的应用架构，以及云服务的部署方式。

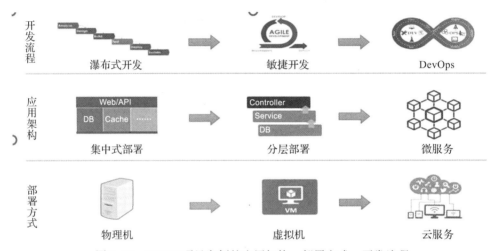

图 2-10　MSHD 项目案例的应用架构、部署方式、开发流程

2.7　小结

　　本章从方法学上讲述了软件工程的模型与相关技术方法，介绍了信息模型、行为模型、结构模型等工程建模。本章重点讲述了软件工程技术方法，包括结构化软件工程方法、面向对象软件工程方法、面向代理软件工程方法、面向构件软件工程方法、敏捷软件工程方法等。这些方法覆盖了软件需求建模、设计建模、编程、测试、维护等方面，它们的目的都是帮助人们解决问题，称为解系统。

2.8　练习题

一、填空题

1. UML 的三个基本构造块是_____、_____和_____。
2. 在软件开发的结构化方法中，采用的主要技术是 SA，即_____，以及 SD，即_____。
3. 数据流图描述数据在软件中的流动和处理过程，是软件模型的一种图示，它一般包括 4 种图形符号：变换／加工、外部实体、数据流向和_____。

4._____是将数据和对数据的操作紧密地结合起来的方法，这是其与传统结构化方法的主要区别。

5.软件代理一般具有 _____、_____、_____特性。

二、判断题

1.面向对象开发过程是多次重复和迭代的演化过程，在概念和表示方法上的一致性保证了各项开发活动之间的平滑过渡。（　　　）

2.基于构件软件工程开发的整个过程从需求开始，在完成体系结构设计后，并不立即开始详细设计，而是确定哪些部分可由构件组装而成。（　　　）

3.软件逆向工程是根据对软件需求的分析恢复其设计和软件代码的过程。（　　　）

三、选择题

1.结构化分析方法是面向（　　　）的自顶向下逐步求精的分析方法。

　　A.目标　　　　　　B.数据流　　　　　　C.功能　　　　　　D.对象

2.结构化的概要设计是以（　　　）技术为基础的软件设计方法。

　　A.抽象　　　　　　B.模块化　　　　　　C.自下而上　　　　D.信息隐蔽

3.在结构化分析方法中，常用的描述软件功能需求的工具是（　　　）。

　　A.业务流程图、处理说明　　　　　　B.软件流程图、模块说明

　　C.数据流程图、数据字典　　　　　　D.系统流程图、程序编码

4.（　　　）不是 UML 的图示。

　　A.流程图　　　　　B.用例图　　　　　　C.活动图　　　　　D.序列图

5.下面哪一项不是敏捷开发方法？（　　　）

　　A.RAD　　　　　　B.极限编程（XP）　　C.特征驱动开发（FDD)D.瀑布方法

第 3 章

软件项目的需求分析

当现实世界发生问题时，我们会希望通过在问题域中引入一个解系统来解决问题，需求就是我们期望解系统能够在问题域中产生的理想效果。从本章开始，我们将按照软件开发过程路线图分阶段讲解通过软件项目开发解决现实世界问题的过程。本章开始路线图的第一站——需求分析，如图 3-1 所示。

图 3-1　路线图——需求分析

3.1　软件项目需求概述

需求是用户对问题域中的实体状态或者事件的期望描述，如图 3-2 所示。软件需求是软件项目的一个关键输入。软件需求具有模糊性、不确定性、变化性和主观性的特点，它不像硬件需求，硬件需求是有形的、客观的、可描述的、可检测的。软件需求是软件项目中最难把握的，同时又是关系到项目成败的关键因素，因此对于需求分析和需求变更的处理十分重要。软件需求的重要性是不言而喻的，如何获取真实需求以及如何保证需求的相对稳定是每个项目组都必须要面对的问题。

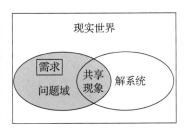

图 3-2　需求与问题域的关系

尽管项目开发中的问题不一定都是由需求问题导致的，但是需求通常是最主要、最普遍的问题源。软件需求是用户对目标软件系统在功能、行为、性能、设计约束等方面的期望。通过对问题及其环境的理解与分析，为问题涉及的信息、功能及系统行为建立模型，将用户需求精确化、完全化，最终形成需求规格说明，这一系列的活动即构成需求分析阶段的任务。

3.1.1　需求定义

软件需求是指用户对软件的功能和性能的要求，就是用户希望软件能做什么事情，完成什么样的功能，达到什么样的性能。软件人员要准确理解用户的要求，进行细致的调查分析，将用户非形式化的需求陈述转化为完整的需求定义，再将需求定义转化为相应形式的需求规格说明。

有时也可以将软件需求按照层次来说明，包括业务需求（business requirement）、用户需求（user requirement）、功能需求（functional requirement）、软件需求规格说明（Software Requirement Specification，SRS）等层次。

业务需求反映了组织机构或客户对系统、产品高层次的目标要求，由管理人员或市场分析人员确定。

用户需求描述了用户通过使用该软件产品必须要完成的任务，一般由用户协助提供。

功能需求定义了开发人员必须实现的软件功能，使用户通过使用此软件能完成他们的任务，从而满足业务需求。对于一个复杂产品来说，功能需求也许只是系统需求的一个子集。

软件需求规格说明充分描述了软件系统应具有的外部行为，描述了系统展现给用户的行为和执行的操作等。它包括产品必须遵从的标准、规范和合约，外部界面的具体细节，非功能性需求（如性能要求等），设计或实现的约束条件及质量属性。所谓约束条件是指对开发人员在软件产品设计和构造上的限制。质量属性是从多个角度对产品的特点进行描述，从而反映产品功能。多角度描述产品对用户和开发人员都极为重要。需求规格说明是解系统为满足用户需求而提供的解决方案，规定了解系统的行为特征。

在需求分析过程中，我们使用最多的文档就是软件需求规格说明，该文档中所说明的功能需求充分描述了软件系统所应具有的外部行为。软件需求规格说明在开发、测试、质量保证、项目管理以及相关项目功能中都起到了重要的作用。

用户需求必须与业务需求一致。用户需求使需求分析者能从中总结出功能需求，以满足用户对产品的期望，从而完成其任务；而开发人员则根据软件需求规格说明设计软件，以实现必要的功能。

3.1.2　需求类型

需求有多个类型，不同的类型有不同的特性和不同的处理要求。根据不同的分类标准，可以将需求分成不同的种类。IEEE 1998 将需求分为 5 类。

1）功能需求（functional requirement）：用户希望系统所能够执行的活动，这些活动可以帮助用户完成任务，是与系统主要工作相关的需求。

2）性能需求（performance requirement）：系统整体或者系统组成部分应该拥有的性能特征，如内存使用率等。

3）质量属性（quality attribute）：系统完成工作的质量，即系统需要在一个"好的程度"上实现功能需求，如可靠性程度、可维护性程度。

4）对外接口（external interface）：系统和环境中其他系统之间需要建立的接口，包括硬件接口、软件接口、数据库接口等。

5）约束（constraint）：进行系统构造时需要遵守的约束，如编程语言、硬件设施等。

从项目开发的角度看，软件需求中的功能需求是最主要的需求，它规定了系统必须执行的功能。需要计算机系统解决的问题就是对数据处理的要求。其他需求为非功能需求，是一些限制性要求，是对实际使用环境所做的要求，如性能要求、可靠性要求、安全性要求等。非功能需求比功能需求要求更严格，更不易被满足，因为如果不能满足非功能需求，系统将无法运行。

数据需求是功能需求的补充，如果软件功能不涉及数据支持，或者在功能需求部分明确定义了相关数据结构，就不需要单独定义数据需求。数据需求是在数据库、文件或者其他介质中存储的数据描述，如功能使用的数据信息、使用频率、完整性约束、数据保持要求等。

3.1.3 需求的重要性

需求实践面临很多问题，例如，需求有隐含的错误，需求不明确或者含糊，用户不断增加、变更需求，用户不配合需求调研，等等。所以，需求很重要，其重要性可以通过图 3-3 来说明。

图 3-3 需求在项目中的重要性

开发软件项目就像和用户一起从河的两边开始修建桥梁，如果没有很好地理解和管理用户的需求，开发出来的软件不是用户希望的，那么两边的桥梁永远不可能相接，就像图 3-3 中一样。没有合理的需求分析，很难达到用户的真正要求。即使设计和实现得再正确可靠，也不是用户真正想要的东西。

软件需求研究的对象是软件项目的用户要求。需要注意的是必须全面理解用户的各项要求，但又不能全盘接受用户所有的要求，因为并非用户提出的所有要求都是合理的。对于其中模糊的要求，需要向用户确认，然后才能决定是否可以采纳；对于那些无法实现的要求，应向用户做充分的解释，以得到用户的谅解。

3.2 传统需求工程

20 世纪 80 年代中期，形成了软件工程的子领域——需求工程（RE）。需求工程是指应用已证实有效的技术和方法进行需求分析，确定客户需求，帮助分析人员理解问题并定义目标系统的所有外部特征的一门学科。它通过合适的工具和记号系统地描述待开发系统及其行为特征和相关约束，形成需求文档，并对用户不断变化的需求演进给予支持。需求工程可分为系统需求工程（针对由软硬件共同组成的整个系统）和软件需求工程（专门针对纯软件部分）。软件需求工程是一门分析并记录软件需求的学科，它把系统需求分解成一些主要的子系统和任务，把这些子系统或任务分配给软件，并通过一系列重复的分析、设计、比较研究、原型开发过程，把这些系统需求转换成软件的需求描述和一些性能参数。

需求工程是一个不断反复的需求定义、文档记录、需求演进的过程，并最终在验证的基础上冻结需求。20 世纪 80 年代，Herb Krasner 定义了需求工程的五阶段生命周期：需求定义和分析、需求决策、形成需求规格说明、需求实现与验证、需求演进管理。近年来，Matthias Jarke 和 Klaus Pohl 提出了三阶段周期的说法：获取、表示和验证。综合以上几种观点，我们把软件需求工程的管理划分为以下 5 个独立的过程：需求获取、需求分析、需求规格说明编写、需求验证、需求变更。

3.2.1 需求获取

需求获取就是进行需求收集的活动，从人员、资料和环境中得到系统开发所需要的相关信息。在以往的软件开发过程中，需求获取常常被忽视，而且随着软件系统规模和应用领域的不断扩大，人们在需求获取中面临的问题越来越多，由于需求获取不充分导致项目失败的现象越来越突出。为此，需要研究需求获取的方法和技术。

开发软件系统最为困难的部分，就是准确说明开发什么。这就需要在开发的过程中不断地与用户进行交流与探讨，使系统更加详尽，准确到位。需求获取是指通过与用户的交流、对现有系统的观察及对任务的分析，开发、捕获和修订用户的需求。俗话说，良好的开端是成功的一半。需求获取作为项目伊始的活动是非常重要的，如图 3-4 所示。

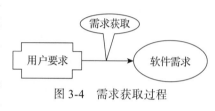

图 3-4 需求获取过程

从图 3-4 可以看出，需求获取的过程就是将用户的要求变为项目需求的初始步骤，是在问题及其最终解决方案之间架设桥梁的第一步，是软件需求过程的主体。一个项目的目的就是致力于开发正确的系统，要做到这一点就要足够详细地描述需求，也就是系统必须达到的条件或能力，使用户和开发人员在系统应该做什么、不应该做什么方面达成共识。

获取需求就是为了解决这些问题，它必不可少的成果就是对项目中描述的用户需求的普遍理解，一旦理解了需求，分析者、开发者和用户就能探索出描述这些需求的多种解决方案。这一阶段的工作一旦做错，将会给系统带来极大损害，由于需求获取失误造成的对需求定义的任何改动都将导致设计、实现和测试阶段的大量返工，而这时花费的资源和时间将大大超过仔细精确获取需求的时间和资源。

需求获取的主要任务是和用户方的领导层、业务层人员做访谈式沟通，目的是把握用户的具体需求方向和趋势，了解现有的组织架构、业务流程、硬件环境、软件环境、现有的运行系统等具体情况和客观的信息。

1. 需求获取活动

需求获取需要执行的活动如下。

1）需求获取阶段一般需要建立需求分析小组，与用户进行充分交流，同时要实地进行考察、访谈，收集相关资料，必要时可以采用图形、表格等工具。

2）了解用户方的所有用户类型以及潜在的类型，然后根据他们的要求来确定系统的整体目标和工作范围。

3）对用户进行访谈和调研。交流的方式可以是会议、电话、电子邮件、小组讨论、模拟演示等不同形式。需要注意的是，每一次交流一定要有记录，对于交流的结果还可以进行分类，便于后续的分析活动。例如，可以将需求细分为功能需求、非功能需求（如响应时间、平均无故障工作时间、自动恢复时间等）、环境限制、设计约束等类型。

4）需求分析人员对收集到的用户需求做进一步的分析和整理：

- 对于用户提出的每个需求都要知道"为什么"，并判断用户提出的需求是否有充足的理由；
- 将"如何实现"的表述方式转换为"实现什么"的表述方式，因为需求分析阶段关注的目标是"做什么"，而不是"怎么做"；
- 分析由用户需求衍生出的隐含需求，并识别用户没有明确提出来的隐含需求（有可能是实现用户需求的前提条件），这一点往往容易被忽略，经常因为对隐含需求考虑得不够充分而引起需求变更。

5）需求分析人员将调研的用户需求以适当的方式呈交给用户方和开发方的相关人员，大家共同确认需求分析人员所提交的结果是否真实地反映了用户的意图。需求分析人员在这个任务中需要执行下述活动：

- 明确标识出那些未确定的需求项（在需求分析初期往往有很多这样的待定项）；
- 使需求符合系统的整体目标；
- 保证需求项之间的一致性，解决需求项之间可能存在的冲突。

输出成果包括调查报告、业务流程报告等。可以采用问卷调查法、会议讨论法等方式得到上述成果，问卷调查法是指开发方就用户需求中一些个性化的、需要进一步明确的需求（或问题），通过向用户发问卷调查表的方式，达到彻底弄清项目需求的一种需求获取方法。会议讨论法是指开发方和用户方召开若干次需求讨论会议，达到彻底弄清项目需求的一种需求获取方法。

2. 需求获取注意事项

进行需求获取时应该注意如下问题。

缺乏用户的参与。软件人员往往受技术驱动，习惯性地跳到模块的划分，导致需求本身验证困难。

沟通失真。这也是一个主要问题，要通过及时的验证来减少沟通失真。

识别真正的客户。识别真正的客户不是一件容易的事情，项目总要面对多方客户，不同类型客户的素质、背景和要求都不一样，有时各方客户没有共同的利益，例如，销售人员希望使用方便，会计人员最关心的是如何统计销售的数据，人力资源关心的是如何管理和培训员工等。有时他们的利益甚至有冲突，所以必须认识到客户并不是平等的，有些人比其他人对项目的成功更为重要，要清楚地识别出那些影响项目的人，对多方客户的需求进行排序。

正确理解客户的需求。客户有时并不十分明白自己的需求，可能提供一些混乱的信息，而且有时会夸大或者弱化真正的需求，所以需要我们既要懂一些心理学的知识，也要懂一些其他行业的知识，了解客户的业务和社会背景，有选择地过滤需求，理解和完善需求，确认客户真正需要的东西。

变更频繁。为了响应变化，通过对变更进行分类来识别哪些变更可以通过复用和可配置解决。

具备较强的忍耐力和清晰的思路。进行需求获取的时候，应该能够从客户凌乱的建议和观点中整理出真正的需求，不能对客户需求的不确定性和过分要求失去耐心，甚至造成不愉快，要具备良好的协调能力。

使用符合客户语言习惯的表达。与客户沟通最好的方式就是采用客户熟悉的术语进行交流，这样可以快速了解客户的需求，同时也可以在谈论的过程中为客户提供一些建议和有针对性的问题。可适当请客户提供一些需求模型（如表格、流程图、旧系统说明书等），这样能够更加便于双方的交流，也便于我们提出建设性的意见和避免需求存在隐患。对于客户的需求要做到频繁沟通，不怕麻烦，只有经过多次交流才能更好地了解客户的目的。

提供需求开发评估报告。无论需求开发的可行性是否存在，都需要给客户一套比较完整的需求开发评估报告。通过这种直观的表达，让客户了解到需求执行下去所需要花费的成本和代价，同时帮助客户对需求进行重新评估。

尊重开发人员和客户的意见，妥善解决矛盾。如果用户与开发人员之间不能相互理解，那关于需求的讨论将会有障碍。参与需求开发过程的客户和开发人员要相互尊重，就项目成功达成共识，否则会导致需求延缓或搁浅，如果没有有效的解决方案，会使矛盾升级，最后导致双方都不满意。

划分需求的优先级。绝大多数项目没有足够的时间或资源实现功能上的每个细节，决定哪些特性是必要的，哪些是重要的，是需求开发的主要部分，这只能由客户负责设定需求优先级。在必要的时候懂得取舍是很重要的，尽管没有人愿意看到自己所希望的需求在项目中未被实现，但毕竟要面对现实，业务决策有时不得不依据优先级来缩小项目范围，或延长工期，或增加资源，或在质量上寻找折中。

说服和教育客户。需求分析人员可以同客户密切合作，帮助他们找出真正的需求，这可通过说服、引导或培训等手段来实现。同时要告诉客户需求可能会不可避免地发生变更，这些变更会给持续的项目正常化增加很大的负担，使客户能够认真对待。

3.2.2　需求分析

需求分析是指对要解决的问题进行详细分析，弄清楚问题的要求，包括要输入什么数据，要得到什么结果，最后应输出什么。需求分析的过程也是需求建模的过程，即为最终用户所看到的系统建立一个概念模型，是对需求的抽象描述，并尽可能多地捕获现实世界的语义。根据需求获取中得到的需求文档，分析系统实现方案。需求分析的任务就是借助于当前系统的逻辑模型导出目标系统的逻辑模型，解决目标系统"做什么"的问题，如图 3-5 所示。

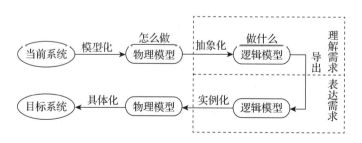

图 3-5　需求分析模型

需求是技术无关的，在需求阶段讨论技术没有任何意义，那只会分散你的注意力。技术的实现细节是后面设计阶段需要考虑的事情。在很多情形下，分析用户需求是与获取用户需求并行的，主要通过建立模型的方式来描述用户的需求，为客户、用户、开发方等不同参与方提供一个交流的渠道。这些模型是对需求的抽象，以可视化的方式提供一个易于沟通的桥梁。需求分析与需求获取有着相似的步骤，区别在于在需求分析过程中使用模型来描述用户需求，以获取用户更明确的需求。

需求分析的基本策略是采用脑力风暴、专家评审、焦点会议组等方式进行具体的流程细化以及数据项的确认，必要时可以提供原型系统和明确的业务流程报告、数据项表，并能清晰地向用户描述系统的业务流设计目标。用户方可以通过审查业务流程报告、数据项表以及操作开发方提供的原型系统来提出反馈意见，并对可接受的报告、文档签字确认。

为了更好地理解复杂事物，人们常常借助于模型。模型是为了理解事物而对事物做出的一种抽象，模型通常由一组图形符号和组织这些符号的规则组成。

软件工程始于一系列的建模工作，需求分析建模是逐层深入解决问题的办法，需求分析模型是系统的第一个技术表示。分析模型必须实现三个主要目标：

- 描述客户需要什么；
- 为软件设计奠定基础；
- 定义在软件完成后可以被确认的一组需求。

分析模型在系统描述和设计模型之间建立了桥梁，它们的关系如图 3-6 所示。分析模型的所有元素可以直接跟踪到设计模型，而且分析模型通常在特定业务领域内进行分析。

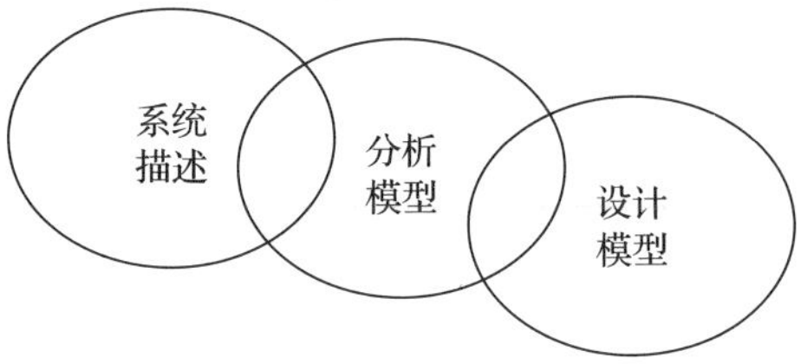

图 3-6　分析模型在系统描述和设计模型之间建立桥梁

需求分析主要是针对需求做出分析并提出方案模型。需求分析的模型正是产品的原型样本，优秀的需求管理提高了这样的可能性：它使最终产品更接近于解决需求，提高了用户对产品的满意度，从而使产品成为真正优质合格的产品。从这层意义上说，需求分析是产品质量的基础。

需求建模的主要方法是结构化分析方法和面向对象分析方法。结构化分析方法注重考虑数据和处理，面向对象分析方法关注定义类和类之间的协作方式。

3.2.3　需求规格说明编写

需求分析的结果是产生软件操作特征的规格说明，指明软件和其他系统元素的接口，建立软件必须满足的约束。需求分析的最终结果是客户和开发小组对将要开发的产品达成一致协议，这一协议是通过文档化的需求规格说明来体现的。需求分析人员首先获取用户的真正要求，即使是双方画的简单的流程草案也很重要，然后根据获取的真正需求，采取适当的方法编写需求规格说明。

编制软件需求规格说明（Software Requirement Specification，SRS）是为了使用户和软件开发者双方对该软件的初始规定有一个共同的理解，使之成为整个开发工作的基础。需求分析完成的标志是提交一份完整的软件需求规格说明。建立需求规格说明文档之后，才能描述要开发的产品，并将它作为项目演化的指导。需求规格说明以一种开发人员可用的技术形式陈述了一个软件产品所具有的基本特征和性质以及期望和选择的特征和性质。SRS 为客户和开发者之间建立了一个约定，准确地陈述要交付给客户的内容。

软件需求规格为客户和开发方（对于市场驱动的项目，这些角色可以由市场和开发部门担任）之间建立基本共识：软件产品要做什么，软件产品不应该做什么。应在设计开始前对需求进行严格评估，以减少以后的重新设计工作。软件需求规格为新用户或新软件平台了解软件产品提供了基础，也为估算产品成本、风险和进度提供了基础。开发方也可使用软件需求规格来开发有效的检验和确认计划。

3.2.4　需求验证

需求验证也可以称为需求确认。在构造设计开始之前验证需求的正确性及质量，能大大减少项目后期的返工现象。需求验证用于确保需求说明准确、完整，表达必要的质量特点。需求将作为系统设计和最终验证的依据，因此一定要保证它的正确性。需求验证务必确保需求符合完整性、正确性、可行性、必要性、一致性、可跟踪性及可验证性这些良好特征。

需求验证是一种质量活动，提交需求规格说明后，开发人员需要与客户对需求分析的结果进行验证，以需求规格说明为输入，通过符号执行、模拟或快速原型等途径，分析需求的正确性和可行性。需求验证包括以下内容。

- **需求的正确性**。开发人员和用户都进行复查，以确保将用户的需求充分、正确地表达出来。每一项需求都必须准确地陈述其要开发的功能，做出正确判断的依据是需求的来源，如用户或高层的系统需求规格说明。软件需求与对应的系统需求相抵触是不正确的。只有用户代表才能确定用户需求的正确性，这就是一定要有用户的积极参与的原因。
- **需求的一致性**。一致性是指需求与其他软件需求或高层（系统，业务）需求不矛盾。在开发前必须解决所有需求间的不一致问题，验证需求没有任何的冲突和含糊，没有二义性。
- **需求的完整性**。验证是否所有可能的状态、状态变化、转入、产品和约束都在需求中描述，不能遗漏任何必要的需求信息，若遗漏需求将很难查出。注重用户的任务而不是系统的功能将有助于避免不完整性。如果知道缺少某项信息，用 TBD（"待确定"）作为标准标识来标明这项缺漏，在开始开发之前，必须解决需求中所有的 TBD 项。
- **需求的可行性**。验证需求是否实际可行，每一项需求都必须在已知系统和环境的权能和限制范围内实施。为避免不可行的需求，最好在需求获取（收集需求）过程中始终有一位软件工程小组成员与需求分析人员或市场人员在一起工作，由他负责检查技术可行性。
- **需求的必要性**。验证需求是客户需要的，每一项需求都应把客户真正需要的和最终系统所需遵从的标准记录下来。"必要性"也可以理解为要使每项需求都能回溯至某项客户的输入。
- **需求的可验证性**。验证是否能写出测试用例来满足需求，检查每项需求是否能通过设计测试用例或其他的方法来验证，如用演示、检测等来确定是否确实按需求实现产品。如果需求不可验证，则确定其实施是否正确就成为主观臆断，而非客观分析了。一份前后矛盾、不可行或有二义性的需求也是不可验证的。
- **需求的可跟踪性**。验证需求是否是可跟踪的，应能在每项软件需求与它的"根源"和设计元素、源代码、测试用例之间建立起链接，这种可跟踪性要求每项需求以一种结构化的、粒度好（fine-grained）的方式编写并单独标明，而不是大段大段地叙述。
- 验证最后是否经过了签字确认。

3.2.5　需求变更

根据以往的经验，随着客户方对信息化建设的认识和自己业务水平的提高，他们会在不同的阶段和时期对项目的需求提出新的要求和需求变更。需求的变更可以发生在任何阶段，即使到项目后期也会存在，后期的变更会对项目产生很负面的影响。所以必须接受"需求会变动"这个事实，在进行需求分析时要懂得防患于未然，尽可能地分清哪些是稳定的需求，哪些是易变的需求，以便在进行系统设计时，将软件的核心构建在稳定的需求上，同时留出变更空间。其实，需求变更也是软件开发过程中开发人员和管理者们最为头疼的一件事情，而且由于需求的频繁变更，又没有很好的变更管理，有的项目最后会失败。

需求变更管理是组织、控制和文档化需求的系统方法。需求开发的结果经验证批准就定义了开发工作的需求基线，这个基线在客户和开发人员之间构筑了一个需求约定。需求变更管理包括在项目进展过程中维持需求约定一致性和精确性的活动，现在很多商业化的需求管理工具都能很好地支持需求变更管理活动。需求变更管理活动需要完成下面几项任务。

- **确定变更控制过程**。确定一个选择、分析和决策需求变更的过程，所有的需求变更都需遵循此流程。
- **建立一个由项目风险承担者组成的软件变更控制委员会**（Software Change Control Board，SCCB）。该委员会负责评估和确定需求变更。
- **进行变更影响分析**。评估需求变更对项目进度、资源、工作量和项目范围以及其他需求的影响。
- **跟踪变更影响的产品**。当进行某项需求变更时，根据需求跟踪矩阵找到相关的其他需求、设计文档、源代码和测试用例，这些相关部分可能也需要修改。
- **建立基准和控制版本**。需求文档确定一个基线，这是一致性需求在特定时刻的快照，之后的需求变更遵循变更控制过程即可。
- **维护变更的历史记录**。记录变更需求文档版本的日期以及所做的变更、原因，还包括由谁负责更新和更新的新版本号等情况。
- **跟踪每项需求的状态**。其中状态包括"确定""已实现""暂缓""新增""变更"等。
- **衡量需求稳定性**。记录基线需求的数量和每周或每月的变更（添加、修改、删除）数量。

3.3　敏捷需求工程

随着产品复杂度的提升，传统方法难以展现客观存在的复杂软件项目需求，因此需要结合新工具和敏捷方法来寻求新解决方案。

敏捷思维认为，项目需求是逐步清晰的，（Scrum）敏捷需求一般由 Scrum 中的 PO（Product Owner）角色负责管理，敏捷需求的描述从 product backlog 开始，形成需求池，进入迭代开发时，选择本迭代的用户故事，形成 Sprint backlog，进而编写完善用户故事（story）。story 也是渐进明晰的，story 都足够小，以便可以频繁持续交付工作。用户故事按照一定语法形式表示，不使用技术语言来描述，只是以客户能够明白的、简短的形式表达。

3.3.1　需求获取

作为敏捷开发的需求负责人，PO（Product Owner）需要不断与用户（PO 可以是用户成员）讨论，然后与开发团队成员共同讨论，不断填充需求池，形成 product backlog。这个阶段相当于敏捷迭代 0 阶段，product backlog 需求池中投入了很多卡片，这些卡片上只有用户故事的名字，没有详细描述，例如"登录"卡片（图 3-7），可以在正式开发迭代时编写用户故事。

结合需求池 backlog 可以给出用户故事地图，作为迭代顺序和交付结果的展示。图 3-8 是某在线购书网站的用户故事地图（user story map），它将 product backlog 映射为一个二维图形，将 product backlog 可视化。横轴表示业务流程，即主要的业务模块；纵轴按照优先级给出的用户故事，根据优先级别展示迭代的发布版本计划。

图 3-7　需求池 backlog 中的需求卡片

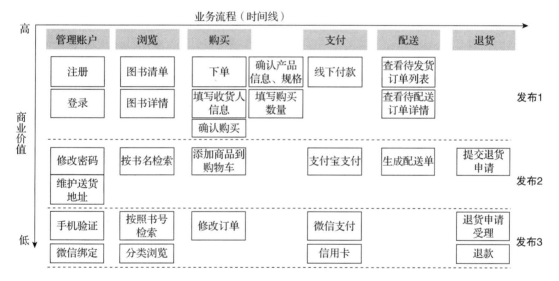

图 3-8　某在线购书网站的用户故事地图

3.3.2　需求建模

需求建模过程包括需求分析、需求规格编写、需求评审等过程，每个迭代开始时都需要先编写用户故事，将卡片上的需求细化。针对每一个迭代，选择本迭代的 Story，进入 Sprint backlog，完成 3C（Card、Conversation、Confirmation）任务。

- PO 编写 Story，创建故事卡片（Card）；
- PO 与开发团队成员针对需求进行面对面的讨论（Conversation），以澄清需求；
- 开发团队成员为每个故事卡片建立一系列 AC（Acceptance Criteria）作为用户故事的确认（Confirmation），然后与 PO 评审确认。

3.3.3　需求变更

每个迭代提供一个可以运行的增量，与用户和团队评审，并给予反馈，根据反馈改进需求，每个迭代就是不断试错的过程。这也是敏捷方法应对需求变更的有效手段。

3.4　传统需求分析方法

3.4.1　结构化需求分析方法

结构化分析（Structured Analysis，SA）方法是20世纪70年发展起来的最早的开发方法，其中有代表性的是美国Coad/Yourdon的面向数据流的开发方法、欧洲Jackson/Warnier-Orr的面向数据结构的开发方法，以及小村良彦等人的PAD开发方法，尽管面向对象开发方法已兴起，但是如果不了解传统的结构化方法，就不可能真正掌握面向对象的开发方法，因为面向对象中的操作仍然以传统的结构化方法为基础，结构化方法是其他方法的基础。

结构化分析方法将现实世界描绘为数据在信息系统中的流动，以及数据在流动过程中向信息的转化，帮助开发人员定义系统需要做什么，系统需要存储和使用哪些数据，需要什么样的输入和输出，以及如何将这些功能结合在一起来完成任务。

结构化方法为进行详细的系统建模提供了框架，很多的结构化模型有一套自己的处理规则。结构化分析方法是一种比较传统的常用的需求分析方法，采用结构化需求分析，一般会采用结构化设计（Structured Design，SD）方法进行系统设计。结构化分析和结构化设计是结构化软件开发中最关键的阶段。

数据流图（Data Flow Diagram，DFD）、数据字典（Data Dictionary，DD）、系统流程图等都是结构化分析技术。

1. 数据流图方法

数据流图作为结构化系统分析与设计的主要方法，直观地展示了系统中的数据是如何加工处理和流动的，是一种广泛使用的自上而下的方法。数据流图采用图形符号描述软件系统的逻辑模型，使用4种基本元素描述系统的行为，这4种基本元素是过程、实体、数据流和数据存储。数据流图直观易懂，使用者可以方便地得到系统的逻辑模型和物理模型，但是从数据流图中无法判断活动的时序关系。

数据流图已经得到广泛的应用，尤其适用于管理信息系统（MIS）的表述。图3-9是一个旅行社订票的简易需求的数据流图，它描述了从订票到得到机票，到最后将机票交给旅客的数据流动过程，其中包括查询航班目录、费用的记账等过程。

确定数据流图后，还需要确定每个数据流和变化（加工）的细节，也就是数据字典和加工说明，这是一个很重要的步骤，是软件开发后续阶段的工作基础。

对于较为复杂问题的数据处理过程，用一个数据流图往往不够，一般按问题的层次结构进行逐步分解，并以分层的数据流图反映这种结构关系。根据层次关系一般将数据流图分为顶层数据流图、中间数据流图和底层数据流图。对于任何一层数据流图，它的上一层数据流图被称为父图，它的下一层数据流图被称为子图。

- 顶层数据流图只含有一个加工，表示整个系统。输入数据流和输出数据流为系统的输入数据和输出数据，表明了系统的范围以及与外部环境的数据交换关系。
- 底层数据流图是指其加工不能再分解的数据流图，其加工称为"原子加工"。
- 中间数据流图是对父层数据流图中某个加工的细化，而它的某个加工也可以再次细化，形成子图。中间层次的多少，一般视系统的复杂程度而定。
- 任何一个数据流子图必须与它上一层父图的某个加工对应，两者的输入数据流和输出数据流必须保持一致，此即父图与子图的平衡。父图与子图的平衡是数据流图中的重要性质，保证了数据流图的一致性，便于分析人员阅读和理解。

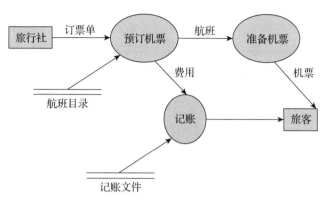

图 3-9　订票过程数据流图

在父图与子图的平衡中，数据流的数目和名称可以完全相同，也可以在数目上不相等，但是可以借助数据字典中的数据流描述，确定父图中的数据流是由子图中几个数据流合并而成的，即子图是对父图中的加工和数据流同时进行分解，因此也属于父图与子图的平衡，如图 3-10 所示。

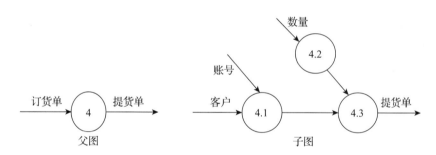

图 3-10　父图与子图的平衡

一个加工的所有输出数据流中的数据必须能从该加工的输入数据流中直接获得，或者是通过该加工能产生的数据。每个加工必须有输入数据流和输出数据流，反映此加工的数据来源和加工变换结果。一个加工的输出数据流只由它的输入数据流确定。数据流必须经过加工，即必须进入加工或从加工中流出。

数据字典描述系统中涉及的每个数据，是数据描述的集合，通常配合数据流图使用，用来描述数据流图中出现的各种数据和加工，包括数据项、数据流、数据文件等。其中，数据项表示数据元素，数据流是由数据项组成的，数据文件表示对数据的存储。

2. 系统流程图

系统流程图是一种表示操作顺序和信息流动过程的图表，是描述物理系统的工具，其基本元素或概念用标准化的图形符号来表示，相互关系用连线表示。流程图是有向图，其中每个节点代表一个或一组操作。

在数据处理过程中，不同的工作人员使用不同的流程图。大多数设计单位、程序设计人员之间进行学术交流时，都习惯用流程图表达各自的想法。流程图是交流思想的一种强有力的工具，其目的是把复杂的系统关系用一种简单、直观的图表表示出来，以便帮助处理问题的人员更清楚地了解系统；也可以用它来检查系统的逻辑关系是否正确。

绘制流程图的法则是优先关系法则，其基本思想是：先把整个系统当作一个"功能"来看待，画出最粗略的流程图，然后逐层向下分析，加入各种细节，直到达到所需要的详尽程度为止。

利用一些基本符号，按照系统的逻辑顺序以及系统中各个部分的制约关系绘制成的一个完整图形，就是系统流程图。系统流程图的设计步骤如下：

1）分析实现程序必需的设备；

2）分析数据在各种设备之间的交换过程；

3）用系统流程图或程序流程图的基本符号描述其交换过程；

图 3-11 是采用系统流程图法针对外事部门出访业务需求的一个描述。

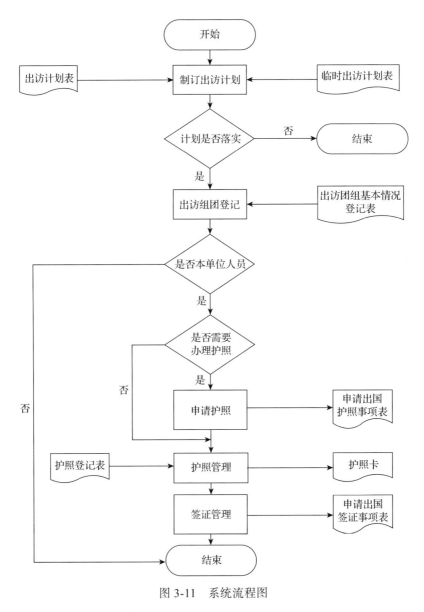

图 3-11　系统流程图

3. 实体关系图

实体关系图（Entity Relationship Diagram，ERD）使用实体、属性和关系三个基本的构建单位来描述数据模型，它经历了多次扩展，发展出很多分支，这些分支的表示图示各不相同，目前没有标准的表示法。较常见的表示法是 Peter Chen 表示法（如图 3-12 所示）和 James Martin 表示法（如图 3-13 所示），在项目实践中，混合使用这两个表示法以及其他表示法的情况也很常见。

ERD 方法用于描述系统实体间的对应关系，需求分析阶段使用实体关系图描述系统中实体的逻辑关系，设计阶段则使用实体关系图描述数据库物理表之间的关系。ERD 只关注系统中数据间的关系，而缺乏对系统功能的描述。如果将 ERD 与 DFD（数据流图）两种方法相结合，则可以更准确地描述系统的需求。

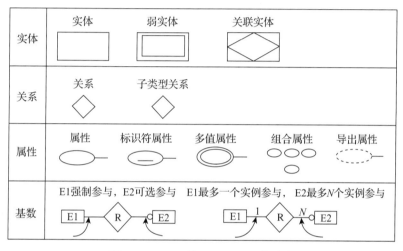

图 3-12　ERD 的 Peter Chen 表示法

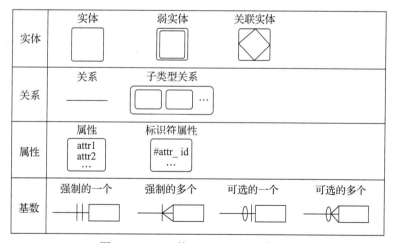

图 3-13　ERD 的 James Martin 表示法

3.4.2　面向对象需求分析方法

OOA 是面向对象开发方法的第一个技术活动，它从定义用例开始，以基于情景的方式描述了系统中的一个角色（如人、机器、其他系统等）如何与将要开发的系统进行交互。所以，面向对象需求分析方法采用的是一种面向对象的情景分析方法，即一种基于场景的建模。

　　一个用例表示一个行动顺序的定义，包括执行的变量和与外界交互的过程。开发软件系统的目的是要为该软件系统的用户服务，因此，我们必须明白软件系统的潜在用户需要什么。"用户"包括与系统发生交互的某个人、某件东西或者另外一个系统（如在所要开发的系统之外的另一个系统）。下面可以用一个例子来解释上述概念，例如，用户在使用自动取款机取款时，先插入磁卡，回答显示器上提出的问题，然后就得到了一笔现金，在响应用户的磁卡和回答问题时，取款机系统完成一系列的动作，这个动作序列为用户提供了一个有意义的结果，即提取现金的一个交互式"用例"。

　　采用面向对象方法开发软件是尽可能自然地给出解决方法，在构造问题空间时，强调使用人们理解问题的常用方法和习惯思维方式。进行面向对象分析的基本步骤如下。

　　1）获取客户系统需求。可以采用用例的方法来收集客户的需求，由分析人员识别使用该系统的不同行为者，根据这些行为者如何使用系统或者根据其希望系统提供什么功能形成用例集合，每个用例就是实现系统功能的独立子功能，所有行为者要求的所有用例就构成了系统的完整需求。

　　2）确定对象和类。从问题域或者用例描述中抽取相应的对象，并从中抽象出类，一组具有相同属性和操作的对象可以定义为一个类。确定对象和类的基本过程如下：

　　①查找对象；

　　②筛选对象并确定关联；

　　③标识对象的属性并定义操作；

　　④识别类之间的关系。

　　面向对象分析方法认为系统是对象的集合，这些对象之间相互协作，共同完成系统的任务，而结构化分析方法是以功能和数据为基础的。

1. UML 需求建模图示

　　在面向对象的需求分析中常用的 UML 图示有用例图、顺序图、状态图、协作图和活动图等。表 3-1 列出了用例图图符，表 3-2 列出了顺序图图符，表 3-3 列出了活动图图符。图 3-14～图 3-18 是用例图、顺序图、状态图、协作图和活动图的图示。

表 3-1　用例图图符

编号	可视化图符	名称	描　　述
U-1	用例 1	用例	用于表示用例图中的用例，每个用例用于表示所建模（开发）系统的意向外部功能需求，即从用户的角度分析所得的需求
U-2	类名	执行者	用于描述与系统功能有关的外部实体，它可以是用户，也可以是外部系统
U-3	———————	关联	连接执行者和用例，表示该执行者所代表的系统外部实体与该用例所描述的系统需求有关，这也是执行者和用例之间的唯一合法连接
U-4	\<\<uses\>\>	使用	由用例 A 连向用例 B，表示用例 A 中使用了用例 B 中的行为或功能
U-5		注释体	用于对 UML 实体进行文字描述
U-6	- - - - - - - - - -	注释连接	将注释体与要描述的实体相连。说明该注释体是针对该实体所进行的描述

表 3-2 顺序图图符

标号	可视化图符	名称	描 述
S-1	 实例名：类名	带有生命线的执行者	用于表示顺序图中参与交互的对象，每个对象的下方都带有生命线，用于表示该对象在某段时间内是存在的
S-2	 →	简单消息	表示简单的控制流，用于描述控制如何在对象间进行传递，而不考虑通信的细节
S-3	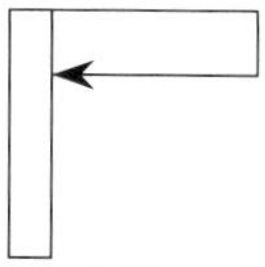	回授消息	表示对象发向自身的消息，在本文档中表示对象自己完成的活动
S-4		激活	用于表示对象正在执行某一动作，在对象的生命线之间发送消息的同时即创建激活
S-5	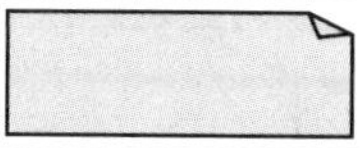	注释体	用于对 UML 实体进行文字描述
S-6	 - - - - - - - - -	注释连接	将注释体与要描述的实体相连，说明该注释体是针对该实体所进行的描述

表 3-3 活动图图符

编号	可视化图符	名称	描 述
A-1	●	起点	用于表示活动图中所有活动的起点。一般每幅活动图有且仅有一个起点
A-2	 ◉	终点	用于表示活动图中所有活动的终点。一般每幅活动图有一个或多个终点
A-3	 活动	活动	用于表示活动图所描述的过程（或算法）的某一步活动
A-4	 状态	状态	表示简单的状态
A-5	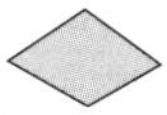 ◇	判断	特殊活动的一种，用于表示活动流程中的判断、决策。通常有多个信息流从它引出，表示决策后的不同活动分支
A-6	 ▬	同步条	特殊活动的一种，用于表示活动之间的同步。一般有一个或多个信息流向它引入，或者有一个或多个信息流从它引出，表示引入的信息流同时到达，或者引出的信息流被同时触发
A-7	 泳道	泳道	用于对活动图中的活动进行分组，同一组的活动由一个或多个对象负责完成。这是活动图引入的一个面向对象机制，可为提取类及分析各个对象之间的交互提供方便
A-8	 ↓	信息流	用于连接活动、特殊活动（如同步条、判断）和状态、特殊状态（如起点、终点等），表示各活动间的转移
A-9	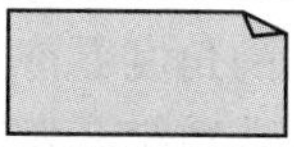	注释体	用于对 UML 实体进行文字描述
A-10	 - - - - - - - - -	注释连接	将注释体与要描述的实体相连，说明该注释体是针对该实体所进行的描述

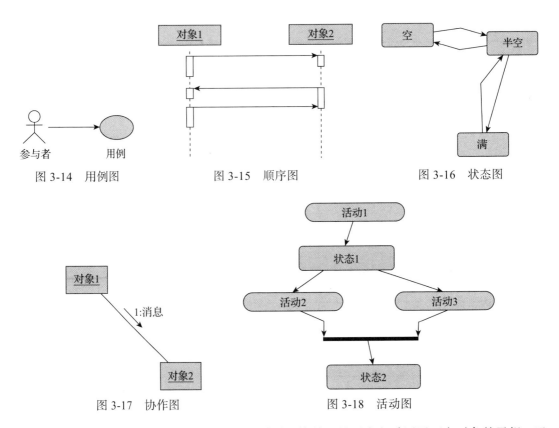

图 3-14　用例图　　　　图 3-15　顺序图　　　　图 3-16　状态图

图 3-17　协作图　　　　　　图 3-18　活动图

　　用例图是 UML 中最简单也是最复杂的。说它简单，是因为它采用了面向对象的思想，又是基于用户视角的，绘制非常容易，简单的图形表示让人一看就懂；说它复杂，是因为用例图往往不容易控制，要么过于复杂，要么过于简单。一个系统的用例图太泛不行，太精不行，太多不行，太少也不行。用例的控制可以说是一门艺术。用例图表示角色（actor）和用例（use case）以及它们之间的关系，用例描述了系统、子系统和类的一致的功能集合，表现为系统和一个或多个外部交互者（角色）的消息交互动作序列，其实就是角色（用户或外部系统）和系统（要设计的系统）的一个交互，角色可以是用户、外部系统，甚至外部处理，通过某种途径与系统交互。例如，图 3-19 是某系统的登录用例图，其中有 3 个角色（actor）和 7 个用例（use case）。

　　顺序图展示了几个对象之间的动态协作关系（如图 3-15 所示），主要用来显示对象之间发送消息的顺序以及对象之间的交互，即系统执行某一特定时间点所发生的事件。一个事件可以是另一个对象向它发送的一条消息，或者是满足了某些条件而触发的动作。一个事件包括：

- 角色之间的交互；
- 消息传递的时序、使用的参数；
- 消息发起人和送达人。

　　活动图主要用来描述工作流中需要执行的活动和执行这些活动的顺序，如图 3-18 所示。活动图中包括活动、系统状态和执行活动的条件。

2. UML 需求建模过程

　　进行需求建模时，首先根据分析目标确定系统的角色，即参与者，然后确定相应的用例。用例在需求分析中的作用是很大的，它从用户的角度而不是程序员的角度看待系统，因此用例驱动的系统能够真正做到以用户为中心，用户的任何需求都能够在系统开发链中完整地体现。用户和程序员之间通过用例沟通会很方便。以前，系统开发者总是通过情节来获取需求，问用户"希望系统为他做什么"。通过用例需求分析方法，需求获取就变成问用户"要利用系统做什么"。这是立场不同导致的结果。用户通常并不关心系统是如何实现的，对于他们来说，更重要的是要达到他们的目的。相反，大部分程序员的工作习惯就是考虑计算机应该如何实现用户的要求。所幸的是，用例方法能够调和双方的矛盾，因为虽然用例来源于用户，服务于用户，但是它同样可以用于开发的流程。

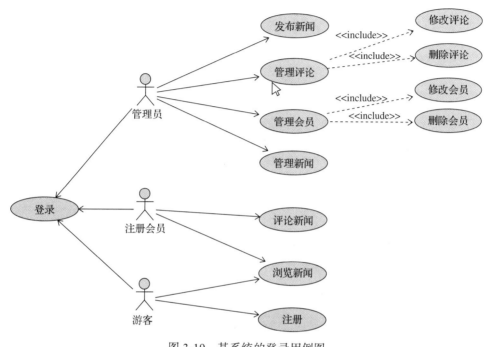

图 3-19 某系统的登录用例图

下面以某进出口贸易项目的需求分析为例，说明采用 UML 方法建立需求模型的基本步骤。

（1）分析目标

通过需求分析，确定项目目标，定义系统特征。进出口贸易的业务环节很多，涉及配额与许可申请、询价、报价、合同洽谈、备货（出口）、信用证、商检、报关、运输、投保、付汇/结汇、出口核销退税等多个环节，并分别隶属于外贸、内贸、生产部门、海关、商检、银行、税务、保险、运输等职能机构和业务主管部门。这种跨部门、跨单位的"物流"过程，同样伴随着十分复杂的"信息流"。在实际业务中，不同的交易、不同的交易条件，其业务内容和处理过程也不尽相同。在具体运作方面，贸易处理程序及产生的单证交换，又常常是"并发"与"顺序"交叉进行的。贸易程序的简化一直是贸易效率化和低成本交易的"瓶颈"。

（2）确定角色（参与者）

角色即参与者，是指在系统之外与系统进行交互的任何事物，此处指用户在系统中所扮演的角色，例如此模型中，出口商即为一个参与者，参与者与用例的关系描述了"谁使用了那个用例"。进出口贸易设计的参与者（角色）众多，但是角色之间存在共性，在建模过程中，依据封装和抽象的原则将角色进行了归并，降低了模型的复杂度。例如，出口商角色可以派生出口公司和工厂 2 个角色，如图 3-20 所示。这个工厂角色是经过国家部门批准授权，可以从事经营产品进出口贸易的工业企业。存储角色可以派生 3 个角色，分别是码头、集装箱场地和仓库，如图 3-21 所示。海关角色可以派生如图 3-22 所示的 4 个角色。检验部门角

色可以派生如图 3-23 所示的 2 个角色。进口商角色可以派生如图 3-24 所示的 2 个角色。贸
易管理部门角色可以派生如图 3-25 所示的 15 个角色。银行角色可以派生如图 3-26 所示的
2 个角色。运输角色可以派生如图 3-27 所示的运输代理公司、进口港（港务局）、外运公司、
船代理公司、船大副 5 个角色。

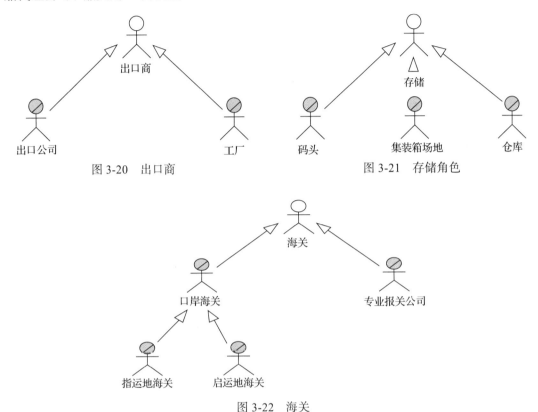

图 3-20　出口商　　　　　　　　　　　图 3-21　存储角色

图 3-22　海关

（3）确定需求用例

根据角色确定用例，一个用例就是系统向用户提供一个有价值的结果的某项功能。用
例捕捉的是功能性需求，所有用例结合起来就构成了用例模型，该模型描述了系统的全部功
能。用例模型取代了传统的功能规范说明。一个功能规范说明可以描述为对"需要该系统做
什么"这个问题的回答，而用例分析则可以通过在该问题中添加几个字来描述：需要该系统
"为每个用户"做什么。这几个字有着重大意义，它们迫使开发人员从用户利益的角度出发
来考虑，而不仅仅考虑系统应当具有哪些良好功能。

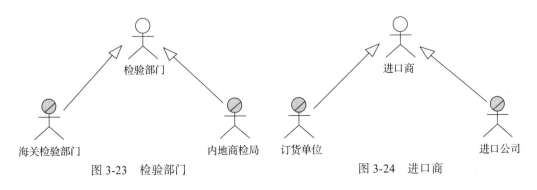

图 3-23　检验部门　　　　　　　　　　　图 3-24　进口商

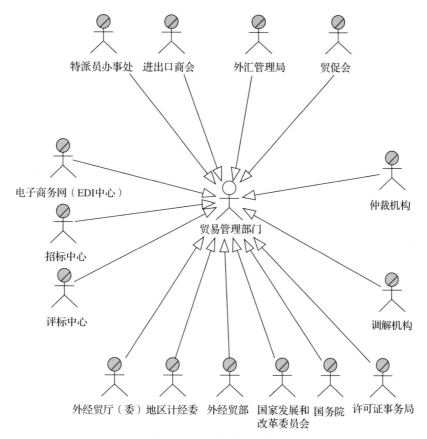

图 3-25 贸易管理部门

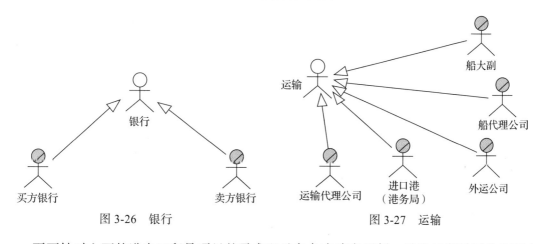

图 3-26 银行   图 3-27 运输

下面针对上面的进出口贸易项目的需求以及角色来确定用例，进出口贸易可分为两个阶段：合同签订阶段和合同执行阶段。这里，以该项目出口贸易链的一些业务为例进行说明。

1）合同签订阶段：合同签订阶段涉及国家对出口商品监管的要求，出口企业需要申请出口商品配额、办理许可证、选定客户并建立业务关系和洽谈成交等，这里主要分析出口商品的配额申请和洽谈成交过程。图 3-28 是出口贸易链合同签订阶段的用例图，其中用例是"出口配额申请"和"合同洽谈"，参与者是"出口商""贸易管理部门"和"进口商"。

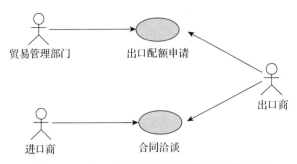

图 3-28　出口贸易链合同签订阶段的用例图

2）合同执行阶段：合同执行阶段主要是合同的履约过程，其过程主要包括国际结算、备货、产地证申请、许可证申请、商检、投保、出口报关、出口核销退税、付款／结汇、理赔及运输。图 3-29 是出口贸易链合同执行阶段的用例图。

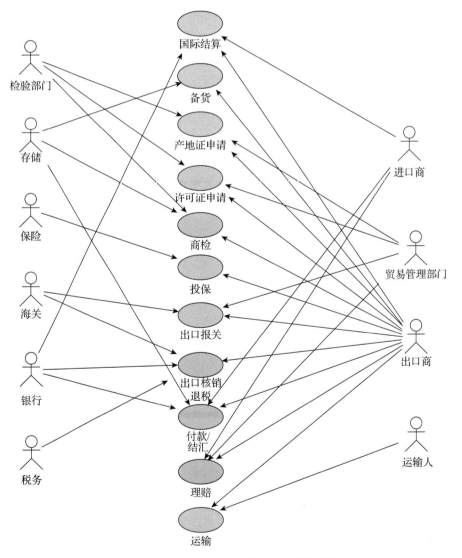

图 3-29　出口贸易链合同执行阶段的用例图

（4）分解细化用例

在具体的需求分析过程中，有大的用例（如业务用例），也有小的用例，这主要是由用例的范围决定的。用例像一个黑盒，它没有包括任何与实现有关的信息，也没有提供任何内部信息，很容易被用户（也包括开发者）理解（简单的谓词短语）。如果用例表达的信息不足以支持系统的开发，则有必要把用例黑盒打开，审视其内部结构，找出黑盒内部的系统角色和用例。通过这样不断地打开黑盒，分析黑盒，再打开新的黑盒，直到整个系统可以被清晰地了解为止。

下面以出口贸易链合同签订阶段中的"出口配额申请"为例，进一步描述其用例的功能。图 3-28 中的"出口配额申请"用例是一个黑盒子，人们不清楚其具体功能，为了进一步描述其内部功能和相关信息，有必要将这个黑盒子打开。这个黑盒子可以进一步通过"计划分配配额"和"招标配额"这两个用例描述，如图 3-30 所示。

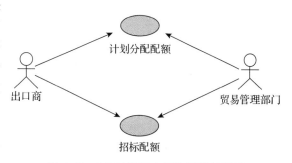

图 3-30　"出口配额申请"用例的展开

（5）用例描述

针对每个用例，可以采用顺序图、活动图、协作图和文字等方式，对用例的角色、目标、场景等信息进行更加详细的描述。

1）"计划分配配额"用例描述。图 3-30 中的"计划分配配额"用例对于很多人来说仍然是一个黑盒子，有必要进一步描述其内部信息。"计划分配配额"描述出口公司向省级的地区经贸委外经贸部门提交计划分配配额申请并通过审核领取"计划分配配额书"的活动。图 3-31 为计划分配配额申请的顺序图，图中"出口公司"作为"出口商"的实例，指生产、销售待出口商品的单位，计划配额的分配一般为指定的公司。图 3-32 为计划分配配额申请的活动图。

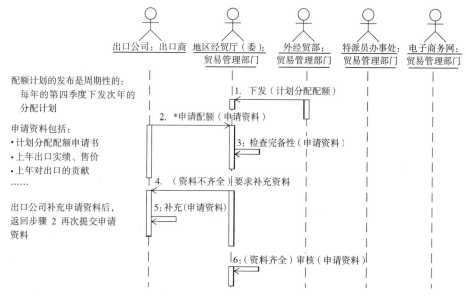

图 3-31　计划分配配额申请的顺序图

7:（审核未通过）拒绝申请

计划分配配额书的标准名称为：
《关于××××年度出口配额计划的通知》

8:（审核通过）下发（计划分配配额书）

9.（审查通过）提交（计划分配配额书）

外经贸部向各地特派员办事处转发"计划配额分配书"，特派员办事处据此发放许可证

10:统计/汇总

11：转发（计划分配配额书）

12:转发（计划分配配额书汇总）

图 3-31　计划分配配额申请的顺序图（续）

注：标准的 UML 语法规定，参与者由"实例：类名"组成，此处我们使用"子类：类名"作为标记。例如，"出口公司"是参与者"出口商"的子类，标记为"出口公司：出口商"。

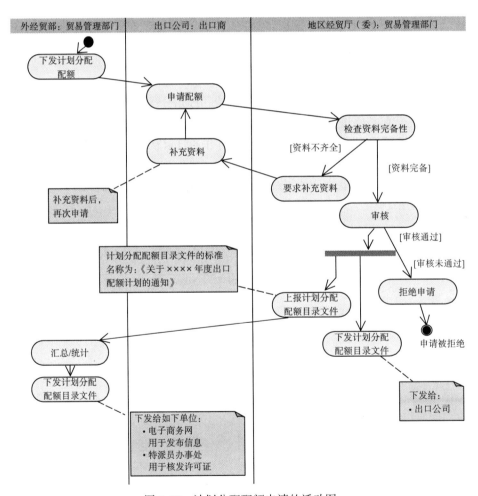

图 3-32　计划分配配额申请的活动图

注：1. 活动图中起点（●）、终点（◉）作为一种特殊的状态，分别表示活动的开始和结束。

2. 同步条（▬▬▬▬）也仅表示此处需进行同步，而不关心这种同步是由谁执行的，同步条实际上是一种"与"的关系。

3. 标准的 UML 语法规定，参与者由"实例：类名"组成，此处我们使用了"子类：类名"作为标记。

2）"招标配额"用例描述。图 3-30 中的"招标配额"用例也需要展开描述，以进一步说明其内部信息。"招标配额"用例描述了出口配额申请中贸易管理部门采用公开、公正原则实行配额招标的活动。在招标和投标中，双方当事人之间是买卖关系，投标人只能按照招标人提出的条件和要求向招标人做一次性递价，而且递出的必须是实盘，没有讨价还价的余地，没有交易磋商过程，能否中标，主要取决于投标人所提出的投标条件是否优于其他竞争者。图 3-33 和图 3-34 分别为招标配额的顺序图和活动图。

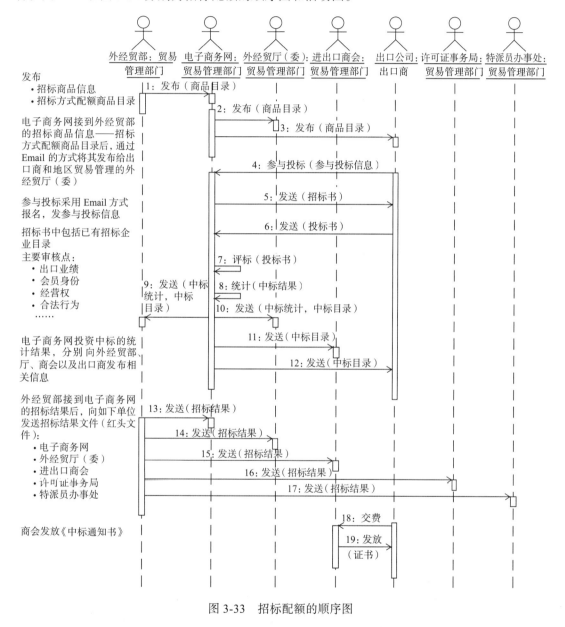

图 3-33　招标配额的顺序图

用例需求分析方法最主要的优点在于它是用户导向的，用户可以根据自己所对应的用例来不断细化自己的需求。此外，使用用例还可以方便地得到系统功能的测试用例。如表 3-4 所示，每个测试用例与需求用例有一定的对应关系。

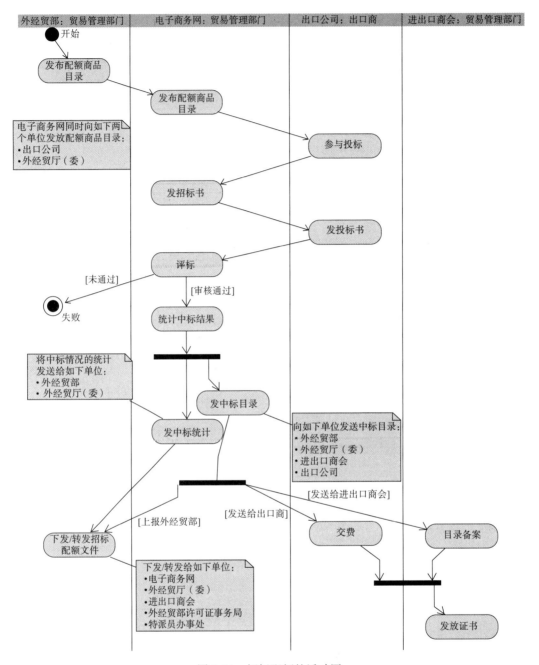

图 3-34 招标配额的活动图

然而，用例需求分析方法并不仅仅是一个定义系统需求的工具，它们还驱动系统的设计、实现和测试，也就是说，它们驱动整个开发过程。基于用例模型，软件开发人员可以创建一系列的设计和实现模型来实现各种用例。开发人员审查每个后续模型，以确保它们符合用例模型。测试人员将测试软件系统的实现，以确保实现模型中的组件正确实现了用例。这样，用例不仅启动了开发过程，而且与开发过程结合在一起。"用例驱动"是指开发过程将按照一系列由用例驱动的工作流程来进行。首先是定义用例，然后是设计用例，最后用例是测试人员构建测试用例的来源。这个开发过程就是用例驱动的开发过程。

表 3-4 测试用例与需求用例的关系

需求项	测试用例				
	测试用例 1	测试用例 2	测试用例 3	……	测试用例 m
用例 1	√	√	√		
用例 2			√		√
用例 3	√				
用例 4			√		√
……					
用例 n		√			

3.5 敏捷需求分析

VUCA（Volatility 指易变性，Uncertainty 指不确定性，Complexity 指复杂性，Ambiguity 指模糊性）时代的项目需求特征就是碎片化、涌现式、易变化、强时效，因此很难一次性完成一个完整的需求，需要以渐进的方式逐步完善，当然也要借助于很多敏捷工具。敏捷需求分析过程采用可视化、便于沟通的工具。

敏捷开发团队围绕产品的沟通，大部分都是为了理解需求，在业务、开发和测试之间达成共识。用户故事关注业务需求而不关注技术，系统业务专家、开发者、测试人员一起合作，分析软件的需求，然后将这些需求写成一个个用户故事。首先开发和发布业务中关键的用户故事，尽早为最终用户提供业务价值。对需求的理解不一致，验收标准不清晰，会导致用户故事评估工作困难，开发人员对故事点的评估就缺少了依据。如果对需求的理解一致，开发团队与产品负责人在工作量评估上会有更坚固的共识，管理层在产品计划上也会有更好的预见性和期望。

在软件项目中涉及多人紧密协作，由产品业务讲解功能需求，开发负责代码实现，测试保证软件质量，高质量的沟通对项目的成功至关重要。如果在一个项目中业务人员用自己的行话，开发人员用技术语言、技术思维去理解业务，两者在沟通过程难免出现分歧，开发人员就可能按自己的理解去评估和实现一个错误的功能，下面将介绍敏捷需求分析的可视化方法。

3.5.1 影响地图

梳理需求时可以采用**影响地图**（impact mapping），影响地图将从业务目标到产品功能的映射关系可视化，主要用于需求讨论阶段，如图 3-35 所示。

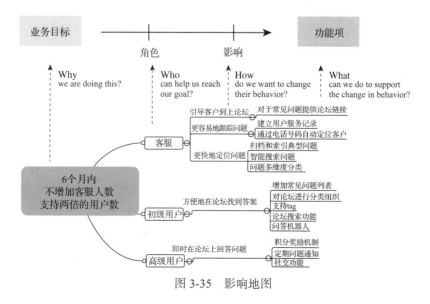

图 3-35 影响地图

影响地图由四个级别构成：Why——目标是什么；Who——谁能帮助我们实现这个目标，用户或者与用户相关的人；How——他通过什么行为帮助我们实现这个目标；What——为了产生这个行为，产品需要什么功能。我们来看看每一个级别的具体含义。

- **第一层：目标（Why）**，也就是要实现的业务目标或要解决客户的核心问题是什么。目标应该具体、清晰和可衡量。目标解释为什么这些事情是有用的，并不是构建一个产品或者交付的项目范围。目标表述待解决的问题，而不是方案，在目标的定义上要避免设计上的限制。
- **第二层：角色（Who）**，也就是可以通过影响谁的行为来实现目标或消除实现目标的阻碍。角色通常包含：主要用户，如产品的直接使用者；次要用户，如安装和维护人员；产品关系人，即虽然不使用产品但会被产品影响或影响产品的人，如采购的决策者、竞争对手等。角色用来寻找可能对我们目标造成影响的任何人。
- **第三层：影响（How）**，也就是怎样影响角色的行为来达成目标。这里既包含促进目标实现的正面行为，也包含阻碍目标实现的负面行为。这些影响可能是冲突的、矛盾的或者互补的，我们不需要都支持这些。图 3-35 中分级的特性很清楚地展示了谁产生了什么样的影响及其是如何影响我们的目标的。
- **第四层：功能（What）**，也就是要交付什么产品功能或服务以产生希望的影响。它决定了产品的范围，说明作为一个组织或交付团队，我们需要做什么来实现这些影响，以达成目标。然后可以讨论范围了。这里形成的是具体可执行的任务项，将来我们的用户故事将由此而产生。

影响地图是一个非常有效的需求挖掘和需求规划的方法，在互联网行业被普遍采用。

3.5.2　需求池

梳理需求之后，可以陆续将需求放入需求池（product backlog）中，product backlog 是一个敏捷团队管理开发过程的核心，所有的活动和交付物都围绕 Product backlog 来进行。product backlog 是一切的起源。由于迭代开发是基于 story 优先级进行的，因此需要对 story 进行优先级排序。Product Owner 负责制定一个按照重要性级别排序的用户故事列表。最后在 Sprint plan meeting 上和开发团队确认。规模较小的用户故事可以直接加入 product backlog；规模较大的用户故事要先拆分，再加入 product backlog 进行迭代。

3.5.3　用户故事编写

用户故事（user story）从用户的角度来描述用户渴望得到的功能。一个好的用户故事包括三个要素：

- 角色：谁要使用这个功能。
- 活动：需要完成什么样的功能。
- 商业价值：为什么需要这个功能，这个功能带来什么样的价值。

用户故事是范围的单位，是交付的单位。用户故事向他人传递了有用的（或有价值的）信息。在 IT 环境中，"他人"通常指的是使用系统的人（尽管有时是另一个利益相关者，想以某种方式限制用户，例如保护系统免受未经授权的访问）。然后开始讲故事，这个故事有大有小。

通常用故事来表示要交付的范围单位，例如"我们已经在此 Sprint 2 中交付了故事 X、Y 和 Z"。

1. 用户故事编写模板

用户故事的编写可以采用一个标准的模板。通常从用户的角度以"作为……我可以……以便于……"的格式描述用户故事，迫使交付团队始终专注于用户正在试图达成的目标及其原因。模板如下：

```
As a <type of user>,
I want <some goal>
so that <some reason>.
```

用户故事常常写在卡片或者即时贴上，也可以写在电子卡片上。

2. 用户故事的验收标准

验收标准称为 Acceptance Criteria（AC），可以作为用户故事完成之后的轻量级验收测试，一般写在故事卡片的最后，它可以确保团队理解这个用户故事的实现价值。这个验收标准一般由 PO 角色编写，最后也要由 PO 按照 AC 验证用户故事的实现，图 3-36 是针对"银行开户"用户故事的描述和验收标准（AC）。

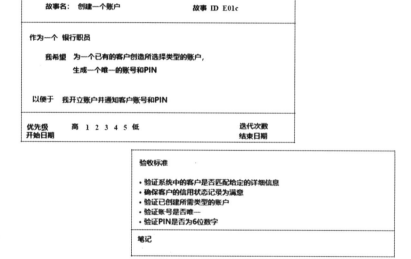

图 3-36　"银行开户"用户故事描述和验收标准

AC 验收标准的作用如下：
- 以用户的视角表达业务交互过程；
- 为 PO 与用户对需求的理解提供场景化、具象化的沟通；
- 有助于用户体验友好性的识别和改进；
- PO 与团队需求共识的标准和记录；
- 可视化一个用户故事的粗细粒度；
- 开发与测试对功能实现和质量的共识；
- 需求完成边界的限定；
- 比单纯故事点更为直观的工作估算标准；
- 活文档，用户手册（帮助 FAQ）的素材；
- 更公平透明的定价标准。

3.5.4　用户故事分解

敏捷开发过程是通过用户故事来将需求具体化为可以进行迭代开发。一般将比较大（high level）的用户故事定义为史诗（Epic），它一般无法在一个迭代内完成，可以分解为一组更小的用户故事。史诗（Epic）常常包含很多不同的特性（Feature），一个特性（Feature）就是一类需求，特性（Feature）可以再分解出一些用户故事（User Story），如图 3-37 所示。

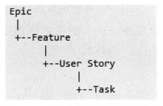

图 3-37　用户故事的分解过程

分解用户故事最典型的原因是将它们分成几小块使其足够小，以便在一次冲刺中交付其中的几个。分解用户故事使我们有机会将高价值的东西与低价值（高付出）的东西分开。一旦故事被分解，并且子故事被放置在产品待办事项列表中，则在重新确定优先级的对话期间，低价值故事会自然地过滤到待办事项列表的底部。

分解用户故事时，尽量牢记这两个目标：将它们缩小，然后剥离低价值的部分。分解的建议是最大的故事也需要在一个迭代（Sprint）内完成，最好是在 1/4 迭代时间内完成，或者说故事足够小以在一次冲刺中交付其中的几个故事，而且不能要求十全十美。

可以按照不同的标准进行分解，例如按照业务工作流程的不同步骤分解、按照不同业务规则分解、按照不同的操作分解、按照功能性或者非功能性需求分解等。

3.5.5　用户故事的 INVEST 准则

一个"好的用户故事"应该符合 INVEST 准则，即独立（不依赖其他故事）、可协商（并非一成不变，可以进行讨论）、有价值（对某些利益相关者，通常是最终用户）可估计的（足够清晰，交付团队可以很好地知道它有多大）、足够小（小到足以在一个迭代中传递多个故事）、可测试（如果无法测试，则显然对任何用户都无济于事）。可以将 INVEST 属性视为准则，而不是无可争议的规定。一些属性更适用于史诗（大故事，Epics），而另一些属性更适用于小故事。对于所有故事而言，无论多大，它们都必须提供用户可见的内容。

1.（Independent），独立的

所谓独立性，是指各个用户故事之间不存在依赖性。原来我们对独立性的理解是，在实现功能先后上不能有依赖性，即 A 的实现不依赖于 B，这样就可以更好地根据价值对优先级进行排序。

但是在实际工作中，这种需求看起来是独立的，但实际上依赖性很重。

假设有一个 Epic，要求我们支持信用卡支付。信用卡包括 Visa 卡、MasterCard 和银联卡。我们根据习惯将这个 Epic 分解为支持 Visa、MasterCard 和银联。此时三个用户故事是否有依赖？

从功能的角度来看，三个用户故事没有依赖，但估算用户故事大小时有非常明显的影响。支付的底层逻辑是三个用户故事共同依赖的，无论优先完成哪个需求，都要完成底层逻辑。因此就会出现，第一个完成的用户故事（假设为 A）一定会比另外两个故事（假设为 B 和 C）增加了一些底层逻辑实现的功能。但如果先实现用户故事 B，那么底层逻辑功能就需要加到 B 上。这种情况下，分解出来的用户故事是有依赖性的。

因此，我们对依赖性的定义包含两方面：

● 功能实现之间没有依赖性，即以任意顺序实现用户故事都可以，不用刻意考虑技术底层；

- 功能之间不要出现共同依赖的底层逻辑，这会让底层逻辑必然在某个分解的用户故事中实现，这为用户故事的估算带来一定的麻烦，这也会导致一定意义上的依赖性。

针对上面的示例，我们分解成下面的两个用户故事：

- 优先支持一种支付方式；
- 再支持另外两种支付方式。

通过这种方式，我们将用户故事主体中关于信用卡类型的部分隐藏掉，不会过早暴露细节，方便对优先级进行排序与工作量估算，然后借助验收标准来完善用户故事（在正式开发之前结束），再进入正式的开发阶段即可。

N（Negotiable），可协商的

可协商体现在需求的实现程度可协商。以登录功能为例，假设有如下用户故事：

作为商家，我需要可以登录我的后台。

这里的"登录"到底是什么意思？是用户名和密码、手机验证码、OpenID、扫码登录还是其他？都有可能，这并没有在我们写下上面的用户故事时就确定，而是需要 PO 与研发团队共同协商后得出结论。可能当前只需要实现用户名和密码，但是在下一个迭代中，我们需要支持微信扫码登录。Negotiable 仅仅是可协商，并不代表 PO 一定要接受研发的意见，毕竟 PO 才是最终决定用户故事的人。

V（Valuable），有价值的

只要严格按照用户故事模板来写，必然是有价值的，在编写用户故事时，一般我们都会紧紧抓住其价值。

E（Estimable），可估算的

所谓可估算的，背后的逻辑是：编写用户故事的人，应该具备该用户故事的行业背景。具备行业知识是写出好的用户故事的基本条件之一。

S（Small/Size Appropriate），小的 / 大小适当的

传统的 INVEST 中，对 S 的解释就是 Small，即认为只有小的用户故事才是好的用户故事，有以下几个原因：

- 小的用户故事可以放入短迭代中完成；
- 小的用户故事更容易被开发人员所理解，以便进行更好的开发；
- 小的用户故事更容易被估算。

T（Testable），可测试的

可测试的重要性毋庸赘言，这是用户故事验收标准的重要组成部分之一。可测试至少要包含两个要素。

- 客观性。所谓客观性是指，从某个测试结果可以得到唯一的结论，即测试通过或者不通过，不存在不同的人、不同的时间用测试结果可以得到不同的结论。
- 可重复性，即这种测试不是一次性的，是可以重复验证与测试的。

好的用户故事是帮助我们实现敏捷方法的重要的步骤。如何写好用户故事是个技术活，没有太多的捷径。只能通过不断训练才可以将用户故事写好，而 INVEST 就是我们在练习写好用户故事过程中重要的标准。不用这项工具，对自己的用户故事进行反复的改写与练习，才能最终在编写用户故事方面得心应手。

3.5.6　用户故事地图

用户故事地图（user story map）已经成为敏捷需求规划中的一个流行方法。用户故事地图可以将 backlog 变成一张二维地图，而不是传统的简单列表，如图 3-8 所示的用户故事地图。

3.6　需求的实例化

3.6.1　BDD

行为驱动开发（Behavior Driven Development，BDD）是一种敏捷软件开发技术，它鼓励软件项目中的产品负责人、开发者、QA 和非技术人员或干系人之间的协作。BDD 最初由 Dan North 在 2003 年命名，作为对测试驱动开发的回应，BDD 包括验收测试和客户测试驱动等极限编程的实践。BDD 介于业务领域和开发领域之间，如图 3-38 所示。

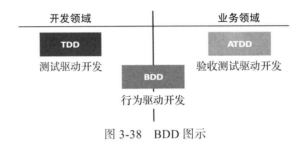

图 3-38　BDD 图示

BDD 建立在测试驱动开发的基础上，BDD 的重点是通过与利益相关者的讨论取得对预期软件行为的清醒认识。行为驱动开发人员通过自然语言编写团队成员都可以读懂的实例。这让开发者得以把精力集中在应该怎么写代码而不是技术细节上，而且最大限度地减少了在代码编写者的技术语言与商业客户、用户、利益相关者、项目管理者等人的领域语言之间来回翻译的代价。

行为驱动开发强调使用领域特定语言描述用户行为，定义业务需求，是需求分析人员、开发人员与测试人员进行沟通的有效方法。相比自然语言，领域特定语言更加精确，又能以符合领域概念的形式满足所谓"活文档"的要求。

因此，团队采用 BDD 共创用户故事，最重要的产出不是文档，而是为团队提供了交流的平台，并在其约束之下完成领域建模。由于团队的不同角色都参与了这个过程，因此保证了领域模型的一致性与准确性。

BDD 的提出者 Dan North 强调 BDD 不是关于测试的，它是在应用程序存在之前写出用例与期望，从而描述应用程序的行为，并且促使项目中的人们互相沟通。

- BDD 强调用领域特定语言（Domain Specific Language，DSL）描述用户行为，定义业务需求，而不会关心系统的技术实现。
- BDD 要求各个角色共同参与系统行为的挖掘和定义，以实现对业务价值的一致理解。
- BDD 源自 TDD，又不同于 TDD，重点不是关于测试的，但可以指导更好进行做自动化测试。
- BDD 促使团队所有角色从需求到最后的测试验证过程中进行高度的协作和沟通，以交付最有价值的功能，是一种全栈敏捷方法。

行为驱动开发的核心在于"行为"。当业务需求被划分为不同的业务场景，并以"Given-When-Then"的形式描述时，就形成了一种范式化的领域建模规约。编写领域特定语言的过程其实就是不断发现领域概念的过程。

用例场景的描述格式"Given... When... Then... "如下所示。

```
1  Given [上下文]
2      And [更多的上下文]
3  When [事件]
4  Then [结果]
5      And [其他结果]
```

1. 业务层抽取，业务语言描述

根据业务层的数据流，在每个数据停留点进行纵切，抽取出一个个用例场景。描述语言一定是业务领域可懂的，不要涉及任何与实现相关的技术细节。所描述的场景一定是从业务层抽象出来体现真实业务价值的。

2. 技术人员可懂，自动化友好

所描述的用例场景要能驱动开发，必须让技术人员易于理解；要指导自动化测试，还得要求对于自动化的实现是友好的。这一点似乎与第一点有些矛盾，但严格遵守 BDD 格式的要求还是可以做到的。其中，Given 从句描述的是场景的前提条件、初始状态，通常是现在完成时态；When 从句是采取某个动作或者是发生某个事件，一定是动词，通常是一般现在时；Then 从句用"应该…"（should be…）来描述一种期望的结果，而不用断言（assert），后者与测试关联更紧密。

3. 数据驱动，需求实例化

抽象的业务语言描述的需求，往往由于太抽象而缺失很多关键信息，导致不同人员对需求的理解不一致。要想既抽象又能包含细节信息，就要用需求实例来描述。简单说来，就是对场景用例进行举例说明。要举例，就需要列举数据，如果在场景用例描述中直接添加数据实例，用例将会很混乱，可读性和可维护性都非常差。如果我们能够在描述场景的用例中用一些变量来代替，把变量对应的值（数据）提取出来存为一个表格或者独立的文件，这样将会提高用例的可读性，而且不会缺失细节信息（数据），后期的维护也较为方便。这就是数据驱动的方法来描述实例化的需求。

例如对于业务场景一：检查收件箱，给出了下面三个描述，第一个描述涉及过多实现相关的细节，并不合适。第二个描述过于啰嗦，而第三个描述清晰明了且能体现业务价值，比较符合上面的要求。

```
Scenario: Check Inbox
  Given a user "Tom" with password "123"
  And a user "Jerry" with password "abc"
  And an email to "Tom" from "Jerry"
  When I sign in as "Tom" with password "123"
  Then I should see one email from "Jerry" in my inbox

Scenario: Check Inbox
  Given a user "Tom"
  And a user "Jerry"
  And an email to "Tom" from "Jerry"
  When I sign in as "Tom"
  Then I should see one email from "Jerry" in my inbox

Scenario: Check Inbox
  Given I have received an email from "Jerry"
  When I sign in
  Then I should see one email from "Jerry" in my inbox
```

业务场景二：限制非法用户查看某些受限内容，BDD 要强调什么（What），而不是怎么做（How）。

```
Scenario: Redirect user to originally requested page after logging in
  Given a user "Tom" exists with password "123"
  And I am not logged in
  When I navigate to the home page
  Then I am redirected to the login form
  When I fill in "Username" with "tom"
  And I fill in "Password" with "123"
  And I press "Login"
  Then I should be on the home page

Scenario: Redirect user to originally requested page after logging in
  Given I am an unauthenticated user
  When I attempt to view some restricted content
  Then I am shown a login form
  When I authenticate with valid credentials
  Then I should be shown the restricted content
```

业务场景三：将图书添加到购物车并计算总额。

```
Scenario: Books add to shopping cart with correct number and total price
  Given a book "BDD" with price "30.5"
  And a book "Cucumber" with price "25.8"
  When I select "BDD"
  And I click the add to shopping cart button
  Then I should see one "BDD" in my shopping cart
  And the total price is "30.5"
  When I select "Cucumber"
  And I click the add to shopping cart button twice
  Then I should see two books "Cucumber" in my shopping cart
  And the total price is "82.1"

Scenario Outline: Books add to shopping cart with correct number and total price
  Given book <name1> with <price1>
  And book <name2> with <price2>
  When I add <number1> book <name1> and <number2> book <name2> to shopping cart
  Then I should see book <name1> and <name2> in my shopping cart
  And the total price should be <total>

Examples:
  | name1    | price1 | number1 | name2    | price2 | number2 | total |
  | BDD      | 30.5   | 1       | -        | -      | -       | 30.5  |
  | Cucumber | 25.8   | 2       | -        | -      | -       | 51.6  |
  | BDD      | 30.5   | 1       | Cucumber | 25.8   | 2       | 82.1  |
```

BDD 的工具有 Cucumber、JBehave、Twist、Concordion 等。

行为驱动开发在很大意义上是 PO、开发人员、测试人员共创的一个行为，同时也是一个自然而然的过程，可以使用行为驱动开发的人类语言描述方法来编写我们的用户故事。行为驱动开发作为从代码到需求的桥梁，可以使你的测试更加贴近实际的用户行为，从而找到系统的问题所在。

基于 BDD 的用户故事使用几乎近于自然语言的方式描述了软件的行为过程，因此，可以直接作为软件的需求文档。

可以将这样的用户故事直接应用到测试中，作为测试的标准文档。我们在做单元测试时，经常针对某个函数或某个类进行测试，但是被测函数或被测的类可能是经常变化的，我们的测试案例也需要经常随之变化。然而，用户故事描述的是软件的整个系统行为，接近于需求文档，可变性大大降低。因此，测试案例不需要做太大变化。同时，这样的测试案例最贴近于需求，贴近于实际的系统行为。

一个用户故事包含若干个验收条件，包括正常场景与异常场景。场景中的 Given…When…Then…实际上就是设定该场景的状态、适用的事件，以及场景的执行结果。通过这样的用户故事描述和场景设置，基本就完成了一个完整测试的定义。

3.6.2　实例化需求

实例化需求（Specification By Example，SBE）是一组方法，它以一种对开发团队有所帮助的方式（理想情况下表现为可执行的测试）描述计算机系统的功能和行为，让不懂技术的利益相关者也可以理解，即使客户的需求在不断变化，它也具有很好的可维护性，可以保持需求的相关性，从而帮助团队交付正确的软件产品。实例化需求是在行为驱动开发 BDD

之后由 Gojko 提出来的，主要强调通过列举实例发现需求中缺失的概念。BDD 也是关注需求的，同样会使用实例来描述行为。

实例化需求的核心是，让项目的所有干系方进行有效的协作和沟通，用实例的方式说明需求，用自动化测试的方式频繁地验证需求，从实例化的需求说明和自动化测试用例中演进出一套"活文档系统"。这套"活文档系统"既可以有效地对系统进行说明，又可以作为交付验收的标准。

验收条件 (Acceptance Criteria) 是一系列可以接受的验收条件或者业务规则，且与功能或 Feature 相互匹配和满足，同时也能被产品负责人和干系人接受。验收条件可作为验收测试用例的具体例子。这也是我们常说的实例化需求，让抽象的需求变得具体和可测试。

3.7 需求分析的可视化工具

需求分析的可视化工具有很多，例如 IPO 图、UML 图示、判断矩阵、原型系统、影响地图、用户故事地图、功能列表等。

3.7.1 IPO 图

IPO 图是输入 / 处理 / 输出图的简称，它是美国 IBM 公司提出的一种图形工具，能够方便地描述输入数据、处理数据和输出数据的关系。

IPO 图使用的基本符号少而简单，因此很容易掌握这种工具的用法。它的基本形式是在左边的框中列出有关的输入数据，在中间的框中列出主要的处理，在右边的框中列出产生的输出数据。处理框中列出了处理的顺序，但是用这些基本符号还不足以精确描述执行处理的详细过程，图 3-39 是 IPO 图的示例。

输入	处理	输出
支取金额	如果账户有充足余额 　如果现金额没有超最大额 　　扣减账户余额 　　如果扣减成功 　　　出现金 　　如果出现金成功 　　　提示成功消息 　　　结束 　　如果出现金失败 　　　扣减金额回到账户上 　　　提示错误消息 　如果现金额超过最大额 　　提示错误消息 　　结束 如果账户余额不充足 　提示错误消息 　结束	 　 　 账户余额变化 现金 　 成功支取 ×××元现金 　 　 　 支取失败，没有足够的现金 　 每次支取现金的上限是 ×××元 　 账户余额不足

图 3-39　IPO 图示例

3.7.2 判断矩阵

判断矩阵可以表示在不同的条件选项和不同的操作下对应的不同预期结果的图表，如表 3-5 所示。

表 3-5　判断矩阵表

条件 1		条件 2			操作	预期
选项 A	选项 B	选项 a	选项 b	选项 c		
√		√				
√			√			
√				√		
	√	√				
	√		√			
	√			√		

3.7.3　功能列表

功能列表法是对项目的功能需求进行详细说明的一种方法，表 3-6 是该方法的一个样表，具体格式因项目而异。

表 3-6　功能 / 性能列表

需求类别（功能 / 性能）	名称 / 标识	描述
特性 A	A. 1	
	……	
	A. n	
特性 B	B. 1	
	……	
	B. n	
特性 C	C. 1	
	……	
	C. n	

表 3-7 是一个网站项目的部分功能列表。按类别给出功能项，对于每个功能项，说明参与的角色、各个角色对应的功能项即角色和功能列表的关系，以及功能项的详细表述。

表 3-7　某网站项目的部分功能列表

编　号	名　　称	类别	子类别	子角色	角　色	描　　　述
1	组织成员注册	用户	注册	管理者	组织	为组织提供注册申请功能，注册申请需按照 ×××.com 的要求说明组织的基本信息及联系方式以供 ×××.com 与之联系
2	协会 / 学会成员注册	用户	注册	管理者	协会 / 学会	为协会 / 学会提供注册申请功能，注册申请需按照 ×××.com 的要求说明协会 / 学会的基本信息及联系方式以供 ×××.com 与之联系
3	个人成员注册	用户	注册	非成员	个人	为个人提供注册申请功能。注册申请需按照 ×××.com 的要求填写个人的基本信息。与组织成员注册不同的是需要在此填写用户名及口令
4	组织成员注册协议	用户	注册	管理者	组织	对厂商、经销商有不同的注册使用协议，注册前必须同意该协议

（续）

编 号	名 称	类别	子类别	子角色	角 色	描 述
5	协会 / 学会成员注册使用协议	用户	注册	管理者	协会 / 学会	针对协会 / 学会的注册使用协议，注册前必须同意该协议
6	个人成员注册使用协议	用户	注册	非成员	个人	个人用户使用 ×××.com 前必须同意个人注册使用协议
7	组织成员注册响应	用户	注册	市场部经理	×××.com	组织用户发出注册请求后，经 ×××.com 市场人员与组织协商，签订合同后，×××.com 为组织建立组织管理者用户，用 Email 通知用户注册成功，同时将组织管理者的默认用户名和密码通知用户
8	协会 / 学会成员注册响应	用户	注册	市场部经理	×××.com	协会/学会用户发出注册请求后，经 ×××.com 市场人员与协会 / 学会协商，签订合同后，×××.com 为协会 / 学会建立协会 / 学会管理者用户，用 Email 通知用户注册成功，同时将协会 / 学会管理者的默认用户名和密码通知用户
9	个人成员注册响应	用户	注册		×××.com	个人用户发出注册请求后（需填写用户名和口令），经 ×××.com 检查个人注册信息符合要求后即刻通知用户注册成功
10	修改成员信息	用户	管理	成员	组织，协会 / 学会，个人	成员注册成功后，可以对本人的口令、联系地址等信息进行修改

3.8 原型设计工具

软件原型（prototype）是指在项目前期阶段，系统分析人员根据对用户需求的理解和用户希望实现的结果，快速地给出一个实实在在的产品雏形，然后与用户反复协商修改。软件原型是项目需求的部分实现或者可能的实现，可以是工作模型或者静态设计、详细的屏幕草图或者简单草图，最终可以据此形成实际的系统。原型的重点在于直观体现产品的主要界面风格及结构，并展示主要功能模块以及它们之间的关系，不断确认模糊部分，为后期的设计和代码编写提供准确的产品信息。原型可以明确并完善需求，减少风险，优化系统的易用性，研究设计选择方案，为最终的产品提供基础。原型设计是软件人员与用户沟通的最好工具，下面介绍一些常用的原型设计工具。

3.8.1 Axure RP

Axure RP 是美国 Axure Software Solution 公司的旗舰产品，该原型设计工具可以专业、快速地完成需求规格的定义，准确地创建基于 Web 的网站流程图、原型页面、交互体验设计，还可以标注详细的开发说明，并导出 HTML 原型或规格的 Word 开发文档（通过扩展才能支持更多的输出格式）。

用 Axure RP 设计线框图和原型可以有效提高工作效率，同时方便团队成员完成协同设计。利用这款工具，开发人员可以向用户演示动态模型，通过交流确认用户需求，还可自动产生规格说明书，极大地优化了工作方式。在 Axure RP 的可视化工作界面中，用户用鼠标拖曳的方式便可创建带有注释的各种线框图，无须编程就可以在线框图上定义简单链接和高级交互。同时，该工具支持在线框图的基础上自动生成 HTML 原型和 Word 格式的规格说明书。

3.8.2 Balsamiq Mockups

Balsamiq Mockups 是一款原型快速设计软件，由美国加利福尼亚的 Balsamiq 工作室推出，它真正抓住了原型设计的核心与平衡点——既能快速设计草图，又能较好地兼顾平时团队工作的流程和工具。它能够流畅地在不同浏览器、不同操作系统平台下完美运行，可以在线使用，也可以离线使用。我们能够很顺利地将其安装在 Windows 7、FreeBSD、Ubuntu 等平台中，高效率地完成每个原型设计任务。

Balsamiq Mockups 具有极其丰富的表现形式，设计效果非常美观。它几乎支持所有的 HTML 控件原型图，比如按钮（基本按钮、单选按钮等）、文本框、下拉菜单、树形菜单、进度条、多选项卡、日历控件、颜色控件、表格、Windows 窗体等。除此以外，它还支持 iPhone 手机元素原型图，极大地方便了开发 iPhone 应用程序的软件工程师。

3.8.3 Prototype Composer

Prototype Composer 是一款由 Serena 出品的免费软件，非技术型的用户也可以利用它来进行原型设计。它还包括商业过程、活动、用户界面、需求和数据，不但可以制作界面原型，方便用户在编写代码之前直观预览网站的运行流程，还可以用来做项目管理，包括需求管理、数据管理。

Prototype Composer 提供了完整的集成环境，可轻松进行设计和建模。该软件能够以可视化的形式描述软件的工作模型，提供可定制的 Word 格式说明书模板库，还可自动组装从模型中产生的数据，一键创建需求、功能、技术规格说明。

3.8.4 GUI Design Studio

GUI Design Studio（GDS）是面向应用软件设计图形用户界面的专业工具，特别适合用于客户端软件设计。该软件能够快速将设计思路以可视化的方式表现出来，并实现基本的交互，便于演示及与客户的有效沟通。GUI Design Studio 是不需要软件开发和编程的完整的设计工具，它支持所有基于微软 Windows 平台的软件，提供了大部分 C/S、B/S 组件的示意图，可组合使用，是一款非常适合界面原型设计者和界面原型开发人员的软件，能够满足一般软件界面模型的设计需要。

3.9 需求规格说明文档

需求规格说明相当于软件开发的图纸，一般来说，软件需求规格说明可以根据项目的具体情况采用不同的格式。下面是一个可以参照的软件需求规格说明模板。

---

1. 导言

1.1 目的

　　说明编写这份项目需求规格说明的目的，指出预期的读者。

1.2 背景

　　说明：

- 待开发的产品的名称。

- 本项目的任务提出者、开发者、用户及实现该产品的单位。
- 该系统同其他系统的相互来往关系。

1.3　缩写说明

列出本文件中用到的外文首字母组词的原词组。

[缩写]

[缩写说明]

1.4　术语定义

列出本文件中用到的专门术语的定义。

[术语]

[术语定义]

1.5　参考资料

列出相关的参考资料。

[编号]《参考资料》[版本号]

1.6　版本更新信息

具体版本更新记录如下表所示。

修改编号	修改日期	修改后版本	修改位置	修改内容概述

2. 任务概述

2.1　系统定义

本节描述内容包括：

- 项目来源及背景。
- 项目要达到的目标，如市场目标、技术目标等。
- 系统整体结构，如系统框架、系统提供的主要功能，以及涉及的接口等。
- 各组成部分结构，如果所定义的产品是更大的系统的一个组成部分，则应说明本产品与该系统中其他各组成部分之间的关系，为此可使用一张框图来说明该系统的组成和本产品同其他各部分的联系和接口。

2.2　应用环境

本节应根据用户的要求对系统的运行环境进行定义，描述内容包括：

- 设备环境。
- 系统运行硬件环境。
- 系统运行软件环境。
- 系统运行网络环境。
- 用户操作模式。
- 当前应用环境。

2.3　假定和约束

列出进行本产品开发工作的假定和约束（如经费限制、开发期限等），列出本产品的最终用户的特点，充分说明操作人员、维护人员的教育水平和技术专长，以及本产品的预期使用频度等重要约束。

3. 需求规定

3.1 对功能的规定

本节依据合同中定义的系统组成部分分别描述其功能，描述应包括：

- 功能编号。
- 所属产品编号。
- 优先级。
- 功能定义。
- 功能描述。

3.2 对性能的规定

本节描述用户对系统的性能需求，可能的系统性能需求有：

- 系统响应时间需求。
- 系统开放性需求。
- 系统可靠性需求。
- 系统可移植性和可扩展性需求。
- 系统安全性需求。
- 现有资源利用性需求。

3.2.1 精度

说明对该产品的输入、输出数据精度的要求，可能包括传输过程中的精度。

3.2.2 时间特性要求

说明对于该产品的时间特性要求，如对响应时间、更新处理时间、数据的转换和传送时间、计算时间等的要求。

3.2.3 灵活性

说明对该产品的灵活性的要求，即当需求发生某些变化时，该产品对这些变化的适应能力，如操作方式上的变化、运行环境的变化、同其他系统的接口的变化、精度和有效时限的变化、计划的变化或改进。对于为了提供这些灵活性而进行的专门设计部分应该加以标明。

3.3 输入/输出的要求

解释各种输入/输出数据类型，并逐项说明其媒体、格式、数值范围、精度等。对软件的数据输出及必须标明的控制输出量进行解释并举例，包括对硬拷贝报告（正常结果输出、状态输出及异常输出）以及图形或显示报告的描述。

3.4 故障处理要求

列出可能的软件、硬件故障以及对各项性能而言所产生的后果和对故障处理的要求。

3.5 其他要求

例如：用户单位对安全性的要求，对使用方便性的要求，对可维护性、可补充性、易读性、可靠性、运行环境可转换性的特殊要求等。

4. 运行环境规定

4.1 设备

列出该产品所需要的硬件环境，说明其中的新型设备及其专门功能，包括：

- 处理器型号及内存容量。
- 外存容量，联机或脱机，媒体及其存储格式，设备的型号及数量。

- 输入及输出设备的型号和数量，联机或脱机。
- 数据通信设备的型号和数量。
- 功能键及其他专用硬件。

4.2　支持软件

列出支持软件，包括要用到的操作系统、编译程序、测试软件等。

4.3　双方签字

需求方（需方）：

开发方（供方）：

日期：

3.10　MSHD 项目案例——需求分析

项目案例名称： 多源异构灾情管理系统（MSHD）。

项目案例文档： 需求规格说明书。

本节案例针对 MSHD 项目，采用敏捷项目需求分析方法确定了用户故事需求，包括功能需求和非功能需求。首先确定系统角色以及相应的用例，据此给出用户故事地图和用户故事分解情况，然后依次描述每个用户故事。图 3-40 是需求规格文档的目录，这个需求规格是按照敏捷迭代过程渐进式完善而成的。下面举例介绍 MSHD 项目需求规格文档。

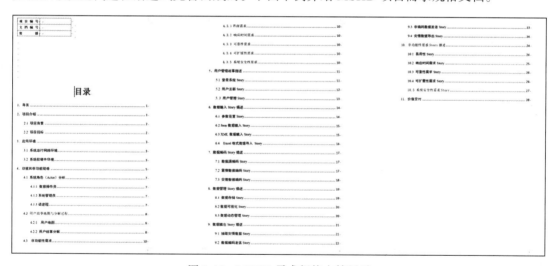

图 3-40　MSHD 需求规格文档目录

3.10.1　MSHD 用户地图

我们将所有的用户故事划分为三次迭代，按优先级进行划分，第一次迭代完成系统的基本功能，主要包括用户登录、基于 XML 和 JSON 格式的数据获取、灾情数据编码和基本震情编码以及基本数据管理。第二次迭代完成用户注册、参数设置、灾情动态管理和基于地图的展示等功能。第三次迭代完成用户管理、人工数据获取、数据的统计分析，以及数据请求管理和发送处理。经过三次迭代后，整个系统的功能将全部完成，如图 3-41 所示。

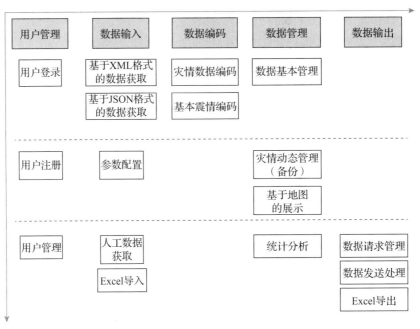

图 3-41　MSHD 用户地图

3.10.2　MSHD 用户故事分解

　　用户故事是交付的单位，是提供有价值信息的工具。我们将需求划分为用户管理、数据输入、数据编码、数据管理和数据输出 5 个大模块，每个模块再细分为不同的用户故事。用户管理分为用户登录、用户注册和账户管理。数据输入分为参数配置、基于 JSON 格式的数据获取、基于 XML 格式的数据获取和人工数据获取。数据编码包括数据来源编码、灾情数据编码和基本震情编码。数据管理包括数据基本管理、灾情动态管理、基于地图的展示和统计分析。数据输出包括数据请求管理和数据发送管理。如图 3-42所示。

3.10.3　MSHD 登录系统 Story

　　登录系统 Story 的描述如表 3-8 所示。

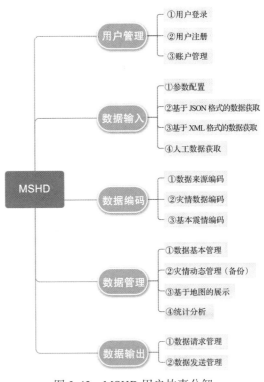

图 3-42　MSHD 用户故事分解

表 3-8　登录系统 Story

Story name：登录系统 Story
Story ID：4.3.1

（续）

作为系统管理员，我希望系统提供通过用户账号和密码登录系统的功能，以便于我可以监控用户登录系统的情况。

验收标准（Acceptance Criteria）

1. 用户输入正确的账号密码，能够成功登录。

2. 用户输入不存在的账号，系统显示账号不存在。

3. 用户输入存在的账号，但密码不正确，系统显示密码错误。

优先级（Priority）：H（H，M，L）

迭代次数（Iteration Number）：第 1 次

备注（Notes）：

3.10.4 MSHD 响应时间需求 Story

响应时间需求 Story 的描述如表 3-9 所示。

表 3-9 响应时间需求 Story

Story name：响应时间需求 Story

Story ID：10.2.1

作为数据操作员、系统管理员，我希望系统的响应时间合理，在人的一般反应范围之内，以便于我可以顺利操作系统，无须等待过长时间。

验收标准（Acceptance Criteria）

在超过 95% 的请求中，响应时间不超过 3s。

优先级（Priority）：L

迭代次数（Iteration Number）：1

备注（Notes）：

3.11 小结

本章重点介绍了传统需求管理和敏捷需求管理，例如需求获取、需求分析、需求规格、需求验证、需求变更；详细介绍了需求分析建模的主要技术、需求分析建模的主要方法（包括面向对象方法、结构化方法、敏捷需求方法等）；还介绍了 BDD 等实例化需求的概念，综述了需求分析的主要可视化工具。软件开发人员首先应该明确用户的意图和要求，正确获取用户的需求，这是软件开发的重要基础。

3.12 练习题

一、填空题

1. 分析模型在系统级描述和 _____ 之间建立了桥梁。

2. 最常见的实体关系图表示法是 _____ 表示法和 _____ 表示法。

3. 结构化分析方法是面向 _____ 进行需求分析的方法。结构化分析方法使用 _____ 等来描述。

4. 在需求分析中，可从有关问题的简述中提取组成数据流图的基本成分。通常问题简述中的动词短语将成为数据流图中的 _____ 成分。

5. 面向对象的需求分析中常用的 UML 图示有 _____ 、_____ 、_____ 、和 _____ 等。

6. 敏捷项目主要通过 _____ 描述软件需求。

二、判断题

1. 系统流程图表达了系统中各个元素之间信息的流动情况。（　　　）

2. 用例需求分析方法是一种结构化的情景分析方法，即一种基于场景建模的方法。（　　　）

3. 面向对象分析方法认为系统是对象的集合，是以功能和数据为基础的。（　　　）

4. 结构化分析方法适合于数据处理类型软件的需求分析。（　　　）

5. 需求变更管理是需求管理过程中很重要的环节。（　　　）

6. 软件需求规格说明的内容包括算法的详细描述。（　　　）

7. 用户地图将 Product Backlog 映射为一个二维图形，使 Product Backlog 变得更加可视化。
（　　　）

三、选择题

1. 软件开发过程中，需求活动的主要任务是（　　　）。
   A. 给出软件解决方案　　　　　　　　B. 定义需求并建立系统模型
   C. 定义模块算法　　　　　　　　　　D. 给出系统模块结构

2. 软件需求规格说明文档中包括多方面的内容，下述（　　　）不是软件需求规格说明文档中应包括的内容。
   A. 安全描述　　　B. 功能描述　　　C. 性能描述　　　D. 软件代码

3. 软件需求分析一般应确定的是用户对软件的（　　　）。
   A. 功能需求　　　B. 非功能需求　　　C. 性能需求　　　D. 功能需求和非功能需求

4. 结构化分析方法中，描述软件功能需求的常用工具有（　　　）。
   A. 业务图，数据字典　　　　　　　　B. 软件流程图，模块说明
   C. 用例图，数据字典　　　　　　　　D. 系统流程图，程序编码

5. 软件需求分析阶段建立原型的主要目的是（　　　）。
   A. 确定系统的功能和性能要求　　　　B. 确定系统的性能要求
   C. 确定系统是否满足用户要求　　　　D. 确定系统是否满足开发人员要求

6. 在需求分析阶段，需求分析人员需要了解用户的需求，认真仔细地进行调研和分析，最终应建立目标系统的逻辑模型并写出（　　　）。
   A. 模块说明书　　B. 需求规格说明　　C. 项目开发设计　　D. 合同文档

7. 软件需求阶段要解决的问题是（　　　）。
   A. 软件做什么　　　　　　　　　　　B. 软件提供哪些信息
   C. 软件采用什么结构　　　　　　　　D. 软件怎样做

8. 软件需求管理过程包括需求获取、需求分析、需求规格说明编写、需求验证以及（　　　）。
   A. 用户参与　　　B. 需求变更　　　C. 总结　　　D. 都不正确

9. 在原型法中开发人员根据（　　　）需求不断修改原型，直到满足用户要求为止。
   A. 用户　　　B. 开发人员　　　C. 系统分析员　　　D. 程序员

10. 结构化分析方法使用数据流图、（　　　）和加工说明等描述工具，即用直观的图和简单的语言来描述软件系统模型。
    A. DFD　　　B. PAD　　　C. HIPO　　　D. 数据字典

11.下面关于 BDD 描述不正确的是（　　　）。

A.行为驱动开发，是一种敏捷软件开发的技术

B.BDD 与 TDD 一样，重点在于测试

C.BDD 强调用领域特定语言描述用户行为

D.行为驱动开发的核心在于"行为"

第4章

软件项目的概要设计

软件设计过程是将需求规格说明转化为软件实现方案的过程。软件设计包括概要设计和详细设计，本章介绍概要设计过程。下面进入路线图的第二站——概要设计，如图 4-1 所示。

图 4-1　路线图——概要设计

4.1　软件设计综述

需求分析阶段是提取和整理用户需求并建立问题域模型的过程。设计是根据需求开发的结果，对产品的技术实现由粗到细进行规划的过程。需求模型为它们提供了信息流，通过一定的设计方法可以实现这些模型。

软件需求讲述的是"做什么"，而软件设计解决的是"怎么做"的问题。软件设计是将需求描述的"做什么"问题变为一个实施方案的创造性过程，使整个项目能够在逻辑上和物理上得以实现。软件工程中主要有三类开发活动——设计、编程、测试，设计是第一个开发活动，也是最重要的活动，是软件项目实现的关键阶段，设计质量的高低直接决定了软件项目的成败，缺乏或者没有软件设计开发的系统是一个不稳定甚至失败的软件系统。需求工程已经从软件工程中分离出来，成为一个独立的分支，但是设计工程还不是软件工程的独立分支，而是软件工程的工程活动，但以后也必将成为一个独立的分支。

良好的软件设计是快速开发软件的根本，如果没有良好的设计，时间就会花在不断的调试上，无法添加新功能，修改的时间越来越长，随着给程序打上一个又一个的补丁，新的功能需要更多的代码实现，从而形成恶性循环。

需求是源头，设计是关键，代码是基础。*Righting Software* 的作者就特别强调：许多项目的失败都是因为没有良好的架构设计或没有良好的项目设计。这说明设计是非常重要的。

4.1.1　软件设计过程

软件设计包括一套原理、概念和实践，通常，根据设计粒度和目的的不同可以将设计分为概要设计和详细设计两个级别。通过设计过程，需求被转换为用于构建软件的"蓝图"，初始蓝图描述了软件的整体视图，即设计模型，因此，设计是在高抽象层次上的表达，称为"高级设计""概要设计"或者"总体设计"（本书统称为概要设计），该层次的设计可以直接跟踪到特定的系统目标、功能需求和行为需求。但是随着设计的开始，后续的细化将导致更低抽象层次的设计表示，称为"低级设计"或者"详细设计"，这个层次的表示也可以跟踪到需求。

概要设计从需求出发，在总体上描述系统架构应该包含的组成要素（模块），同时描述各个模块之间的关联。

详细设计主要描述各个模块的算法和数据结构，以及用特定计算机语言实现的初步描述，如变量、指针、进程、操作符号以及一些实现机制。本章讲述概要设计，第 5 章将讲述详细设计。

4.1.2　软件设计的原则

高质量的设计具有创造一个高质量产品的特征：容易理解，容易实现，容易测试，容易修改，将需求正确地变为设计。其中，容易修改很重要，因为需求变更或者将来进行系统缺陷维护时可能都要进行设计变更。为了评估某个设计的质量，应该建立高质量设计的技术标准，采用一定的设计模式或者遵守一定的设计原则。软件设计的原则或者模式是软件工程技术在实践中不断发展提炼而成的，原则比具体的技术更抽象，更接近事物本质，也更经得起时间考验。下面主要是面向对象设计原则，也有传统的面向结构的设计原则。

1. 高内聚

内聚性是内部系统相互依赖或者子系统内部相互合作的程度，一个好的设计应该是在子系统内具有尽可能高的链接程度或者高内聚。

2. 松耦合

耦合是子系统之间相互影响的程度，一个好的设计应该是在子系统之间松耦合，并让每个子系统实现高内聚。松耦合可以提高子系统之间链接的灵活性，使子系统的更换更加简单，减少相互依赖造成的问题。

3. 单一职责原则（Single Responsibility Principle，SRP）

一个类，只做一件事，并把这件事做好，其只有一个引起它变化的原因。可以将单一职责原则看作是低耦合、高内聚在面向对象原则上的引申，将职责定义为引起变化的原因，以提高内聚性来减少引起变化的原因。职责越多，引起变化的原因就越多，这将导致职责依赖，相互之间会产生影响，从而极大地损伤其内聚性和耦合度。单一职责通常意味着单一的功能，因此不要为一个模块实现过多的功能点，以保证实体只有一个引起它变化的原因。

4. 开放 - 封闭原则（Open/Closed Principle，OCP）

拥抱需求变化，尽量做到对模块的扩展开发，修改关闭。对于新增需求的完美做法是新增类型而不是修改逻辑，这就意味着我们必须使用组合或者继承体系（继承应该是干净的继承体系，派生类应该只是新增功能而不是修改来自父类的上下文）。

5. Liskov 替换原则（Liskov Substitution Principle，LSP）

替换原则要求子类型必须能够替换掉它们的基类型，即派生类应该可以在任何地方替代父类使用。并不是所有的子类都可以完全替换父类，比如设计父类私有上下文信息的访问将导致子类无法访问。

6. 接口隔离原则（Interface Segregation Principle，ISP）

接口隔离原则是把功能实现在接口中，而不是类中，使用多个专门的接口比使用单一的总接口要好。

总之，高质量的设计具有如下特征。

- 软件的可扩展性。这是一个非常重要的问题，良好的可扩展性能使你在以后的开发过程中事半功倍。
- 模块的独立性（即满足松耦合、高内聚）。优秀软件应满足高内聚、松耦合。
- 异常处理。在设计中要包括异常处理的设计，以便系统面对异常情况时不至于使系统功能降低。
- 错误预防和错误处理。除了设计异常情况外，设计中还要警惕每个模块中可能隐藏的错误，或者其他模块、系统、接口引入的错误情况，要对它们进行处理。
- 代码重用性设计。这是到目前为止最为流行的开发方法。将同样的代码重写多次会让人感到厌倦，谁都希望代码行更简短、更有效。
- 友好的人机交互界面。有些软件功能相同或相似，为什么用户对它们的评价却差异很大，其中很重要的原因就是好软件的界面设计更人性化。不要忽视这个问题，这是一门科学。在开始编写代码之前，要把界面设计问题提到更重要的程度，并且进行多次讨论。友好的人机交互界面可获得更好的客户满意度。
- 设计可以跟踪需求分析模型。应该确定一个方法来跟踪每个需求是如何通过设计来实现的。
- 设计应该体现统一的风格。一个好的设计应该有统一的风格，在设计团队开始之前，应该制定统一的规则、公式等，明确模块的接口设计之后，就可以进行集成设计了。
- 设计的结构应该尽可能满足变更的要求。

设计的规范定义很重要，应该确定命名规则，如系统命名规则、模块命名规则、变量命名规则、数据库命名规则等。同时在设计中要尽可能提倡复用性，包括功能的复用、界面的复用和文档的复用等，同时要保证设计有利于测试。

4.1.3　软件设计的模式

软件设计模式可以按照不同的规则进行分类，按照 Gamma 等人的标准将模式分成 3 类，即结构模式、行为模式和创建模式。

1. 结构模式

适配器模式、桥梁模式、装饰模式、外观模式、组合模式和代理模式都是结构模式。

- 适配器模式把一个"错误"的接口转换为所希望的形式。基于类的适配器继承了需要适配的类，以此得到这个类的接口，同时适配器还继承了它并不需要的"包袱"。基于对象的适配器通过聚焦得到需要适配的类。它与基于类的适配器一样，是专门为需要适配器的类写的，但并不继承"包袱"。

- 桥梁模式把对客户所提供的接口（抽象）与实现接口的部分相互分离。抽象的类的层次结构与它的实现部分通过"桥梁"进行连接，以此达到双方可以单独修改或扩展的目的。
- 装饰模式可以在运行时动态地给一个对象或者它的子类增加附属功能。
- 外观模式是简化的抽象接口，通过这个接口可以调用一个子系统里的类。外观对象把对方法的调用委托给子系统中的对象。
- 组合模式允许对树形结构中简单或复合的对象进行同等处理。
- 代理模式隐藏了代理对象后面具有相同接口的对象。这个代理对象封装了对真实对象的所有通信。它可以把功能委托给真实对象，或者增加附属功能。

2. 行为模式

模板方法模式、命令模式、观察者模式、策略模式、中间者模式、状态模式、角色模式、拜访者模式、迭代器模式等都是行为模式。

- 模板方法模式在基类中已经确定了算法的结构，通过静态继承的子类实现了算法中变化的部分。
- 命令模式把命令作为对象进行封装，这样可以让一个命令的生成和执行分离。可以先生成命令，然后在以后的某一时刻执行该命令。如果将所有命令放入一个列表中，就可以轻松地实现日志功能或撤销功能。
- 观察者模式允许一个对象把自己的状态变化通知给依赖它的对象，依赖的对象可以根据收到的事件作出反应并索取更改的数据。通过使用观察者模式，依赖的对象不必使用轮询（控制反转）。
- 借助于策略模式，一个完整的算法（策略）可以在运行时动态地和另一个功能上等价的算法互换。模式提取备选算法，通过接口对它进行抽象并把它封装在一个对象中。
- 中间者模式允许对象间通过一个中间者进行交流，中间者会把收到的消息通知给所有相关的同事（对象）。因此每一个对象之间都是互相独立的，可以更换。中间者模式通过处在中心位置的中间者协调一个整体的对象组。
- 状态模式中的每一个状态都封装在所处的类中，类继承自通用的抽象类或实现了一个通用接口。一个依赖于状态的对象与现实的状态相关联并可以执行改变状态。
- 角色模式允许一个对象在不同的环境、不同的时间扮演不同的角色。也可以多个对象扮演同一个角色。角色被实现为独立的对象。
- 拜访者模式可以把一个新的操作添加到一个已有的数据结构中，该操作通过对数据结构对象进行加工，实现它的功能。这样的操作封装在一个拜访者对象中。在对象模式中，可访问的对象必须有所"准备"，为拜访者提供相应的方法。
- 迭代器模式可以把由多个对象组成的数据结构按照不同的执行策略进行循环，客户不需要了解数据结构的组成。

3. 创建模式

下面简要说明工厂方法模式、抽象工厂模式、单例模式、对象池模式等创建模式。

- 工厂方法模式允许把一个具体实例的生成封装在一个子类的方法中。子类在模式中静态地确定其生成对象的结构和行为。

- 抽象工厂模式通过选取相应的具体工厂，在运行时可以选择一个产品系列，并由它负责生成对象。
- 单例模式用于确定一个类只能生成唯一的对象。这个模式工作中整体不需要继承。
- 在对象池模式中，对象的生成和销毁消耗过大，所以不能经常生成或销毁对象，而应该进行复用。将这些对象放在一个池子中，应用根据需求使用这些对象，从而节省资源。

4.1.4 概要设计的定义

软件概要设计的核心内容是依据需求规格说明，合理、有效地设计产品规格说明中定义的各项需求。概要设计注重总体结构设计、模块（构件）设计、数据设计、接口设计、网络环境设计等，将产品分割成一些可以独立设计和实现的部分，保证系统的各个部分可以和谐地工作。

设计模型从（需求）分析模型转化而来，例如体系结构设计模型、数据设计模型、接口设计模型和模块（构件）设计模型等，需求模型为它们提供了信息流，可以通过一定的设计方法实现这些模型。

概要设计主要包括体系结构设计、模块（构件）设计、数据设计、接口设计（界面设计），相当于寻找实现目标系统的各种不同方案。这个阶段建立软件系统结构，划分模块，定义模块功能、模块间的调用关系、模块的接口，进行数据结构和数据库的设计，必要时也进行界面设计，等等。

体系结构设计模型定义软件中各个主要结构元素之间的关系，确定一种架构模式。体系结构设计是一个系统的高层次策略，架构模式的好坏可以影响到总体布局和框架性结构。体系结构的设计从分析模型开始，这些分析模型表示软件体系结构中涉及的应用领域内的实体。体系结构设计是概要设计的基础，是最高层次的设计，可以以此展开模块（构件）设计、数据设计、接口设计等，如图 4-2 所示。

图 4-2 概要设计的层次

模块（构件）设计将一个复杂系统按功能进行模块划分，建立模块的层次结构及调用关系，确定模块间的接口及人机界面等。

数据设计是将需求分析阶段产生的信息模型转化为实现软件的数据结构的过程。数据对象、数据之间的关系以及数据的内容是数据设计活动的基础。

接口设计定义软件内部的通信、与系统的交互以及人机操作界面等，接口设计可以通过信息流、一些特定的操作方式体现。

概要设计从架构设计开始，然后是模块设计，更详细的模块设计就是详细设计，数据设计也是设计中重要的组成部分。架构设计需要遵循一些架构模式，模块设计也需要遵循设计模式，数据设计也有模式。

4.2 软件架构设计

当建筑师开始一个建筑项目的时候，首先要设计该建筑项目的框架结构，有了这个蓝图，接下来的实际建筑过程才会有条不紊地进行。同样，软件开发者开始一个项目的时候，首先也应该构思软件应用的框架结构，即软件的体系结构设计或者软件架构设计。体系结构设计的作用不是解决局部问题，是影响一个系统的基本结构。

软件体系结构与软件架构的英文都是 software architecture，两者都使用一样的定义，目前，没有文献表明软件体系结构与软件架构的差别。如果强调方法论，应使用软件体系结构；如果强调软件开发实践，应使用软件架构。例如，IEEE 对 architecture 的定义是"一个系统的基础组织，包含各个构件之间、构件与环境之间的关系，还有指导其设计和演化的原则。"［Architecture: <system> fundamental concepts or properties of a system in its environment embodied in its elements, relationships, and in the principles of its design and evolution.（ISO/IEC/IEEE 42010:2011）］

Philippe Kruchten 说："软件架构包含了关于以下内容的重要决策：软件系统的组织、选择组成系统的结构元素和它们之间的接口，以及当这些元素相互协作时所体现的行为，如何组合这些元素，使它们逐渐合成为更大的子系统，用于指导这个系统组织的架构风格，这些元素以及它们的接口、协作和组合。"

总之，软件的架构包含如下要素：功能分解的软件元素、软件元素的关系、软件元素和环境的关系、指导设计与演化的架构原则。

软件体系结构为我们提供了软件的整体视图，即系统的一个或者多个结构，结构中包括软件的构件、构件的外部可见属性以及它们之间的关系。软件体系结构相当于一个建筑房屋的平面图，描绘了房间的整体布局，包括各个房间的大小、形状、相互之间的联系、门窗等。

Jerrold Grochow 说："系统的体系结构是一个可以理解的描述风格和结构的框架，包括了它的组成模块以及模块之间的联系。"正如每建造一座房子就反映出一种体系结构风格，构造软件也存在体系结构风格，包括模块、模块的接口、模块连接的约束等。随着项目复杂度的提高，体系结构设计对项目最后的成功起着重要作用。

敏捷开发过程强调早期阶段需要关注设计一个整体的体系结构，体系结构的增量开发很困难，根据变化重构组件（模块）相对容易，但是重构体系结构会很昂贵，因为需要修改大部分系统构件以适应体系结构的变化。好的架构是项目顺利开发的基础。

软件体系架构经历了多个发展阶段：从主机 / 终端（Host/Terminal，H/T）体系结构，到客户机 / 服务器（Client/Server，C/S）体系结构、浏览器 / 服务器（Browser/Server，B/S）体系结构、多层体系结构，再到面向服务的体系结构（Service-Oriented Architecture，SOA）、面向工作流引擎（Business Process Management，BPM）、微服务架构等。

4.2.1 单体架构（H/T 体系结构）

早期的软件大多采用 H/T 体系结构，如图 4-3 所示，20 世纪五六十年代，计算机基本上是单机系统，软件所有的功能都在一台计算机上实现，系统中只有一台计算机。20 世纪 70 年代出现了主机 / 多用户系统，尽管本质上还是一台计算机在工作，但是多个终端用户可以同时上机、并行操作，每个终端都有独占主机资源的感觉。但是我们知道这个终端不是一台完整的计算机，而是一台分时共享主机的输入 / 输出设备。主机 / 多用户应用系统是一层结构，即所有的负担都由主机承担，当这个负担过重时，终端用户的数量就会受到限制。

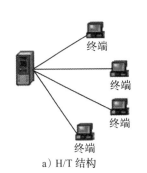

a）H/T 结构

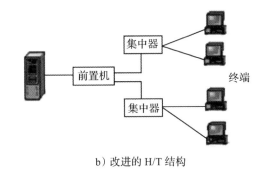

b）改进的 H/T 结构

图 4-3   H/T 体系结构

4.2.2   客户服务架构

C/S（Client/Server，客户机 / 服务器）模式和 B/S（Browser / Server，浏览器 / 服务器）模式都属于客户服务架构。

1. C/S 体系结构

随着计算机技术的不断发展与应用，计算机模式从集中式转向了分布式，20 世纪 80 年代出现了 C/S（Client/Server，客户机 / 服务器）模式，该模式在 20 世纪 80 年代及 90 年代初得到了广泛应用，其中最直接的原因是可视化开发工具的推广。C/S 模式应用系统包括客户端的机器及其运行系统，也包括服务器端的机器及其运行系统，所以是二层结构。在这个系统中，客户端机器是一台完整的计算机，可以独立地执行运算操作和磁盘存取，在服务器上进行数据库和文件系统操作，在客户端进行事务处理和输入 / 输出操作。

这种 C/S 体系结构中存在"胖客户机"或者"胖服务器"，"胖客户机"结构将事务处理放在客户端，"胖服务器"结构将事务处理集中放到服务器端。大量的数据在客户端和服务器端流动，为编程和维护带来了困难，而且其中的事务处理原则不能与其他应用共享。

C/S 体系结构通过将任务合理分配到客户机端和服务器端，降低了系统的通信开销，不过需要安装客户端才可进行管理操作。客户端和服务器端的程序不同，用户的程序主要在客户端，服务器端主要提供数据管理、数据共享、数据及系统维护和并发控制等，客户端程序主要完成用户的具体业务。该结构的开发比较容易，操作简便，但应用程序的升级和客户端程序的维护较为困难。

C/S 体系结构将复杂网络应用的用户交互界面（GUI）和业务应用处理与数据库访问处理相分离，服务器与客户端之间通过消息传递机制进行对话，由客户端向服务器发出请求，服务器进行相应的处理后经传递机制送回客户端。这使得在处理复杂应用时，客户端应用程序显得比较"臃肿"，限制了对业务处理逻辑变化的适应能力和扩展能力，当访问量增大、业务处理变得复杂时，客户端与后台数据库服务器数据交换频繁，易导致网络瓶颈。为解决这类问题，出现了采用三层程序结构的趋势，如图 4-4 所示。

这样的结构将大量数据库 I/O 的动作集中于 App 服务器，有效降低了 WAN 的数据传输量，客户机端不必安装数据库中间件，可简化系统的安装部署。事务逻辑集中于 App 服务器，如要修改，仅需更新服务器端的组件，易于维护。当前端使用者数量增加时，可扩充 App 服务器的数量，系统扩展性好。

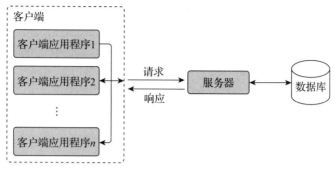

图 4-4　C/S 三层结构图

2. B/S 体系结构

随着网络技术的不断发展，尤其是基于 Web 的信息发布和检索技术、Java 计算技术以及网络分布式对象技术的飞速发展，导致很多应用系统的体系结构从 C/S 结构向更加灵活的多级分布结构演变，使得软件系统的网络体系结构跨入一个新阶段，在当今以 Web 技术为核心的信息网络应用中被赋予更新的内涵，这就是 B/S（Browser/Server）体系结构。

基于 Web 的 B/S 方式其实也是一种 C/S 方式，只不过它的客户端是浏览器，是随着 Internet 技术的兴起，对 C/S 体系结构的一种变化或者改进。为了区别于传统的 C/S 模式，我们特意将其称为 B/S 模式。认识到这些结构的特征，对于系统的选型是很关键的。

在 B/S 体系结构下，用户界面完全通过 WWW 浏览器实现，一部分事务逻辑在前端实现，但是主要事务逻辑在服务器端实现。B/S 体系结构主要利用不断成熟的 WWW 浏览器技术，结合浏览器的多种脚本语言，用通用浏览器就实现了原来需要用复杂的专用软件才能实现的强大功能，并节约了开发成本。基于 B/S 体系结构的软件，系统安装、修改和维护全在服务器端解决。用户在使用系统时，仅仅需要一个浏览器就可运行全部的模块，真正达到了"零客户端"，很容易在运行时自动升级。B/S 体系结构还提供了异种机、异种网、异种应用服务的联机、联网、统一服务的开放性基础。

C/S 的两层结构存在灵活性差、升级困难、维护工作量大等缺陷，已较难适应当前信息技术与网络技术发展的需要。随着 Web 技术的日益成熟，B/S 结构已成为一种取代 C/S 结构的技术。软件采用该结构的优势在于：无须开发客户端软件，维护和升级方便；可跨平台操作，任何一台机器只要装有 WWW 浏览器软件，均可作为客户机来访问系统；具有良好的开放性和可扩充性；可采用防火墙技术来保证系统的安全性，有效地适应当前用户对管理信息系统的新需求。因此该结构在管理信息系统开发领域中获得飞速发展，成为应用软件研制中一种流行的体系结构。任何时间、任何地点、任何系统，只要可以使用浏览器上网，就可以使用 B/S 系统的终端。

在 B/S 体系结构系统中，用户通过浏览器向分布在网络上的许多服务器发出请求，服务器对浏览器的请求进行处理，将用户所需信息返回到浏览器。B/S 结构简化了客户机的工作，客户机上只需配置少量的客户端软件，对数据库的访问和应用程序的执行将在服务器上完成。浏览器发出请求，而其余的数据请求、加工、结果返回以及动态网页生成等工作全部由服务器完成。

C/S 系统的各部分模块中只要有一部分改变，就要关系到其他模块的变动，使得系统升级成本比较大。与 C/S 处理模式相比，B/S 则大大简化了客户端，只要客户端机器能上网即可。对于 B/S 而言，开发、维护等几乎所有工作都集中在服务器端，当企业对网络应用进行升级时，只需更新服务器端的软件，这就减轻了异地用户系统维护与升级的成本。如果客户端的软件系统升级比较频繁，那么 B/S 架构的产品优势明显——所有的升级操作只需要针对服务器进行，这对那些点多面广的应用是很有价值的。

实际上 B/S 体系结构是把两层 C/S 结构的事务处理逻辑模块从客户机的任务中分离出来，由 Web 服务器单独组成一层来负担其任务，这样客户机的压力减轻了，把负荷分配给了 Web 服务器。不过采用 B/S 结构时，客户端只能完成浏览、查询、数据输入等简单功能，绝大部分工作由服务器承担，这使服务器的负担很重。但是，应用程序的升级和维护都可以在服务器端完成，升级维护方便。由于客户端使用浏览器，因此用户界面"丰富多彩"，但数据的打印输出等功能受到了限制。为了克服这个缺点，一般把利用浏览器方式实现困难的功能单独开发成可以发布的控件，在客户端利用程序调用来完成。

B/S 结构通信协议采用统一的 TCP/IP 协议，信息传输采用标准的超文本传输协议（HTTP），客户端逻辑表示采用 HTML 语言，使其建立了一种平台无关的应用机制。相对于C/S 而言，B/S 结构不需要针对某一操作系统（如 Windows、Linux 等）进行专门的终端程序开发及维护，也无须客户进行任何软件的安装，只需要对服务器端进行开发便实现了应用程序的共享。总之，B/S 结构简化了客户端计算机负载，提高了系统访问的灵活性，便于系统进行维护升级，同时降低了系统的维护成本和开发成本。

20 世纪 90 年代，随着 Web 技术的飞速发展，产生了互联网技术，两层的结构越发显露出弊端，尤其是在服务器负担过重、客户机异地操作不容易的情况下，有必要在客户端和服务器端新建一个层负责事务处理，我们称这一层为应用逻辑层，从而形成了三层结构（表示层、应用逻辑层、数据库服务层），如图 4-5 所示。这样可以帮助"胖客户机"或者"胖服务器"进行"减肥"，随着软件系统规模的增大，也可以将应用逻辑层分为很多层，这样就演变为多层体系结构，这个中间层也衍生出很多的中间件产品。三层结构是一种逻辑上的结构，可以根据需求来决定物理上分多少层。对三层（多层）结构中的任意层进行修改时，对其他层的影响很少。

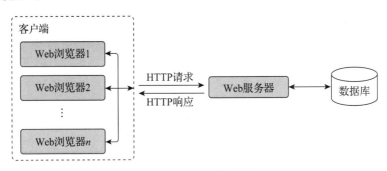

图 4-5　B/S 三层结构图

每个体系结构可以演化出更多的体系结构，例如，B/S 体系架构可以演化为多层架构模式。

4.2.3　分层架构

尽管软件架构有各种各样的划分方式，但是根据软件行业的经验和惯例，普遍采用分层架构（layered architecture），特别是有几个层基本上已成为标准层。分层这种隐喻被广泛采用，大多数开发人员都对其有直观的认识。许多文献对分层架构也进行了充分的讨论，有些是以模式的形式给出的。

分层架构是指将一个系统的架构划分为不同的层次，每一层都可以调用下一层的服务，这种模式要求客户端将系统的最上层作为服务器进行调用，最上层又作为客户端将下一层作为服务器进行调用，系统以这种方式调用直到最后一层。因此，分层架构的基本原则是层中的任何元素都仅依赖于本层的其他元素或其下层的元素。向上的通信必须通过间接的方式进行。

- 第 n 层只依赖于它下方的第 $n-1$ 层；
- 一个层不依赖于它的上一层；
- 每一层只为上一层提供服务；
- 上一层通过下一层的接口使用下一层提供的服务。

分层的价值在于每一层都只代表程序中的某一个特定方面。这种限制使每个方面的设计都更具内聚性，更容易解释。根据分而治之的原则，一个复杂的、难以掌握的问题被分割成尽量没有依赖关系的多个小问题，这些小问题容易理解和解决。当然，要分离出内聚设计中最重要的方面，选择恰当的分层方式是至关重要的。在这里，经验与惯例又一次为我们指明了方向。尽管分层架构的种类繁多，但是大多数成功的架构使用的都是表 4-1 中 4 个概念层的某种变体。

表 4-1　分层架构的概念层

用户界面层（或表示层）	负责向用户显示信息或解释用户命令。这里的用户可以是另一个计算机系统，不一定是使用用户界面的人
应用层	定义软件要完成的任务，并且指挥表达领域概念的对象来解决问题。这一层所负责的工作对业务来说意义重大，也是与其他系统的应用层进行交互的必要渠道 应用层要尽量简单，不包含业务规则或者知识，而只为下一层（领域层）中的对象协调任务，分配工作，使它们互相协作。它没有反映业务情况的状态，但可以具有另外一种状态，为用户或程序显示某个任务的进度
领域层（或模型层）	负责表达业务概念、业务状态信息以及业务规则。尽管保存业务状态的技术细节是由基础设施层实现的，但是反映业务情况的状态是由本层控制并且使用的。领域层是业务软件的核心
基础设施层	为上面各层提供通用的技术能力：为应用层传递消息，为领域层提供持久化机制，为用户界面层绘制屏幕组件，等等。基础设施层还能够通过架构框架来支持 4 个层次间的交互模式

有些项目没有明显划分出用户界面层和应用层，而有些项目则有多个基础设施层。但是将领域层分离出来才是实现 MODEL DRIVEN DESIGN 的关键，具体请参见领域驱动设计的内容。

MVC 就是影响深远的多层软件结构之一，MVC 架构即模型 – 视图 – 控制器架构，如图 4-6 所示。它是 B/S 架构下的 Web 应用架构，Struts、Spring MVC 开源框架和 Backbone 也都提供 MVC 框架。PHP、Perl、MFC 等语言都有 MVC 的实现模式。这些年来，基于 B/S 结构的分布式应用平台得到了迅猛发展，当前主要的分布式应用模型有 CORBA 模型、NET 模型和 J2EE（Java EE）模型等。其中，J2EE 以其良好的可移植性、可重用性、可伸缩性、可维护性和面向电子商务等诸多优点而独具优势。

　　图 4-7 是典型的分层体系结构，整个系统被组织成一个分层的结构，每一层为上一层提供服务，并作为下一层的客户。在一些层次系统中，除了一些特定输出函数外，内部的层只对相邻的层可见，从外层到内层，每层的操作逐渐接近机器的指令集。在最外层，构件完成界面层的操作；在最内层，构件完成与操作系统的连接，执行操作系统的指令；中间层提供很多的服务和应用，包括各种实用程序和应用软件功能。由于每层至多和相邻的上下层交互，因此，功能的改变最多影响相邻的内外层。而且只要提供的服务接口定义不变，同层的不同实现可以交互使用，这样，就可以定义一组标准接口，允许各种不同的实现方法，从而实现复用。但是，并不是每个系统都可以很容易地划分为分层结构，而且即使一个系统的逻辑结构是层次化的，出于对系统性能的考虑，设计师也不得不将一些低级或者高级的功能综合起来。另外，为系统找到一个合适的、正确的层次抽象也是很难的。MVC 是最典型的多层框架模式。

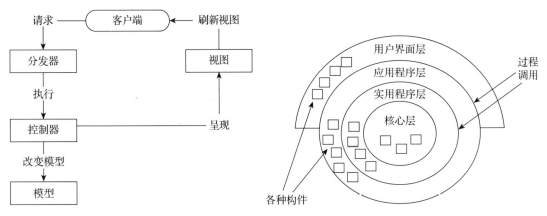

　　图 4-6　Web 环境下的 MVC 模式流程图　　　　图 4-7　典型的分层体系结构

　　MVC 模式通常用于人机交互软件的开发，这类软件的最大特点就是用户界面容易改变，例如，当要扩展一个应用程序的功能时，通常需要修改菜单来反映这种变化。如果用户界面和核心功能紧紧交织在一起，那么要建立这样一个灵活的系统通常是非常困难的，因为很容易产生错误。为了更好地开发这样的软件系统，系统设计师必须考虑下面的两个因素：

- 用户界面应该是易于改变的，甚至在运行期间也是有可能改变的；
- 用户界面的修改或移植不会影响软件的核心功能代码。

　　为了解决这个问题，可以采用将模型（model）、视图（view）和控制器（controller）相分离的思想。在这种设计模式中，模型用来封装核心数据和功能，它独立于特定的输出表示和输入行为，是执行某些任务的代码，至于这些任务以什么形式显示给用户则并不是模型所关注的问题。模型只有纯粹的功能性接口，也就是一系列的公开方法，这些方法有些是取值方法，让系统其他部分可以得到模型的内部状态，有些则是置值方法，允许系统的其他部分修改模型的内部状态。

　　视图用来向用户显示信息，它获得来自模型的数据，决定模型以什么样的方式展示给用户。同一个模型可以对应多个视图，这样对于视图而言，模型就是可复用的代码。一般来说，模型内部必须保留所有对应视图的相关信息，以便在模型的状态发生改变时可以通知所有的视图进行更新。

　　控制器是和视图联合使用的，它捕捉鼠标移动、鼠标点击和键盘输入等事件，将其转换成服务请求，然后再传给模型或者视图。软件用户是通过控制器来与系统交互的，他们通过控制器来操纵模型，从而向模型传递数据，改变模型的状态，最后实现视图的更新。

　　MVC 设计模式将模型、视图与控制器三个相对独立的部分分隔开来，如图 4-8 所示，这样可以改变软件的一个子系统而不至于对其他子系统产生重要影响。例如，在将一个非图形化用户界面软件修改为图形化用户界面软件时，不需要对模型进行修改，而添加对新的输入设备的支持时，通常也不会对视图产生任何影响。

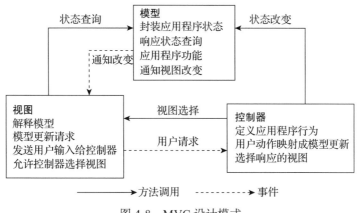

图 4-8　MVC 设计模式

4.2.4　分布式架构

　　分布式架构也称为中介模式，该架构构建一个由多个客户机和服务器组成的分布式系统，中介在架构中起到了咨询处的作用，将客户的咨询提交给服务器，然后将服务的答复转交给客户。在分布式软件架构中，中介模式负责客户组件和服务器组件之间的解耦，在组件之间加入中介作为中间层，客户组件和服务器组件只可以通过中介通信。分布式计算技术的应用和工具，例如 J2EE、CORBA 和 .NET(DCOM) 都是比较成熟的技术，这些技术涉及内容非常广泛，相关的技术和书籍也非常多。

1. CORBA

　　最初，OMG 在 1990 年制定了对象治理体系（Object Management Architecture，OMA），来描述应用程序如何实现互操作。作为其中的一部分，需要有一个标准规范应用程序片段即对象的互操作——这促成了 CORBA 的诞生。

　　CORBA 是一种规范，它定义了分布式对象如何实现互操作。简单地说，CORBA 允许应用之间相互通信，而不管它们在哪里以及是谁设计的。CORBA 1.1 于 1991 年由 OMG 发布，其中定义了接口定义语言（IDL）以及在对象请求代理（ORB）中实现客户对象与服务器对象之间交互的应用编程接口（API）。CORBA 2.0 于 1994 年发布，规定了各个供应商之间的 ORB 的通信规则。实际的 CORBA 规范归对象治理组（Object Management Group）管辖，这是一家由 700 多家公司组成的开放的研讨会，其工作是制定对象计算的开放标准。

2. J2EE（Java EE）

　　J2EE 的核心体系结构是在 MVC 框架的基础上扩展得到的，属于分层的结构。J2EE 是 Sun 公司开发的一组技术规范与指南，其中包含的各类组件、服务架构及技术层次均有共同的标准及规格，因此各种依循 J2EE 架构的不同平台之间存在良好的兼容性，解决了过去企业后端使用的信息产品彼此之间无法兼容、企业内部或外部难以互通的问题。J2EE 开发框架主要有 Hibernate、Spring、Struts2、EXTJS、JSON。

J2EE 体系框架把绝大部分的应用逻辑和数据处理都集中在应用服务器上（应用服务层可以由几台或几十台机器组成，采用负载均衡理论对应用逻辑进行分解）。这种体系结构提高了系统的处理效率，降低了系统的维护成本（当业务逻辑发生改变时，只需要维护应用服务器上的逻辑构件），保证了数据的安全和完整统一，同时简化了体系结构设计和应用开发，具有良好的可扩展性，可满足各种需求，可自由选择应用服务器、开发工具和组件，并提供了灵活可靠的安全模型。

J2EE 是从 Java 1.2 沿用下来的名字，从 Java 1.5 开始更名为 Java EE 5.0。Java EE 是 J2EE 的一个新名称，改名的目的是让大家清楚 J2EE 只是 Java 企业应用。随着 Web 和 EJB 容器概念的诞生，软件行业开始担心 Sun 公司的伙伴们是否还在 Java 平台上不断推出翻新的标准框架，使软件应用业的业务核心组件架构无所适从，这种彷徨从一直以来关于是否需要 EJB 的讨论声中便可体会到。

Java EE 是一种集成化的系统开发框架，是在 Java SE 的基础上构建的，它可以为系统开发人员提供 Web 服务、组件模型、管理和通信、API 等多个功能，可以用来实现企业级的面向服务体系结构，以便能够有效地降低企业分布式管理系统的开发成本，并且能够迅速地进行部署和使用，缩短了开发周期。Java EE 技术经过多年的实践和论证，适用于企业各种类型自动化管理系统的开发，如金融服务系统、通信管理系统等。

Java EE 体系架构按照功能划分为不同的组件，这些组件可以在不同服务器上，并且处于各自的系统层次中。Java EE 体系架构包含的层次有客户层组件、Web 层组件、业务层组件、企业信息系统（Enterprise Information System，EIS）层组件等。Java EE 架构应用的层次图如图 4-9 所示。

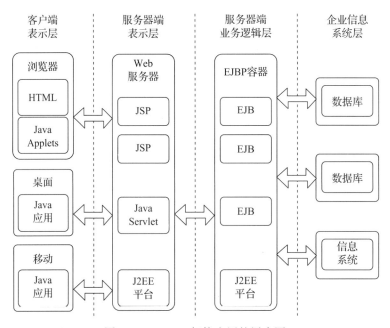

图 4-9　Java EE 架构应用的层次图

- **客户层组件**。Java EE 客户端可以是 Web 客户端、Java 应用程序客户端、移动 Java
  应用客户端。基于 B/S 架构的 Java EE 应用通常的客户端是 Web 客户端。Web 客户
  端包含动态 Web 页面（其中容纳由 Web 层组件生成的 HTML、XML 等各种标记语言）
  和浏览网页的 Web 浏览器两部分。客户层组件负责展现与用户交互的界面，并与服
  务器端表示层进行上下行通信。
- **Web 层组件**。Java EE 的 Web 层组件包括 JSP 页面、Java Servlet 等。Web 层与客户
  层通信，通过某些 JavaBeans 对象来处理用户输入，并把输入发送给业务层上运行的
  EJB 组件来处理。
- **业务层组件**。Java EE 的业务层代码用于实现业务逻辑，以满足银行、零售、金融等
  领域的需求，由运行在业务层上的 EJB 进行处理。EJB 从客户层程序接收数据，进
  行处理并发送到 EIS 层储存。
- **企业信息系统层组件**。企业信息系统层包含各类企业信息系统软件，包括企业基础建
  设系统、事务处理大型机、数据库系统和其他的遗留信息系统等。

Web 层和业务层共同组成了三层 Java EE 体系架构的中间层，其他两层是客户端层和存
储层（企业信息系统层）。

此外，Java EE 体系架构中还包括很多分布式通信技术：JDBC（Java Database Connectivity，
Java 数据库连接）、EJB（Enterprise JavaBean，企业组件）、Java RMI（Remote Method Invoke，
远程方法调用）、JNDI（Java Naming and Directory Interface，Java 命名和目录接口）、JMS（Java
Message Service，Java 消息服务）、XML（Extensible Markup Language，可扩展标记语言）等。

4.2.5　面向服务的架构

面向服务的架构（Service Oriented Architecture, SOA）将一个企业面向业务流程的处理
能力直接构建为一个分布式系统。以组件形式组成的服务对应一部分业务流程，通过嵌入服
务，形成了服务提供者和服务使用者两个角色。面向服务就是描述服务之间的松耦合，松耦
合的系统来源于业务，而面向对象的模型是紧耦合，面向服务的架构不是一个新鲜事物，是
更传统的面向对象模型的替代模型。

面向服务设计的三大原则是无状态、单一实例和明确的服务接口。明确的服务接口是强
制和必需的，但无状态和单一实例则不属于强制性原则，虽然服务提供状态管理会增加服务
的复杂性，多实例也会增加服务的复杂性（需要增加同步并发处理等，而且会导致访问不确
定性），但很多情况下这是无法避免的。

面向服务的架构是一个组件模型，它将应用程序的不同功能单元（称为服务）通过这些
服务之间定义良好的接口和契约联系起来。接口是采用中立的方式进行定义的，独立于实现
服务的硬件平台、操作系统和编程语言。这使构建在各种这样的系统中的服务可以以一种统
一和通用的方式进行交互。SOA 是将由多层服务组成的一个节点应用看作单一服务的结构
体系，使多层架构的发展有了更为喜人的进步，如图 4-10 所示。

SOA 是按需连接资源的系统，是一种用于构建分布式系统的构架方法和理念，它的核
心是依据这种方法构建的应用可以将功能作为服务交付给用户。SOA 的实现可以基于 Web
服务，也可以用其他技术来代替。与过去的组件化模式相比，SOA 的不同之处还在于：变
过去的技术组件为业务组件（又叫服务），强调的是技术无关性，关注的是实现怎样的业务
功能——在业务请求与响应之间随时搭建快速通道；将过去的紧耦合变为松耦合，既保证

了系统弹性，又不失系统效率，可以根据需求通过网络对松散耦合的粗粒度应用组件进行分布式部署、组合和使用，从而实现重复利用软件资源、快速响应市场需求变化、提高生产力等目标。

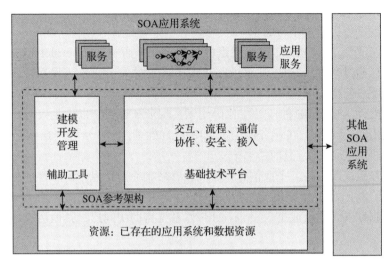

图 4-10 SOA 架构

SOA 可以利用现有资源实现跨平台的整合，增加程序功能部件的重复利用，减少开发成本，加快新应用的部署，降低实施风险，促进流程的不断优化。因此，SOA 成为软件技术的重大发展方向之一。

SOA 支持将业务作为链接服务或可重复业务任务进行集成，可在需要时通过网络访问这些服务和任务。该网络可能完全包含在公司总部内，也可能分散于各地且采用不同的技术，通过对来自纽约、伦敦和中国香港地区等各地的服务进行组合，可让最终用户感到这些服务就像安装在本地桌面上一样。需要时，这些服务可以将自己组装为按需应用程序——相互连接的服务提供者和使用者集合，彼此结合以完成特定业务任务，使业务能够适应不断变化的情况和需求。

从业务角度来看，SOA 对企业的一些旧软件体系进行重新利用和整合，构建一套松耦合的软件系统，同时也能方便地结合新的软件共同服务于企业的一个体系，使系统能够随着业务的变化而更加灵活、适用。

从技术角度来看，SOA 实际上是系统分析设计思想的进一步发展，它超出了对象的概念，一切都以服务为核心，而服务由组件构成，组件是若干操作的集合，操作对应具体实现的程序函数。服务是通过对业务过程模型的分析而识别出来的。每个服务都能够实现若干功能，这些功能由组件而不是操作来实现。组件是操作的调用集合，是服务功能实现的最小单位，而不是程序实现的最小单位。

在具体实现上，只要能提供服务的技术都可以实现 SOA 思想，如 Web Service、RMI、Remoting、CORBA、JMS、MQ，甚至 JSP、Servlet 等，另外还可以通过分布式事务处理和分布式软件状态管理来进一步改善它。但是如果想让这些服务得到更广泛的使用、被更多人认可或在互联网上发布，那么就要遵循一定的规则标准了。现在的面向服务架构主要用于系统间的交互和集成，有一系列的标准（XML、SOAP、WSDL、XSD、WS-policy、WS-BPEL 等）。另外，它的实现还需要安全性、策略管理、可靠消息传递以及会计系统的支持。

直观来说，可以把 SOA 看作模块化组件，每个模块实现独立的功能，不同的组合提供不同的服务。利用 SOA 可以将一个杂乱无章的系统规整成一个个模块，便于实现 IT 的最大利用率，并提高重用度。

说到 SOA，不能不说 ESB。企业服务总线（Enterprise Service Bus，ESB）是在 SOA 体系结构的框架中加入的一个新的软件对象，它使用许多可能的消息传递协议来负责适当的控制流，甚至是服务之间所有消息的传输。虽然 ESB 并不是绝对必需的，但它是在 SOA 中正确管理业务流程至关重要的组件。ESB 本身可以是单个引擎，甚至是由许多同级和下级 ESB 组成的分布式系统，这些 ESB 一起工作，以保持 SOA 系统的运行。在概念上，它是从早期的消息队列和分布式事务计算等计算机科学概念所建立的存储转发机制发展而来的。

与 SOA 相关的还有 SCA 与 SOD。随着面向服务的架构的不断发展和成熟，开发人员和架构师将面临不断增多的编程接口、传输协议、数据源和其他细节内容。服务组件架构（Service Component Architecture，SCA）和服务数据对象（Service Data Object，SDO）可以为各种服务和数据源提供单一编程接口。

4.2.6 微服务架构

目前，很多项目都基于传统单体式应用，如图 4-11 所示，例如由 Spring Boot 或 Maven 自动生成项目开发。这些项目一般是以业务逻辑层为中心的六边形结构模式，同时提供数据库连接接口、管理消息的组件以及支持 UI 访问的 Web 模块适配器等。虽然均以模块设计为出发点，但最终还是会被打包成单体式结构，当单体模块结构达到瓶颈期后，通常会将其复制成多个单体式应用，这样就构成一个"集群"，这些集群能够提供相同的服务，每个服务器都是该集群的一个节点，后期仍可通过增加节点解决负载问题，并由负载均衡服务器均匀分配每一个节点负载。这种单式应用会随着后期的不断开发而变得越来越庞大，越来越复杂，开发起来难度较大。无论后期增加多少个节点，都无法明显提升集群效果，随着应用的扩大，启动过程将会随之减慢，从而导致无法完成敏捷性开发，微服务架构的改进加速了敏捷开发模式的推广和分布式系统的开发。

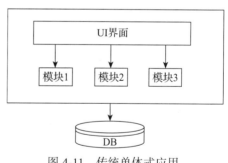

图 4-11　传统单体式应用

微服务是一种架构模式，由 Martin Fowler 和 James Lewis 共同提出。它提倡将单一应用程序划分成一组小的服务，服务之间相互协调、相互配合，为用户提供最终价值。每个服务运行在其独立的进程中，服务与服务间采用轻量级的通信机制相互协作（通常是基于 HTTP 协议的 Restful API）。每个服务都围绕着具体业务进行构建，并且能够被独立地部署到生产环境、类生产环境等。

微服务架构模式可解决上述问题，其思路不再是开发一个大的单体式应用，而是将其分解为小的互相连接的微服务应用。一个微服务完成一个特定功能，每个单体式应用独立部署、维护以及扩展，每子系统均可在 Web 容器中独立运行，每个应用都是松耦合的，因此系统具有强大的扩展能力，并且各模块之间可通过提供 Restful API 进行相互调用，减少对其他模块的影响，如图 4-12 所示。

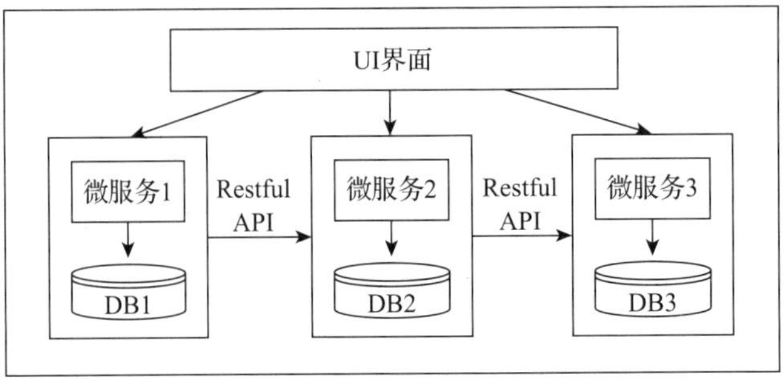

图 4-12 微服务应用

微服务架构是面向服务架构思想的一种实现，只是服务职责更单一、粒度更小、过程更自动化。以微服务架构开发的程序，经常涉及多个服务组成，包括后端的网关模块、用户模块、日志模块、业务模块等，还有前端 Node.js 模块。

相对于单一应用架构，微服务将复杂性拆分并分散到一个个粒度更加细分的应用中，极大地降低了开发中单个服务的复杂性，开发人员只需要面向单一业务场景编程，从技术开发角度来看，单一服务的代码量减少很多，从业务角度来看，业务复杂性的降低也减少需求的沟通成本。然而，整体业务复杂性依然存在，当我们需要接入或者依赖其他服务时，作为接入方来说，通常不需要深入了解服务提供方的业务，此时 API 就成为开发人员之间的沟通语言。良好的 API 设计能极大地减少沟通成本，甚至有时候可以代替文档，尤其是对于基础性服务来说，服务的可扩展性有时体现为 API 的可扩展性。

在过去很多年里，我们一直认为，架构一旦被确定就很难被改变，这是瀑布模型阶段性的影响。因为瀑布模型中有很清晰的架构设计阶段、编程阶段和测试阶段，一旦架构发生变化，后面所带来的成本和反馈周期是非常大的，所以我们在前期要对架构做非常完美的设计。我们制订了一些规则，但是当开发团队在实现时会做各种各样的妥协，因为我们所面临的很多需求在未来是不确定的。而微服务属于演进式架构，是一种将敏捷的方式应用在架构层面，将增量式变更作为架构中必要的一环。痛苦的事情提前做，这是敏捷方法中最提倡的一点。在演进过程中，需要把交付流程里所有手动过程尽量自动化，帮助我们弱化这一过程中一些痛苦的事情，比如持续集成、持续交付。

4.2.7 领域驱动设计

领域驱动设计（Domain Driven Design，DDD）强调设计师也具备业务领域知识。领域驱动设计需要将业务架构与设计架构相结合，设计满足客户要求的软件。

在分层架构设计中将领域层分离出来是实现领域驱动设计的关键。因此，需要给复杂的应用程序划分层次。在每一层内分别进行设计，使其具有内聚性并且只依赖于它的下层。采用标准的架构模式，只与上层进行松散的耦合。将所有与领域模型相关的代码放在一个层中，并把它与用户界面层、应用层以及基础设施层的代码分开。领域对象应该将重点放在如何表达领域模型上，而不需要考虑自己的显示和存储问题，也无须管理应用任务等内容。这使模型的含义足够丰富，结构足够清晰，可以捕捉到基本的业务知识，并有效地使用这些知识。

将领域层与基础设施层以及用户界面层分离，可以使每层的设计更加清晰。彼此独立的层更容易维护，因为它们往往以不同的速度发展并且满足不同的需求。层与层的分离也有助于在分布式系统中部署程序，不同的层可以灵活地放在不同服务器或者客户端中，这样可以减少通信开销，优化程序性能。

1. 基本概念

领域驱动设计有几个很重要的概念，它们分别是领域、子域和限界上下文。领域指的是一块业务范围，具体来讲，每个组织都有自己的业务范围和做事方式，这个业务范围以及在其中所进行的活动便是领域。业务范围可能很大，所以需要把这个大的业务范围拆开，如果把这个范围看成是一个空间，那它同时存在"问题空间"和"解决方案空间"。问题空间是从业务需求方面来看，而解决方案空间是从实现软件方面来看。两者有一些细微的区别，最终用子域来划分问题空间，用限界上下文来划分解决方案空间。

2. 领域对象

领域对象（domain object）是对业务的高度抽象，作为业务和系统实现的核心联系，领域对象封装和承载了业务逻辑，是系统设计的基础。领域建模中重要的部分之一就是对领域对象及领域对象之间关系的识别和设计。而领域对象识别将基于领域事件识别的结果开展。领域对象通常包含（但不限于）：

- 领域事件中出现的名词；
- 如果没有信息系统，在现实中会看得见、摸得着的事物（例如订单）；
- 虽然在当前业务中看不见、摸不着，但是可以在未来抽象出来的业务概念。

领域对象识别的主要步骤如下：

1）对每一个领域事件，快速识别或抽象出与该领域事件最相关（或隐含的）的业务概念，并将其以名词形式予以贴出；

2）检查领域名词和领域事件在概念和粒度（例如数量，单数还是集合）上的一致性，通过重命名的方式统一语言，消除二义性；

3）如果在讨论过程中，有任何因为问题澄清和知识增长带来的对于之前各种产出物的共识性调整，请不要犹豫，立刻予以调整和优化。

重复以上步骤，迭代式地完成全部领域对象的识别。

图 4-13 是针对"订单"领域事件识别的领域对象。

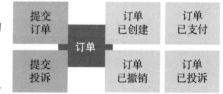

图 4-13　领域对象识别

在领域驱动设计中一般存在三类领域对象：聚合根、实体、值对象。

- 聚合根（aggregate）：是领域对象的根节点，具有全局标识，对象的其他实体只能通过聚合根来导航。如订单可以分为订单头和订单行，订单头是聚合根，它包含订单基本信息；订单行是实体，它包含订单的明细信息。聚合根所代表的聚合实现了对业务一致性的保障，是业务一致性的边界，聚合根定义了边界和边界的上下文，限界上下文之间通过业务能力实现重用。如图 4-14 所示，聚合限制了外界对聚合内的访问。
- 实体（entity）：是领域对象的主干，具有唯一标识和生命周期，可以通过标识判断相等性，并且是可变的，例如用户实体、订单实体。实体有特殊的建模和设计思路。它们具有生命周期，这期间其形式和内容可能发生根本改变，但必须保持一种内在的连续性。为了有效地跟踪这些对象，必须定义它们的标识。它们的类定义、职责、属性和关联必须由其标识来决定，而不依赖于其所具有的属性。即使对于那些不发生根本变化或者生命周期不太复杂的实体，也应该在语义上把它们作为实体来对待，这样可以得到更清晰的模型和更健壮的实现。

- 值对象（value object）：实体的附加业务概念，用来描述实体所包含的业务信息，无唯一标识，可枚举且不可变，例如收货地址、合同种类等。

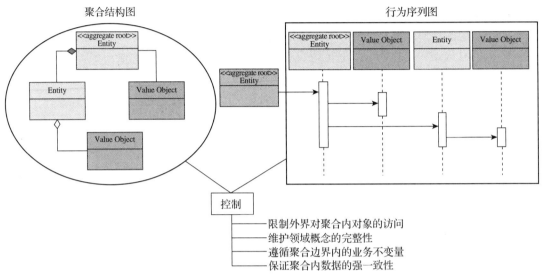

图 4-14 聚合限制了外界对聚合内的访问

3. 领域划分

一个领域可以根据具体情况更详细地划分为子域，子域（Subdomain）是对问题域的澄清和划分，同时也是对于资源投入优先级的重要参考。比如"订单子域""物流子域"等，子域的划分仍属于业务架构关注范畴。领域划分的类型如图 4-15 所示。

图 4-15 领域划分的类型

- 核心域（core domain）：是当前产品的核心差异化竞争力，是整个业务的盈利来源和基石，如果核心域不存在，那么整个业务就不能运作。对于核心域，需要投入最优势的资源（包括能力强的人）并进行严谨良好的设计。
- 支撑域（supporting subdomain）：解决的是支撑核心域运作的问题，其重要程度不如核心域，但具备强烈的个性化需求，难以在业内找到现成的解决方案，需要专门的团队定制开发。
- 通用域（generic subdomain）：该类问题在业内非常常见，所以很可能存在现成的解决方案，通过购买或简单修改的方式就可以使用。

子域划分的主要步骤如下：

1）从"每一个问题子域负责解决一个有独立业务价值的业务问题"的视角出发，可以通过疑问句的方式来澄清和分析子域需要解决的业务问题，例如"如何进行库存管理？"。

2）利用虚线将解决同一个业务问题的限界上下文以切割图像的方式划在一起，并以"×××子域"的形式对每个子域进行命名。

3）根据三种类型的子域定义，结合业务实际，确定每个子域的类型。

图 4-16 是一个子域划分的示例。

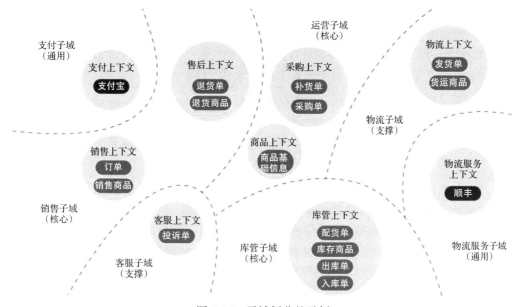

图 4-16　子域划分的示例

4. 领域驱动的架构设计

如图 4-17 所示是一个典型的 DDD 架构体系，从基础设施层到领域层、再到应用层和展现层，领域层可以隔离其他层对于业务变更的影响。

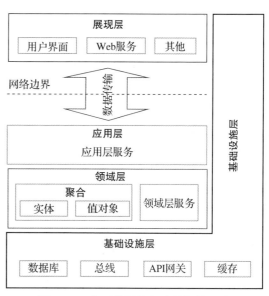

图 4-17　典型的领域驱动的架构设计

服务是技术框架中的一种常见模式，它们也可以在领域层中使用。所谓服务，强调的是与其他对象的关系。与实体和值对象相比，它只是定义了能够为客户做什么。服务往往以一个活动来命名，而不以一个实体来命名，也就是说，它是动词而不是名词。服务也可以有抽象而有意义的定义，只是它使用了一种与对象不同的定义风格。服务也应该有定义的职责，而且这种职责以及履行它的接口也应该作为领域模型的一部分来加以定义。

使用服务时应谨慎，它们不应该替代实体和值对象的所有行为。但是，当一个操作实际上是一个重要的领域概念时，服务很自然就会成为模型驱动设计中的一部分。将模型中的独立操作声明为一个服务，而不是声明为一个不代表任何事情的虚拟对象，可以避免对任何人产生误导。

好的服务有以下 3 个特征。

- 与领域概念相关的操作不是实体或值对象的一个自然组成部分。
- 接口是根据领域模型的其他元素定义的。
- 操作是无状态的。

这里所说的无状态是指任何客户都可以使用某个服务的任何实例，而不必关心该实例的历史状态。服务执行时将使用可全局访问的信息，甚至会更改这些全局信息（也就是说，它可能是具有副作用的）。但服务不保持影响其自身行为的状态，这一点与大多数领域对象不同。

当领域中某个重要的过程或转换操作不是实体或值对象的自然职责时，应该在模型中添加一个作为独立接口的操作，并将其声明为服务。

5. 软件核心复杂性的应对之道

领域驱动设计将业务从纷繁复杂的代码中抽象出来，以非常形象的图形予以展示。这样，当系统逻辑越来越复杂，单凭人脑无法实现时，通过领域模型去理解业务、指导开发和变更，就能帮助我们在不断进行系统维护的过程中保持设计质量，拒绝腐化，从而以低成本的方式维护和变更系统。这就是领域驱动设计的作用。

过去的软件系统并不复杂，采用传统方式设计即可，采用领域驱动设计反倒显得繁复而不直接。然而，几乎所有项目的发展都有这样一个规律：初期需求简单，中后期业务激增、系统复杂度升级，导致需要对最初的设计理念进行大刀阔斧的改革，如图 4-18 所示。随着软件业的不断发展，软件系统必然会变得越来越复杂，越来越需要系统复杂性的应对之道。

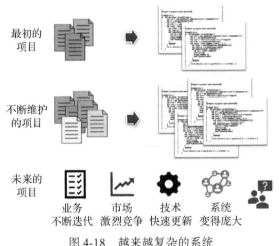

图 4-18　越来越复杂的系统

在解决系统复杂性时，很多人可能会想到微服务。的确，在系统变得越来越复杂时，如果将原有的单体应用拆分成多个独立的微服务，那么每个微服务就没有那么复杂了，问题就能够得到解决。然而，在拆分微服务的过程中，最大的问题就是如何拆分。也就是说，如果经过微服务拆分以后，每次进行需求变更时还需要修改多个微服务，那么即使经过微服务的拆分依然不能解决问题。我们拆分微服务的目的是在今后每次进行需求的变更时，只需要修改某个微服务即可。在这个微服务修改完成以后，自己独立发布，不影响其他微服务。这才是微服务架构设计的本质——小而专的微服务设计。

那么，如何拆分微服务才能达到以上的目标呢？其核心就是要提升系统设计的内聚度，让每个微服务都是"软件变化的一个原因"，实现单一职责原则。更进一步地，如何实现微服务拆分的单一职责呢？那就要分析业务逻辑、业务变更，以及它们内在的关系，分析"软件变化的原因"。而所有这些分析落地的最佳实践都是领域驱动设计（DDD）。DDD 首先从理解业务领域知识入手，按照业务场景去绘制一个个业务领域模型。然后，基于这些领域模型去进行限界上下文的划分，做到"限界上下文内高内聚，限界上下文间松耦合"。最后，再基于限界上下文进行微服务的划分，就能做到"小而专"。

也就是说，我们按照领域驱动设计进行业务建模，构建领域模型；按照领域模型中的限界上下文进行微服务拆分，设计微服务；按照微服务进行打包发布，通过 DevOps 进行分布式容器部署，发布到云端以应对互联网的高并发、高可用。然而，在这个过程中，不论是采用领域驱动还是微服务，都要增加一部分设计编码，提高系统的复杂性。然而，领域驱动和微服务本来是要解决系统复杂性的，它们本身又会带来新的系统复杂性。因此，解决之道就是底层的技术框架。

要真正在项目中落地领域驱动与微服务，非常关键的就是需要架构一套支持领域驱动与微服务的技术框架。这个框架需要通过"整洁架构"将领域驱动的业务代码与聚合、仓库、工厂等技术实现，以及微服务的技术框架解耦。通过这样的解耦，一方面业务代码的变更随着领域模型的变更而变更，与技术细节无关，那么变更需要维护的代码更少，理解更容易，维护成本更低，交付速度也更快；另一方面，技术框架的变更与业务代码无关，那么更容易实现技术架构更迭、技术演化，更好地应对未来技术变化的不确定性，从而帮助团队获得技术的领先优势，如图 4-19 所示。

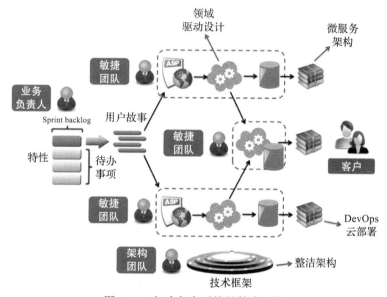

图 4-19　解决复杂系统的技术架构

领域驱动设计与传统软件设计最大的不同，就是先从业务领域建模开始进行软件设计。它认为软件的本质是对真实世界的模拟，因此应当将软件设计与真实世界对应起来。如何对应呢？这里体现为三个方面：

- 真实世界有什么事物，软件世界就有什么对象；
- 在真实世界中这些事物有什么行为，在软件世界中这些对象就有什么方法；
- 在真实世界中事物之间有什么关系，在软件世界中对象之间就有什么关联。

因此，DDD 首先针对以上三个关系建立领域模型，让领域模型指导软件开发。这样领域模型就成为系统中业务逻辑与领域知识的浓缩，以便日后进行需求变更时，我们能在纷繁复杂的业务中找到正确的设计。

接着，就是如何将领域模型落地到代码实现中，这也是 DDD 难于落地的根源：DDD 本来是要解决系统复杂性的，但它本身又会带来新的系统复杂性。因此，要将业务编码与技术实现分离，如图 4-20 所示，即业务开发人员只需要根据领域模型去建模，编写 service、entity 与 value object，定义它们之间的关系与聚合。而如何维持它们之间的关系与聚合，就交给底层框架去实现。这样，减少了业务开发工作量，日后进行变更变得容易了，DDD 就容易落地了。

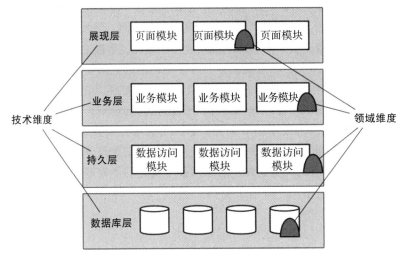

图 4-20　技术维度与领域维度

6. 领域驱动的实现

采用 DDD 进行软件设计时，首先要进行领域建模，然后将领域模型转换为程序设计，还要有仓库和工厂，并构建支持 DDD 的平台架构。

领域对象的生命周期管理可以通过聚合（aggregate）、工厂（factory）、存储库（repository）实现。聚合（aggregate）通过定义清晰的所属关系和边界，避免混乱、错综复杂的对象关系网来实现模型的内聚，聚合模式对于维护生命周期各个阶段的完整性具有至关重要的作用；使用工厂（factory）来创建和重建复杂对象和聚合，从而封装它们的内部结构；使用存储库（repository）来提供查找和检索持久化对象并封装庞大基础设施的手段。如图 4-21 所示为一个示例。

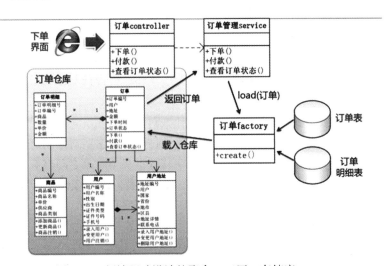

图 4-21　领域驱动设计的聚合、工厂、存储库

在一个 DDD 架构设计中，领域层的设计合理性会直接影响整个架构的代码结构以及应用层、基础设施层的设计。但是领域层设计又是一项有挑战的任务，特别是在一个业务逻辑相对复杂应用中，每个业务规则是应该放在 entity、value object 还是 domain service 是需要用心思考的，既要避免将来扩展性差，又要确保不会过度设计而导致复杂性提高。

4.2.8　整洁架构

整洁架构（the clean architecture）是 Robot C. Martin（业界称为 Bob 大叔）在《架构整洁之道》这本书中提出来的架构设计思想。整洁架构设计以圆环的形式把系统分为几个不同的部分，如图 4-22 所示。其中心是业务实体（entity）与业务应用（application），业务实体就是领域模型中的实体与值对象，业务应用就是面向用户的那些服务（service）。它们组合在一起形成了业务领域层，也就是通过领域模型的分析，运用充血模型或者贫血模型，形成业务代码的实现。整洁架构的最外层是各种技术框架，包括与 UI 的交互、客户与服务器的网络交互、硬件设备与数据库的交互，以及与其他外部系统的交互。而整洁架构的精华在中间的适配器层，它通过适配器将核心的业务代码与外围的技术框架进行解耦。因此，如何设计这个适配层，让业务代码与技术框架解耦，让业务开发团队与技术架构团队各自独立地工作，是整洁架构落地的核心。

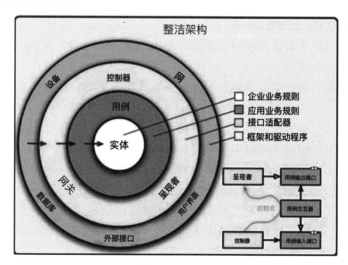

图 4-22　整洁架构设计

4.2.9　插件架构

插件架构模式体现为一个适配系统，第三方提供的可执行软件，不必识别现有的软件，从而扩展了现有软件的功能，也称为六边形架构，如图 4-23 所示，该架构符合整洁架构的理念。如果要求一个正常运行的系统具有灵活的扩展性，在系统设计时可以按照插件模式设计和实现。一个软件需要保持稳定性，同时需要具备扩展性，这体现在现有软件不被修改，通过插件为系统提供新的附加功能。插件是专门应用到相应软件上的，它不为所有应用提供服务，例如大家比较熟悉的 Eclipse 就属于插件架构。

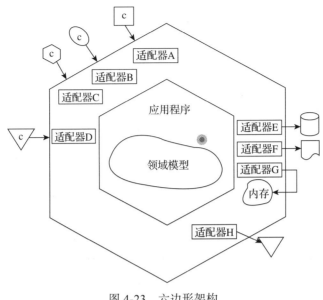

图 4-23　六边形架构

4.2.10　无服务架构

无服务器架构（the Serverless framework）允许自动扩展、按执行付费、将事件驱动的功能部署到任何云。目前支持 AWS Lambda、Apache OpenWhisk、Microsoft Azure，并且正在扩展以支持其他云提供商。

无服务器架构是云服务提供商动态管理服务器资源分配的云计算技术。当某个条件或事件被触发时，业务进程会被隔离运行。而运行业务进程需要的资源通常会由云服务商管理。通过将多样的触发器与第三方云服务、客户端逻辑和调用云服务的能力集成起来，我们通常将无服务器架构可交付称为"函数即服务"（FaaS）。

无服务器（Serverless）架构是这样一种应用设计：它整合第三方的"后端即服务"（BaaS），或者把部分的定制代码部署在一个"功能即服务"（FaaS）平台上，在一个短时的被管理的容器里运行。通过这样的思路，结合类似单页面的应用，架构中去除了很多传统上必需的服务端组件。无服务器架构可能从几个方面受益，即减少了运营成本，降低了复杂性，缩短了前置时间，而随之付出的代价是增加了对服务商和当前相对不成熟的服务支持的依赖。

一个新技术的出现不是无中生有，而是在原有基础上的继承和发展。Serverless 也不例外，我们回顾 IT 基础设施的发展，就会发现 Serverless 概念是自然产生的。

1. 局域网时代

20 世纪 90 年代，建立的信息管理系统基本都是 C/S 局域网模式，如图 4-24 所示。其业务逻辑主要在客户端软件中，需要被安装到各个计算机上去，从而访问同一个数据库。

在部署该系统之前，需要做很多的工作：

● 搭建局域网，购买交换机、路由器；

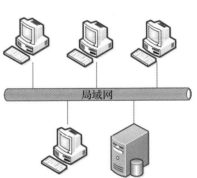

图 4-24　C/S 局域网模式

- 购买服务器，安装操作系统，比如 Windows NT；
- 安装数据库软件，例如 Oracle；
- 再把用 Delphi/VB/PowerBuilder 编写的客户端安装到计算机上，整个系统就可以运行了。

2. 数据中心

C/S 模式的弊端就是客户端的更新特别麻烦，不能在用户无感知的情况下完成升级，还有臭名昭著的地狱问题（DLL），让程序员抓狂。另外，服务器能支撑的用户量也不大。Web 兴起后，公司的应用也与时俱进，从 C/S 模式变成了 B/S 模式，如图 4-25 所示。用户主要使用浏览器来访问应用，业务逻辑在服务器端运行。这时还需要购买服务器，将其放到数据中心托管，因为那里的条件更好、更稳定。不需要自己来搭建网络，购买数据中心的网络带宽即可。还需要自己安装软件，比如 Linux 操作系统、Tomcat、Ngnix、MySQL 等。随着功能的增加，还需要新的服务器来处理缓存、搜索等功能。为了应对高并发问题，还需要实现分布式、负载均衡、数据复制。

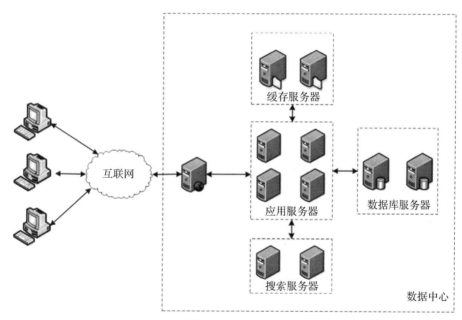

图 4-25　B/S 系统

在进行系统规划时，需要确定缓存、搜索、数据库、负载均衡等都需要什么样的服务器，有些要求服务器 CPU 很强，有些要求服务器内存很大，有些要求服务器硬盘很快。总之，自己运维这样一套系统非常麻烦。

3. 单体部署的云计算

针对上面的系统配置，如果网站没人访问了，这套复杂的系统和这些昂贵的服务器就会变成摆设，而且很难卖掉，这是巨大的浪费。这时一个想法就会浮现出来：

为什么要使用物理服务器？使用虚拟机就很好了！用完后可以"扔掉"！

于是有实力的公司就这么做了，从亚马逊开始，各个公司把平时空闲的物理服务器的计算能力、存储能力统一管理，统一调配，对外提供的就是虚拟机。它们把这种方式叫作云计算，即基于虚拟化的云计算，如图 4-26 所示，这时还是单体部署。使用云计算以后，有很多好处。

- 不用购买物理服务器了，申请虚拟机即可。CPU、内存、硬盘不同，对应的价格也不同。
- 操作系统会按照你的要求自动为你安装好。网络自然不用操心，需要多大带宽直接购买就可以。
- 这些虚拟机可以包月、包年计费。但是，如果没有人访问你的应用，没有流量，你也得掏钱。

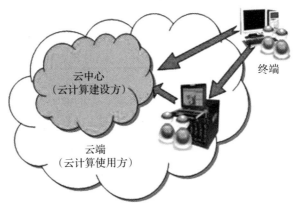

图 4-26　虚拟化的云部署

4. 微服务部署的云计算

虚拟化的云部署也进一步发展到了微服务部署，更加灵活和方便，具体可参见微服务架构的内容。

5. Serverless 模式

如果不再考虑物理服务器、虚拟机，把代码上传到云端直接运行，按使用情况（如 CPU 时间、内存大小）来收费。如果没有人访问该应用，就不要部署它，这样只会占用一点点存储空间，不使用 CPU 和内存；如果有人访问，则把应用迅速部署到某个服务器上，执行这次请求，返回给用户，然后卸载该应用。和之前的方式相比，最大的特色是即用即走，不会常驻在服务器 / 虚拟机中。但是这么做，应用的粒度太大，一个应用有几十个甚至上百个模块，每个请求来了就部署整个应用，只执行一点儿代码之后就卸载掉。如果每个请求都这样来回地进行部署和卸载，太麻烦。如果是微服务中的一个 API 或者是一个"函数"呢？这个粒度是合适的。那么这里说的函数到底指什么，需要根据具体的业务来划分，比如搜索产品、图像转换，它需要足够小、足够单一，能快速启动、运行和卸载，如图 4-27 所示。

一个"函数"真的只做一件事情，并且不保持状态。这样一来，它可以轻松地被扩展到任意多的服务器、虚拟机、Docker 容器中。请求多了就扩容，请求少了就收缩，请求

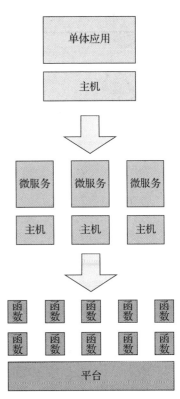

图 4-27　基于函数的 Serverless 部署

没了就卸载。这种方式被称为 Serverless，这并不是说没有服务器，而是说服务器对用户来说是透明的。应用的装载、启动、卸载、路由是需要平台来实现。

总之，Serverless 的开发模式和运行模式的特点如下。

- 程序员编写完成业务的函数代码。
- 上传到支持 Serverless 的平台，设定触发的规则。
- 请求到来，Serverless 平台根据触发规则加载函数，创建函数实例并运行。
- 如果请求比较多，则会进行实例的扩展，如果请求较少，则进行实例的收缩。
- 如果无人访问，则卸载函数实例。
- 如果有多个函数，则需要进行转发，如图 4-28 所示。
- 如果业务比较复杂，一个函数无法实现，可以把多个函数编排起来，如图 4-29 所示。
- 按需装载，自动伸缩，不用规划硬件、安装软件，还可以按照使用情况付费。当然，为了达到上面的目标，必须牺牲一个很重要的东西：状态。函数是没有状态的，每次启动时都可能会被部署到一个全新的"服务器"中，这就存在以下两个问题。
- 用户的会话状态是无法保持的，像 Session Sticky 这样的功能就别想了。函数无法做本地的持久化，无法访问本地硬盘中的任何信息（如果看不见服务器，怎么能看见硬盘呢？）。
- 所有想持久化的信息必须保存到外部的系统或者存储中，例如 Redis、MySQL 等。很明显，这些也应该以"服务"的方式来呈现，即后端即服务（Backend as a Service，BaaS）。

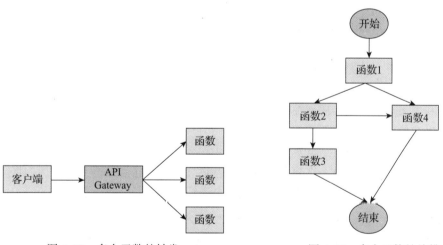

图 4-28　多个函数的转发　　　　　　图 4-29　多个函数的编排

如果应用无法被拆分成无状态的函数，是无法享受 Serverless 带来的种种好处的。Serverless 更适合那些无状态的应用，例如图像和视频的加工和转换、物联网设备状态的信息处理等。

4.2.11　云原生架构

云原生（cloud native）是一个组合词，即 cloud+native。cloud 表示应用程序位于云中，而不是传统的数据中心；native 表示应用程序从设计之初即考虑到云的环境，原生为云而设计，在云上以最佳姿势运行，充分利用和发挥云平台的弹性和分布式优势。

1. 云原生的定义

Pivotal 公司的 Matt Stine 于 2013 年首次提出云原生的概念；2015 年，云原生刚推广时，Matt Stine 在《迁移到云原生架构》一书中定义了符合云原生架构的几个特征；到 2017 年，Matt Stine 将云原生架构归纳为模块化、可观察、可部署、可测试、可替换、可处理 6 个特质；而 Pivotal 官网对云原生概括为 4 个要点，即 DevOps+ 持续交付 + 微服务 + 容器，如图 4-30 所示。

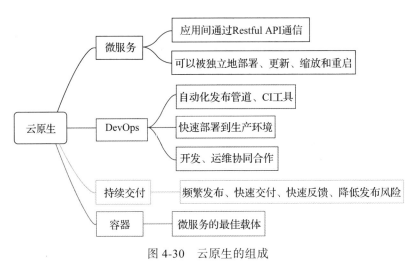

图 4-30　云原生的组成

2015 年，云原生计算基金会（CNCF）成立，最初把云原生定义为容器化封装 + 自动化管理 + 面向微服务；到 2018 年，CNCF 又更新了云原生的定义，把服务网格（service mesh）和声明式 API 加了进来。

总而言之，符合云原生架构的应用程序应该是：采用开源堆栈（K8S+Docker）进行容器化，基于微服务架构提高灵活性和可维护性，借助敏捷方法、DevOps 支持持续迭代和运维自动化，利用云平台设施实现弹性伸缩、动态调度、优化资源利用率。

云原生在构建应用时简便快捷，在部署应用时轻松自如，在运行应用时按需伸缩。云原生借了云计算的东风，没有云计算就没有云原生，云计算是云原生的基础。随着虚拟化技术的成熟和分布式框架的普及，在容器技术、可持续交付、编排系统等开源社区的推动，以及微服务等开发理念的带动，应用上云已经是不可逆转的趋势。

2. 云计算架构

云计算（cloud computing）是一种 IT 基础设施的交付和使用模式，指通过网络以按需、易扩展的方式获得所需的资源（硬件、平台、软件）。提供资源的网络被称为"云"。"云"中的资源在使用者看来是可以无限扩展的，并且可以随时获取、按需使用、按使用付费。Amazon、Google、IBM、Microsoft 和 Yahoo 等大公司是云计算的先行者。云计算领域的众多成功公司还包括 Salesforce、Meta、Youtube、Myspace 等。

一般来说，目前大家公认的云架构包含基础设施层、平台层和软件服务层 3 个层次，对应的名称分别为 IaaS、PaaS 和 SaaS，如图 4-31 所示。云计算的 3 层架构，即基础设施即服务（IaaS）、平台即服务（PaaS）、软件即服务（SaaS）为云原生提供了技术基础和方向指引，真正的云化不仅仅是基础设施和平台的变化，应用也需要做出改变，摈弃传统方法，在架构设计、开发方式、部署维护等各个阶段和方面都基于云的特点重新设计，从而构建全新的云化的应用，即云原生应用。

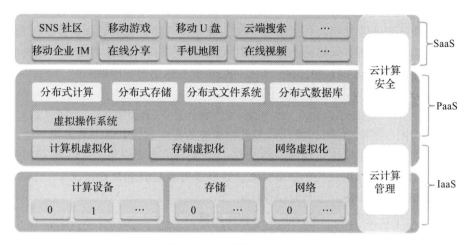

图 4-31　云计算架构示意图

（1）IaaS（Infrastructure as a Service，基础设施即服务）

IaaS 主要包括计算机服务器、通信设备、存储设备等，能够按需向用户提供计算能力、存储能力或网络能力等 IT 基础设施层面的服务。今天 IaaS 能够得到成熟应用的核心在于虚拟化技术，通过虚拟化技术可以将形形色色的计算设备统一虚拟化为虚拟资源池中的计算资源，当用户订购这些资源时，数据中心管理者直接将订购的份额打包提供给用户，从而实现了 IaaS。

（2）PaaS（Platform as a Service，平台即服务）

以传统计算机架构中"硬件 + 操作系统 / 开发工具 + 应用软件"的观点来看，云计算的平台层应该提供类似操作系统和开发工具的功能。实际上也的确如此，PaaS 定位于通过互联网为用户提供一整套开发、运行和运营应用软件的支撑平台。就像在个人计算机软件开发模式下，程序员可能会在一台装有 Windows 或 Linux 操作系统的计算机上使用开发工具开发并部署应用软件一样。微软公司的 Windows Azure 和谷歌公司的 GAE 可以算是目前 PaaS 平台中最为知名的两个产品。

（3）SaaS（Software as a Service，软件即服务）

简单地说，SaaS 是一种通过互联网提供软件服务的软件应用模式。在这种模式下，用户不需要再花费大量投资用于硬件、软件和开发团队的建设，只需要支付一定的租赁费用就可以通过互联网享受相应的服务，而且整个系统的维护都由厂商负责。

SaaS 是一个典型的云端服务架构，主要是通过共享数据库表、独立数据库实例或独立数据库系统，以及采用 NoSQL（MongoDB）等方式实现多租户的软件架构，即每个企业或团队用户都是作为一个租户来使用云端软件服务的。随着互联网技术的发展和应用软件的成熟，SaaS 作为一种创新的软件应用模式逐渐兴起。

作为一种有效的软件交付机制，SaaS 的出现为 IT 部门创造了机会，使他们可以将工作重心从部署和支持应用程序转移到管理这些应用程序所提供的服务上来。SaaS 不仅可以通过 Portal，还可以通过其他方式（如 API、WSDL 等）为用户提供服务。

SaaS 提供商为企业搭建信息化所需要的所有网络基础设施及软件、硬件运作平台，并负责所有前期的实施、后期的维护等一系列服务，企业无须购买软硬件、建设机房、招聘 IT 人员，即可通过互联网使用信息系统。就像打开水龙头就能用水一样，企业根据实际需要向 SaaS 提供商租赁软件服务。

对于广大中小型企业来说，SaaS 是采用先进技术实施信息化的最好途径。但 SaaS 不仅仅适用于中小型企业，所有规模的企业都可以从 SaaS 中获利。SaaS 方便、节省成本，受到很多企业的青睐，但 SaaS 的权限控制、安全问题可能会让用户有所顾忌。

SOA 和 SaaS 的区别可以概括为以下几点。

- SOA 关注软件是如何架构的，而 SaaS 关注软件是如何应用的。
- 在 SaaS 中，应用程序可以像任何服务一样被传递，就像电话中的语音一样，看起来似乎就是按你的需求而定制的。而 SOA 的定义与此毫无联系。SOA 支持的服务都是一些离散的、可以再使用的事务处理，这些事务处理合起来就组成了一个业务流程，是从基本的系统中提取出来的抽象代码。
- SOA 是一个框架方法，而 SaaS 是一种传递模型。
- 通过 SaaS 传递 Web 服务并不需要 SOA。
- SaaS 主要是指一个软件企业向其他企业提供软件服务，而 SOA 一般是企业内部搭建系统的基础；SaaS 注重的是提供服务的思维，而 SOA 注重的是实现服务的思维。

4.2.12 面向工作流引擎

BPM（Business Process Management，业务流程管理）是一种以规范化地构造端到端的卓越业务流程为中心，以持续提高组织业务绩效为目的的系统化方法。BPM 需求产生于 20 世纪 90 年代，Michael Hammer 和 James Champy 的成名之作——《公司再造》（*Reengineering the Corporation*）一书在全美引发了一股有关业务流程改进的汹涌浪潮。随着 BPM 在软件系统中的应用，软件系统逐渐发展成为业务规则引擎或者业务规则管理系统。业务规则引擎在纯 BPM 系统中的规模将变得更大。

jBPM（Java Business Process Management，Java 业务流程管理）是一个开源的、灵活的、易扩展的框架，作为目前较为常用的工作流产品广泛地集成在各应用系统中，覆盖业务流程管理、工作流等领域。jBPM 的业务流程定义是用 jPDL 来描述的，拖曳式的可视化流程开发工具使业务流程的定义方便、快捷，在运维阶段，系统的现有流程也一目了然。jBPM 是轻量级框架，其工作原理是：由流程管理人员将工作流模板导入数据库，在系统运行时，按照流程模板中定义的步骤执行，同时还可以监控流程状态、日志以及流程轨迹等。

jBPM 工作流引擎管理模型如图 4-32 所示，流程就是多个人在一起合作完成某件事的步骤，把步骤变成计算机能理解的形式就是工作流。jBPM 是一种基于 J2EE 的轻量级工作流管理系统。

jBPM 是公开源代码项目，在 2004 年 10 月 18 日发布了 2.0 版本，并在同一天加入 JBoss，成为 JBoss 企业中间件平台的一个组成部分，名称也改为 JBoss jBPM。

jBPM 最大的特色就是它的商务逻辑定义没有采用目前的一些规范，如 WfMC's XPDL、BPML、ebXML、BPEL4WS 等，而是采用了自己定义的 jPDL（JBoss jBPM Process Definition Language）。jPDL 认为可以将一个业务流程看作一个 UML 状态图，jPDL 详细定义了这个状态图的每个部分，如起始状态、结束状态以及状态之间的转换等。

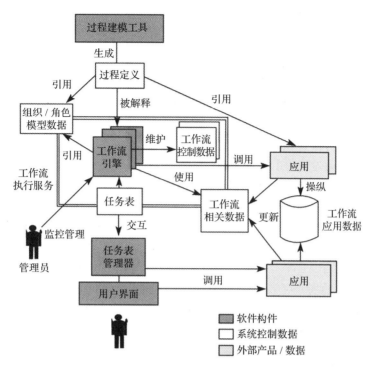

图 4-32　jBPM 工作流引擎管理模型

jBPM 的另一个特色是使用 Hibernate 来管理数据库。Hibernate 是目前 Java 领域最好的一种数据持久层解决方案。通过 Hibernate，jBPM 将数据的管理职能分离出去，自己专注于商务逻辑的处理，并兼容多种数据库。

JBoss jBPM 是一个面向流程的工作流、BPM 框架和工具集，它使业务分析人员能够与软件组件进行交互，有助于获得有效的业务解决方案。JBoss jBPM 3.0 提供使用业务流程执行语言（BPEL）、灵活且可插入的应用编程接口（API）、本地流程定义语言以及图形建模工具，利用基于行业标准的编制机制开发新的自动化业务流程和工作流。

JBoss jBPM 是采用开放源代码（LGPL 许可证）的框架，包括 Java API、工具和定义语言，可以充当 Web 应用或者独立的 Java 应用。JBoss jBPM 相当于业务分析人员和开发人员之间的中介，为他们提供了名为 jPDL 的通用流程定义语言。在 jBPM 中，流程定义被封装成流程档案。流程档案被传送到 jPDL 流程引擎加以执行。jPDL 流程引擎负责遍历流程图、执行定义的动作、维持流程状态，并且记录所有流程事件。

JBoss jBPM 在以下组件中进行封装。

- 流程引擎：该组件通过委托组件（请求处理程序、状态管理程序、日志管理程序、定义加载程序、执行服务）来执行定义的流程动作、维持流程状态，并记录所有流程事件。
- 流程监管器：该模块跟踪、审查及报告流程在执行时的状态。
- 流程语言：流程定义语言（jPDL）基于 GOP（Graph Oriented Programming，面向图的程序设计）。
- 交互服务：这些服务将遗留应用以流程执行时所用的功能或者数据的形式提供。
- JBoss jBPM 为设计及开发工作流和业务流程管理系统提供了平台。由 API、特定领域的语言和图形建模工具组成的框架使开发人员和业务分析人员能够使用通用平台进行沟通及操作，简单易用、灵活、可扩展，同一需求有多种解决策略。

jBPM 套件的组成如下。

- jPDL Designer：流程定义设计器、流程建模工具，并有 Eclipse 插件。
- jPDL Library：流程执行引擎。
- WebConsole：参与者和流程执行环境的交互界面、流程运行期间的监控工具。

面向工作流引擎体系结构，可以认为是组件式体系结构。图 4-33 是某项目的分层设计架构，分层设计的总体原则是组件化设计，各子功能均由各功能组件集合而成。此项目在集成层面进行了有效的分层，以求能够达到结构清晰、面向组件的架构设计。

- 集成流程集：通过流程引擎将可独立的支撑单元（也可称为功能模块）按需连接起来，连接的过程中大量地运用规则引擎提高规则的集约性和可管理性，以达到流程的高度按需可变及变化的可管理。
- 支撑单元集：支撑单元用于描述面向独立业务领域的模型，如投保管理、核保管理等，一般支撑单元内部会独自定义可管理的单元实例，整个支撑单元的管理规划均面向单元实例进行。
- 组件库：组件的划分更具有明确的目的性，通过动作目标的分类抽象可统一得出组件模型。组件一般不包含业务流程，但包含基于正序的业务逻辑顺序实现，同时根据组件的用途大致可分为业务组件、技术组件等。

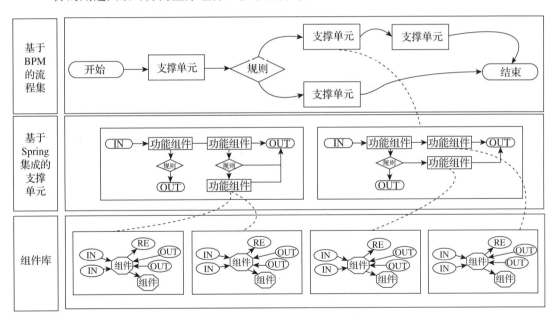

图 4-33　某项目的分层设计架构

4.3　应用程序框架

应用程序框架是一个可重复使用的、大致完成的应用程序，可以通过对其进行定制，开发出一个客户真正需要的应用程序。框架结构为程序员提供可以复用的骨干模块，程序员使用这些模块来构造自己的应用，复用的骨干模块具有如下特征：

- 它们已被证明可以与其他应用程序一起很好地工作；
- 它们可以立即在下一个程序中使用；

- 它们可以被其他项目使用。

框架结构可以提高软件开发的速度和效率，并且使软件更便于维护。对于 Web 应用的开发，要从头设计并开发出一个可靠、稳定的框架不是一件容易的事情，随着 Web 开发技术的日趋成熟，在 Web 开发领域出现了一些现成的优秀框架，开发者可以直接使用它们。Struts 就是一个很好的框架结构，它是基于 MVC 的 Web 应用框架。使用 Struts，人们不必从头开始开发全部组件，它对于大项目更是有利。

常用的框架有 Vue、Bootstrap、JavaScript、HTML5、jQuery、AJAX、React、Angular 等前端框架；J2EE、Severlet、Structs、Spring、Spring Boot、Spring Cloud 等后端框架；Hibernate、Mybatis 等数据框架；SSH、SSM 等组合框架；Django、Flask 等 Python Web 框架。

另外，框架结构还可以提高软件开发的速度和效率，并且使软件更便于维护。下面介绍几种有代表性的体系结构框架。

4.3.1 前端框架

1. Vue

Vue.js 是一个轻量级的基于 MVVM 模式的前端开发框架。Vue.js 在提供简单 API 的情况下，实现了数据双向绑定并且支持以组件的形式进行开发。因此在前端开发领域得到了广泛应用。和其他重量级前端框架不同，Vue.js 只专注于视图层的开发。这使得 Vue.js 简单、灵活并且很容易和其他项目结合。同时，Vue.js 也拥有足够完善的 API 和周边生态，使它足以胜任复杂单页应用的构建。Vue.js 的核心是 MVVM 中的 VM，也就是 ViewModel。MVVM 模式解耦了视图和数据，而 ViewModel 对象将 View 和 Model 数据保持一致。一旦系统中某个变量的值发生变化时，页面上也会反映出数据的变化，当页面中各种组件的值发生变化时，也会将这个变化反映在绑定的数据变量中。这样的设计使开发可以更加集中于业务的处理。Vue.js 能很好地支持组件。通过组件封装起来的代码可以像一个普通标签一样用于程序代码中。在组件通信方面，默认通信是单向的：组件指定 props 参数，子组件能读到 props 中的数据。要想将数据从子组件传递到父组件要通过事件来触发。在开发中将通用的部分封装成组件，从而可以在系统相似的逻辑中复用组件代码，使开发更加轻松便捷的同时在维护阶段也只需要维护较少的代码。系统在按照业务需求被划分为各个组件之后，前端路由可以帮助实现懒加载、按需求刷新组件等。在前端路由和组件的基础上，只需要在路由中设定好 URL 路径对应需要加载的组件就可以实现页面的切换。

2. ECharts

ECharts 由百度基于矢量图形库 ZRender 开发，流畅度高、兼容性更好，为前端开发提供了丰富的可视化组件库。除了提供常见的图表之外，ECharts 对很多专业领域的图表也有很好的支持。图表数据有比较明显的键值对特征，ECharts 通过提供 dataset 数据结构支持以二维表、键值对等形式传递数据，最后指定 encode 属性将数据映射成对应的图形。通过这种方式，可以使用同一份数据生成多个不同种类的图表。但是，ECharts 在带来丰富自由的图表功能的同时，也带来了复杂的配置。V-Charts 的特点则刚好相反，它基于 Vue.js 和 ECharts，用简单的数据和配置提供常见的图形组件。由于本文采用的前端开发技术是 Vue.js，并且仪表盘使用的图表也相对常规，需要定制化的并不多，所以采用了更加简洁易用的 V-Charts 来开发。

3. React

React 是相对于 MVC 中 V 的一个框架，适用于开发数据不断变化的大型应用程序。React

相对其他框架的优势是：高性能、高效率地实现了前端界面的开发。所以说 React 擅长处理组件化的页面，是一个开源的前端库，主要用于开发用户界面。这种灵活的前端解决方案并不强制执行特定的项目结构。一个 React 开发者可能只需要编写几行代码就可以开始使用它。

React 是基于 JavaScript 的，但在大多数情况下，它与 JSX（JavaScript XML）相结合。JSX 是一种语法扩展，允许开发人员同时创建包含 HTML 和 JavaScript 的元素。实际上，开发者使用 JSX 创建的任何东西也可以用 React JavaScript API 创建。React 元素比 DOM 元素更强大，它们是 React 应用的最小组成部分，即组件。React 组件是一种构建模块，它决定了在整个 Web 应用中独立和可重用的组件。

图 4-34 为 React 生命周期示意图，其生命周期的方法如下。

- componentWillMount：在渲染前调用，在客户端也在服务端。
- componentDidMount：在第一次渲染后调用，只在客户端。之后组件已经生成了对应的 DOM 结构，可以通过 this.getDOMNode() 来访问。如果你想和其他 JavaScript 框架一起使用，可以在这个方法中调用 setTimeout、setInterval 或者发送 AJAX 请求（防止异步操作阻塞 UI）。
- componentWillReceiveProps：在组件接收到一个新的 prop（更新后）时被调用。这个方法在初始化 render 时不会被调用。
- shouldComponentUpdate：返回一个布尔值。在组件接收到新的 props 或者 state 时被调用。在初始化时或者使用 forceUpdate 时不被调用。可以在确认不需要更新组件时使用。
- componentWillUpdatc：在组件接收到新的 props 或者 state 但还没有 render 时被调用。在初始化时不会被调用。
- componentDidUpdate：在组件完成更新后立即调用，在初始化时不会被调用。
- componentWillUnmount：在组件从 DOM 中移除之前立刻被调用。

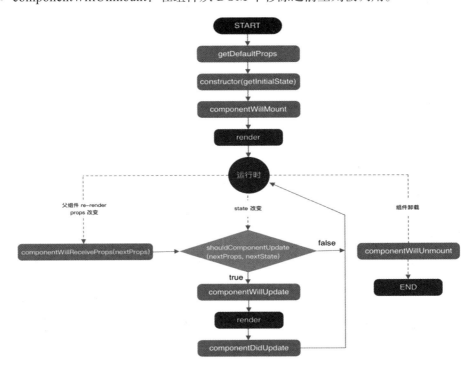

图 4-34　React 生命周期示意图

4. Angular

AngularJS 诞生于 2009 年，由 Misko Hevery 等人创建，是一款构建用户界面的前端框架，后被 Google 收购。AngularJS 是一个应用设计框架与开发平台，用于创建高效、复杂、精致的单页面应用，通过新的属性和表达式扩展 HTML，实现一套框架、多种平台，移动端和桌面端 AngularJS 存在诸多特性，最为核心的是 MVVM、模块化、自动化双向数据绑定、语义化标签、依赖注入等。

Angular 是 AngularJS 的重写，Angular 2.0 以后官方命名为 Angular，2.0 以前的版本称为 AngularJS。AngularJS 是用 JavaScript 编写的，而 Angular 采用 TypeScript 语言编写，是 ECMAScript 6 的超集，图 4-35 为 Angular 工作模式示意图。

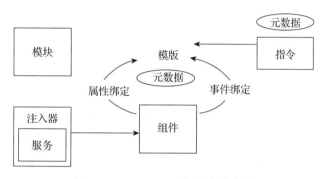

图 4-35　Angular 工作模式示意图

5. Bootstrap

Bootstrap 是 Twitter 于 2011 年 8 月在 GitHub 上发布的开源产品，是目前最受欢迎的 HTML、CSS 和 JS 框架，用于开发响应式布局、移动设备有限的 Web 项目。

Bootstrap 将常见的 CSS 布局组件和 JavaScript 插件进行整合并进行完善的封装，能让没有经验的前端工程师和后端工程师迅速掌握和使用，大大提高了开发效率。在某种程度上，还能规范前端团队编写 CSS 和 JavaScript。

Bootstrap 让前端开发更快速、更简单。所有开发者都能快速上手，所有设备都可以适配，所有项目都适用。

虽然可以直接使用 Bootstrap 提供的 CSS 样式表，但是不要忘记，Bootstrap 的源码是采用最流行的 CSS 预处理工具 Less 和 Sass 开发的。可以直接采用预编译的 CSS 文件快速开发，也可以从 Bootstrap 源码自定义自己需要的样式。

一个网站和应用能在 Bootstrap 的帮助下通过同一份源码快速、有效地适配手机、平板和 PC 设备，这一切都是 CSS 媒体查询（media query）的功劳。

Bootstrap 提供了全面、美观的文档，你能在这里找到关于普通 HTML 元素、HTML 和 CSS 组件以及 jQuery 插件方面的所有详细文档。

Bootstrap 是一个 HTML、CSS 和 JS 框架，用于开发响应性和移动优先的 Web 项目，其特点如下。

- 它能减少跨浏览器错误；
- 它是一个支持所有浏览器和 CSS 兼容性修复的一致框架；
- 它是轻量级的和可定制的；

- 它有响应式的结构和样式；
- 它可以使用 jQuery 的几个 JavaScript 插件；
- 它有良好的文档和社区支持；
- 它有免费和专业的模板、主题、插件；
- 它有强大的网格系统。

6. JavaScript

JavaScript（JS）是一种具有函数优先的轻量级、解释型或即时编译型的编程语言。虽然它是作为开发 Web 页面的脚本语言而出名的，但是它也被用于很多非浏览器环境中，例如 Node.js、Apache CouchDB 和 Adobe Acrobat。JavaScript 是一种基于原型编程、多范式的动态脚本语言，并且支持面向对象、命令式和声明式（如函数式编程）风格。

一般来说，完整的 JavaScript 包括以下几个部分：

- ECMAScript，描述该语言的语法和基本对象；
- 文档对象模型（DOM），描述处理网页内容的方法和接口；
- 浏览器对象模型（BOM），描述与浏览器进行交互的方法和接口。

JavaScript 的基本特点如下：

- 一种解释性脚本语言（代码不进行预编译）；
- 主要用来向 HTML 页面添加交互行为；
- 可以直接嵌入 HTML 页面，但写成单独的 js 文件有利于结构和行为的分离。

JavaScript 常用来完成以下任务：

- 嵌入动态文本于 HTML 页面；
- 对浏览器事件作出响应；
- 读写 HTML 元素；
- 在数据被提交到服务器之前验证数据；
- 检测访客的浏览器信息；
- 控制 cookie，包括创建和修改等。

7. HTML5

HTML5 是 HTML 最新的修订版本，由万维网联盟（W3C）于 2014 年 10 月完成标准制定。目标是取代 1999 年所制定的 HTML 4.01 和 XHTML 1.0 标准，以期能在互联网应用迅速发展的时候，使网络标准符合当代的网络需求。

广义论及 HTML5 时，实际指的是包括 HTML、CSS 和 JavaScript 在内的一套技术组合。它希望能够减少网页浏览器对于需要插件的丰富性网络应用服务，例如 Adobe Flash、Microsoft Silverlight 与 Oracle JavaFX 的需求，并且提供更多能有效加强网络应用的标准集。

HTML5 添加了许多新的语法特征，其中包括〈video〉、〈audio〉和〈canvas〉元素，同时集成了 SVG 内容。这些元素是为了更容易地在网页中添加并处理多媒体和图片内容而添加的，其他新的元素如〈section〉、〈article〉、〈header〉和〈nav〉则是为了丰富文档的数据内容。新的属性的添加也是同样的目的，同时有一些属性和元素被移除掉了。一些元素，像〈a〉、〈cite〉和〈menu〉被修改、重新定义或标准化，同时 API 和 DOM 已经成为 HTML5 中的基础部分。HTML5 还定义了处理非法文档的具体细节，使所有浏览器和客户端程序能够一致地处理语法错误。

8. jQuery

jQuery 是一个免费的、轻量级的、开源的 JavaScript（JS）库。它封装 JavaScript 常用的功能代码，提供一种简便的 JavaScript 设计模式，优化 HTML 文档操作、事件处理、动画设计和 AJAX 交互。开发人员不需要一遍又一遍地重写每个任务块，只需要调用 jQuery 的方法即可。jQuery 具有独特的链式语法和短小清晰的多功能接口；具有高效灵活的 CSS 选择器，并且可对 CSS 选择器进行扩展，还兼容各种浏览器。jQuery 使用户能更方便地处理 HTML 文档和事件、实现动画效果，并且方便地为网站提供 AJAX 交互。jQuery 同时还有许多成熟的插件可供选择。jQuery 能够使用户的 HTML 页面保持代码和 HTML 内容分离，也就是说，不用再在 HTML 里面插入一堆 JS 代码来调用命令，只需定义 id 即可。

9. AJAX

AJAX 即 Asynchronous JavaScript And XML（异步 JavaScript 和 XML），是指一种创建交互式网页应用的网页开发技术。AJAX 是一种用于创建快速动态网页的技术。

通过在后台与服务器进行少量的数据交换，AJAX 可以使网页实现异步更新。这意味着可以在不重新加载整个网页的情况下，对网页的某部分进行更新。AJAX 应用程序可能使用 XML 来传输数据，但将数据作为纯文本或 JSON 文本传输同样常见。

AJAX 允许通过与场景后面的 Web 服务器交换数据来异步更新网页。这意味着使用 AJAX 技术，网页应用能够快速地将增量更新呈现在用户界面上，而不需要重载（刷新）整个页面，这使程序能够更快地回应用户的操作，图 4-36 为 AJAX 整体架构示意图。

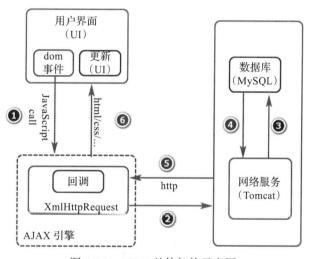

图 4-36 AJAX 整体架构示意图

4.3.2 后台业务框架

1. J2EE

J2EE 是一种利用 Java 2 平台来简化企业解决方案的开发、部署和管理相关复杂问题的体系框架。J2EE 技术的基础就是核心 Java 平台或 Java 2 平台的标准版，J2EE 不仅巩固了标准版中的许多优点，例如"编写一次、随处运行"的特性、方便存取数据库的 JDBC API、CORBA 技术以及能够在 Internet 应用中保护数据的安全模式等，同时还提供了对 EJB（Enterprise JavaBeans）、Java Servlets API、JSP（Java Server Pages）以及 XML 技术的全面支持。

其最终目的就是成为一个能够使企业开发者大幅缩短投放市场时间的体系结构。

J2EE 提供中间层集成框架用来满足无需太多费用而又需要高可用性、高可靠性以及可扩展性的应用的需求。通过提供统一的开发平台，J2EE 减少了开发多层应用的费用，降低了复杂性，同时提供对现有应用程序集成强有力支持，完全支持 Enterprise JavaBeans，有良好的向导支持打包和部署应用，添加目录支持，增强了安全机制，提高了性能。

J2EE 有如下优势。

- 保留现存的 IT 资产。由于企业必须适应新的商业需求，利用已有的企业信息系统方面的投资，而不是重新制订全盘方案就变得很重要。这样，一个以渐进的（而不是激进的，全盘否定的）方式建立在已有系统上的服务器端平台机制是公司所需要的。
- 高效的开发。J2EE 允许公司把一些通用的、烦琐的服务端任务交给中间件供应商去完成。这样开发人员可以将精力集中在如何创建商业逻辑上，相应缩短了开发时间。
- 支持异构环境。J2EE 能够开发部署在异构环境中的可移植程序。基于 J2EE 的应用程序不依赖任何特定的操作系统、中间件、硬件。因此，设计合理的基于 J2EE 的程序只需开发一次就可部署到各种平台，这在典型的异构企业计算环境中是十分关键的。J2EE 标准也允许客户订购与 J2EE 兼容的现成的第三方组件，把它们部署到异构环境中，节省了由自己制订整个方案所需的费用。
- 可伸缩性。企业必须要选择一种服务器端平台，这种平台应能提供极佳的可伸缩性去满足那些在系统上进行商业运作的大批新客户。基于 J2EE 平台的应用程序可被部署到各种操作系统上。
- 稳定的可用性。一个服务器端平台必须能全天候运转以满足公司客户、合作伙伴的需要。因为 Internet 是全球化的、无处不在的，即使在夜间按计划停机也可能造成严重损失。若是意外停机，就会导致灾难性的后果。J2EE 部署到可靠的操作环境中，它们支持长期的可用性。一些 J2EE 部署在 Windows 环境中，客户也可选择健壮性能更好的操作系统，如 Sun Solaris、IBM OS/390。最健壮的操作系统可达到 99.999% 的可用性或每年只需 5 分钟停机时间，这是实时性很强商业系统理想的选择。

2. Servlet

Servlet（Server Applet），全称为 Java Servlet，是用 Java 编写的服务器端程序。其主要功能在于交互式地浏览和修改数据，生成动态 Web 内容。狭义的 Servlet 是指 Java 语言实现的一个接口，广义的 Servlet 是指任何实现了该 Servlet 接口的类，一般情况下，人们将 Servlet 理解为后者。

Servlet 运行于支持 Java 的应用服务器中。从实现上讲，Servlet 可以响应任何类型的请求，但绝大多数情况下 Servlet 只用来扩展基于 HTTP 协议的 Web 服务器。

当 Servlet 被部署在应用服务器中（应用服务器中用于管理 Java 组件的部分被抽象为容器）以后，由容器控制 Servlet 的生命周期。除非特殊指定，否则在容器启动的时候，Servlet 是不会被加载的，Servlet 只会在第一次请求时被加载和实例化。Servlet 一旦被加载，一般不会从容器中删除，直至应用服务器关闭或重新启动。但当容器做存储器回收动作时，Servlet 有可能被删除。也正是这个原因，第一次访问 Servlet 所用的时间要大大多于以后访问所用的时间。

Servlet 在服务器上的运行生命周期为：在第一次请求（或其实体被内存垃圾回收后再被访问）时被加载并执行一次初始化方法，接着执行正式运行方法，之后会被常驻并每次被请求时直接执行正式运行方法，直到服务器关闭或被清理时执行一次销毁方法后销毁实体。图 4-37 为 Servlet 运行生命周期示意图。

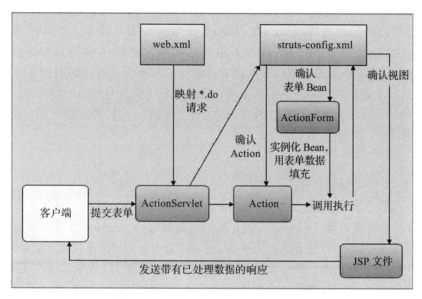

图 4-37　Servlet 运行生命周期示意图

3. Struts2

Struts 是 Apache Software Foundation（ASF）支持 Jakarta 项目的一部分，主要设计师和开发者是 Craig R.McClanahan。Struts 对于公众是免费的，在构造自己的框架结构时，可以像使用自己开发的组件那样使用 Struts 提供的组件。

Struts 就像造房子一样，建筑工人使用一些基础组件，而不必关心这些组件的内部构造（因为他们只是使用者），他们使用那些基础组件对每一层房屋提供支持。同样，基于 Struts 开发一个 Web 应用时，软件工程师使用 Struts 来对应用程序的每一层提供支持。

Struts1 基本遵循 MVC 模式，它基于的标准技术有 Java Bean、Servlet 和 JSP，在软件开发过程中通过使用标准组件，并采用填空式的开发方法，可以帮助程序员避免每个新项目都重复进行那些既耗时又烦琐的工作。程序员开发的程序既要求具有完整、正确的功能，也要求有很好的维护性。Struts1 为基于 Web 应用程序框架结构解决了很多常见的问题，程序员可以关注那些和应用程序的特定功能相关的方面。

Struts 的中心部分是 MVC 的控制层，控制层可以将模型层和视图层连接起来，程序员利用这些功能完成一个可以伸缩、包含一定功能的应用，帮助程序员将原始的素材组合为一个真正的实际应用系统。

Struts 控制层是一组可编程的组件，程序员可以通过它们来定义自己的应用程序如何与用户打交道，这些组件可以通过逻辑名称来隐藏那些麻烦和比较讨厌的细节，可以通过配置文件一次处理这些问题。

如果在 Web 应用开发中套用现成的 Struts 框架，可以简化每个开发阶段的工作，开发人员可以更加有针对性地分析应用需求，不必重新设计框架，只需在 Struts 框架的基础上设计 MVC 各个模块包含的具体组件，在编程过程中，可以充分利用 Struts 提供的各种实用类和标签库，简化编程工作。

Struts 框架可以方便和迅速地将一个复杂的应用划分成模型、视图和控制器组件，而 Struts 的配置文件 Struts-config.xml 可以灵活地组装这些组件，简化开发过程。

MVC 几乎是所有现代体系结构框架的基础，后来进一步扩展到企业和电子商务系统中。

Struts 已经由 Struts1 发展到 Struts2，Struts1 是 Web 应用中的第一个 MVC 框架，Struts2 以 WebWork 为核心，它对 Struts1 进行了很大的改进，引进了新的思想、概念和功能。Struts2 是一个高度可扩展的框架，其大部分核心组件都不是以直接编码的方式写在代码中的，而是通过一个配置文件来注入框架中的，这样核心组件具有可插拔的功能，提高了耦合性。对于 Struts2，开发者通过配置文件将业务注册给框架，这样开发者将专心业务，可以脱离复杂的管理工作。

4. Spring

Spring 是一个开源框架，是为了解决企业应用开发的复杂性问题而创建的，采用基本的 JavaBean 来完成以前只能由 EJB 完成的工作，并提供了许多企业应用功能。Spring 致力于 J2EE 应用各层的解决方案，是企业应用开发的一站式选择，Spring 贯穿表现层、业务层和持久层，以高度的开放性与已有的框架整合。然而，Spring 的用途不仅限于服务器端的开发。从简单性、可测试性和松耦合的角度而言，任何 Java 应用都可以从 Spring 中受益。

Spring 框架是一个分层架构，由 7 个定义好的模块组成，Spring 的各个模块构建在核心容器上，核心容器定义了创建、配置和管理 Bean 的方式，如图 4-38 所示。

图 4-38　Spring 框架的 7 个模块

简单来说，Spring 是一个轻量级的控制反转（Inversion of Control，IoC）和面向切面编程（Aspect Oriented Programming，AOP）的容器框架。

1）**轻量**——从大小与开销两个方面而言，Spring 都是轻量的。完整的 Spring 框架可以在一个大小只有 1MB 多的 JAR 文件里发布，并且 Spring 所需的处理开销也是微不足道的。此外，Spring 是非侵入式的：典型地，Spring 应用中的对象不依赖于 Spring 的特定类。

2）**控制反转**——Spring 通过控制反转（IoC）技术促进了松耦合。当应用 IoC 后，一个对象依赖的其他对象会通过被动的方式传递进来，而不是这个对象自己创建或者查找依赖对象。可以认为 IoC 与 JNDI 相反——不是对象从容器中查找依赖，而是容器在对象初始化时不等对象请求就主动将依赖传递给它。

3）**面向切面编程**——Spring 提供了面向切面编程的丰富支持，允许通过分离应用的业务逻辑与系统级服务（如审计和事务管理）进行内聚性的开发。应用对象只实现它们应该做的——完成业务逻辑——仅此而已。它们并不负责（甚至是意识）其他的系统级关注点，如日志或事务支持。

4）容器——Spring 包含并管理应用对象的配置和生命周期，在这个意义上它是一种容器，你可以配置你的每个 Bean 如何被创建——基于一个可配置原型（prototype），你的 Bean 可以创建一个单独的实例或者每次需要时都生成一个新的实例——以及它们是如何相互关联的。然而，Spring 不应该被混同于传统的重量级的 EJB 容器，它们经常是庞大与笨重的，难以使用。

5）框架——Spring 可以将简单的组件配置、组合为复杂的应用。在 Spring 中，应用对象被声明式地组合，典型地是在一个 XML 文件里。Spring 也提供了很多基础功能（事务管理、持久化框架集成等），将应用逻辑的开发留给了程序员。

所有 Spring 的这些特征使程序员能够编写更干净、更可管理且更易于测试的代码。它们也为 Spring 中的各种模块提供了基础支持。

5. Spring Boot

Spring Boot 是由 Pivotal 团队提供的全新框架，其设计目的是简化新 Spring 应用的初始搭建以及开发过程。该框架使用了特定的方式来进行配置，使开发人员不再需要定义样板化的配置。通过这种方式，Spring Boot 致力于在蓬勃发展的快速应用开发（rapid application development）领域成为领导者。Spring Boot 提供了一种新的编程范式，可以更加快速便捷地开发 Spring 项目，在开发过程中可以专注于应用程序本身的功能开发，而无须在 Spring 配置上花太大的工夫。

Spring Boot 基于 Spring4.0 设计，不仅继承了 Spring 框架原有的优秀特性，而且通过简化配置进一步简化了 Spring 应用的整个搭建和开发过程。Maven 或者 Gradle 项目导入相应依赖即可使用 Spring Boot，而无须自行管理这些类库的版本。另外，Spring Boot 通过集成大量的框架使依赖包的版本冲突和引用的不稳定性等问题得到了很好的解决。图 4-39 给出了 Spring Boot 框架示意图，Spring Boot 特征如下：

- 可以创建独立的 Spring 应用程序，并且基于其 Maven 或 Gradle 插件，可以创建可执行的 JARs 和 WARs；
- 内嵌 Tomcat 或 Jetty 等 Servlet 容器；
- 提供自动配置的"starter"项目对象模型（POMS）以简化 Maven 配置；
- 尽可能自动配置 Spring 容器；
- 提供准备好的特性，如指标、健康检查和外部化配置；
- 绝对没有代码生成，不需要 XML 配置。

图 4-39　Spring Boot 框架示意图

6. Spring Cloud

Spring Cloud 是一系列框架的有序集合。它利用 Spring Boot 的开发便利性巧妙地简化了分布式系统基础设施的开发，如服务发现注册、配置中心、消息总线、负载均衡、断路器、数据监控等，都可以用 Spring Boot 的开发风格做到一键启动和部署，提供了一种简单并容易接受的编程模型来实现分布式系统，使我们可以在 Spring Boot 的基础上较为轻松地实现分布式微服务项目的构建。Spring Cloud 并没有重复制造轮子，它只是将各家公司开发得比较成熟、经得起实际考验的服务框架组合起来，通过 Spring Boot 风格进行再封装从而屏蔽掉了复杂的配置和实现原理，最终给开发者留出了一套简单易懂、易于部署和易于维护的分布式系统开发工具包。

Spring Cloud 的子项目大致可分成两类，第一类是对现有成熟框架"Spring Boot 化"的封装和抽象，也是数量最多的项目；第二类是开发了一部分分布式系统的基础设施的实现，如 Spring Cloud Stream 扮演的就是 Kafka、ActiveMQ 这样的角色。对于想快速实践微服务的开发者来说，第一类子项目就已经足够使用，如：

- Spring Cloud Netflix：对 Netflix 开发的一套分布式服务框架的封装，包括服务的发现和注册、负载均衡、断路器、REST 客户端、请求路由等。
- Spring Cloud Config：将配置信息中央化保存，配置 Spring Cloud Bus 可以实现动态修改配置文件。
- Spring Cloud Bus: 分布式消息队列，是对 Kafka、MQ 的封装。
- Spring Cloud Security: 对 Spring Security 的封装，并能配合 Netflix 使用。
- Spring Cloud Zookeeper: 对 Zookeeper 的封装，使之能配置其他 Spring Cloud 的子项目使用。
- Spring Cloud Eureka：Spring Cloud Netflix 微服务套件中的一部分，它基于 Netflix Eureka 做了二次封装，主要负责完成微服务架构中的服务治理功能。

Spring Cloud 中使用 Eureka 进行服务注册，将微服务加入 Eureka 服务注册中心作为服务提供方，这样服务调用就变得简单，将自己的需求提供给 Eureka，Eureka 会将符合需求的服务提供给服务调用者，同时服务提供方会以默认 30s 的周期向 Eureka 发送心跳，告知 Eureka 自己处于可用状态，若 Eureka 在默认 90s 内未收到心跳，则认为该服务已停止提供服务，从服务列表将其剔除。

Spring Cloud 中使用 Zuul 组件来进行负载均衡与反向代理，Zuul 作为一个 API 网关，将收到的请求路由到后端的微服务应用中。

7. Beego 框架

Beego 是一个简约的 Go 语言后台开发框架，其具有简单化、智能化、模块化、高性能的特点。Go 语言的诞生背景很大程度上是为了解决传统编程语言并发操作性能低的痛点，Beego 的模块设计上对 Go 语言原生功能的引用也使 Beego 十分适应高并发的使用场景。Beego 框架内部分为 8 个独立的模块，各模块之间高度解耦，开发者可以自行选择堆叠使用，也可以选择其他的第三方的功能库，例如可以替换其他的 ORM 进行数据库操作。相比于 Go 语言的其他框架，Beego 独特的开发习惯使 Beego 在写前后端分离系统的后端接口也非常便捷。

4.3.3　后台数据框架

1. Hibernate

Hibernate 是一个开放源代码的对象关系映射框架，对 JDBC 进行了轻量级的对象封装，使 Java 程序员可以使用对象编程思维来操作数据库，可以应用在任何使用 JDBC 的场合，可以在 Java 客户端程序中使用，也可以在 Servlet/JSP 的 Web 应用中使用，还可以在应用 EJB 的 J2EE 框架中取代 CMP（Container-managed Persistence，容器管理持续化）完成数据持久化。

Hibernate 是一个开放源代码的对象关系映射框架，它对 JDBC 进行了非常轻量级的对象封装，使 Java 程序员可以随心所欲地使用对象编程思维来操纵数据库。

Hibernate 共有 5 个核心接口，分别为 Session、SessionFactory、Transaction、Query 和 Configuration。这 5 个核心接口在任何开发中都会用到。通过这些接口，不仅可以对持久化对象进行存取，还能够进行事务控制。下面分别对这 5 个核心接口加以介绍。

1）Session 接口。Session 接口负责执行被持久化对象的 CRUD 操作（CRUD 的任务是完成与数据库的交互，包含很多常见的 SQL 语句）。但需要注意的是，Session 对象是非线程安全的。同时，Hibernate 的 Session 不同于 JSP 应用中的 HttpSession。这里，Session 这个术语其实指的是 Hibernate 中的 Session，而以后会将 HttpSession 对象称为用户 Session。

2）SessionFactory 接口。SessionFactory 接口负责初始化 Hibernate。它充当数据存储源的代理，并负责创建 Session 对象。这里用到了工厂模式。需要注意的是，SessionFactory 并不是轻量级的，因为一般情况下，一个项目通常只需要一个 SessionFactory，当需要操作多个数据库时，可以为每个数据库指定一个 SessionFactory。

3）Transaction 接口。Transaction 是 Hibernate 的数据库事务接口，它对底层事务接口进行了封装，Hibernate 应用可以通过一致 Transaction 接口来声明事务边界，这有助于在不同的环境或容器中移植应用。具体的事务实现使用在 Hibernate.properties 中指定。

4）Query 接口。Query 是 Hibernate 的查询接口，用于向数据库查询对象，以及控制执行查询的过程。Query 实例包装了一个 HQL（Hibernate Query Language）来查询。另外，Criteria 接口也是 Hibernate 的查询接口，它完全封装了基于字符串形式的查询语句，比 Query 更面向对象。Criteria 更擅长执行动态查询。

5）Configuration 接口。Configuration 接口负责配置并启动 Hibernate，创建 SessionFactory 对象。在 Hibernate 的启动过程中，Configuration 类的实例首先定位映射文档位置、读取配置，然后创建 SessionFactory 对象。

2. MyBatis

MyBatis 本是 Apache 的一个开源项目 iBATIS，2010 年这个项目由 Apache 软件基金会迁移到了 Google Code，并改名为 MyBatis。MyBatis 是一个基于 Java 的持久层框架。iBATIS 提供的持久层框架包括 SQL Maps 和 Data Access Objects（DAO）。MyBatis 几乎消除了所有的 JDBC 代码和参数的手工设置以及结果集的检索。MyBatis 使用简单的 XML 或注解用于配置和原始映射，将接口和 Java 的 POJOs（Plain Old Java Objects，普通的 Java 对象）映射成数据库中的记录。

MyBatis 已经成为一个流行的 Java 持久层框架，对 Spring Boot 的支持很好。引入了 MyBatis，开发者就不再需要重复创建 JDBC 连接和编写大量数据库操作的重复代码。通过简单的 XML 或注解，可以将从数据库中查询出来的记录映射成 XML 和注解中配置的 POJOs。同时，MyBatis 不依赖第三方库，有丰富的文档，通过对文档以及源码的学习，除了能使用 MyBatis 写出优秀的持久层代码之外，还可以对 MyBatis 的设计思路和实现有更深的理解。通过在持久层使用 MyBatis，将 SQL 语句集中在 Mapper 文件中维护，使系统的耦合度更低，大大降低了测试和维护的成本。除此之外，还支持 Map 标签映射、对象映射、动态 SQL 等功能。

4.3.4 应用组合架构

1. SSH

SSH 为 Struts+Spring+Hibernate 的集成框架，是一种 Web 应用程序开源框架。集成 SSH 框架的系统从职责上分为 Web 表示层、业务逻辑层、DAO 层和数据持久层，以帮助开发人员在短期内搭建结构清晰、可复用性好、维护方便的 Web 应用程序，如图 4-40 所示。其中使用 Struts 作为系统的整体基础架构，负责 MVC 的分离，在 Struts 框架的模型部分控制业务跳转，利用 Hibernate 框架对持久层提供支持，Spring 负责管理 Struts 和 Hibernate。具体做法如下：用面向对象的分析方法根据需求提出一些模型，将这些模型实现为基本的 Java 对象，然后编写基本的 DAO（Data Access Object）接口，并给出 Hibernate 的 DAO 实现，采用 Hibernate 架构实现的 DAO 类来实现 Java 类与数据库之间的转换和访问，最后由 Spring 负责管理。

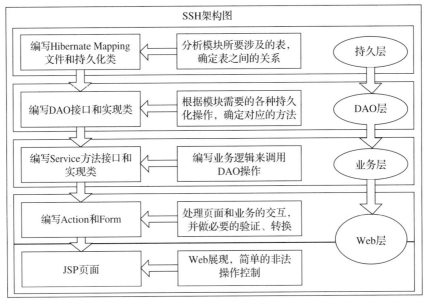

图 4-40　SSH 架构示意图

系统的基本业务流程如下。在表示层中，首先通过 JSP 页面实现交互界面，负责接收请求（Request）和传送响应（Response），然后 Struts 根据配置文件（struts-config.xml）将 ActionServlet 接收到的 Request 委派给相应的 Action 处理。在业务层中，管理服务组件的 Spring IoC 容器负责向 Action 提供业务模型（model）组件和该组件的协作对象数据处理（DAO）组件完成业务逻辑，并提供事务处理、缓冲池等容器组件以提升系统性能、保证数据的完整性。在持久层中，则依赖于 Hibernate 的对象化映射和数据库交互，处理 DAO 组件请求的数据，并返回处理结果。

2. SSM

SSM 框架就是 Spring、Spring MVC 和 MyBatis 框架的缩写，是标准的 MVC 模式，它

将整个系统划分为 4 层：表现层、控制层、服务层和 DAO 层。使用 SSM 框架的好处是在于其易于复用和开发，掌握了每个框架的核心思想。其中，Spring MVC 负责请求的转发和视图管理；Spring 实现业务对象管理；MyBatis 作为数据对象的持久化引擎。

（1）Spring

Spring 是于 2003 年兴起的一个轻量级 Java 开发框架，由 Rod Johnson 在其著作 *Expert One-On-One J2EE Development and Design* 中阐述的部分理念和原型衍生而来。它是为了解决企业应用开发的复杂性而创建的。Spring 使用基本的 JavaBean 来完成以前只可能由 EJB 完成的事情。然而，Spring 的用途不仅限于服务器端的开发。从简单性、可测试性和松耦合的角度而言，任何 Java 应用都可以从 Spring 中受益。简单来说，Spring 是一个轻量级的控制反转（IoC）和面向切面编程（AOP）的容器框架。

（2）Spring MVC

Spring MVC 属于 Spring Framework 的后续产品，已经融合在 Spring Web Flow 里面。Spring MVC 分离了控制器、模型对象、分派器以及处理程序对象的角色，这种分离使它们更容易进行定制。

SSM 操作原理如下。

1）Spring MVC。客户端发送请求到 DispacherServlet（分发器），由 DispacherServlet 控制器查询 HanderMapping，找到处理请求的 Controller。Controller 调用业务逻辑处理后，返回 ModelAndView；DispacherServlet 查询视图解析器，找到 ModelAndView 指定的视图，视图负责将结果显示到客户端。

2）Spring。IoC 容器应该是平时开发过程中接触最多的，它可以装载 Bean，有了这个机制，我们就不用在每次使用该类的时候对它进行初始化，很少看到关键字 new。另外 Spring 的 AOP、事务管理等都是经常用到的。

3）MyBatis。MyBatis 是对 JDBC 的封装，它使数据库底层操作变得透明。MyBatis 的操作都是围绕一个 sqlSessionFactory 实例展开的。MyBatis 通过配置文件关联到各实体类的 Mapper 文件，Mapper 文件中配置了每个类对数据库所需进行的 SQL 语句映射。在每次与数据库进行交互时，通过 sqlSessionFactory 拿到一个 sqlSession，再执行 SQL 命令。

4.3.5　Python Web 应用架构

1. Django

Django 是一个开放源代码的 Web 应用框架，由 Python 语言编写，采用了 MTV 的框架模式，即由 Model、View、Template 组成。许多成功的网站（例如 Instagram、Youtube、谷歌，甚至 NASA）和 App 都基于 Django。说到底，其实 Django 内部就是对 Socket 连接的强大封装。Django 集成了 MVT（Model-View-Template）和 ORM（Object relational Mapping），以及后台管理。Django 将自己定义为一个"包含电池"的 Web 框架，具有健壮性和简单性，帮助 Web 开发者编写干净、高效和强大的代码。它是世界上著名的 Web 框架之一，也是常用的框架之一。

使用 Django 架构，程序员可以方便、快捷地创建高品质、易维护、数据库驱动的应用程序。另外，在 Django 框架中，还包含许多功能强大的第三方插件，使 Django 具有较强的可扩展性。

Django 其实也是一个 MTV 的设计模式。MTV 是 Model、Template、View 三个单词的简写，分别代表模型、模版、视图。图 4-41 是 Django 的工作原理，控制器接收用户输入的部分由框架自行处理，所以 Django 更关注的是模型（Model）、模板（Template）和视图（View），称为 MTV 模式，它们各自的职责如表 4-2 所示。

表 4-2 模型、模板和视图的职责

层　次	职　责
模型（Model），即数据存取层	处理与数据相关的所有事务：如何存取、如何验证有效性、包含哪些行为以及数据之间的关系等
模板（Template），即表现层	处理与表现相关的决定：如何在页面或其他类型文档中显示
视图（View），即业务逻辑层	存取模型及调取恰当模板的相关逻辑，模型与模板的桥梁

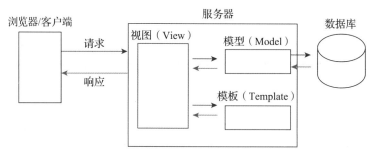

图 4-41　Django 的工作原理

2. Flask

Flask 是一个由 Python 语言编写的轻量级 Web 框架，最早由 Armin Ronacher 于 2010 年发布。Flask 最显著的特点是它是一个"微"框架，轻便灵活，但同时又易于扩展。默认情况下，Flask 只相当于一个内核，不包含数据库抽象层(ORM)、用户认证、表单验证、发送邮件等其他 Web 框架通常包含的功能。Flask 依赖用各种灵活的扩展（比如邮件 Flask-Mail，用户认证 Flask-Login，数据库 Flask-SQLAlchemy）来给 Web 应用添加额外功能。Flask 这种按需扩展的灵活性是很多程序员喜欢它的原因。Flask 没有指定的数据库，可以用 MySQL，也可以用 NoSQL。

Flask 相对于 Django 而言是轻量级的 Web 框架。与 Django 不同，Flask 轻巧、简洁，通过定制第三方扩展来实现具体功能。可定制性，即通过扩展增加其功能，这是 Flask 最重要的特点。Flask 也采用了 MTV 框架模式，图 4-42 为 Flask 的工作过程流程图。

Flask 的两个核心应用是 WSGI Werkzeug 和模板引擎 Jinja。

- Jinja 模板引擎：通俗来说就是服务器接收到用户请求之后，将数据传入 HTML 文件中，经过模板引擎的渲染将其呈现在网页中响应给用户。
- WSGI Werkzeug：Python Web 应用程序是一个被调用的对象，它无法直接与 Web 服务器建立联系，所以 WSGI 的功能就是提供程序与服务之间的通信。它规定了一个 App 接口，Server 会传递给 Web 应用所有的请求信息以及响应之后需要调用的函数。

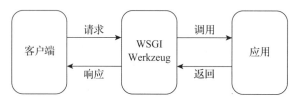

图 4-42　Flask 的工作过程流程图

4.3.6　基于技术中台的设计

中台是最早由阿里巴巴在 2015 年提出的"大中台，小前台"战略中延伸出来的概念，灵感来源于 Supercell。Supercell 是芬兰一家仅有 300 名员工的小公司，却接连推出爆款游戏，是全球最会赚钱的明星游戏公司。这家看似很小的公司设置了一个强大的技术平台，来支持众多的小团队进行游戏研发。这样一来，研发人员就可以专注于创新，不用担心基础却至关重要的技术支撑问题。恰恰是这家小公司开创了中台的"玩法"，并将其运用到了极致。

所谓"中台"，其实是为前台而生的平台，它存在的唯一目的就是更好地服务前台的规模化创新，进而更好地服务用户，使企业真正做到自身能力与用户需求的持续对接。图 4-43 所示为阿里巴巴的中台框架。

图 4-43　阿里巴巴中台框架

中台的本质是把一些分散、重复的开发工作集中起来，通过共享同一个研发团队来提升不同业务线之间的共性，也就是通过抽象和统一来获取增量价值，可以支持敏捷项目的设计。

传统"烟囱"式 IT 架构的弊端有：
- 重复功能建设和维护带来的重复投资；
- 打通"烟囱式"系统间交互的集成和协作成本高昂；
- 不利于业务和资产的沉淀与持续发展。

"大中台、小前端"架构的优势有：
- 基于业务中台能力，可以快速构建小差异性、强可塑性、优体验的应用。
- 对外提供标准化服务，降低应用研发复杂度；
- 以统一的数据标准构建数据中台能力，反哺前端；
- 以核心能力服务化为中心，标准组件规范为基础，支持快速创新和应对不确定性。

中台是随着企业本身信息化建设和数字化建设的持续推进和业务不断创新沉淀、循序渐进、逐步发展的产物。

然而，"大中台、小前端"架构还有如下缺点。

中台仍然具有局限性，中台不是万能的，它仅仅适合在高确定性和高通用性场景下创造增量价值。一个健康的行业中需求是永远变化的，不存在超前的完美设计。中台在业务起初产生最大的价值，然后逐渐衰减。如果中台很复杂，跨团队的沟通也会变得更艰难。中台创造的增量价值就更小。

当"大中台，小前台"已成为行业标配时，2020 年年末，阿里巴巴高层对阿里的中台并不满意，他们认为阿里的业务发展缓慢，因此要把中台变薄，使其变得敏捷和快速。中台并不是不支持创新，正相反，对于"盒马鲜生"这样的现象级产品，如果没有中台，阿里巴巴不可能半年就打造出一整套线上线下新零售系统。

准确地说，中台适合做"组合式创新"，无法做"颠覆式创新"。

因为，组合式创新是对现有几个功能进行组合，形成新的功能，它强调功能的标准化，这恰恰是中台所擅长的。以"盒马鲜生"为例，它复用了中台的商品、库存、用户、支付、AI、安全等多个服务功能，经过重新组合，形成了"零售新物种"。

但是，颠覆式创新是从根本上做创新，它要打烂前台、中台、后台，颠覆现有模式和能力。比如智能制造颠覆传统制造、智能手机颠覆传统手机，因为无法在现有生产线上去创造，只有打破原有模式。所以，中台不支持颠覆式创新，这是中台的基因所决定的。

阿里巴巴的一位中台架构师提到："我们把最抽象的部分留在中台，这样中台就剩下很薄的一层，通过这几年沉淀下来的通用功能来提高效率，可以大大减少人力，释放出来的人力都去前台做个性化的改造。"从阿里中台的演进来看，越来越薄，是中台发展的必然趋势。

4.4　模块（构件）设计

模块（构件）设计是将软件架构的结构元素变换为软件模块（构件）的处理陈述。当软件体系结构细化为构件时，系统的结构开始显现。模块设计也称为构件设计，把软件按照一定的原则分解为模块层次，赋予每个模块一定的任务，并确定模块间的调用关系和接口。

功能模块（构件）是在架构的约束下运行的，功能相同，也可以通过不同的架构实现。

一个构件就是程序的一个功能要素，也称为模块。软件构件来自分析模型。

一般来说，一个软件系统通常由很多模块组成，模块是数据说明、可执行语句等程序对象的集合。它是单独命名的，而且可以通过名字来访问。结构化程序设计中的函数和子程序都是模块。大模块可以进一步分解为小模块，我们称不能再分解的模块为原子模块。如果一个软件系统的全部实际工作都由原子模块来完成，而其他所有非原子模块仅仅执行控制或者协调功能，则这样的系统就是完全因子分解系统。完全因子分解系统是最好的系统，也是我们努力的目标。

从模块设计开始体现结构化（面向过程）设计和面向对象（OO）设计的不同，结构化设计是自上而下的分解过程，按照一定的顺序一步一步执行，面向对象设计是确定交互对象（构件）的过程，如图 4-44 所示。

一个设计模式主要包括：

- 参与者（角色），例如人员、系统等；
- 静态组件图，例如类图、模块图等，类图描述类之间的静态关系，模块图描述模块之间的关系；
- 描述每一步的动作关系图（通过详细设计描述），例如时序图、活动图、系统流程图。

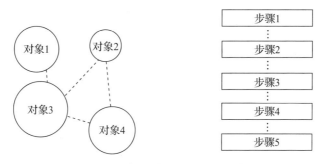

图 4-44　面向对象设计和面向过程设计的区别

4.4.1　模块分解

在这个阶段，设计者会大致考虑模块的内部实现，但不过多地纠缠于此，主要任务集中于划分模块、分配任务、定义调用关系。模块间的接口与传参在这个阶段要十分细致和明确。概要设计通常不是一次就能完成的，而是反复进行结构调整。典型的调整是合并功能重复的模块，或者进一步分解出可以复用的模块。在概要设计阶段，应最大限度地提取可以重用的模块，建立合理的结构体系。

在进行体系结构设计时，迭代式设计过程将体系结构不断精化为模块（构件），所以，在体系结构设计第一次迭代完成之后，就开始了模块（构件）设计。体系结构设计相当于描绘一幢建筑物中房间的整体布局，模块（构件）设计类似于建筑物中每个房间的一组详细绘图，这些绘图描述了每个房间内的布线和管道。

模块（构件）存在于软件体系结构中，它们需要与其他构件和软件边界之外的实体进行通信和合作，这就涉及内部接口和外部接口设计。

模块（构件）设计主要是根据需求规格说明完成软件模块（构件）的划分，并确定模块（构件）之间的关系。对于新建的软件系统，模块分解一般采用自上而下的分解过程，而对于改进的系统可以采用演化过程，是一种分而治之的模块分解过程。

所以，模块（构件）设计是从高层到低层不断分解系统模块（构件）的过程，如图 4-45 所示。

模块化是软件设计和开发的基本原则与方法。模块的划分应遵循一定的要求来保证模块划分合理，并进一步保证以此为依据开发出的软件系统可靠性强，易于理解和维护。根据软件设计的模块化、抽象、信息隐蔽和局部化等原则，可直接得出模块化独立性的概念。所谓模块独立性（module independence），是指不同模块之间的联系尽可能少，尽可能减少公共的变量和数据结构。一个模块应尽可能在逻辑上独立，有完整单一的功能。

模块独立性是软件设计的重要原则。具有良好独立性的模块划分应保证模块功能完整独立，数据接口简单，程序易于实现、易于理解和维护。独立性限制了错误的作用范围，使错误易于排除，因而可使软件开发速度快、质量高。

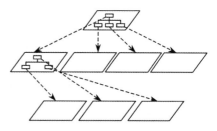

图 4-45　模块设计的分解过程

为了进一步测量和分析模块的独立性，软件工程学引入了两个概念，从两个方面来定性地度量模块的独立性，这两个概念是模块的耦合度和模块的内聚度。

模块结构表明了程序各个部件的组织情况，通常分为树状结构或者网状结构。

（1）树状结构

图 4-46 所示是典型的树状结构，在树状结构中，位于最上面的根部是顶层模块，是程序的主模块，与其联系的有若干下属模块，各个模块还可以进一步引出更下一层的下属模块。整个结构只有一个顶层，上层模块调用下层模块，同一层的模块之间不互相调用。

（2）网状结构

图 4-47 所示是典型的网状结构，在网状结构中，任意两个模块之间都可以存在调用关系，不存在上层模块和下属模块的关系，任何两个模块之间都是平等的，没有从属关系。

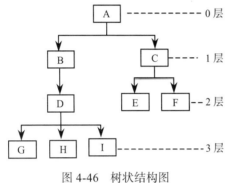

图 4-46　树状结构图

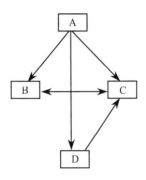

图 4-47　网状结构图

4.4.2　外部接口和内部接口设计

外部接口设计是与其他系统、设备、网络或者其他的信息产生者或使用者进行信息交换的设计，描述软件功能和子系统如何在支持软件的物理计算环境（如系统的网络环境、软件环境、硬件环境）内分布，以及系统如何部署，这也与系统模块相关。

内部接口设计是各种模块（构件）之间内部接口的设计，通过这些内部接口，使软件体系结构中的模块（构件）之间能够进行内部通信和协作。内部接口设计与模块（构件）设计是紧密联系的，需要设计各个模块（构件）之间的通信、协作，这部分可以结合模块（构件）设计部分给予描述。

4.4.3　模块的耦合度

耦合度从模块外部考察模块的独立性，用来衡量多个模块间的相互联系。模块之间的耦合类型有以下几种：独立耦合、数据耦合、控制耦合、公共耦合、内容耦合。

1. 独立耦合

独立耦合指两个模块彼此完全独立，没有直接联系。它们之间的唯一联系仅仅在于它们属于同一个软件系统或共有一个上层模块。这是耦合程度最低的一种。当然，系统中只可能有一部分模块属于这种联系，因为一个程序系统中不可能所有的模块之间都完全没有联系。

2. 数据耦合

数据耦合指两个模块彼此交换数据。例如，一个模块的输出数据是另一个模块的输入数据，或一个模块带参数调用另一个模块，下层模块又返回参数。在一个软件系统中，这种耦合是不可避免的，且有其积极意义。因为任何功能的实现都离不开数据的产生、表示和传递。数据耦合的程度也较低。

3. 控制耦合

在调用过程中，若两个模块间传递的不是数据参数而是控制参数，则模块间的关系为控制耦合。控制耦合属于中等程度的耦合，较之数据耦合，其模块间的联系更为紧密。控制耦合不是一种必须存在的耦合。

当被调用模块接收到控制信息作为输入参数时，说明该模块内部存在多个并列的逻辑路径，即有多个功能，控制变量用以从多个功能中选择所要执行的部分，因而控制耦合是完全可以避免的。排除控制耦合可按如下步骤进行：

1）找出模块调用时所用的一个或多个控制变量；

2）在被调用模块中根据控制变量找出所有的流程；

3）将每一个流程分解为一个独立的模块；

4）将原被调用模块中的流程选择部分移到上层模块，变为调用判断。

通过以上变换，可以将控制耦合变为数据耦合。由于控制耦合增加了设计和理解的复杂程度，因此在模块设计时要尽量避免使用这种耦合。当然，如果模块内每一个控制流程规模相对较小，彼此共性较多，使用控制耦合还是合适的。

4. 公共耦合

公共耦合又称为公共环境耦合或数据区耦合。若多个模块对同一个数据区进行存取操作，那么它们之间的关系称为公共耦合。公共数据区可以是全程变量、共享的数据区、内存的公共覆盖区、外存上的文件、物理设备等。当两个模块共享的数据很多，通过参数传递可能不方便时，可以使用公共耦合。公共耦合中共享数据区的模块越多，数据区的规模越大，则耦合程度越强。公共耦合最弱的一种形式是：两个模块共享一个数据变量，一个模块只向其中写数据，另一个模块只从其中读数据。

当公共耦合程度很强时，会造成关系错综复杂，难以控制，错误传递机会增加，系统可靠性降低，可理解性和可维护性差。

5. 内容耦合

内容耦合是耦合程序最高的一种形式。若一个模块直接访问另一个模块的内部代码或数据，则会出现内容耦合。内容耦合的存在严重破坏了模块的独立性和系统的结构化，代码互相纠缠，运行错综复杂，程序的静态结构和动态结构很不一致，其恶劣后果往往不可预测。

内容耦合往往表现为以下几种形式：

- 一个模块访问另一个模块中的内部代码或数据；
- 一个模块不通过正常入口而转到另一个模块的内部（如使用 GOTO 语句或 JMP 指令直接进入另一个模块内部）；
- 两个模块有一部分代码重叠（可能出现在汇编程序中，在一些非结构化的高级语言如 COBOL 中也可能出现）；
- 一个模块有多个入口（这意味着一个模块有多种功能）。

一般来讲，在进行模块划分时应当尽量使用数据耦合，少用控制耦合（尽量转换成数据耦合），限制公共耦合的范围，完全不用内容耦合。

4.4.4 模块的内聚度

内聚度（cohesion）是模块内部各成分（语句或语句段）之间的联系。显然，模块内部各成分之间联系越紧，即其内聚度越大，模块独立性就越强，系统就越易于理解和维护。具有良好内聚度的模块应能较好地满足信息局部化的原则，功能完整单一。同时，模块的高内聚度必然导致模块的低耦合度。理想的情况是，一个模块只使用局部数据变量，完成一个功能。

按由弱到强的顺序，模块的内聚度可分为以下 7 类。

1. 偶然内聚

偶然内聚是指，模块内的各个任务（通过语句或指令来实现的）之间不存在有意义的联系，它们之所以能构成一个模块完全是偶然的原因。如图 4-48 所示，模块 T 中有 3 条语句，至少从表面上看不出这 3 条语句之间有什么联系，只是由于 P、Q、R、S 这 4 个模块中都有这 3 条语句，为了节省空间才把它们作为一个模块放在一起，这完全是偶然性的。偶然内聚的模块有很多缺点：由于模块内没有实质性的联系，因此很可能在某种情况下一个调用模块需要对它进行修改而别的模块不需要，这时就很难处理；这种模块的含义也不易理解，甚至很难为它取一个合适的名字；偶然内聚的模块也难于测试。所以，在空间允许的情况下，不应使用这种模块。

2. 逻辑内聚

一个模块完成的任务在逻辑上属于相同或相似的一类（例如，用一个模块产生各种类型的输出），则这种模块内的联系称为逻辑内聚。

在图 4-49a 中，模块 A、B、C 的功能相似但不相同，如果把它们合并成一个模块 ABC，如图 4-49b 所示，则这个模块就是逻辑内聚，因为它们是由于逻辑上相似而发生联系的。逻辑内聚是一种较弱的联系。在实际执行时，当 X、Y、Z 调用合成的模块 ABC 时，由于原 A、B、C 模块并不完全相同，因此还要判断执行不同功能的哪一部分。

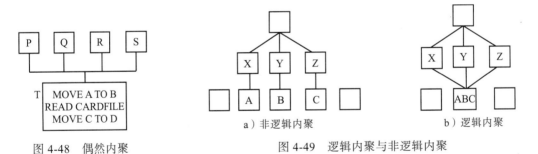

图 4-48 偶然内聚

a）非逻辑内聚   b）逻辑内聚

图 4-49 逻辑内聚与非逻辑内聚

逻辑内聚存在如下的问题：
- 修改困难，调用模块中有一个要对其改动时，还要考虑到其他调用模块；
- 模块内需要增加开关，以判断是谁调用，因而增强了块间的联系；
- 实际上每次调用只执行模块中的一部分，而其他部分也一同被装入内存，因而效率不高。

3. 时间内聚

时间内聚是指一个模块中包含的任务需要在同一时间内执行（如初始化、结束等所需的操作），如图 4-50 所示。与偶然内聚和逻辑内聚相比，这种内聚类型要强一些，因为至少在时间上这些任务是可以一起完成的。但时间内聚和偶然内聚、逻辑内聚一样，都属于低内聚度类型。

姓名检索缓冲区冲空
单位检索缓冲区冲空
年龄检索缓冲区冲空
打开姓名索引
打开单位索引
打开年龄索引

图 4-50 时间内聚

4. 过程内聚

如果一个模块内的各个处理元素是相关的，而且必须按固定的次序执行，这种内聚就称为过程内聚。过程内聚的各模块内往往体现为有次序的流程，如图 4-51 所示。

接收考试成绩
成绩排序
选择前十名

图 4-51 过程内聚

5. 通信内聚

若一个模块中的各处理元素需引用共同的数据（同一数据项、数据区或文件），则称其元素间的联系为通信内聚。通信内聚的各部分间是借助共同使用的数据联系在一起的，故有较好的可理解性，如图 4-52 所示。通信内聚和过程内聚都属于中内聚度型模块。

6. 顺序内聚

若一个模块内的各处理元素关系密切，必须按规定的处理次序执行，则这样的模块为顺序内聚型。在顺序内聚模块内，后执行的语句或语句段往往依赖先执行的语句或语句段，以先执行的部分为条件。由于模块内各处理元素间存在这种逻辑联系，因此顺序内聚模块的可理解性很强，属于高内聚度型模块，如图 4-53 所示。

7. 功能内聚

功能内聚是内聚度最高的一种模块类型。如果模块仅完成一个单一的功能，且该模块的所有部分是实现这一功能所必需的，没有多余的语句，则该模块为功能内聚型。功能内聚模块的结构紧凑，界面清晰，易于理解和维护，因而可靠性强；又由于其功能单一，故复用率高。所以它是进行模块划分时应追求的一种模块类型，图 4-54 所示是进行模块划分时得到的功能内聚模块。

在模块设计时应力争做到高内聚，并且能够辨别出低内聚的模块，加以修改使之提高内聚度并降低模块间的耦合度。在具体设计时，应注意以下几点：

- 设计功能独立单一的模块；
- 控制使用全局数据；
- 模块间尽量传递数据型信息。

模块（构件）设计的最终目的是将数据模型、架构模型、界面模型变为可以操作的软件。模块（构件）设计的详细程度可以根据项目的具体情况而定。在概要设计时，可以根据具体要求对各个模块内部进行详细设计。如果某项目开发过程中不存在详细设计过程，则可以将模块（构件）设计得尽可能详细，这样概要设计和详细设计可以合为一个过程。

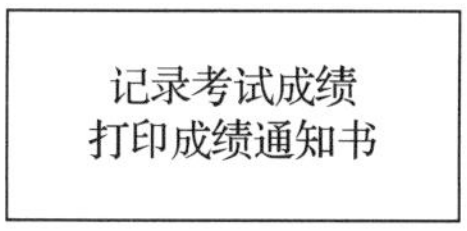

记录考试成绩
打印成绩通知书

接收身份证号
身份证号校验
身份证号查询

身份证号校验

图 4-52 通信内聚 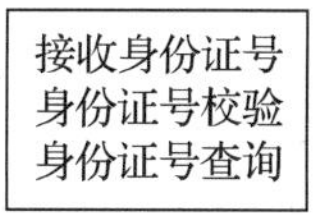　　　图 4-53 顺序内聚 　　　图 4-54 功能内聚

4.5 数据模型设计

数据是软件系统的重要组成部分，在设计阶段必须对要存储的数据及其结构进行设计。数据设计首先在高层建立（用户角度的）一个数据（信息）模型，然后逐步将这个数据模型

变为将来进行编码的模型。这个数据模型对软件的体系结构有很大的影响，它是软件设计中非常重要的一部分。

　　数据模型是系统内部的静态数据结构，它包括 3 种相互关联的信息，即数据对象、数据属性和关系。

- 数据对象表示目标系统中的各种信息，可以是外部实体、事物、角色、行为或事件、组织单位、地点或结构。
- 数据属性定义了数据对象的特征，包括数据对象的实例命名，描述这个实例，建立对另一个数据对象的其他实例的引用。例如，可以将"学生"数据对象命名为 student，其属性可以有"学号""姓名""性别""年龄"等。
- 关系是指各个数据对象实例之间的关联。例如，一个学生"张三"选课"数学""物理"，这个学生与"课程"实例通过"选课"关联起来。实例之间的关联类型有 3 种，即一对一、一对多和多对多。

　　图 4-55 所示是某项目实体关系图，它表示模块各项功能相关的数据属性和各自独有的数据属性，其中名称加下划线的属性是主键。

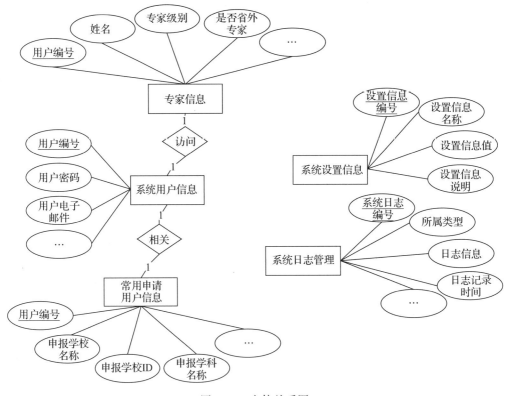

图 4-55　实体关系图

　　数据模型可以分为概念数据模型、物理数据模型和逻辑数据模型。概念数据模型以问题域的语言解释数据模型，反映了用户对共享事物的描述和看法，由一系列应用领域的概念组成。物理数据模型以解系统的语言解释数据模型，它描述的是共享事物的解系统中的实现形式，是形式化的定义。逻辑数据模型使用一种中立语言进行数据模型的描述。概念数据模型与物理数据模型之间存在较大的差异，软件开发人员将概念数据模型转换为物理数据模型是存在困难的，可以采用逻辑数据模型解决这个问题。

目前的数据模型主要有两种，即数据库管理系统（DBMS）和文件存储模式。其中数据库管理系统已经是比较成熟的技术，尤其是关系数据库管理系统，这也是很多软件设计者采用的数据存储和管理工具。

4.5.1　数据库的设计过程

理论上，数据库可以分为网状数据库、关系数据库、层次数据库、面向对象数据库、文档数据库、多维数据库。其中关系数据库是最成熟的，也是应用最广泛的，这是大多数设计者选择它的理由。关系数据库的设计与结构化方法可以很方便地衔接，具有一致性，因为可以很容易地将结构化分析阶段建立的实体 – 关系模型映射到关系数据库中。

数据库设计分为三个阶段：概念结构设计阶段、逻辑结构设计阶段和物理结构设计阶段。概念结构设计的目标是产生反映系统信息需求的整体数据库概念结构，是构建一个实际应用中的概念模型的过程，不考虑任何物理因素。概念结构设计用到的描述工具是之前介绍的 E-R 图。逻辑结构设计是将概念模型转换为逻辑模型的过程，不针对特定 DBMS 和其他物理限制。物理结构设计的目标是将给定的逻辑数据模型转换为特定 DBMS 所支持的数据模型，以描述基本关系、文件组织、索引，以及相关的完整性设计和安全设计。同时，还要选取一个适合应用环境的物理结构。下面以表 4-3 的"软件实训管理平台"项目为例来说明数据库三个阶段的设计过程。

表 4-3　"软件实训管理平台"项目

软件实训管理平台
本项目的主要任务是实现软件实训基地管理流程的信息化，通过为软件实训基地提供一个控制管理平台，对学员在实训过程中的信息进行记录与检阅，及时了解每位学员在实训各阶段的软件水平，最终对每位学员的总体实训水平给出客观真实的评价，提供学生平台和教师管理平台两个独立的平台，具体要求如下。 　　1. 通过学生平台，学员可以进行信息注册，填写学生基本情况调查表，包括班年级、学号、姓名、性别、年龄、所学专业、是否有软件开发经历、联系信息（座机、手机、邮箱）等。 　　2. 通过学生平台，学员可以查看在教师管理端发布的课程信息，包括课程名称、课程编号、课程描述、授课老师和配套的培训课程。 　　3. 通过学生平台，学员可以根据课程信息介绍选择自己感兴趣的实训课程（每人仅限选择一门实训课程）。如果由于某种原因学员希望退课，也可以退课。 　　4. 当面试结束后，学员应能通过学生平台查看自己的面试结果，了解是否已入选所选课程。 　　5. 通过学生平台，学员可以查看自己参与的项目的信息，包括项目度量跟踪记录、项目跟踪评审记录（具体内容见教师管理端"项目跟踪记录评分与查看"）。 　　6. 通过教师管理平台，教师可以进行实训课程设置与培训课程设置，实现课程管理功能。 　　7. 通过教师管理平台，教师可以对学生进行面试管理。 　　8. 通过教师管理平台，教师可以对学员的项目信息进行跟踪，包括输入与查看。它完成了项目度量跟踪信息记录、项目开发评审跟踪信息记录和学员实训后软件水平评定功能。 　　9. 通过教师管理平台，教师可以查询实训学生的各种信息及实训情况。

4.5.2　数据库的概念结构设计

概念结构设计就是设计概念数据模型，概念数据模型是根据需求反映的现实世界中的实体建立的抽象数据模型。概念结构设计将反映现实世界中的实体、属性和它们之间的关系，建立原始数据形式。数据库的概念结构设计步骤如下。

1）标识实体类型。

2）标识实体关系类型，如图 4-56 所示。

3）标识实体属性以及关系属性。

4）确定属性的取值范围。

5）确定实体的关键属性、可选属性等。

6）优化概念模型。

7）检测模型的冗余度。

8）按照用户的实际应用验证概念模型。

9）与用户一起评审概念模型。

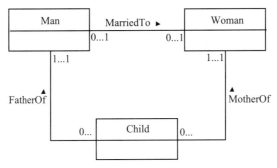

图 4-56　实体关系类型

下面是表 4-3 中"软件实训管理平台"项目的概念结构设计。

1）图 4-57 描述了"软件实训管理平台"系统的整体 E-R 图（不包括系统中独立实体）。

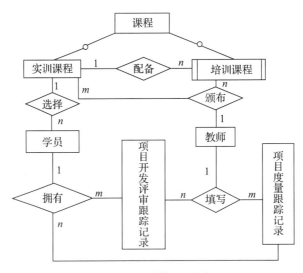

图 4-57　系统 E-R 图

2）图 4-58 描述了实训课程与培训课程之间的关系，每门实训课程可配备多门培训课程。

● 实训课程实体的属性包括：实训课程 ID、实训课程名称、实训课程描述、课程期、（课程）开始时间、（课程）结束时间、课程人数、（课程）指导老师、（课程）学分。

● 培训课程实体的属性包括：培训课程 ID、培训课程名称、授课老师、培训课程描述。

3）图 4-59 描述了学员与实训课程之间的关系。每位学员仅仅可以选择一门实训课程。

学员实体的属性包括：学员 ID、姓名、班年级、性别、年龄、联系信息、专业、是否有软件开发经历、掌握的基本软件开发技能、基本工作经验、实训前的软件水平、实训后的软件水平、面试老师、面试时间、是否通过面试、是否参加实训、实训总分、学员登录密码、是否完成基本信息填写、是否完成面试、所选实训课程 ID、有效标志位等。

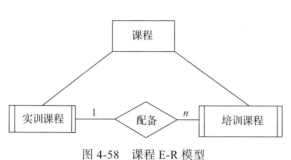

图 4-58　课程 E-R 模型　　　　　　　图 4-59　学生 E-R 模型

4）图 4-60 描述了学员与项目度量跟踪记录以及学员与项目开发评审跟踪记录之间的关系。每名学员可以拥有多条项目度量跟踪记录与多条项目开发评审跟踪记录。

- 项目度量跟踪记录实体的属性包括：学员 ID、配置管理成绩、周报检查成绩、周例会检查成绩、实际开发时间、检查时间。
- 项目开发评审跟踪记录实体的属性包括：学员 ID、评审项编号、评审项名称、标准分、评分结果、备注。

5）图 4-61 描述了教师与项目度量跟踪记录以及教师与项目开发评审跟踪记录之间的关系。每名教师可以填写多条项目度量跟踪记录与多条项目开发评审跟踪记录。

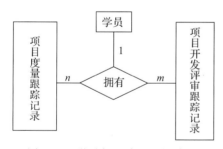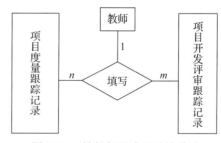

图 4-60　学员与跟踪记录的关系　　　　图 4-61　教师与跟踪记录的关系

6）图 4-62 描述了教师与实训课程、培训课程之间的关系。每名教师可以发布多门实训课程和培训课程。

图 4-62　教师与课程之间的关系

4.5.3　数据库的逻辑结构设计

数据库的逻辑结构设计主要是将现实世界的概念数据模型设计成数据库的一种逻辑模式。这一步设计的结果就是"逻辑数据库"。数据库逻辑结构设计可以将概念设计阶段的 E-R 图进行分解、合并并重新组织起来形成数据库全局逻辑结构，包括所确定的关键字和属性、重新确定的记录结构、所建立的各个文卷之间的相互关系。逻辑设计将实体转换为关系，将实体间的联系也转换为关系。其中数据对象可以映射为一个表或者多个表。逻辑结构设计步骤如下。

1）导出逻辑模型的各种关系。

2）根据数据库设计规范来检查关系，规范包括 1 范式、2 范式、3 范式、BCNF 范式、4 范式等。

3）根据用户应用场景验证关系。

4）检查完整性。

5）与用户一起评审逻辑模型。

6）考虑未来数据增加的情况。

表 4-4～表 4-11 是 "软件实训管理平台" 项目的逻辑结构设计，即系统的数据库表设计。

表 4-4　学员信息表（StudentsInfo）

字段中文描述	字　段	类型与长度	空与非空	主　键	其　他
学员 ID	StudentID	char, 10	非空	是	
姓名	Name	nvarchar, 20	允许空		允许空
班年级	GradeClass	nvarchar, 20	允许空		允许空
性别	Gender	bit, 1	允许空		允许空
年龄	Age	int, 4	允许空		允许空
联系信息（座机，手机，邮箱）	ContactInfo	nvarchar, 100	允许空		允许空
专业	Major	nchar, 30	允许空		允许空
是否有软件开发经历	HasWorkingExp	bit, 1	允许空		允许空
掌握的基本软件开发技能	BasicSkills	nvarchar, 100	允许空		允许空
基本工作经验	BasicWorkingExp	nvarchar, 350	允许空		允许空
实训前的软件水平	AbilityLevelBef	nchar, 1	允许空		允许空
实训后的软件水平	AbilityLevelAft	nchar, 1	允许空		允许空
面试老师	Interviewer	nchar, 10	允许空		允许空
面试时间	InterviewTime	smalldatetime	允许空		允许空
是否通过面试	PassInterv	bit, 1	非空		默认值（0）
是否参加实训	Training	bit, 1	允许空		允许空
实训总分	TotalScore	float, 8	允许空		允许空
有效标志位	Avail	bit, 1	非空		默认值（1）
学员登录密码	Password	char, 15	允许空		允许空
是否完成基本信息填写	Done	int, 1	非空		默认值（0）
是否完成面试	DoneInterv	int, 1	非空		默认值（0）
所选实训课程 ID	CourseID	char, 10	非空		默认值（#）

说明： 表 4-4 记录了学员的所有信息，与此对应的功能需求有学员填写基本信息、学员查看选课结果、学员进行个人设置、学员查看和修改个人基本信息、面试管理、简单的数据查询功能。

在学员信息表中需要特殊说明的属性是 "有效标志位"，当老师在面试管理功能模块中对学员信息进行删除时并没有真正将数据从数据库中删除，而是将此学员信息的有效标志位设置为无效。在显示学员数据时将根据此属性确定是否显示此数据。只有在教师管理子系统中的系统管理功能模块中的 "学员信息清理" 子功能模块中才能真正从数据库中删除学员信息。

表 4-5 实训课程信息表（CoursesInfo）

字段中文描述	字　　段	类型与长度	空与非空	主键	其他
实训课程 ID	CourseID	char, 10	非空	是	
实训课程名称	CourseName	nchar, 20	允许空		允许空
实训课程描述	CourseDesc	nvarchar, 200	允许空		允许空
课程期	CourseTerm	bigint, 8	允许空		允许空
开始时间	StartTime	smalldatetime	允许空		允许空
课程人数	StudentInCourse	bigint, 8	允许空		允许空
结束时间	EndTime	smalldatetime	允许空		允许空
有效标志位	Avail	bit, 1			默认值（1）
指导老师	Teacher	nchar, 15	允许空		允许空
学分	Credits	float, 8	允许空		允许空

说明： 表 4-5 记录了所有实训课程的信息，与此对应的功能需求有学员查看发布的课程信息、学员查看选课结果、实训课程设置、实训课程清理。

表 4-6 培训课程信息表（LessonsInfo）

字段中文描述	字　　段	类型与长度	空与非空	主键	其他
培训课程 ID	LessonID	uniqueidentifier, 16	非空	是	允许空
培训课程名称	LessonName	nvarchar, 20	允许空		允许空
培训课程描述	LessonDesc	nvarchar, 100	允许空		允许空
授课老师	Teacher	nvarchar, 15	允许空		允许空
有效标志位	Avail	bit, 1			默认值（1）

说明： 表 4-6 记录了所有培训课程的信息，与此表对应的功能需求有学员查看发布的课程信息、培训课程设置、培训课程清理。

表 4-7 培训课程与实训课程关系连接表（CourseLessons）

字段中文描述	字　　段	类型与长度	空与非空	主键	其他
实训课程 ID	CourseID	uniqueidentifier, 16	允许空		允许空
培训课程 ID	LessonID	char, 10	允许空		允许空

说明： 由于每一门实训课程都会配备一门或一门以上的培训课程，因此实训课程与培训课程之间的关系是一对多的关系。与表 4-7 对应的功能需求有：学员查看发布的课程信息，培训课程设置，培训课程清理。

表 4-8 系统用户信息表（UserInfo）

字段中文描述	字　　段	类型与长度	空与非空	主键	其他
系统用户登录名	UserName	nchar, 10	非空	是	
系统用户登录密码	UserPass	char, 15	允许空		
系统用户级别	UserLevel	smallint, 2	允许空		

说明： 表 4-8 用来存储系统所有用户的信息，与此表对应的功能需求有系统管理和用户管理。在系统用户信息表中需要说明的是"系统用户级别"属性，此属性为整型数据，用户级别分为两级，1 代表普通用户，2 代表系统管理员。

表 4-9　项目度量跟踪信息表（MeasurementTracking）

字段中文描述	字　　段	类型与长度	空与非空	主键	其他
学员 ID	StudentID	char，10	允许空		
配置管理成绩	ConfigurationManage	float，8	允许空		
周例会检查成绩	WeeklyMeeting	float，8	允许空		
实际开发时间（小时 / 周）	HoursInWork	float，8	允许空		
检查时间	Date	smalldatetime	允许空		
周报检查成绩	ZhouBaoJianCha	smallint，2	允许空		

说明：表 4-9 记录了某个学员的项目度量跟踪的情况，与此表对应的功能需求有学员查看个人项目信息、项目跟踪记录评分与查看、简单的数据查询功能。此表中的 StudentID 字段为 StudentsInfo 表的主键，因此为 MeasurementTracking 表的外键。

表 4-10　项目开发评审跟踪信息表（DevelopeInspection）

字段中文描述	字　　段	类型与长度	空与非空	主键	其他
学员 ID	StudentID	char，10	允许空		
评审项编号	ItemID	char，10	允许空		
标准分	StandardMark	int，4	允许空		
评分结果	Result	float，8	允许空		
备注	PS	nvarchar，100	允许空		
评审项名称	ItemName	nvarchar，10	允许空		

说明：表 4-10 记录了某个学员的项目开发评审跟踪的情况，与此表对应的功能需求有学员查看个人项目信息、项目跟踪记录评分与查看、简单的数据查询功能。此表中的 StudentID 字段为 StudentsInfo 表的主键，因此为 DevelopeInspection 表的外键。

表 4-11　数据库备份记录信息表（BackupInfo）

字段中文描述	字　　段	类型与长度	空与非空	主键	其他
备份文件名称	BackupName	nvarchar，50		是	
备份描述	BackupDesc	nvarchar，200	允许空		
备份日期	BackupDate	smalldatetime	允许空		
备份文件路径	BackupPath	nvarchar，200	允许空		

说明：表 4-11 记录了用户在备份数据库时所提供的信息，包括备份文件名称、备份文件的描述和备份文件在服务器上的物理路径，供以后需要时查看。此表与系统的其他表存放在不同的数据库中。与此表对应的功能需求有数据备份、备份信息查询。

数据库表之间的关系如图 4-63 所示。

数据库表中的关系映射主要包括：

- 一对一关系：对于一对一关系，可以在两个表中都引入外键，这样两个表之间可以进行双向导航，也可以根据具体情况将两个数据对象组合成一张单独的表。
- 一对多关系：在这种映射关系中，可以将关联中的"一"端映射到一张表中，将关联中的"多"端上的数据对象映射到带有外键的另外一张表中，使外键满足关系引用的完整性。
- 多对多关系：由于记录的一个外键最多只能引用另外一条记录的一个主键值，因此，关系数据库模型不能在表之间直接维护一对多关系。为了表示多对多关系，关系模型必须引入一个关联表，将两个数据实体之间的多对多关系转换为一对多关系。

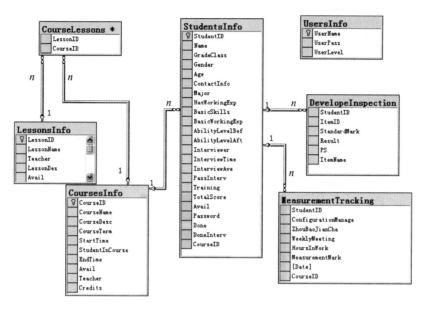

图 4-63　数据库表之间的关系

说明：

1）由图 4-63 可知，LessonsInfo 表与 CoursesInfo 表通过 CourseLessons 表建立了关系。这样，通过 CourseLessons 表就能够实现在 CoursesInfo 表中的一条记录在 LessonsInfo 表中有多条与之对应。通过将 CoursesInfo 表与 CourseLessons 表连接，再与 LessonsInfo 表连接就可以得到与某一特定培训课程所对应的实训课程的信息了。

2）StudentsInfo 表中的 CourseID 字段为 CoursesInfo 表的主键，通过将 StudentsInfo 表与 CoursesInfo 表连接就可得到某一学员所选的课程，再通过上述方式，就可得到某一学员所选实训课程的信息及课程对应的培训课程的信息。

3）MeasurementTracking 表中的 StudentID 为 StudentsInfo 表中的主键，通过将 StudentsInfo 表与 Measurement-Tracking 表连接就可得到某一学员的项目度量跟踪信息及学员的基本信息。

4）DevelopeInspection 表中的 StudentID 为 StudentsInfo 表中的主键，通过将 StudentsInfo 表与 DevelopeInspection 表连接就可得到某一学员的项目开发评审跟踪信息及学员的基本信息。

4.5.4　数据库的物理结构设计

数据库的物理结构设计主要考虑在特定 DBMS 下具体的实现过程，例如数据在内存中的安排，包括对索引区、缓冲区的设计；对使用的外存设备及外存空间的组织，包括索引区、数据块的组织与划分；设置访问数据的方法。物理结构设计的步骤如下。

1）将逻辑模型转换为特定 DBMS 的数据表。

2）分析具体的事务、选择文件组织方式、选择检索、估计磁盘的需求量等。

3）设计用户视图。

4）设计安全机制。

5）考虑数据冗余处理情况。

6）监控和调优系统。

上述软件实训管理平台项目（表 4-3）需在非系统卷（操作系统所在卷以外的其他卷）上安装 MySQL 程序及数据库文件。然后就可以用 SQL 语言建立数据库表。例如，以下为学生基本信息表（stud_info）的 SQL 脚本，可以通过执行 SQL 脚本完成数据库的物理建立，如图 4-64 所示。

```
CREATE TABLE stud_info
    ( stud_id CHAR(10) NOT NULL,
```

```
name NVARCHAR(4) NOT NULL,
birthday DATETIME,
gender NCHAR(1),
address NVARCHAR(20),
telcode CHAR(12),
zipcode CHAR(6),
mark DECIMAL(3,0)
)
```

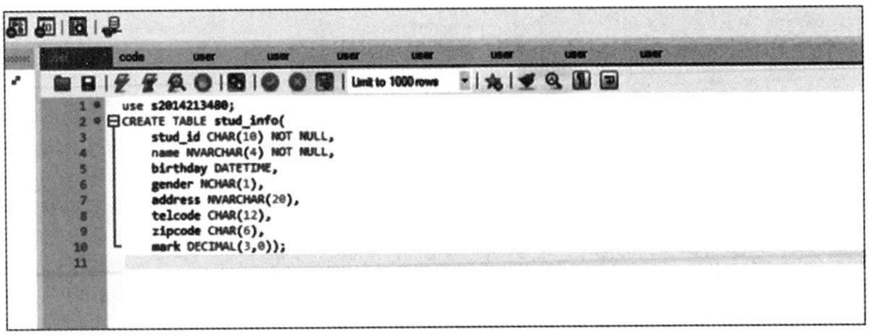

图 4-64　数据库的物理建立

数据库的设计是数据设计的核心，可以采用面向数据的方法，为此需要掌握数据库设计原理和规范，熟悉某些数据库管理系统以及数据库的优化技术，应用这些知识和技术，可以进行 E-R 图设计、数据字典设计、基本数据表设计、中间数据表设计、临时数据表设计、视图设计、索引设计、存储过程设计、触发器设计等。

为了提高系统的运行速度，提高代码的可重用性，在数据库服务器上提倡将一些公用的数据操作设计为存储过程，并尽量用存储过程代替触发器功能，减少触发器的数目，因为触发器数量的增加将会严重降低系统的运行效率。

4.5.5　文件设计

文件设计的主要工作是根据使用要求、处理方式、存储的信息量、数据的灵活性以及所能提供的设备条件等确定文件类型，选择文件媒体，决定文件组织方法，设计文件记录格式并估算文件的容量。要根据文件的特征来确定文件的组织方式。

顺序文件：主要包括连续文件和串联文件两种类型。连续文件的全部记录顺序地存放在外存的一片连续区域中。这种文件组织的优点是存取速度快，处理简单，存储利用率高；缺点是需要事先定义该区域的大小，而且不能扩充。串联文件的记录成块地存放在外存中，在每一块中，记录顺序地连续存放，但是块与块之间可以不邻接，通过一个块拉链指针将它们顺序地链接起来。这种文件组织的优点是文件可以按需扩充，存储利用率高；缺点是影响了存取和修改的效率。顺序文件记录的逻辑顺序与物理顺序相同，它适合于所有的文件存储媒体，通常最适合于顺序（批）处理，处理速度很快，但是记录的插入和删除操作很不方便，通常打印机、只读光盘上的文件都采用顺序文件形式。

直接存取文件：直接存取文件记录的逻辑顺序与物理顺序不一定相同，但是记录的关键字值直接指定了该记录的地址，可以根据记录的关键字值，通过计算直接得到记录的存放地址。

索引顺序文件：其基本数据记录按照顺序文件组织，记录排列顺序必须按照关键字值升序或者降序，而且具有索引部分，索引部分也按照同一关键字进行索引。在查找记录时，可以先在索引中按照该记录的关键字值查找有关的索引项，待找到后，从该索引项获取记录的存储地址，再按照该地址检索记录。

　　分区文件：这类文件主要是存放程序，它由若干称为成员的顺序组织的记录组和索引组成。每一个成员是一个程序，由于各个程序的长度不同，因此各个成员的大小也不同，需要利用索引给出各个成员的程序名、开始存放位置和长度。只要给出一个程序名，就可以在索引中查找到该程序的存放地址和程序长度，从而取出该程序。

　　虚拟存储文件：这是基于操作系统的请求页式存储管理功能而建立的索引顺序文件，它的建立使用户能够统一处理整个内存和外存空间，从而方便了用户使用。

4.6　用户界面设计

　　用户界面也称为人机界面，是人与计算机之间传递、交换信息的媒介和对话接口，实现信息的内部形式与人类可以接受的形式之间的转换。界面设计的目标是定义一组界面对象和动作，它们使用户能够以满足系统所定义的每个使用目标的方式完成所有定义的任务。

　　用户界面设计为人和计算机之间创建了一个有效的沟通媒介，设计时遵循一定的原则标识界面和相应的操作，设计屏幕布局，以此作为用户界面原型的基础。Mandel 总结了界面设计的三个"黄金原则"：

- 控制用户的想法；
- 尽可能减少用户记忆量；
- 界面最好有连续性。

　　这些原则构成了用户界面设计原理的基础，用于指导软件界面设计。用户界面设计的过程是循序渐进的递归过程，如图 4-65 所示。界面设计完成之后，进行第一次的原型构造，然后由用户评估这个原型。用户可以对界面进行直接评价并提出建议，设计者根据用户的评价和建议修改设计，然后进行下一个原型的构造，循环该过程，直到不需要对原型进行修改为止。根据这个设计流程（采用一定的工具）开发一个操作原型界面，然后据此评估界面，验证是否满足了用户的要求，必要时进行修改，然后再评估，直到用户满意为止。

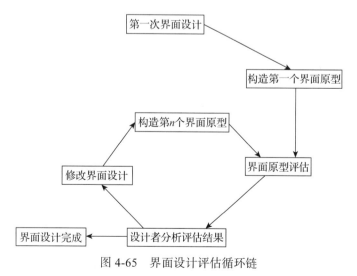

图 4-65　界面设计评估循环链

　　从广义上讲，用户界面可以分为以下三大类。

- 基于命令语言的界面：这种界面基于用户能够用来发布命令的一种命令语言。

- 基于菜单的界面：这种界面以命令名称的认知为基础，输入的工作量变得最少，大多数交互通过使用一个指点设备进行菜单选择来完成。
- 直接操作界面：这种界面以可视化模型的方式将界面呈现给用户，用户通过在对象的视觉呈现上执行动作来发布命令。

界面设计的初始过程可以创建可评估使用场景的原型，然后随着迭代设计过程的继续，可以采用界面开发工具完成界面的构造，基本步骤如下。

1）确定任务的目标。

2）将每个目标映射为一系列特定的动作。

3）说明这些动作将来在界面上执行的顺序。

4）指明上述各动作序列中每个动作在界面上执行时界面呈现的形式。

5）定义便于用户修改系统状态的一些设置和操作。

6）说明控制机制怎样作用于系统状态。

7）指明用户应该怎样根据界面上反映出来的信息解释系统的状态。

人机界面设计的具体要求如下。

1）交互性方面的要求包括：

- 一致性；
- 对任何有破坏性的操作需要确认；
- 任何操作允许退回原来的界面；
- 减少操作中需记忆的信息量；
- 尽量减少击键次数；
- 进行出错处理；
- 合理布局；
- 提供上下文的帮助设施。

2）信息显示方面的要求包括：

- 简单明了的信息表达；
- 采用统一的标号以及约定俗成的缩写和颜色；
- 用窗口将不同种类的信息分开；
- 只显示有意义的出错信息。

3）数据输入 / 输出的要求包括：

- 尽量减少用户的输入动作；
- 允许用户自主定制输入；
- 信息显示与输入的一致性；
- 交互方式应符合用户要求；
- 提供输入帮助；
- 让用户控制交互流程的主动权。

4.7　结构化设计方法

结构化设计方法（Structure Design，SD）也称为面向过程的设计，是一种基于数据流的设计方法，是基于数据驱动的设计，由 Yourdon 和 Constantine 等人于 1774 年提出，与结构化分析（SA）相衔接，根据数据流的分析设计软件结构。结构化设计方法对顺序处理信息且不含层次数据结构的系统最为有效。在结构化软件工程环境中，结构化设计是从需求分析模型出发，通过需求分析结果，采用自上而下、逐步求精的思路，对功能进行分解、划分，细化数据流程图，必要时可以通过事务分析、转换分析，将数据流变换为结构。结构化设计方法以分析模型中的数据流要素作为导出构件的基础，数据流图最底层的每个变换被映射为某一层次的模块。

在需求分析阶段，通过数据流图描绘了信息在系统中的加工和流动情况，面向数据流的设计方法可以将数据流图中表示的数据流映射成软件结构，基本设计过程如图 4-66 所示，步骤如下。

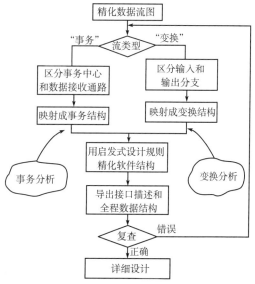

1）精化数据流图，对需求分析阶段得出的数据流图复查，确保模型正确，同时使数据流图中每个处理代表一个规模适中、相对独立的子功能。

2）确定数据流图中数据流的类型。

3）导出初始的软件结构图。

4）对软件结构图进行逐级分解。

5）精化软件结构。

6）导出接口描述和全局数据结构，对于每个模块，定义该模块的信息、接口信息以及全局数据结构的描述。

图 4-66 面向数据流方法的设计过程

例如，我们要为某打印室构建一个软件系统，其目的是收集客户的需求。如果采用结构化设计方法，在分析模型建立过程中，导出了一组数据流图，在设计过程中，将这些数据流映射到如图 4-67 所示的结构图中，图中每个方框表示一个模块。还要明确定义模块之间的接口，即每个接口的数据或者控制对象需要明确加以说明。可以根据情况对模块内部采用逐步求精的方法设计，更详细的部分可以作为详细设计。

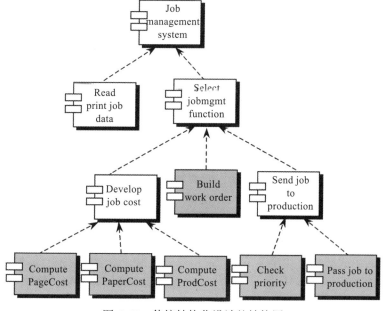

图 4-67 传统结构化设计的结构图

4.7.1　变换流与事务流

变换流的基本原理是系统的信息以"外部世界"的形式进入软件系统，经过处理之后再以"外部世界"的形式离开系统。如图 4-68 所示，信息沿着输入通道进入系统，同时由外部形式变化为内部形式，进入系统的信息变换中心，经过加工处理以后，再沿着输出通道变换为外部形式，离开软件系统。这就是变换流的定义。

所谓事务流就是沿传入路径进入系统，由外部形式变换为内部形式后到达事务中心，事务中心根据数据项计值结果从若干动作路径中选定一条执行。其实，所有的信息流都可以称为事务流。事务流是一类特殊的数据流，这种数据流以事务为中心，当数据流沿着输入通路到达一个事务处理 T 后，处理根据输入数据的类型从若干动作序列中选择一个来执行。图 4-69 中的 T 称为事务中心，它接收输入数据（事务），分析每个事务，确定事务类型，根据事务类型选择一条活动通路。

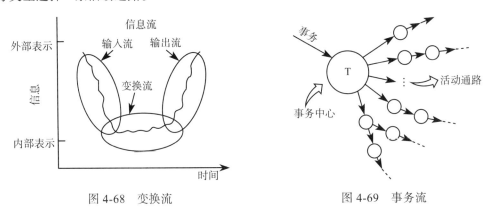

图 4-68　变换流　　　　　　　　　　图 4-69　事务流

4.7.2　功能模块划分

结构化设计方法是在模块化、自顶向下逐步细化及结构化程序设计技术基础上发展起来的。典型的结构化设计方法是把一个系统视为一系列能够执行各项功能的函数，每一个函数也可以被分解为更加详细的子函数，并可以一直分解下去。这就是模块的基本含义。模块划分的两个基本图示是模块层次图和模块结构图。

（1）模块层次图

模块层次图是根据功能进行分解并分解出一些模块，设计者从高层到低层一层一层进行分解，每层都有一定的关联关系，每个模块都具有特定、明确的功能，每个模块的功能是相对独立的，同时是可以集成的。图 4-70 所示就是一个模块层次图，每个方框代表一个模块，模块通过调用其下层模块完成功能。方框之间的连线代表调用关系，这种图示方法在传统的软件工程中已经被普遍接受。模块划分应该体现信息隐藏、高内聚、松耦合的特点。

（2）模块结构图

模块结构图是结构化设计的主要工具，它是由美国的 Yourdon 在 1974 年提出的，用于描述软件系统的组成结构及其相互关系，它既反映了整个系统的结构（即模块划分），又反映了模块之间的关系。图 4-71 是一个模块结构图，基本图形符号包括模块、调用、模块之间的通信。

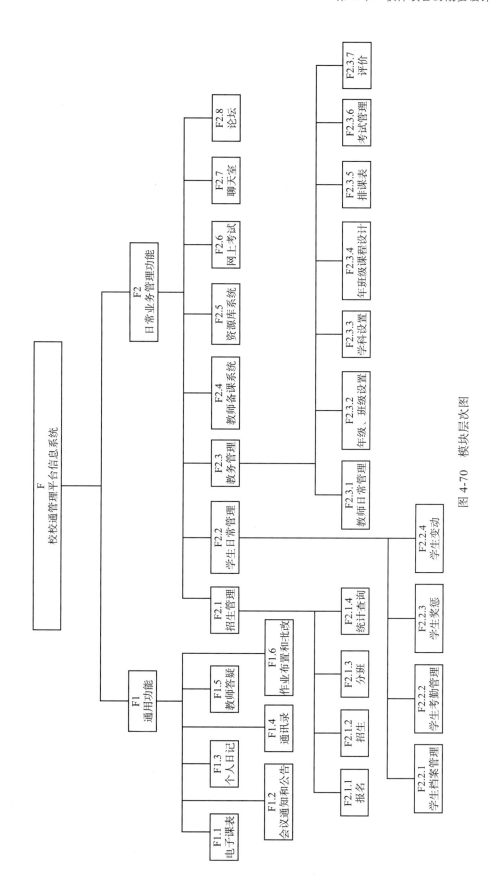

图 4-70 模块层次图

- 模块：用矩形来表示软件系统中的一个模块，框中写模块的名字。
- 调用：使用带箭头的线段表示模块之间的调用关系，它连接
  调用和被调用模块，箭头指向被调用模块，箭头出发模块为
  调用模块。根据调用关系，模块可相对地分为上层模块和下
  层模块。具有直接调用关系的模块之间相互称为直接上层模
  块和直接下层模块。通过调用，各个模块可以有机地组织在
  一起，协调完成系统功能。

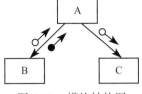

图 4-71　模块结构图

- 模块之间的通信：用箭头表示在调用过程中模块之间传递的信息。箭头的方向和名字
  分别表示调用模块和被调用模块之间信息的传递方向和内容。
- 库模块：一个库模块通常由一个有双重边的长方形表示，当一个模块经常被其他模块
  调用时，它就变成了一个库模块。
- 反复：环绕控制流箭头的环回显示了不同的模块会被反复调用。

模块结构图也称为调用返回结构，调用返回结构系统可以使软件设计人员开发一个比较
容易修改和扩展的程序结构，包括主程序、子程序架构和远程调用模式。主程序、子程序架
构将程序分割为一系列可以控制的树形模块。主程序调用很多其他的程序模块，然后每个程
序模块可能又调用其他的模块，图 4-72 所示就是这种结构。

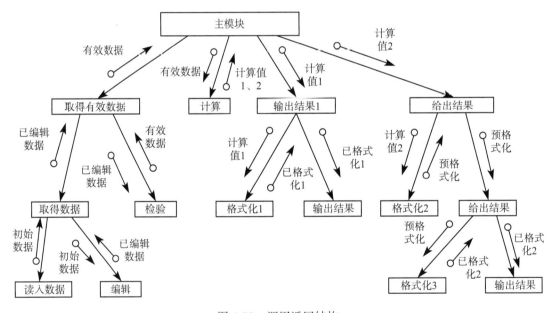

图 4-72　调用返回结构

4.7.3　数据流映射为结构图

面向数据流的设计方法定义了一些"映射"，利用这些"映射"可以将数据流图变换成
软件结构。因为任何软件系统都可以用数据流图表示，所以这个方法理论上可以设计任何软
件的结构。这个映射就是将事务流或者变换流等数据流"映射"为软件结构，即相应的软件
模块。图 4-73 是将一个事务流映射为软件结构的过程，从事务中心的边界开始，将沿着接
收流通路的处理映射为模块。

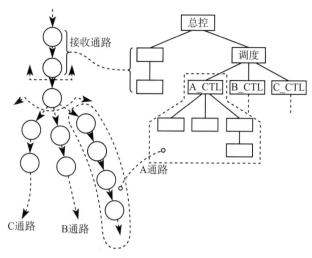

图 4-73 将事务流映射为软件模块

4.7.4 输入 / 输出设计

这个方法类似于黑盒设计方法，它基于用户的输入进行设计。高层描述用户的所有可能输入，低层描述针对这些输入的系统所完成的功能。可以采用 IPO（输入 / 处理 / 输出）图表示设计过程。IPO 图使用的基本符号既少又简单，因此初学者很容易学会使用这种图形工具。它的基本形式是在左边的框中列出有关输入数据，在中间的框中列出主要处理，在右边的框中列出产生的输出数据。处理框中列出的处理次序暗示了执行的顺序，但是用这些基本符号还不足以精确描述执行处理的详细情况。在 IPO 图中还用粗箭头清楚地指出数据通信的情况，图 4-74 就是一个文件更新的例子，通过这个例子不难了解 IPO 图的用法。

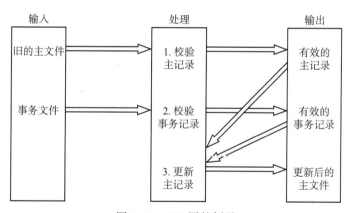

图 4-74 IPO 图的例子

4.8 面向对象的设计方法

面向对象的设计（OOD）是将面向对象分析（OOA）的模型转换为设计模型的过程，是一个逐步扩充模型、建立求解域模型的过程。面向对象概要设计的主要任务是把需求分析得到的系统用例图转换为软件结构和数据结构。面向对象的设计基于对象和类，问题的解决方案可以通过相互作用的对象来可视化。

面向对象的体系结构在构造模块时依据抽象的数据类型，每个模块是一个抽象数据类型的实例。所以，面向对象的体系结构有两个重要的特点：对象必须封装所有的数据；每个对象的数据对其他对象是黑盒子。这个体系结构封装了数据和操作。

对象管理体系结构（Object Management Architecture，OMA）是对象管理组织（Object Management Group，OMG）在 1990 年提出来的，它定义了分布式软件系统的参考模型。OMA 参考模型描述对象之间的交互。其中，公共对象请求代理体系结构（Common Object Request Broker Architecture，CORBA）是 OMG 所提出的一个标准，它以对象管理体系结构为基础。这个体系结构的优点是对象对其他对象隐藏它的表示，所以可以改变一个对象的表示，而不影响其他对象。设计者可以将一些数据存取操作的问题分解成一些交互的代理程序集合。但是为了使一个对象和另外一个对象通过过程调用等进行交互，必须知道对象的标识，只要修改了一个对象的标识，就必须修改所有其他明确调用它的对象。

决定软件设计质量一个非常重要的因素是模块，所有模块最后组成了一个完整的程序。面向对象方法将对象定义为模块，当然也可以对这个对象中复杂的部分进行再模块化，同时还要定义对象之间的接口和对象的总体结构。模块和接口设计应当用类似编程语言的伪代码语言表达出来。

面向对象开发的概念很多，如类、对象、属性、封装性、继承性、多态性、对象之间的引用等，以及体系结构、类的设计、用户界面设计等面向对象设计方法。在面向对象的设计方法中，可以将系统视为一个对象的集合，系统的状态在对象中是分散的，并且每个对象可以控制自己的状态信息。

对象是真实世界映射到软件领域的一个构件，当用软件来实现对象时，对象由私有的数据结构和被称为操作的过程组成，操作可以合法地改变数据结构。

4.8.1　对象和类

对象（Object）是表示抽象或真实实体（如人、地点或事物）的数据单元。例如一只黑色的猫，三岁，一次可以吃 3 条鱼，名字是 Tom，这个 Tom 就是现实世界的一个对象。

类（Class）是具有相同属性、操作、关系的对象集合的总称，是面向对象的重要组成部分。对象是实体的单个实例，而类是具有相似特征的一组对象的模板，例如一只黑猫、一只蓝猫都是具体的对象，它们都是猫，猫就是类。每只猫可以有名字、年龄、品种，它们都可以叫、可以吃、可以跑等，如图 4-75 所示。

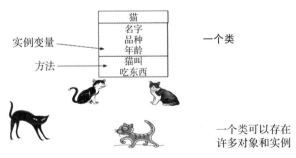

图 4-75　类的定义

类属性

- 类属性定义了一组对象的特征，例如猫的年龄、颜色等。
- 每个类属性通常有一个名称、作用域和数据类型，它的作用域可以定义为公共属性（public）或私有属性（private），公共属性可被程序中的任何程序使用，私有属性只能从定义它的程序中访问。

方法和消息（Methods and Messages）
- 在面向对象程序中，对象之间通过方法进行交互，方法是一些定义的动作或者操作。
- 一个方法被一条消息激活，有时被称为调用。
- 对象通常通过发送和接收消息来交互以解决问题。

继承（Inheritance）
- 继承指的是将某个特征从一个类传递给其他类，用继承的属性生成新类的过程创建了一个包括超类（superclass）和子类（subclass）的类层次结构。
- 超类是任何可以继承其属性的类。
- 子类（或派生类）是任何从超类继承属性的类。

多态性（Polymorphism）
多态性有时称为重载，是在子类中重新定义方法的能力，它允许程序员为过程创建一个单一的、通用的名称，该过程对不同的类具有独特的行为方式。

4.8.2 基于 UML 的设计图示

类图、对象图、包图等是常用的 UML 设计图示。

1. 类图

UML 中的类图和对象图是静态图示，类图描述系统中类的静态结构，不仅定义系统中的类，表示类之间的联系，如关联、依赖、聚合等，还包括类的属性和操作。类图描述的是一种静态关系，在系统的整个生命周期内都是有效的。对象图是类图的实例，几乎使用与类图完全相同的标识。一个对象图是类图的一个实例。由于对象存在生命周期，因此对象图只能在系统某一时间段内存在。

类图（class diagram）是面向对象系统建模中最常用和最重要的图，是定义其他图的基础。类图主要是用来显示系统中的类、接口以及它们之间的静态结构和关系的一种静态模型。类（class）封装了数据和行为，在系统中每个类具有一定的职责，职责指的是类所担任的任务，即类要完成什么样的功能、承担什么样的义务。一个类可以有多种职责，设计得好的类一般只有一种职责，在定义类的时候，将类的职责分解为类的属性和操作（即方法）。类的属性即类的数据职责，类的操作即类的行为职责。

类图的 3 个基本组件是类名、属性和方法，如图 4-76 所示。

假设有一个 Rabbit（兔子）类，其类图如图 4-77 所示，属性包括名字（name）、尾巴类型（tailType）、颜色（color）、速度（speed）、毛类型（furType），方法（操作）包括跑（run）、睡眠（sleep）、游泳（swim）。

类名
属性
方法

图 4-76 类图

Rabbit
String name; String tailType; Color color; int speed; String furType;

run();
sleep();
swim();

图 4-77 Rabbit 类定义

类的关系有依赖（dependency）关系、泛化（generalization）关系、关联（association）关系和实现（realization）关系。其中关联关系又分为一般关联关系、聚合（aggregation）关系和组合（composition）关系。

（1）依赖关系

假设 A 类的变化引起了 B 类的变化，则说明 B 类依赖于 A 类。依赖关系是一种使用关系，特定事物的改变有可能会影响到使用该事物的其他事物，在需要表示一个事物使用另一个事物时使用依赖关系。大多数情况下，依赖关系体现在某个类的方法使用另一个类的对象作为参数。

在 UML 中，依赖关系用带箭头的虚线表示，由依赖的一方指向被依赖的一方，如图 4-78 所示。

图 4-78　依赖关系

依赖关系有如下三种情况：

- A 类是 B 类中的（某种方法的）局部变量；
- A 类是 B 类方法中的一个参数；
- A 类向 B 类发送消息，从而使 B 类发生变化。

（2）泛化关系

假设 A 是 B 和 C 的父类，B、C 具有公共类（父类）A，说明 A 是 B、C 的泛化（一般化）。

泛化关系也就是继承关系，也称为 is-a-kind-of 关系。泛化关系用于描述父类与子类之间的关系，父类又称作基类或超类，子类又称作派生类。在 UML 中，泛化关系用带空心三角形的直线来表示，如图 4-81 所示，Person 是 Student 和 Teacher 的父类。

在代码实现时，使用面向对象的继承机制来实现泛化关系，例如，在 Java 语言中使用 extends 关键字，在 C++/C# 中使用冒号（：）来实现。

在 UML 中，对泛化关系有三个要求：

- 子类与父类应该完全一致，父类所具有的属性、操作，子类应该都有；
- 子类中除了与父类一致的信息以外，还包括额外的信息；
- 可以使用父类的实例的地方也可以使用子类的实例。

（3）关联关系

关联关系是类之间的联系，如客户和订单，其中每个订单对应特定的客户，每个客户对应一些特定的订单。图 4-79 所示是队员与球队之间的关联。

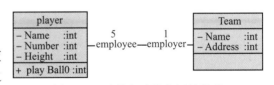

图 4-79　队员与球队之间的关联

其中，关联两边的 employee 和 employer 表示两者之间的关系，而数字表示两者的关系的限制，是关联两者之间的多重性，通常有 "＊"（表示所有，不限）、"1"（表示有且仅有一个）、"0..."（表示 0 个或者多个）、"0，1"（表示 0 个或者 1 个）、"n...m"（表示 n～m 个都可以）、"m...＊"（表示至少 m 个）。

关联关系是类与类之间最常用的一种关系，它是一种结构化关系，用于表示一类对象与另一类对象之间有联系。

在 UML 类图中，用实线连接有关联的对象所对应的类，在使用 Java、C# 和 C++ 等编程语言实现关联关系时，通常将一个类的对象作为另一个类的属性。

在使用类图表示关联关系时可以在关联线上标注角色名。

1）双向关联：默认情况下，关联是双向的，如图 4-80 所示。

图 4-80　双向关联示例 1

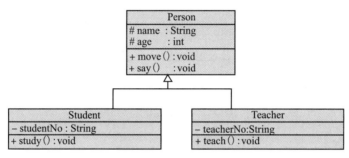

图 4-81　泛化关系示例

2）单向关联：类的关联关系也可以是单向的，单向关联用带箭头的实线表示，如图 4-82 所示。

图 4-82　单向关联示例

3）自关联：在系统中可能会存在一些类的属性对象类型为该类本身，这种特殊的关联关系称为自关联，如图 4-83 所示。

4）重数性关联：重数性关联关系又称为多重性关联（multiplicity）关系，表示一个类的对象与另一个类的对象连接的个数。在 UML 中，多重性关联可以直接在关联直线上增加一个数字表示与之对应的另一个类的对象的个数，如表 4-12 和图 4-84 所示。

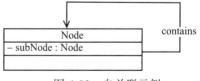

图 4-83　自关联示例

表 4-12　重数性关联

表示方式	多重性说明
1..1	表示另一个类的一个对象只与一个该类对象有关系
0..*	表示另一个类的一个对象与零个或多个该类对象有关系
1..*	表示另一个类的一个对象与一个或多个该类对象有关系
0..1	表示另一个类的一个对象没有或只与一个该类对象有关系
$m..n$	表示另一个类的一个对象与最少 m、最多 n 个该类对象有关系（$m \leqslant n$）

图 4-84　多重性关联关系示例

（4）聚合关系

聚合关系表示整体与部分的关系，而且整体与部分可以分开。通常在定义一个整体类后，再去分析这个整体类的组成结构，从而找出一些成员类，该整体类和成员类之间就形成了聚合关系。

在聚合关系中，成员类是整体类的一部分，即成员对象是整体对象的一部分，但是成员对象可以脱离整体对象而独立存在。在 UML 中，聚合关系用带空心菱形的直线表示，如图 4-85 所示。

图 4-85　聚合关系示例

（5）组合关系

组合关系也表示类之间整体和部分的关系，但是整体与部分不可以分开。组合关系中的部分和整体具有统一的生存期。一旦整体对象不存在，部分对象也将不存在，部分对象与整体对象之间具有同生共死的关系。

在组合关系中，成员类是整体类的一部分，而且整体类可以控制成员类的生命周期，即成员类的存在依赖于整体类。在 UML 中，组合关系用带实心菱形的直线表示，如图 4-86 所示。

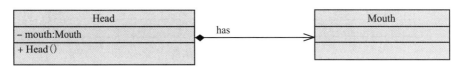

图 4-86　组合关系示例

（6）实现关系

实现关系用来规定接口和实现接口的类或者构建结构的关系。接口是操作的集合，而这些操作用于规定类或者构建的一种服务。

接口之间也可以有与类之间关系类似的继承关系和依赖关系，但是接口和类之间还存在一种实现关系，在这种关系中，类实现了接口，类中的操作实现了接口中所声明的操作。在 UML 中，类与接口之间的实现关系用带空心三角形的虚线来表示，如图 4-87 所示。

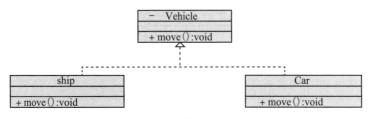

图 4-87　实现关系示例

2. 对象图

对象图（object diagram）描述参与交互的各个对象在交互过程中某一时刻的状态。对象图可以被看作类图在某一时刻的实例。在 UML 中，对象图使用的是与类图相同的符号和关系，因为对象就是类的实例。

对象是一个存在于时间和空间中的具体实体，而类仅代表一个抽象，抽象出对象的"本质"。类是共享一个公用结构和一个公共行为的对象集合。类是静态的，对象是动态的；类是一般化的，对象是个性化的；类是定义，对象是实例；类是抽象的，对象是具体的。

3. 包图

相较于类图（class diagram），包图（package diagram）从更宏观的角度来展示软件的架构设计，主要体现在代码组织方面。包图对一些大型的项目特别有用。良好的代码组织对软件的可维护性至关重要。

包（package）可以理解为文件夹（folder）。代码的组织从大到小分为三个层次：文件夹层、文件层以及文件内部的块（block）层（函数块之类的）。包体现的就是文件夹层。Java 语言中的一串文件夹，如 java.lang、java.util 等，也称为包；C++语言中，包对应的是 namespace，它不能完全等同于文件夹；其他语言如 Node.js、Python 等大多体现在文件夹层。

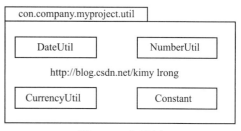

图 4-88　包示例

包在 UML 语言中用一个 Tab 框表示，Tab 中为包的名字，框里面可填充一些其他子元素，如类、子包等。包的名字可以是全称，也可以简写，图 4-88 所示是一个简单的包示例。

包之间的关系主要是依赖关系，UML 中的依赖关系用带箭头的虚线表示。依赖关系最常见的例子是分层架构，即把代码分布到多个层次中，某层可以依赖于下层以及同层，但是不能依赖于上层。其他的组织方式还包括按照模块划分、按照功能划分等。图 4-89 所示是一个 Java 项目的简单三层架构包图示例。

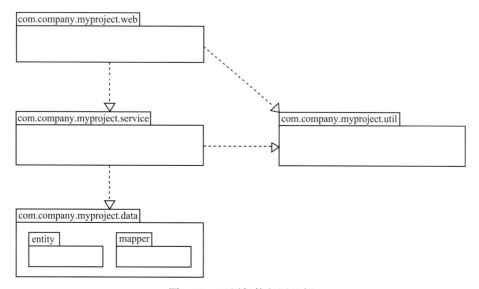

图 4-89　三层架构包图示例

图 4-89 中有三个主要的包：data 用于访问数据库，也叫 DAO，MyBatis 项目中有 entity 和 mapper 两个子包；service 是业务逻辑的组件；web 用于接收 HTTP 请求；util 为通用组件。

4.8.3　面向对象设计步骤

面向对象的设计方法可表示出所有的对象类及其相互之间的关系。最高层描述每个对象类，低层描述对象的属性和活动，以及各个对象之间的关联关系。面向对象是很重要的软件开发方法，它将问题和解决方案通过不同的对象集合在一起，包括对数据结构和操作方法的描述。面向对象方法有 7 个属性：同一性、抽象性、分类性、封装性、继承性、多态性以及对象之间的引用。

面向对象设计建立了 4 个重要的软件设计概念：抽象性、信息隐藏性、功能独立性和模块化。尽管所有的设计方法都极力体现上面的 4 个特性，但是只有面向对象方法提供了实现这 4 个特性的机制。

现在针对打印室项目采用面向对象方法构建，在需求分析阶段得到一个 PrintJob 分析类，如图 4-90 所示，在设计阶段将其设计为一个构件，即类 PrintJob，它有两个接口——computeJob 和 initiateJob，为了进一步对类进行描述，需要细化构件设计（类设计），即需要对构件 PrintJob 进行进一步描述，需要补充作为类的全部属性和操作。在设计阶段，体系结构中的每个构件都需要进行细化，即需要对每一个属性、每一个操作和每一个接口进行细化，也就是详细设计（其详细程度可以根据具体情况而定）。

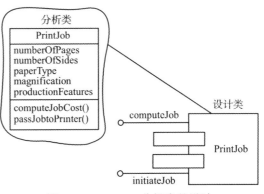

图 4-90　PrintJob 分析类的设计

面向对象的设计结果是产生大量不同级别的模块（构件），一个主系统级别的模块可以组成很多子系统级别的模块。数据和对数据操作的方法被封装在一个对象中，该对象就是前面的模块，它们构成了这个面向对象系统。另外，面向对象的设计还要对数据的属性和相关操作进行详细描述。

面向对象设计原则分为一个类的设计原则和多个合作类的设计原则。一个类的设计原则如下：

- 封装、抽象、信息隐藏；
- 关注点分离和单一职责原则；
- 接口隔离原则。

多个合作类的设计原则如下：

- 松耦合；
- 里氏代换原则；
- 契约式设计；
- 开闭原则；
- 依赖倒置原则。

在进行面向对象设计时，可以遵循如图 4-91 所示的步骤。

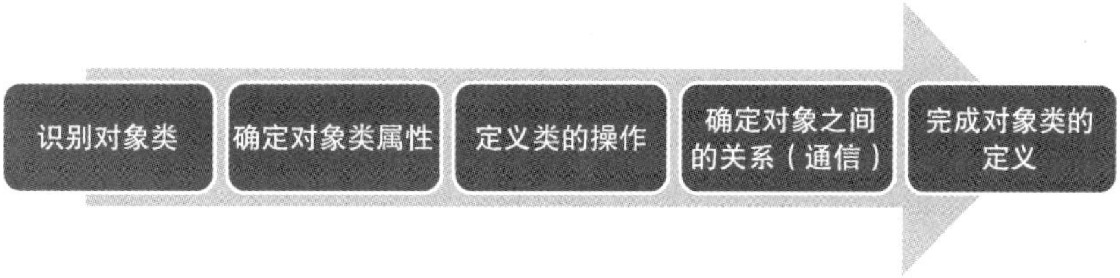

图 4-91　面向对象的设计步骤

1. 识别对象类

识别对象首先需要对系统进行描述，然后对系统描述进行语法分析，找出名词或者名词短语，根据这些名词或者名词短语确定对象，对象可以是外部实体（external entity）、物（thing）、发生（occurrence）或者事件（event）、角色（role）、组织单位（organizational unit）、场所（place）、结构（structure）等。

假设我们需要设计一个家庭安全系统，该系统的描述如下：

家庭安全系统可以让业主在系统安装时为系统设置参数，可以监控与系统连接的全部传感器，可以通过控制板上的键盘和功能键与业主交互。

在安装中，控制板用于为系统设置程序和参数，每个传感器被赋予一个编号和类型，设置一个主口令使系统处于警报状态或者警报解除状态，输入一个或者多个电话号码，当发生一个传感器事件时就拨号。

当一个传感器事件被软件检测到时，连在系统上的一个警铃鸣响，在延迟一段时间（业主在系统参数设置阶段设置这一延迟时间的长度）之后，软件拨打一个监控服务的电话号码，提供位置信息，报告侦查到的事件的状况。电话号码每 20 秒重拨一次，直到电话接通为止。

所有与家庭安全系统的交互都是由一个用户交互作用子系统完成的，它读取由键盘及功能键提供的输入，在 LCD 上显示业主住处和系统状态信息。

通过语法分析，提取名词，提出潜在的对象：房主、传感器、控制板、安装、安全系统、编号、类型、主口令、电话号码、传感器事件、警铃、监控服务等。

这些潜在对象需要满足一定的条件才可以被称为正式对象，当然，在确定对象时有一定的主观性。Coad 和 Yourdon 提出了以下 6 个特征来考察潜在的对象是否可以作为正式对象。

1）**包含的信息**。在该对象的信息对于系统运行是必不可少的情况下，潜在对象才是有用的。

2）**需要的服务**。对象必须具有一组能以某种方式改变其属性值的操作。

3）**多重属性**。一个只有一个属性的对象可能确实有用，但是将它表示成另外一个对象的属性可能会更好。

4）**公共属性**。可以为对象定义一组公共属性，这些属性适用于对象出现的所有场合。

5）**公共操作**。可以为对象定义一组公共操作，这些操作适用于对象出现的所有场合。

6）**基本需求**。出现在问题空间里，生成或者消耗对系统操作很关键的信息的外部实体，几乎总是被定义为对象。

可以根据一定的条件和需要设定潜在的对象为正式的对象，必要时需要增加对象。

2. 确定对象类属性

为了找出对象的一组有意义的属性，可以再研究系统描述，选择合理的与对象相关联的信息。例如对象"安全系统"，其中房主可以为系统设置参数，如传感器信息、报警响应信息、启动/撤销信息、标识信息等。这些数据项表示如下：

传感器信息 = 传感器类型 + 传感器编号 + 警报临界值

报警响应信息 = 延迟时间 + 电话号码 + 警报类型

启动/撤销信息 = 主口令 + 允许尝试的次数 + 暂时口令

标识信息 = 系统表示号 + 验证电话号码 + 系统状态

可以进一步定义等号右边的每一个数据项，直到其成为基本数据项为止，由此可以得到对象"安全系统"的属性表，如图 4-92 所示。

```
Object:System
─────────────────────────
System ID
Verification phone number
System status
System table
    Sensor type
    Sensor number
    Alarm threshold
Alarm delay time
Telephone number(s)
Alarm type
Master password
Temporary password
Number of tries
─────────────────────────
```

图 4-92　传感器对象类的属性

3. 定义类的操作

一个操作以某种方式改变对象的一个或者多个属性值，因此，操作必须了解对象属性的性质，操作能处理从属性中抽取的数据结构。为了提取对象的一组操作，可以再研究系统的需求描述，选择属于对象的合理操作。为此可以进行语法分析，隔离出动词，某些动词是合法的操作，很容易与某个特定的对象相联系。例如在上面关于安全系统的描述中，可以知道"传感器被赋予一个编号和类型"或者"设置一个主口令使系统处于警报状态或警报解除状态"，它们说明：

- 一个赋值操作与对象传感器相关；
- 对象系统可以加上操作设置；
- 处于警报状态和警报解除状态是系统的操作。

分析语法之后，通过考察对象之间的通信，可以获得相关对象的更多的认识，对象靠彼此之间发送消息进行通信。

4. 确定对象之间的关系（通信）

要建立一个系统，仅仅定义对象是不够的，必须在对象之间建立一种通信机制，即消息。要求一个对象执行某个操作，就要向它发送一个消息，告诉对象做什么。收到者（对象）响应消息的过程如下：首先选择符合消息名的操作并执行，然后将控制返回给使用者。消息机制对一个面向对象系统的实现是很重要的。

5. 完成对象类的定义

前面从语法分析中选取了一些操作，还可以考虑通过对象的生存期以及对象之间传递的消息确定其他操作。因为对象必须被创建、修改、处理或者以某种方式读取或删除，所以能够定义对象的生存期。考察对象在生存期内的活动，可以定义一些操作。通过对象之间的通信也可以确定一些操作，例如：传感器事件会向系统发送消息以显示（display）事件位置和编号；控制板会发送一个重置（reset）消息以更新系统状态；警铃会发送一个查询（query）消息；控制板会发送一个修改（modify）消息以改变系统的一个或者多个属性；传感器事件也会发送一个消息呼叫（call）系统中包含的电话号码。最后，定义传感器这个对象类，如

图 4-93 所示。

该对象包括一个私有的数据结构和相关的操作，对象还有一个共享的部分，即接口，消息通过接口指定需要对象中的哪一个操作，但不指定操作怎样实现，接收消息的对象决定要求的操作如何完成。用一个私有部分定义对象，并提供消息来调用适当的操作，这样就实现了信息隐藏，软件元素通过一种定义良好的接口机制组织在一起。

4.8.4　对象类设计实例

一个加油服务站系统的需求如下。

1）客户可以选择在消费时自动结账或者将月结账单发送过去，这两种情况下，客户都可以选择使用现金、信用卡和个人支票结账。加油服务站系统根据燃油是柴油、普通油还是高级油确定每加仑燃油的价格。服务费用是根据零部件和人力成本计算的，停车费用可以按照天、周、月计算，燃油的价格、维修费用、零部件的价格、停车的价格可

Class:System
System ID
Verification phone number
System status
System table
Sensor type
Sensor number
Alarm threshold
Alarm delay time
Telephone number(s)
Alarm type
Master password
Temporary password
Number of tries
Program
Display
Reset
Query
Modify
Call

图 4-93　传感器类设计

能会不同，只有服务站经理 Manny 才可以进入、修改这个价格系统。Manny 根据一定的判断，决定给特定的客户一定的折扣，折扣会根据客户的不同而不同。另外，地方销售税是 5%。

2）系统可以跟踪每月的账单，加油服务站提供的产品和服务需要每天跟踪。跟踪的结果可以随时上报给经理。

3）加油站经理通过这个系统控制产品的进货目录，当产品目录说明缺货的时候，系统要提示，并自动下订单购买零部件和燃油。

4）系统跟踪客户的历史信誉，给那些逾期未付账的客户发送警告函。客户消费后第二月的第一天将账单发送给客户。付款的期限是下个月的第一天。在付款期限后 90 天内，对没有付款的客户将取消客户信誉。

5）这个系统只提供给定期常用客户使用，所谓定期常用客户是指在至少 6 个月内，每月至少到加油服务站消费一次的客户，这些客户是通过姓名、地址和生日标识的。

6）系统必须为其他系统提供数据接口。信誉卡系统需要处理产品和服务信誉卡事务。信誉卡使用信誉卡号、姓名、截止日期、购买数量等信息，收到这些信息后，信誉卡系统确定这个事务处理是否可以通过。零部件订购系统收到零部件代码、数量等信息后，将返回零部件提交的日期。燃料订购系统需要燃料的描述信息，包括燃料的类型、加仑数、服务站名称、服务站标识号，同时提交燃料提交的日期。

7）系统必须记录税费及其相关信息，包括每个客户需要交付的税费和每项需要交付的税费。

8）加油服务站经理在需要的时候可以浏览税费记录。

9）这个系统定期给客户发送信息，提醒他们车辆需要维护了，正常情况下车辆每 6 个月需要维护一次。

10）客户可以按天租加油站的停车场，每个客户可以通过系统租空闲的停车场。加油站经理可以看到停车场经营的月报，月报说明停车场有多少空闲、多少占用。

11）系统可以维护账务信息库，可以通过账号和客户名字来查询。

12）加油站经理可以按照需要浏览账目信息。

13）系统可以为加油站经理按照需要提供的价格和折扣分析报告。

14）系统可以自动通知休眠账户，也就是与两个月没有来加油站消费的客户取得联系。

15）这个系统需要 24 小时运行。

16）这个系统必须保护客户的信息不被非法访问。

根据上述需求，设计过程如下。首先，我们使用 UML 类图描述对象以及它们之间的关系；然后通过类图说明每个对象的属性、行为，以及每个类或者对象的约束条件。

我们先看一下需求中的名词，关注一些特殊的项。例如，先考虑需求规格说明中的第一项需求。通过上面的需求陈述，我们暂时确定如下对象类：

- Personal check（个人支票）
- Paper bill（账单）
- Credit card（信用卡）
- Customer（顾客）
- Station manager（加油站经理）
- Purchase（购买）
- Fuel（燃料）
- Services（服务）
- Discounts（折扣）
- Tax（税费）
- Parking（停车）
- Maintenance（维修）
- Cash（现金）
- Prices（价格）

通过思考下面的问题，为我们设计类提供一个指南：

- 应该处理什么？
- 哪些项有多个属性？
- 什么时候一个类有多个对象？
- 哪些是基于需求本身确定的，而不是通过自己的理解确定的？
- 什么属性和操作是对象和类一直可用的？

通过回答这些问题，我们暂时确定候选的对象和类，如表 4-13 所示。

接下来我们考虑系统的其他需求，看看在表 4-13 中是否可以增加一些信息。通过分析需求规格说明中的第 5 项需求和第 9 项需求，又增加了候选类，将表 4-13 修改为表 4-14。接下来考虑需求规格说明中的所有 16 项需求，这样表 4-14 变为表 4-15，至此应该确定了所有需要的类。

下一步，我们需要在设计中表示行为。从

表 4-13 第一步：属性和类的第一次分组

属 性	类
personal check	Customer
tax	Maintenance
price	Services
cash	Parking
credit card	Fuel
discounts	Bill
	Purchase
	Station Manager

表 4-14 第二步：属性和类的第二次分组

属 性	类
personal check	Customer
tax	Maintenance
price	Services
cash	Parking
credit card	Fuel
discounts	Bill
birthdate	Purchase
name	Periodic Messages
address	Station Manager

表 4-15 第三步：属性和类的第三次分组

属 性	类
personal check	Customer
tax	Maintenance
price	Services
cash	Parking
credit card	Fuel
discounts	Bill
birthdate	Purchase
name	Periodic messages
address	Station Manager
	Warning Letters
	Part
	Accounts
	Inventory
	Credit Card System
	Part Ordering System
	Fuel Ordering System

需求陈述中，我们关注动词，考虑以下几个方面：主动词、被动词、行动、提示的事件、角色、操作过程、提供的服务。

行为是一个类或者对象的动作，例如，给客户结账就是一个行为，它是加油服务站系统中的一个活动。为了更好地管理对象、类以及行为，我们采用 UML 图来描述它们之间的关系。图 4-94 表示一个类，最上面是类名，中间是属性信息，最下面是操作。

图 4-95 中 Fuel 与 Diesel Fuel 之间的关系是泛化关系（继承关系），Saleperson 与 Order 之间是关联关系，每个 Order 都对应一个 Saleperson。Ordered Item 是 Order 的一部分，它们是组合关系，而每个 Customer 都有一个 Order，它们是聚合关系。

Bill
Issue_date:Date
Payment_date:Date
Price()
Taxes()
Customer()
Purchases()
Add_to_bill(customer,amount,date)

图 4-94　Bill 类

图 4-95　类之间的关系

图 4-96 描述了表 4-13 中的设计结构，图 4-97 描述了表 4-14 中的设计结构，图 4-98 描述了表 4-15 中的设计结构。

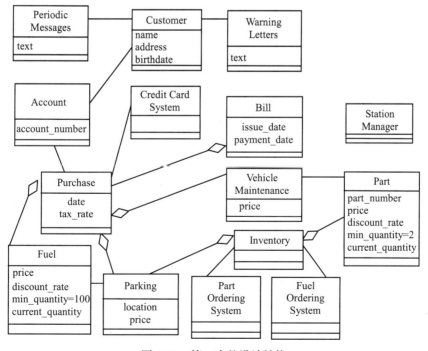

图 4-96　第一次的设计结构

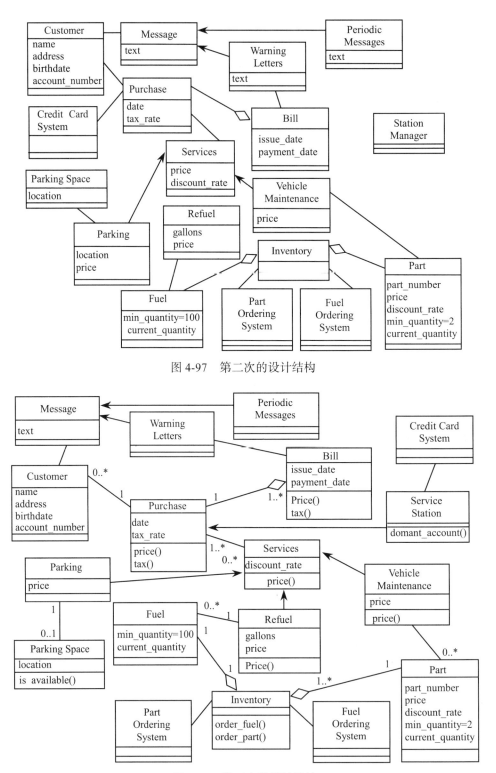

图 4-97　第二次的设计结构

图 4-98　第三次的设计结构

顺序图可以描述对象是如何控制它的方法和行为的，展示了活动或者行为发生的顺序。例如，图 4-99 展示了加油服务站系统中 Refuel 类的顺序图。

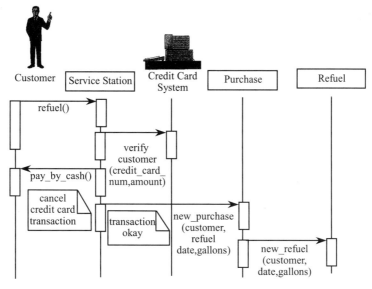

图 4-99 Refuel 类的顺序图

协作图静态地表示对象之间的关联，图 4-100 所示是一个协作图，图中标签为"1"的 parking 信息从 Customer 类被发送到 Service Station（服务站），然后标签为"2"的 next_available() 信息从 Service Station 被发送到 Parking Space（停车区）等。

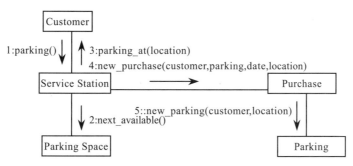

图 4-100 协作图示例

状态图可以表示一个对象中各种状态的转换，图 4-101 所示是一个状态图示例。

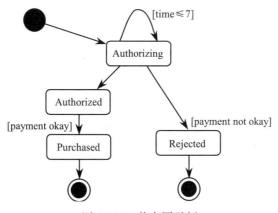

图 4-101 状态图示例

4.9 敏捷设计

1992 年，Jack Reeves 在他的"什么是软件设计"一文中提到"满足工程设计标准的唯一软件文档就是源代码清单"。软件项目设计是一个抽象的概念，它和程序的框架、结构以及每个模块、类和方法的详细框架和结构有关，可以采用不同的方式描述它们，但是最终体现为源代码，这就是敏捷设计的核心思想，Jack Reeves 认为软件系统的源代码是它的主要设计文档。敏捷设计是一个过程，是持续应用设计原则，用于保持设计的干净、整洁，不允许软件有腐化的味道。

4.9.1 腐化软件的味道

当软件出现下面任何一种"气味"时，就表明软件正在腐化。

1. 僵化性

僵化性是指难以对软件进行改动，即使是简单的改动。如果单一的改动会导致有依赖关系的模块中的连锁改动，那么设计就是僵化的，必须要改动的模块越多，设计就越僵化。

大部分开发人员都以这样或者那样的方式遇到过这种情况。他们会被要求做出一个看起来简单的改动。他们看了看这个改动并对所需的工作做出了一个合理的估算。但是当他们实际进行改动时，会发现有许多改动带来的影响自己没有预测到。他们发现自己要在大量代码中搜寻这个改动，并且要更改的模块数目也远远超出最初的估算。最后，改动所花费的时间要远比初始估算时间长。当问他们为何估算得如此不准确时，他们会重复软件开发人员惯用的悲叹："这比我想象的要复杂得多！"

2. 脆弱性

脆弱性是指在做出一个改动时，程序的许多地方可能出现问题。通常，出现新问题的地方与改动的地方并没有概念上的关联。要修正这些问题就又会引出更多的问题，从而使开发团队就像一只不停追逐自己尾巴的狗一样，忙得团团转。

3. 牢固性

牢固性是指设计中包含对其他系统有用的部分，但是要把这些部分从系统中分离出来所需要的努力和风险是巨大的。这是一件令人遗憾的事，但却非常常见。

4. 黏滞性

黏滞性有两种表现形式：软件的黏滞性和环境的黏滞性。

当面临一个改动时，开发人员常常发现存在多种改动方法。其中，一些方法会保持设计；而另外一些方法会破坏设计（也就是生硬的手法）。当可以保持系统设计的方法比生硬手法更难以应用时，就表明设计具有较高的黏滞性。做错误的事情是容易的，但是做正确的事情却很难。我们希望在软件设计中，可以容易地进行那些保持设计的改动。

当开发环境迟钝、低效时，就会产生环境的黏滞性。例如，如果编译所花费的时间很长，那么开发人员就会被引诱去做不会导致大规模重编译的改动，即使那些改动不再保持设计。如果源代码控制系统需要几个小时去拆入（check in）仅仅几个文件，那么开发人员就会被引诱去做那些需要尽可能少拆入的改动，而不管那些改动是否会保持设计。

无论项目具有哪种黏滞性，都很难保持项目中的软件设计。我们希望创建易于保持设计的系统和项目环境。

5. 不必要的复杂性

如果设计中包含当前没有用的组成部分，它就含有不必要的复杂性。当开发人员预测需求的变化，并在软件中放置了处理那些潜在变化的代码时，通常会出现这种情况。起初，这样做看起来像是一件好事。毕竟，为将来的变化做准备会保持代码的灵活性，并且可以避免以后再进行痛苦的改动。

糟糕的是结果恰好相反。为过多的可能性做准备，致使设计中含有绝不会用到的结构，从而变得混乱。有些准备也许会带来回报，但是更多情况下则不会。其间，设计背负着这些不会用到的部分，使软件变得复杂，并且难以理解。

6. 不必要的重复

剪切（cut）和粘贴（paste）也许是有用的文本编辑（text-editing）操作，但是它们却是灾难性的代码编辑（code-editing）操作。通常，软件系统都构建于众多的重复代码片段之上。

例如，Ralph 需要编写一些完成某项功能的代码。他浏览了一下他认为可能会完成类似工作的其他代码，并找到了一块合适的代码。他将那块代码复制到自己的模块中，并做了适当的修改。Ralph 不知道，他用鼠标获取的代码是由 Todd 放置在那里的，而 Todd 是从 Lilly 编写的模块中获取的。Lilly 是第一个完成这项功能的人，但是她认识到完成这项功能和完成另一项功能非常类似。她从别处找到了完成另一项功能的代码，剪切、复制到她的模块中并做了必要的修改。

当同样的代码以稍微不同的形式一再出现时，就表示开发人员忽视了抽象。对于他们来说，发现所有的重复并通过适当的抽象去消除这些重复的做法可能没有较高的优先级，但是这样做非常有助于使系统易于理解和维护。

当系统中有重复的代码时，对系统进行更改会变得困难。在一段重复的代码中发现的错误必须要在每一段重复代码中一一修正。不过，由于每个重复代码体之间都有细微的差别，因此修正的方式也不总是相同的。

7. 晦涩性

晦涩性是指模块难以理解。代码可以用清晰、富有表现力的方式编写，也可以用晦涩、费解的方式编写。代码随着时间的变化，往往会变得越来越晦涩。为了使代码的晦涩性保持最低，就需要持续地保持代码清晰并富有表现力。

当开发人员最初编写一个模块时，代码对于他们来说也许是清晰的。这是由于他们使自己专注于代码的编写，并且对于代码非常熟悉。在熟悉度减退以后，他们或许会回过头来再去查看那个模块，并发现自己当初编写的代码如此糟糕。为了防止这种情况的发生，开发人员必须站在代码阅读者的位置，共同对他们的代码进行重构，以便代码阅读者可以理解代码。同时这些代码也需要被其他人评审。

4.9.2　防止腐化的设计

在非敏捷环境中，由于需求没有按照初始设计预见的方式进行改动，因此导致了设计的退化。通常，改动都很急迫，并且进行改动的开发人员对于原始的设计思路并不熟悉。因而，虽然可以对设计进行改动，但是它却以某种方式违反了原始的设计。随着改动的不断进行，这些违反原始设计的改动渐渐地积累，设计便开始腐化。

然而，我们不能因为设计的腐化而责怪需求的变化。作为软件开发人员，我们对于需求变化都非常了解。事实上，我们中的大多数人都知道需求是项目中最不稳定的要素。如果我们的设计由于持续、大量的需求变化而失败，那就表明设计和实践本身是有缺陷的。我们必须设法找到一种方法，使设计对于这种变化具有弹性，并且应用一些实践来防止设计腐化。

敏捷团队依靠变化来获取活力。团队几乎不预先（up-front）设计，因此，不需要一个成熟的初始设计。他们更愿意保持系统设计尽可能干净、简单，并使用许多单元测试和验收测试作为支援。这样做保持了设计的灵活性且使设计易于理解。团队利用这种灵活性持续地改进设计，以便每次迭代结束时所生成的系统都具有最适合那次迭代中需求的设计。

4.10　概要设计文档标准

概要设计说明书格式规范是指在概要设计阶段制定概要设计报告所依据的标准，这里提供一个标准供大家参考。

---

1. 导言

1.1　目的

说明文档的目的。

1.2　范围

说明文档覆盖的范围。

1.3　缩写说明

定义文档中所涉及的缩略语（若无则填写无）。

1.4　术语定义

定义文档内使用的特定术语（若无则填写无）。

1.5　引用标准

列出文档制定所依据、引用的标准（若无则填写无）。

1.6　参考资料

列出文档制定所参考的资料（若无则填写无）。

1.7　版本更新信息

记录文档版本修改的过程，具体版本更新记录如下表所示：

修改编号	修改日期	修改后版本	修改位置	修改内容概述

2. 概述

对系统定义和规格进行分析，并以此确定：

- 设计采用的标准和方法；
- 系统结构的考虑；
- 错误处理机制的考虑。

---

3. 规格分析

根据需求规格或产品规格对系统实现的功能进行分析和归纳，以便进行系统概要设计。

4. 系统体系结构

根据已选用的软件、硬件以及网络环境构造系统的整体框架，划分系统模块，并对系统内各个模块之间的关系进行定义。确定已定义的对象及其组件在系统内如何传输、通信。如果本系统是用户最终投入使用系统的一个子集或是将要使用现有的一些其他相关系统，那么在此应对它们各自的功能和相互之间的关系给予具体的描述。

[可通过图形的方式表示系统体系结构]

5. 界面设计定义

设计用户的所有界面。

6. 接口定义

通常设计应考虑的接口如下。

（1）人机交互接口

人机交互接口应确定用户采用何种方式同系统进行交互，如键盘录入、鼠标操作、文件输入等，以及具体的数据格式，其中包括具体的用户界面的设计形式。尽早确定人机交互接口有利于确定系统设计的其他方面。

用户界面设计原则有：

- 命令排序：最常用的放在前面，按习惯工作步骤。
- 极小化：尽量少用键盘组合命令，减少用户击键次数。
- 广度和深度：由于人的记忆有局限，因此层次不宜大于 3。
- 一致性：使用一致的术语、一致的步骤、一致的动作行为。
- 显示提示信息。
- 减少用户记忆内容。
- 存在删除操作时，应能恢复。
- 用户界面吸引人。

（2）网络接口

若本系统跨异种网络运行，则应确定网络接口或网络软件，以使系统各部分之间有效地进行联络、通信、信息交换等，从而使整个系统紧密而有效地结合在一起。

（3）系统与外部接口

系统经常会与外部进行数据交换，此时应确定数据交换的时机、方式（如批处理方式或实时处理）及数据交换的格式（如采用数据包或其他方式）等。

（4）系统内模块之间的接口

系统内部各模块之间也会进行数据交换，因此应确定数据交换的时机、方式等。

（5）数据库接口

系统内部的各种数据通常会以数据库的方式保存，因此在接口定义时应确定与数据库进行数据交换的数据格式、时机、方式等。

7. 模块设计

根据项目的实际需求情况，可将系统划分成若干模块，分别描述各模块的功能。这样可将复杂的系统简化、细化，有利于今后的设计和实现。划分各模块时，应尽量使其具有封闭性、独立性和低偶合性，减少各模块之间的关联，使其便于实现、调试、安装和维护。

7.1 模块功能

描述该模块在整个系统中所处的位置和所起的作用、与其他模块的相互关系、要实现的功能、对外部输入数据及外部触发机制的具体要求和约定。如果采用 OO 技术，可结合用例技术进行描述。

7.2 模块对象（组件）

对模块涉及的输入 / 输出、用户界面、对象或组件、对象或组件的关系以及功能实现流程进行定义。如果采用 OO 技术，可使用顺序图描述功能实现流程。

对象设计应包括类名（class name）、类描述（class description）、继承关系（inheritance relationship）、公共属性（public attribute）、公共操作（public operation）、私有属性（private attribute）、私有操作（private operation）、保护属性（protect attribute）、保护操作（protect operation）。

组件设计应包括组件属性、组件关联、组件操作、实现约束。

7.3 对象（组件）的触发机制

规定对象（组件）中各个操作在什么外部条件触发下被调用，以及调用后的结果。

7.4 对象（组件）的关键算法

如果对象（组件）中涉及关键算法，如采用何种算法加密、何种方法搜索等，需在此规定并相应地予以说明。至于其他具体操作的算法可在系统构造中设计实现。

8. 故障检测和处理机制

8.1 故障检测触发机制

若系统发生故障，可以有多种检测机制，如自动向上层汇报、由上层定时检测、将故障写入错误文件等。在此应明确系统所采用的故障检测机制。

8.2 故障处理机制

故障发生后系统如何处理，如只发送一条消息显示出错信息、写入一个文件或采取相应的措施，在这里应进行详尽的描述。

9. 数据库设计

9.1 数据库管理系统选型

明确指出选用的数据库管理系统类型、版本，以及服务器与数据库、客户机与数据库之间的接口。

9.2 设计 E-R 图

根据系统数据实体之间的关系设计数据库 E-R 图。

9.3 数据库表设计

基于数据库 E-R 图设计数据库物理表。

10. 系统开发平台

根据系统设计的结果确定系统开发所需的平台，包括硬件平台、操作系统以及开发工具等。

4.11　MSHD 项目案例——概要设计

项目案例名称： 多源异构灾情管理系统（MSHD）。
项目案例文档： 概要设计说明书。

本项目概要设计主要包括架构设计、模块设计、数据库设计、界面设计等。图 4-102 是概要设计说明书的目录，这个文档是通过敏捷迭代渐进式完善而成的。下面给出概要设计说明书的部分描述。

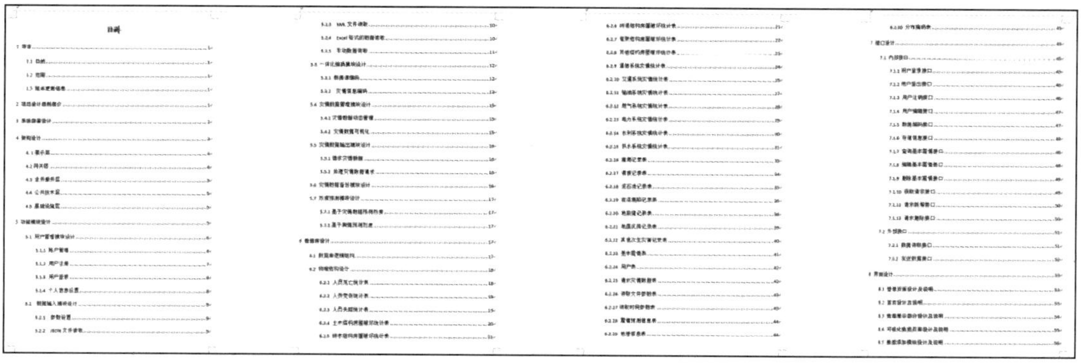

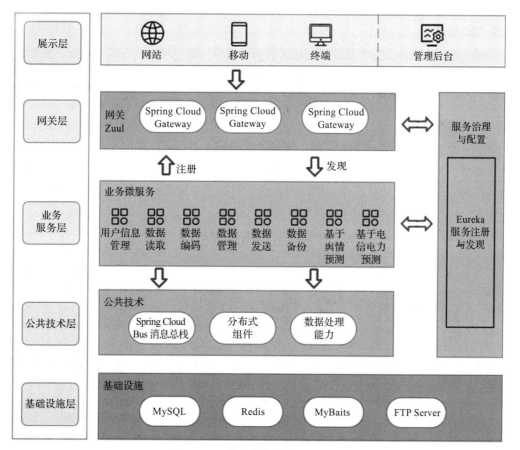

图 4-102 概要设计说明书目录

4.11.1 架构设计

本系统采用微服务架构设计，微服务架构的分层结构如图 4-103 所示。该分层结构奠定了后续开发的基础和思路。

图 4-103 微服务架构分层结构图

1.展示层

展示层（也称为接入层）的主要职责是通过用户界面向用户显示信息，同时解释用户的命令，并把用户的请求发送到应用层，与用户交互，同时向管理后台展示内容。

2.网关层

网关层的主要作用是对接入的流量进行反向路由，拦截所有的请求，通过横切的方式完成熔断、限流、安全认证等功能，同时对请求进行分类，是业务层接收外部流量的屏障。本项目的网关层是 Zuul，所有的请求都会经过 Zuul 到达后端的 Netflix 应用程序，Zuul 提供了动态路由、监控、弹性负载和安全功能。

3.业务服务层

该层负责实现业务规则，是系统的核心部分。系统中共有 8 个实现业务处理的微服务，分别是灾情数据读取微服务、灾情数据编码微服务、灾情数据管理微服务、用户信息管理微服务、灾情数据发送微服务、灾情数据备份微服务、基于舆情预测微服务和基于电信电力预测微服务。各个微服务之间通过 Restful 接口进行通信。

4.公共技术层

公共技术层提供非业务功能，以支撑业务服务层和网关层软件的正常运行，公共技术层为业务层提供库支持及存储空间支持，以加强代码的可复用性和功能间的互通性。核心模块有 Eureka 服务注册与发现、认证授权、后台中间件（异步队列、缓存、数据库、任务调度）等。

5.基础设施层

基础设施层主要是支撑系统需要的相关资源，包括计算、网络、存储、监控、安全、IDC 等底层基础设施。系统使用了 Spring Cloud Bus 消息总栈技术、分布式组件技术与数据处理能力，即 SpringCloud+MyBatis+Redis+MySQL 的框架，并通过 RabbitMQ 消息队列进行通信。

4.11.2　模块设计

MSHD 系统模块设计遵循高内聚、松耦合的原则，采用自上而下的方法分解项目功能。系统主要分为灾情数据读取模块、灾情数据编码模块、用户管理模块、灾情数据管理模块、灾情数据备份模块、灾情数据输出模块和灾情预测模块，如图 4-104 所示，每个模块中对应的对象类，以及它们的调用关系将在详细设计中描述。

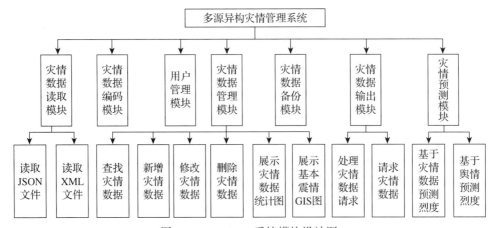

图 4-104　MSHD 系统模块设计图

4.11.3　数据库设计

1.数据库概念结构设计

通过对项目需求中的基本灾情、人员伤亡、房屋破坏、生命线灾情以及次生灾害等实体进行分析得到实体属性，并分析实体之间的关系，得到如图 4-105 所示的实体关系图（E-R 图）。

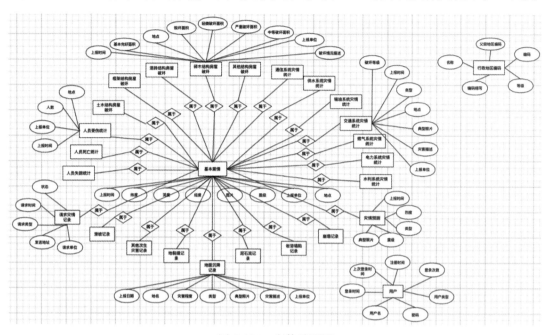

图 4-105　实体关系图

2.数据库逻辑结构设计

根据上述实体关系图，设计数据库的逻辑模型图如图 4-106 所示。系统中共有 31 张表，表 4-16 是其中的人员死亡统计表。

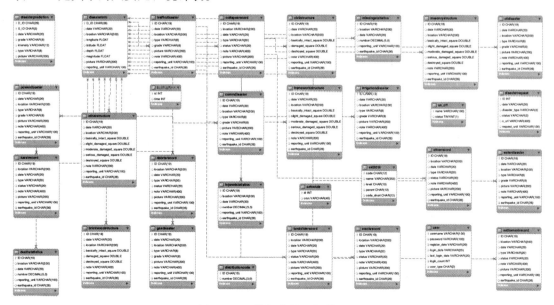

图 4-106　数据库的逻辑模型图

表 4-16　人员死亡统计表

英文字段	中文含义	数据类型	字段长度	备　注
\multicolumn{5}{c}{DeathStatistics（人员死亡统计表）}				
ID	编码	char	19	必须编码
location	死亡地点	varchar2	100	—
date	上报时间	varchar2	12	年＋月＋日＋时＋分（24 小时制）
number	死亡人数	number	5	—
reporting unit	上报单位	carchar2	50	—

4.11.4　界面设计

界面设计是对系统外部人机交互的设计，系统首页采用如图 4-107 所示的格式。网页顶部为系统平台的图标。页面左侧为模块功能导航栏，包括数据接口设置、动态窗口设置、震情数据、人员伤亡及失踪、房屋破坏、生命线工程灾情、次生灾害、舆情感知数据、灾情智能预测、数据请求管理等，用户可以在这里选择相应的服务。

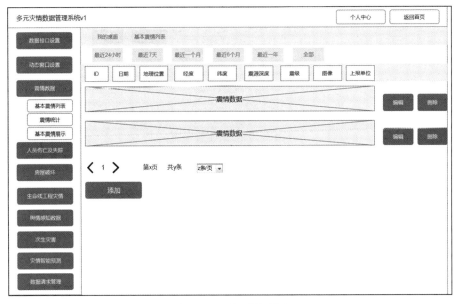

图 4-107　首页设计图

页面中央区的上部提供时段选择框，列举出最近 24 小时至全部等多个时间段选项，用户可以根据需求筛选数据。

页面中央区的中部为数据显示，所有数据均以列表形式展示，列表中主要包含 ID、日期、地理位置等数据，在每行数据信息的最右端提供"编辑"和"删除"按钮。用户可以根据实际情况修改或者删除该行的数据。

页面中央区的底部有"添加"按钮，提供跳转至数据添加模块。

本项目采用 Axure RP 需求建模工具完成需求界面。

4.12　小结

本章讲述了软件项目的概要设计过程，软件设计是软件项目开发过程的核心，是将需求规格转化为一个软件实现方案的过程。概要设计主要包括架构设计、模块设计、数据设计、界面设计等。本章介绍了软件项目的多种架构形式以及演变过程，同时介绍了多种前后端应用框，阐述了架构设计、模块设计、数据设计、界面设计内容，以及结构化设计、面向对象设计和敏捷设计等方法。设计中提倡复用原则，应用框架可以提供很多好的复用基础，好的框架结构可以提高开发效率和产品质量。

4.13　练习题

一、填空题

1. C/S、B/S、SOA、BMP 等都是不同的 _____ 。

2. 数据字典包括 _____ 、_____ 、数据储存和基本加工。

3. 高内聚、松耦合是 _____ 的基本原则。

4. _____ 把已确定的软件需求转换成特定形式的设计表示，使其得以实现。

5. 设计模型是从分析模型转化而来的，主要包括四类模型：_____ 、数据设计模型、接口设计模型、构件设计模型。

6. 面向对象设计的主要特点是建立了四个非常重要的软件设计概念：抽象性、_____ 、功能独立性和模块化。

7. 模块层次图和模块结构图是 _____ 的重要方法。

8. UML 设计中主要采用的图示有 _____ 、_____ 、_____ 等。

9. 软件模块设计包括模块划分、_____ 、模块的调用关系、每个模块的功能等。

10. 数据库的设计一般包括三个方面的设计：_____ 、逻辑结构设计和物理结构设计。

11. 当软件出现 _____ 等 "气味" 时，就表明软件正在腐化。

二、判断题

1. 软件设计是软件工程的重要阶段，是一个把软件需求转换为软件代码的过程。（　　　）

2. 软件设计说明书是软件概要设计的主要成果。（　　　）

3. 软件设计中设计复审和设计本身一样重要，其主要作用是避免后期付出高昂代价。（　　　）

4. 应用程序框架结构是一个可以重复使用的、大致完成的应用程序，可以通过对其进行定制，开发成一个客户需要的真正的应用程序。（　　　）

5. 面向对象设计（OOD）是将面向对象分析（OOA）的模型转换为设计模型的过程。（　　　）

6. 在进行概要设计时应加强模块间的联系。（　　　）

7. 复用原则也是软件设计的一个重要原则。（　　　）

8. 以对象、类、继承和通信为基础的面向对象设计方法也是常见的软件概要设计方法之一。（　　　）

9. Django 是一个基于 Java 的开放源代码的 Web 应用框架。（　　　）

三、选择题

1. 内聚是从功能角度来度量模块内的联系，按照特定次序执行元素的模块属于（　　　）方式。

　　A. 逻辑内聚　　　　　　B. 时间内聚　　　　　　C. 过程内聚　　　　　　D. 顺序内聚

2. 概要设计是软件工程中很重要的技术活动，下列不是概要设计任务的是（　　　）。

　　A. 设计软件系统结构　　　　　　　　　B. 编写测试报告

　　C. 数据结构和数据库设计　　　　　　　D. 编写概要设计文档

3. 数据字典是定义（   ）中的数据的工具。

    A. 数据流图   B. 系统流程图   C. 程序流程图   D. 软件结构图

4. 耦合是软件各个模块间连接的一种度量。一组模块都访问同一数据结构应属于（   ）方式。

    A. 内容耦合   B. 公共耦合   C. 外部耦合   D. 控制耦合

5. 面向数据流的软件设计方法中，一般把数据流图中的数据流分为（   ）两种，再将数据流图映射为软件结构。

    A. 数据流与事务流   B. 交换流和事务流   C. 信息流与控制流   D. 交换流和数据流

6. 软件设计是一个将（   ）转换为软件表示的过程。

    A. 代码设计   B. 软件需求   C. 详细设计   D. 系统分析

7. 数据存储和数据流都是（   ），仅仅是所处的状态不同。

    A. 分析结果   B. 事件   C. 动作   D. 数据

8. 模块本身的内聚是模块独立性的重要度量因素之一，在 7 类内聚中，具有最强内聚的一类是（   ）。

    A. 顺序性内聚   B. 过程性内聚   C. 逻辑性内聚   D. 功能性内聚

9. 面向数据流的设计方法把（   ）映射成软件结构。

    A. 数据流   B. 系统结构   C. 控制结构   D. 信息流

10. 下列关于软件设计准则的描述，错误的是（   ）。

    A. 提高模块的独立性   B. 体现统一的风格

    C. 使模块的作用域在该模块的控制域外 D. 结构应该尽可能满足变更的要求

11. 软件的结构化设计方法是以（   ）为依据的模块结构设计方法。

    A. 系统数据要求   B. 数据结构   C. 数据流图   D. 数据流

12. 下面不是数据库设计的阶段的是（   ）。

    A. 概念结构设计阶段   B. 逻辑结构设计阶段

    C. 模块划分   D. 物理结构设计阶段

13. 下面哪一项不是前端应用框架？（   ）

    A. Vue   B. Bootstrap   C. Hibernate   D. React

第5章

软件项目的详细设计

第4章讲述了软件项目的概要设计，给出了项目的总体实现结构。在将概要设计变为代码的过程中可以增加一个阶段，即详细设计阶段，它是对构件（模块）的详细设计过程。下面进入路线图的第三站——详细设计，如图 5-1 所示。

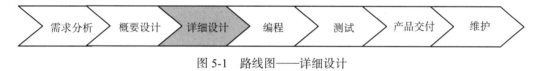

图 5-1　路线图——详细设计

5.1　详细设计的概念

与建造一个房子类似，概要设计相当于建造房子的地基计划，这个地基计划定义了房子中各个房间的功能，以及各个房间与其他房间和外部环境连接的结构要素。而详细设计相当于对如何建造各个房间的详细描述。

5.1.1　详细设计的定义

概要设计阶段是以比较抽象概括的方式提出解决问题的办法，而详细设计阶段是将解决问题的办法具体化。详细设计主要针对每个具体的模块或者类进行详细描述，详细设计也称为过程设计，主要针对程序开发部分，但这个阶段不是真正地编写程序，而是设计出程序的详细规格说明。这种规格说明类似于其他工程领域中工程师经常使用的工程蓝图，它们应该包含必要的细节，程序员可以根据规程说明编写出实际的程序代码。模块程序由处理逻辑和实现处理逻辑所需的内部数据以及能够保证构件被调用和实现数据传递的接口构成。

在实际项目中，根据项目的具体情况和要求，可以省略详细设计过程，直接按照概要设计进行编程。详细设计过程主要是保证编程的顺利进行，帮助清理编程过程中的障碍，提高代码的质量和效率。也可将详细设计过程与概要设计过程组合在一起，或者将详细设计过程与编程过程组合在一起。尽管表面上看好像省略了详细设计过程，其实逻辑上并没有省略，它可能体现在概要设计中或体现在编程过程中。

5.1.2 详细设计的内容

详细设计是对概要设计的细化，即详细地设计每个模块的实现算法和所需的局部数据结构。

详细设计是将概要设计的框架内容具体化、明细化，将概要设计转换为可以操作的软件模型，它是设计出程序的"蓝图"，以后程序员可以根据这个蓝图编写程序代码。因此，详细设计的结果基本决定了最终的程序代码的质量。衡量程序的质量时不仅要看程序的逻辑是否正确，性能是否满足要求，也要看它是否容易阅读和理解。详细设计的目标不仅仅是逻辑上正确地实现了模块的功能，更重要的是设计出的处理过程应该尽可能简明易懂。详细设计的任务是为每一个构件（模块）确定使用的算法和数据结构。

详细设计以概要设计为基础，针对概要设计中的构件（模块）说明其对应的架构设计元素、相关的数据处理等。首先要对系统的构件（模块）进行概要性的说明，然后设计详细的算法、每个构件（模块）之间的关系以及如何实现算法等部分的描述。所以，详细设计主要包括构件（模块）描述、算法描述和数据描述。

- 构件（模块）描述。描述构件（模块）的功能以及需要解决的问题，比如这个构件（模块）在什么时候可以被调用、为什么需要这个构件（模块）、对应架构的设计元素、上下文关系等。
- 算法描述。确定构件（模块）存在的必要性之后，就要确定实现这个构件（模块）的算法，描述构件（模块）中的每个算法，包括公式、边界和特殊条件，甚至包括参考资料、引用的出处等。阐述构件（模块）在系统架构中如何实现其功能，以及与其他部分的关联过程。
- 数据描述。描述构件（模块）的数据流、数据的存储等。

详细设计可以采用图形、表格或者文字描述等方式表达。

5.2 详细设计的表示工具

详细设计的表示工具包括图形工具和语言工具。程序流程图、N-S 图、PAD 图以及 UML 图、UML 顺序图（时序图）、UML 活动图等属于图形工具。PDL 或者伪代码（pseudocode）属于语言工具。

5.2.1 程序流程图

程序流程图是计算机在执行一项任务时，从一条指令进展到下一条指令的图示表示。在说明一个问题时，一个图形的作用相当于数千条语句。流程图是很重要的一种图形符号，是计算机执行任务时从一条指令到下一条指令的图示，其中方框表示处理过程，菱形框代表逻辑判断，箭头代表控制流。程序流程图是开发人员最熟悉的算法表达工具，它直观、清晰、容易掌握。流程图更多应用于面向过程（结构化）的详细设计中。

面向过程（结构化）设计的核心是面向数据结构进行设计，以数据驱动作为特征，将问题分解为由顺序、选择、循环三种基本结构形式表示的分层结构，并实现由数据结构到程序结构的映射和转换过程。图 5-2～图 5-4 分别表示顺序、选择、循环三种基本控制结构形式。"顺序"可以实现任何算法中的处理步骤，"选择"可以实现一些逻辑的并发处理中的选择处理，而"循环"允许重复。这三种构造方法是程序结构化的基本技术。

顺序关系通过两个方框和一个箭头连接来表示；选择关系通过一个菱形框的判断表示，如果条件为真则执行 then 部分，如果条件为假则执行 else 部分；循环关系可以用两种方式表示，do-while 先测试条件，如果为真就一直循环执行任务，repeat until 先执行循环任务，然后判断条件，直到这个条件为假就结束循环任务。例如，图 5-5 是某报表模块的详细设计流程图。

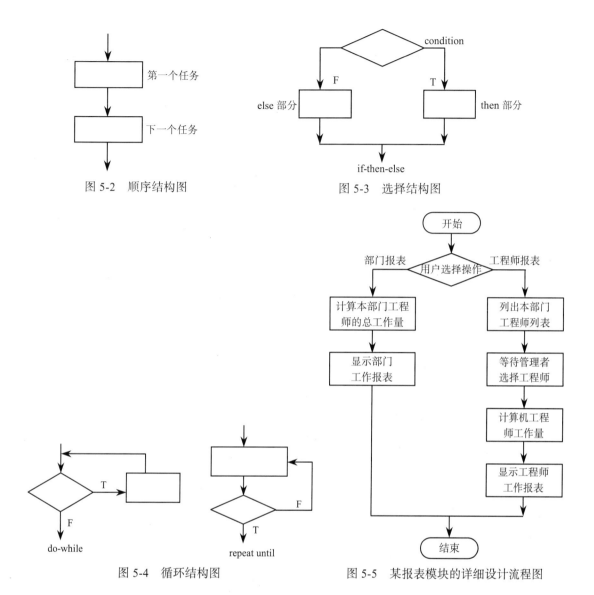

图 5-2　顺序结构图

图 5-3　选择结构图

图 5-4　循环结构图

图 5-5　某报表模块的详细设计流程图

5.2.2　N-S 图描述算法

N-S 图是由美国人 I. Nassi 和 B. Shneiderman 共同提出的，是一种结构化描述方法。在 N-S 图中，一个算法表示为一个大矩形框，框内又包含若干基本的框。N-S 图的三种基本结构描述如下。

1）顺序结构如图 5-6 所示，执行顺序为先 A 后 B。

2）选择结构如图 5-7 所示。在图 5-7a 中，条件为真时执行 A，条件为假时执行 B。在图 5-7b 中，条件为真时执行 A，条件为假时什么都不做。

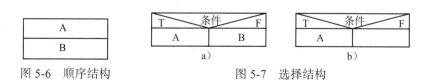

图 5-6　顺序结构

图 5-7　选择结构

3）循环结构：

- while 型循环结构如图 5-8 所示，先判断条件是否为真，条件为真时一直循环执行循环体 A，直到条件为假时才跳出循环。
- do-while 型循环结构如图 5-9 所示，先执行循环体 A，再判断条件是否为真，条件为真时一直循环执行循环体 A，直到条件为假时才跳出循环。

图 5-10 和图 5-11 是采用 N-S 图描述详细设计算法的实例。

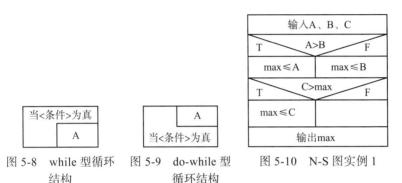

图 5-8　while 型循环　　图 5-9　do-while 型　　图 5-10　N-S 图实例 1　　图 5-11　N-S 图实例 2
　　　　结构　　　　　　　循环结构

5.2.3　PAD 描述算法

PAD（Problem Analysis Diagram）是近年来在软件开发中被广泛使用的一种算法图形表示法。流程图、N-S 图都采用自上而下的顺序描述，而 PAD 除了能用自上而下的顺序描述以外，还可以自左向右展开。所以，如果说流程图、N-S 图是一维的算法描述，则 PAD 就是二维的算法描述，它能展现算法的层次结构，更直观易懂。PAD 用二维树形结构的图表示程序的控制流，用这种图转换为程序代码比较容易。

下面是 PAD 的几种基本结构。

1）顺序结构。顺序结构 PAD 如图 5-12 所示。

2）选择结构：

- 单分支选择。如图 5-13a 所示，条件为真时执行 A。
- 两分支选择。如图 5-13b 所示，条件为真时执行 A，条件为假时执行 B。
- 多分支选择。如图 5-13c 所示，当 $I = i1$ 时执行 A，$I = i2$ 时执行 B，$I = i3$ 时执行 C，$I = i4$ 时执行 D。

3）循环结构。循环结构 PAD 如图 5-14 所示，其中，图 5-14a 所示为 while 型循环，图 5-14b 所示为 do-while 型循环。

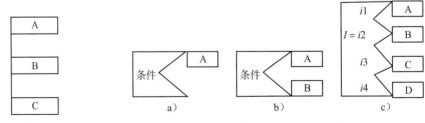

图 5-12　顺序结构 PAD　　　　　　图 5-13　选择结构的 PAD

图 5-14 循环结构 PAD

PAD 结构清晰,结构化程度高;最左端的纵线是程序主干线,对应程序的第一层结构;每增加一层结构,PAD 向右扩展一条纵线,程序的纵线数等于程序层次数。从 PAD 最左主干线上端节点开始,自上而下、自左向右依次执行,程序终止于最左主干线。PAD 既可用于表示程序逻辑,也可用于描述数据结构。

5.2.4 决策表

很多软件中,一个模块需要对一些条件和基于这些条件的任务进行复杂的组合,而决策表提供了将条件及其相关任务组合为表格的一种表达方式。表 5-1 就是一个决策表,其中,左上区域列出了所有的条件,左下区域列出了基于这些条件组合对应的任务,右边区域是根据条件组合而对应的任务矩阵表,矩阵表中的每一列可对应于应用系统中的一个处理规则。

表 5-1 决策表

条　件	规则 1	规则 2	规则 3	规则 4	规则 5	…	规则 n
条件 1	√	√		√	√		
条件 2		√	√		√		
条件 3			√	√	√		
条件 4	√	√	√				
任　务							
任务 1				√			
任务 2		√					
任务 3	√		√				
任务 4			√				
任务 5		√		√			
任务 6				√			

编制一个决策表的步骤如下:

1)列出与一个特定的模块相关的所有任务;

2)列出这个模块执行过程的所有条件(或者决策);

3)将特定的条件组合与相应的任务组合在一起,删除不必要的条件组合,或者编制可行的条件组合;

4)定义规则,即一组条件组合对象完成什么任务。

表 5-2 是关于一个三角形应用系统的决策表。

表 5-2 三角形应用系统决策表

条　件	规则 1	规则 2	规则 3	规则 4	规则 5	规则 6
C1: a、b、c 构成三角形	N	Y	Y	Y	Y	Y
C2: $a = b$		Y	Y	N	Y	N
C3: $a = c$		Y	Y	Y	N	N
C4: $b = c$		Y	N	Y	N	N

（续）

条　件	规则 1	规则 2	规则 3	规则 4	规则 5	规则 6
任　务						
A1：非三角形	X					
A2：不等边三角形						X
A3：等腰三角形					X	
A4：等边三角形		X				
A5：不可能			X	X		

5.2.5　过程设计语言

过程设计语言（Procedure Design Language，PDL）也称为结构化英语（Structured English），它于 1975 年由 Caine 与 Gordon 首先提出，到目前为止已经推出多种 PDL。PDL 是某种语言（例如英语）的一个子集，具有有限的句子结构选择，反映任务执行活动。PDL 具有"非纯粹"编程语言的特点。它是一种混合语言，采用一种语言（如英语）的词汇，同时采用另外一种类似语言（如结构化程序语言）的语法。PDL 具有如下特点：

- 使用一些固定关键词的语法结构表达结构化构造、数据描述、模块的特征；
- 自然语言的自由语法描述处理过程；
- 数据声明包括简单的和复杂的数据结构；
- 使用支持各种模式的接口描述的子程序定义或者调用技术。

下面介绍 PDL 的几种常见应用形式。

（1）PDL 描述选择结构

利用 PDL 描述 IF 结构：

```
IF<条件 >
一条或者数条语句
ELSEIF <条件 >
一条或者数条语句
……
ELSEIF <条件 >
一条或者数条语句
ELSE
一条或者数条语句
ENDIF
```

（2）PDL 描述循环结构

- WHILE 循环结构：

```
DO WHILE <条件描述 >
一条或数条语句
ENDWHILE
```

- UNTIL 循环结构：

```
REPEAT UNTIL <条件描述 >
一条或数条语句
ENDREP
```

- FOR 循环结构：

```
DOFOR <循环变量 >=<循环变量取值范围，表达式或者序列 >
```

```
    一条或数条语句
    ENDFOR
```

（3）子过程

```
PROCEDURE  <子过程名>  <属性表>
    INTERFACE <参数表>
    一条或数条语句
    END
```

其中"属性"表明子过程的引用特性和利用的过程语言的特征。

（4）输入、输出

```
READ/WRITE TO <设备> <I/O表>
```

下面是一个文本处理系统采用 PDL 进行详细设计的例子：

```
INITIAL:
    Get parameter for indent,skip_line,margin.
    Set left margin to parameter for indent.
    Set temporary line pointer to left margin for all but paragraph; for paragraph,
        set it to paragraph indent.
LINE_BREAKS:
    If not (DOUBLE_SPACE or SINGLE_SPACE),break line,flush line buffer and set line
        pointer to temporary line pointer.
    If 0 lines left on page,eject page and print page header.
INDIVIDUAL CASES:
    INDENT,BREAK: do nothing.
    SKIP_LINE:  skip parameter lines or eject.
    PARAGRAPH:  advance 1 line;if <2 lines on page,eject.
    MARGIN:  right_margin=parameter.
    DOUBLE_SPACE: interline_space=2.
    SINGLE_SPACE: interline_space=1.
    PAGE: eject page,print page header.
```

5.2.6　伪代码

伪代码（pseudocode）是一种算法的符号系统，它不像编程语言那样正式，第一眼看上去伪代码很像一种程序语言，但伪代码是不能直接编译的，它体现了设计的程序框架或者代表了一个程序流程图。伪代码类似于结构化英语，使用结构化语言和数据来表达，而不是将设计变为源代码中一行一行的语句。通过这种方式可以发现哪个实现是好的，以免重新编写程序。

伪代码作为详细设计的工具，其缺点在于不如其他图形工具直观，对复杂条件组合与动作间对应关系的描述不够明了，下面是一个计算 Pizza 面积的伪代码例子。

```
display prompts for entering shape, price, and size
input shape1, price1, size1
if shape1 = square then
    squareInches1 ← size1*size1
if shape1 = round then
    squareInches1 ← 3.142*(size1/2)^2
squareInchPrice1 ← price1/squareInches1
display prompts for entering shape, price, and size
input shape2, price2, size2
```

```
if shape2 = square then
    squareInches2 ← size2*size2
if shape2 = round then
    squareInches2 ← 3.142*(size2/2)^2
squareInchPrice2 ← price2/squareInches2
if squareInchPrice1 < squareInchPrice2 then
    output"Pizza 1 is the best deal."
if squareInchPrice2 < squareInchPrice1 then
    output "Pizza 2 is the best deal."
if squareInchPrice1 = squareInchPrice2 then
    output "Both pizzas are the same deal."
```

5.3　结构化详细设计

结构化详细设计的概念最早由 E. W. Dijkstra 提出，主要针对模块级的设计，Dijkstra 等专家建议在进行详细设计时，采用一套有条件的逻辑构造，以便以此生成源代码。这个逻辑构造应该具有良好的可读性，以便于他人阅读和理解。

在需求分析、概要设计阶段采用了自顶向下、逐步细化的方法。在需求分析阶段，对问题进行了抽象，产生了模型和数据；在概要设计阶段，根据软件功能对软件结构进行抽象，产生了软件功能结构图并对结构进行分解，获得软件系统的结构体系。在详细设计阶段，主要任务是设计程序的处理过程，在设计模块内部的处理过程时，仍然可以采用自顶向下、逐步细化的方法。

结构化详细设计通过将问题分解成一系列步骤来解决问题，这个方法最适用于那些可以通过一步一步的算法解决的问题。详细设计的目标是逻辑上要正确地实现模块的功能，而且设计出的处理过程应该尽可能简明易懂。其设计主要包括控制结构，也包括算法和数据结构，但更详细的算法和数据结构的实现是通过编程完成的。

5.3.1　算法

算法是问题求解过程的精确描述，是一组执行任务的步骤，这些步骤可以被记录下来并实现。计算机程序算法是解释如何利用问题陈述中的已知信息来获得解决方案的一组步骤。算法通常以一种不针对特定编程语言的格式编写。图 5-15 所示是对 10，14，21，38，45，47，53，81，87，99 这组数列，快速搜索到 47 的二分法算法。

一个算法由有限条可完全机械地执行的、有确定结果的指令组成。指令正确地描述了要完成的任务和它们被执行的顺序。计算机软件算法指令所描述的顺序执行算法的指令能在有限的步骤内终止，或终止于给出问题的解，或终止于指出问题对此输入数据无解。

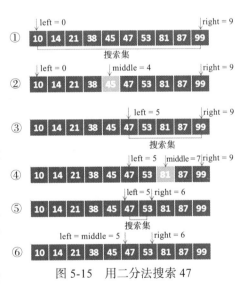

图 5-15　用二分法搜索 47

5.3.2　JSD 方法

Jackson 系统开发（Jackson System Development，JSD）方法是一种典型的面向数据结

构的设计方法，它是由英国人 M. A. Jackson 提出来的。JSD 方法认为，内在数据结构是至关重要的，可以利用输入数据结构、输出数据结构导出程序结构，对于一般的数据处理系统，问题的结构可以用其所处理的数据结构来表示，而且具有层次结构的可维护性。与程序结构一样，数据结构也有顺序、选择、重复三种。

1. JSD 结构表示法

JSD 方法把问题分解为由三种基本结构形式表示的层次结构。三种基本结构形式是顺序、选择和重复。Jackson 提出了一种与数据结构层次图非常相似的数据结构表示法，以及一种映射和转换的过程。三种基本结构的表示方法如图 5-16 所示。

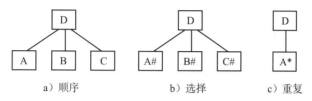

a) 顺序　　　　　　　b) 选择　　　　　　c) 重复

图 5-16　JSD 三种基本结构的表示方法

顺序型指两个以上的事件从左到右顺序执行。选择型指两个以上的事件一次只能执行一个（以带"#"的方框表示）。重复型指事件重复输入多次（以带"*"的方框表示）。三种基本结构的组合，可以形成更复杂的结构体系，如图 5-17 所示。

JSD 的层次结构图不仅可以用来描述数据结构，也可以用来描述客观事物的层次结构。例如，图 5-18 描述了某大学的组织结构。

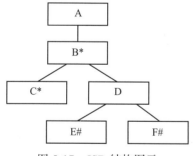

图 5-17　JSD 结构图示

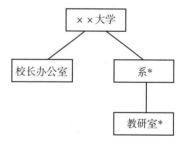

图 5-18　用 JSD 结构图表示学校组织结构

2. JSD 设计步骤

JSD 分为四个步骤，下面结合例子进行说明。某仓库里存放了多种零件（如 P1、P2、P3……），每种零件的每次变动（收到或发出）都有卡片做出记录。库存管理系统每月根据这样一叠卡片打印一张月报表，如表 5-3 所示，表中的每一行列出了某种零件本月库存量的净增减变化。

表 5-3　零件库存变化月报表

零件名	增减数量
P1	+204
P2	−1200
P3	−451
⋮	⋮

（1）数据结构化表示

确定输入、输出数据的逻辑结构，并用 Jackson 数据层次图描述所用结构。这里假定卡片已按零件分组，即将同一零件的卡片放在一起。输入数据是由一叠卡片组成的文件，文件包括许多零件组，每个零件组又对应许多张卡片，每张卡片又可能是"收"或"发"。输出是月报表，它由表头和表体两部分组成，表体由许多"行"组成，例子中的数据结构表示如图 5-19 所示。

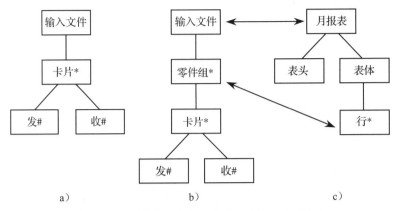

图 5-19　零件库输入文件和月报表文件结构图

（2）找出输入数据结构与输出数据结构的对应关系

找出输入数据结构和输出数据结构中有对应关系的数据单元，所谓有对应关系的数据单元是指有直接因果关系且程序可以同时处理的数据单元。对于重复的数据单元，重复的次序和重复的次数都必须相同才算有对应关系。有对应关系的数据单元名称可以不相同。

在这个例子中，输入数据结构和输出数据结构之间也是对应的。一个输入文件对应一张月报表，输入文件中的每个零件对应月报表中的每一行，"零件组"个数与"行"数相同，"零件组"的排列次序与"行"的排列次序也是一致的。对应关系如图 5-19 中的箭头所示。

但是，如果卡片不是按零件分组，而是按"收"或"发"的日期顺序排列（如图 5-19a 所示），此时输入（如图 5-19b 所示）和输出（如图 5-19c 所示）之间就找不到对应的数据单元。这种情况称为"结构冲突"。

（3）确定程序结构

以输出数据结构为基础确定程序结构，确定程序结构时有三个原则：

- 对于每对有对应关系的数据单元，按照它们在数据结构中所在的层次，在程序结构的适当位置画一个程序框；
- 在输入数据结构中有但在输出数据结构中没有对应关系的数据单元，在程序结构中的适当位置画一个程序框；
- 在输出数据结构中有但在输入数据结构中没有对应关系的数据单元，在程序结构中的适当位置画一个程序框。

简单地说，每对有对应关系的数据单元合画一个框，没有对应关系的所有数据单元（包括输入数据结构和输出数据结构）各画一个框。根据上述原则，画出的程序结构如图 5-20 所示。

（4）列出和分配可执行操作

列出所有的操作，并把它们分配到程序结构的适当位置，这样就获得了完整的程序结构图，程序员就可以根据这个结构图进行程序的编码。例子中的有关操作如表 5-4 所示，将操作分配到图 5-20 上。

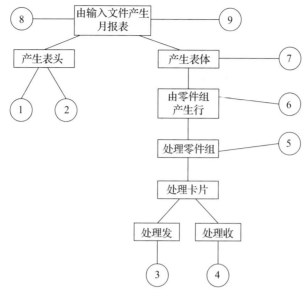

图 5-20　零件库系统程序结构图

表 5-4　零件库软件相关操作

编　号	名　称
1	读表头数据项
2	打印表头符号行
3	读零件卡片（发）
4	读零件卡片（收）
5	处理收发计算
6	生成同零件项
7	根据输入的数据结构打印数据行
8	打开文件
9	关闭文件

3. JSD 方法使用情景

JSD 方法的软件设计过程从数据结构入手，由数据结构之间的关系推导出程序结构，因此，这一方法特别适合以数据为主，"计算"较简单的数据处理系统，是"面向数据的方法"。由于这一技术未提供对复杂系统设计过程的技术支持，因此不适合于大型实时系统或非数据处理系统的开发。

5.3.3　Warnier 方法

Warnier 方法是由法国人 D.Warnier 提出的，它采用 Warnier 图表示数据结构和程序结构。在 Warnier 图中，数据元素按从上到下的顺序出现，在数据元素下方的括号中用数字来表示数据元素是选择出现还是重复出现。当用 Warnier 图表示程序结构时，在处理动作的上方画一条长横线来表示该动作的"非"。Warnier 程序设计方法又称为逻辑构造程序方法。

Warnier 方法和 JSD 方法类似，也从数据结构出发设计程序，Warnier 图是 Warnier 方法中的一种专用工具。

图 5-21 所示的是用 Warnier 图描绘的某数据文件结构，该图表示此文件由 3 种类型的记录顺序组成，数据记录 1 重复出现 4 次，数据记录 2 在一定条件下才出现，数据记录 3 重复出现 n 次。其中，数据记录 1 由项 a、b、c 顺序组成，数据记录 2 由项 f 及在一定条件下出现的项 g 组成，数据记录 3 由在一定条件下出现的项 d 及固定出现的项 e 组成，而项 d 又是由 m 个元素组成的。

可以从该数据文件结构导出程序的处理层次，如图 5-22 所示，它仍然是 Warnier 图的形式。可以用流程图表示程序的处理过程，如图 5-23 所示。

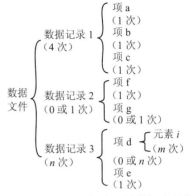

图 5-21　Warnier 图描绘的某数据文件结构

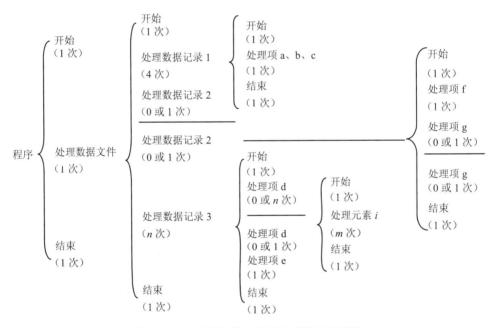

图 5-22　由数据文件结构导出程序处理层次

Warnier 结构程序设计方法的步骤如下：

1）分析并确定输入数据和输出数据的逻辑结构，用 Warnier 图表示出来；

2）由用 Warnier 图表示的数据结构导出用 Warnier 图表示的程序处理层次；

3）根据 Warnier 图所表示的程序处理层次导出程序流程图；

4）用伪代码描述程序过程。

任何领域或任何逻辑复杂的程序都可以采用结构化的方式来设计，结构化编程可以降低程序的复杂性，提高可读性、可测试性和可维护性。

5.3.4　结构化详细设计的例子

现在我们对第 4 章的图 4-67 中的 ComputePageCost 构件（模块）进行详细设计，结果如

图 5-24 所示，其中 ComputePageCost 模块通过调用 getJobData 模块和数据库接口 access-CostDB 来访问数据，接着进一步细化 ComputePageCost 模块，给出算法和接口的细节描述。其中，算法的细节可以由图中显示的伪代码或者活动图表示，接口被表示为一组输入和输出的数据对象或者数据项的集合，详细设计的过程可以做到很详细。

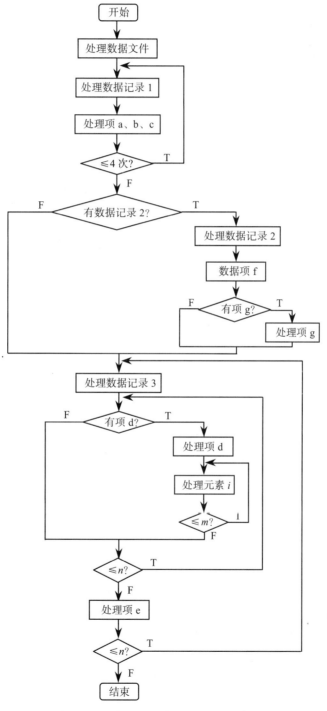

图 5-23　程序处理层次对应的流程图表示

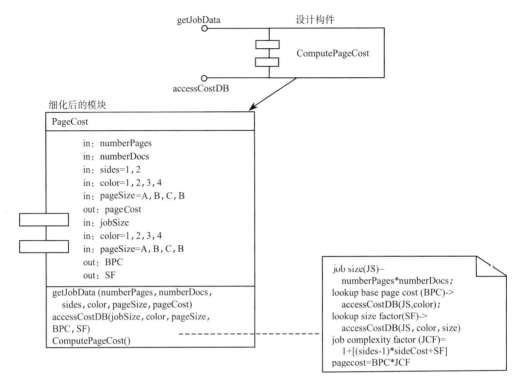

图 5-24　ComputePageCost 构件的详细设计

5.4　面向对象详细设计

在概要设计阶段，已经对系统的体系结构和构件（模块）进行了设计，面向对象的设计是通过相互作用的对象来设计问题的解决方案。在面向对象软件工程环境中，构件包括一个协作类集合，构件中的每一个类都被详细阐述，包括所有的属性和与其实现相关的操作，所有与其他类相互通信协作的接口（消息）必须予以定义。

面向对象的详细设计主要是对构件中的每一个类进行详细描述，包括所有的属性和与其实现相关的操作。应该对每个属性的数据结构进行详细的说明，还需要说明实现与操作相关的处理逻辑的算法细节，说明实现接口所需机制的设计。

在面向对象（OO）世界中，继承指的是将某个特征从一个类传递给其他类，用继承的属性生成新类的过程创建了一个包括超类和子类的类层次结构。在面向对象程序中，对象之间通常通过发送和接收消息来交互以解决问题。程序员通过创建方法来指定它们如何交互，方法是定义一个动作的一条或多条语句，方法名以一组括号结尾，包含在方法中的代码可能是一系列步骤，类似于面向过程程序中的代码段。一个方法被一条消息激活，这条消息被包含在一行程序代码中，有时被称为调用。总之，面向对象详细设计基于概要设计，针对不同模块（可以分解到最小模块），说明其所在的架构元素，如何通过其他模块，数据实现其功能。可以通过 UML 包图、类图、顺序图等展开描述。

5.4.1　类之间关系的详细设计

在详细设计阶段可以使用 UML 类图、顺序图等描述类之间的关系。例如某项目的架构设计采用的是分层架构，包括交互层、业务逻辑层和数据持久化层，其中一个功能模块（项目信息更新模块）的类图如图 5-25 所示，其功能需要通过三层架构实现。

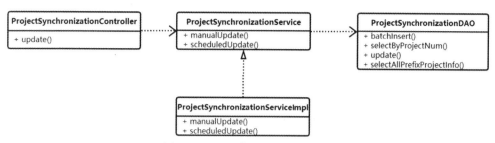

图 5-25　项目信息更新模块类图

ProjectSynchronizationController 类是交互层，负责接收用户请求，然后调用业务逻辑层的 ProjectSynchronizationService 接口方法，所以 ProjectSynchronizationController 类和 ProjectSynchronizationService 类是依赖关系。ProjectSynchronizationService 接口和该接口的实现类 ProjectSynchronizationServiceImpl 是业务逻辑层。ProjectSynchronizationService 接口有两个方法都需要数据持久层类的支持才能完成数据的处理，所以 ProjectSynchronizationService 接口和 ProjectSynchronizationDAO 类是依赖关系。ProjectSynchronizationDAO 类是数据持久层。

这个模块通过交互层、业务逻辑层和数据持久层实现其功能，具体实现逻辑如图 5-26 所示。系统管理员点击前端页面的"项目同步"按钮，前端页面向交互层 ProjectSynchronization Controller 类的 update 方法发送请求。ProjectSynchronizationController 类 update 方法校验前端参数后调用 ProjectSynchronizationService 接口的 manualUpdate 方法请求同步项目信息。manualUpdate 方法首先获取项目信息，然后通过 ProjectSynchronizationDAO 实现对数据库信息的操作。

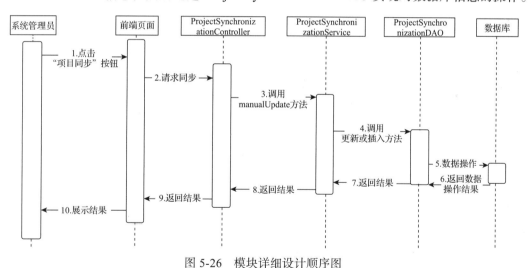

图 5-26　模块详细设计顺序图

5.4.2　类的详细设计

面向对象的详细设计需要对概要设计的类进行完善和修改，以便包含更多的信息项，例如：

● 非功能需求，如性能、输入 / 输出的约束等；

● 确定可以从其他项目中为本项目复用的构件；

● 确定可以为其他项目复用的构件；

● 用户界面的需求；

● 数据结构。

详细设计阶段可能包含更多的类和对象，概要设计是高层描述数据的组织，而详细设计包含更多的数据结构信息。同时要说明每个对象的接口，规定每个操作的操作符号，以及对象的命名、每个对象的参数、方法的返回值。对象的接口是所有方法（操作）的名字的集合。对象实现描述是对对象内部的详细描述，包括：

- 对象名字和引用类说明；
- 私有数据结构、数据项和类型；
- 每个方法的实现描述。可以通过伪代码、UML 活动图、程序流程图等对类中的属性和方法进行描述。

1. 类的详细描述

现在我们对图 4-90 中的 PrintJob 类构件进行详细设计，需要不断补充作为构件的 PrintJob 类的全部属性和操作，细化接口实现描述，对通信和协作也需要进行详细描述。结果如图 5-27 所示。computeJob 和 initiateJob 接口隐含着与其他构件的通信和协作。详细设计需要对每一个构件进行细化，细化一旦完成需要对每一个属性、每一个操作和每一个接口进行进一步细化。概要设计已经根据分析阶段的域模型建立相关的类，以及类之间的关系接口。详细设计阶段需要对每个类展开详细的描述，包括属性和方法的细化。图 5-28 所示是采用伪代码对一个类的详细描述。

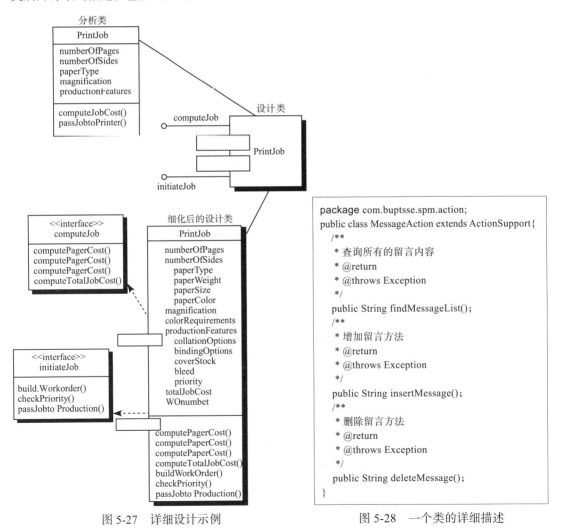

图 5-27　详细设计示例　　　　　　　　图 5-28　一个类的详细描述

2. 方法的详细设计

算法是设计对象中每个方法的实现规格，很多情况下，该算法就是一个简单的计算或过程序列。当然，如果方法（操作）比较复杂，该算法实现可能需要模块化。这里可以采用结构化详细设计技术。

数据结构的设计与算法是同时进行的，因为这个方法（操作）要对类的属性进行处理。方法（操作）对数据进行的处理有很多种，主要包括三类：对数据的维护操作（如增、删、改等），对数据进行计算，监控对象事件。

对于图 5-28 中的三个方法，采用程序流程图的方法完成详细设计。图 5-29 是 findMessageList() 方法的流程图，图 5-30 是 insertMessage() 方法的流程图，图 5-31 是 deleteMessage() 方法的流程图。

图 5-29　findMessageList() 方法的流程图

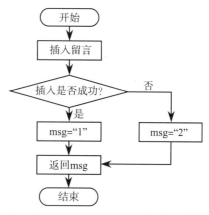

图 5-30　insertMessage() 方法的流程图

4.8.3 节"家庭安全系统"例子中的 Sensor（传感器）对象的详细设计如图 5-32 所示。这里采用了 PDL 语言的伪代码表示。

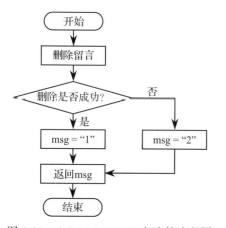

图 5-31　deleteMessage() 方法的流程图

```
PACKAGE Sensor IS
   TYPE sensor data
   PROC read, set, test
   PRIVATE
     PACKAGE BODY sensor IS
     PRIVATE
       Sensor.id IS STRING LENGTH(8)
       Sensor.status IS STRING LENGTH(8)
       Alarm characteristics DEFINED
         Threshold,signal type,signal level is NUMERIC,
       Hardware interface DEFINED
         Type, A/D, characteristics, timing.data is NUMERIC
END sensor
```

图 5-32　Sensor 对象的 PDL 表示

图 5-32 已经定义了传感器的属性，还需要进一步定义每个操作的接口：

- PROC read(sensor.id,sensor.status:out);
- PROC set(alarm characteristics,hardware interface:IN);

- PROC test(sensor.id,sensor.status, alarm characteristics:out)。

下一步需要对这些操作进行逐步求精，这里我们只给出读操作（read 方法）的描述过程，如图 5-33 所示。有了 read 方法的伪代码表示，在编写代码时可以据此翻译成相应的实现语言，其中 GET 和 CONVERT 是函数。

详细设计时还要考虑系统的性能和空间要求等。

```
PROC read（sensor.id,sensor.status:out）
   Raw.signal IS STRING
   IF (haedware.interface.type=" s" & alarm characteristics.signal.type=" B" )
   THEN
     GET(sensor.exception;sensor.status:=error)raw.signal
     CONVERT raw.signal TO internal.signal.level;
     IF internal.signal.level>threshold
       THEN sensor.status=" event '
       ELSE sensor.status=" no event '
     ENDIF
   ELSE{processing for other types of interfaces would be specified}
   ENDIF
   RETURN sensor.id,sensor.status
END read
```

图 5-33　read 方法的 PDL 描述

5.4.3　包的设计

包（Package）是包容一组类的容器，通过将类组织成包，可以在更高层次的抽象上进行设计，也可以通过包来管理软件的开发和发布，包的设计原则如下。

1）颗粒度：内聚性原则。

- 重用发布等价原则
- 共同重用原则
- 共同封闭原则

2）稳定性：耦合性原则。

- 无环依赖原则
- 消除依赖环
- 解除依赖环

5.4.4　面向对象详细设计的例子

我们以某项目的登录模块为例说明其详细设计过程。登录模块是用户登录系统的入口。在此模块中，用户输入自己的用户名和密码，这里用户名为学号或职工号，系统在后台数据库进行查询操作后，返回布尔值，表示该输入是否正确，输入正确则进入系统，输入错误则对用户进行相应提示。该项目架构设计采用了多层结构，包括表现层、控制层、业务逻辑层、数据持久层和域模型层。登录模块系统内部的响应操作示意图如图 5-34 所示。

1. 表现层

登录模块的表现层主要完成不同用户的登录功能，其中在登录页面要求用户输入账号密码的基本信息，确认后页面给出响应消息，提示登录成功或失败。表现层对应的 JSP 页面列表如表 5-5 所示。

表 5-5　登录模块表现层 JSP 列表

界　　面	JSP	功能描述
登录页面	login.jsp	用户（教师、学生、游客）登录功能，当登录出错时给出提示。

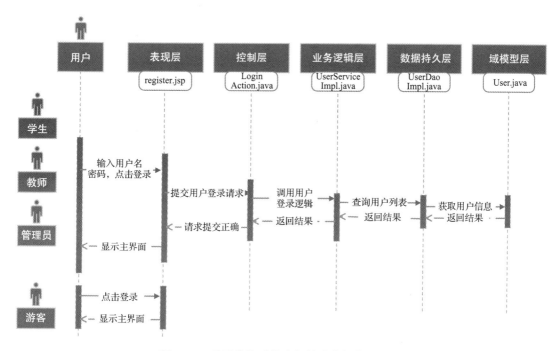

图 5-34　登录模块系统内部的响应操作示意图

在 login.jsp 中编码逻辑的流程图如图 5-35 所示。

2. 控制层

登录模块的控制层负责接收来自 login.jsp 的用户输入，同时调用登入模块的业务逻辑接口，将用户名与密码等用户关键信息传递到业务逻辑层进行判定。等到业务逻辑处理完成之后，将来自业务逻辑层的相应信息传到表现层，并决定显示页面。登录模块控制层列表如表 5-6 所示。

表 5-6　登录模块控制层列表

事　　件	Action	转移说明	出　　口
登录	LoginAction.java	SUCCESS	mainFrame.jsp——登录成功，显示提示窗口
		ERROR	login.jsp——登录失败，显示提示窗口

在控制层中 LoginAction.java 的主要属性与方法如下所示：

```
package com.buptsse.spm.action;
/**
* @description 实现登录页面 Action
```

```
*/
publicclass LoginAction extends ActionSupport
{
    private User user;
    @Resource
    private IUserService userService;

    /* 实现各种属性的 setter 和 getter 方法 */
    /* 实现登录模块的控制层方法 */
    public String login(){}
}
```

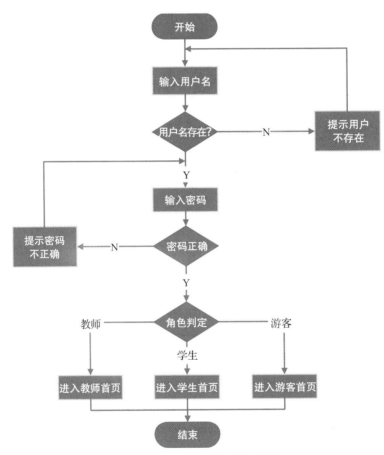

图 5-35　用户登录行为流程图

3. 业务逻辑层

登录模块的业务逻辑层主要完成对用户登录逻辑的判定，同时调用登录模块的业务逻辑接口，比如用户登录时输入的用户名是否存在、密码是否正确，同时在对用户的身份进行判定。登录模块业务逻辑层列表如表 5-7 所示。

表 5-7　登录模块业务逻辑层列表

事件	Service	调用说明	出口
登录	IUserService.java UserServiceImpl.java	调用 IUserDao	返回给 Action

登录模块的业务逻辑层是调用了公用的 IUserService 接口，同时在实现该接口。IUserService.java 接口主要方法如下：

```
package com.buptsse.spm.service;
publicinterface IUserService {
    /* 登录检测 */
    public User login(String userName,String password);
    /* 查找用户 */
    public User findUser(String userName);
    /* 删除用户 */
    public boolean deleteUser(String username);
    /* 增加用户 */
    public boolean addUser(User user);
}
```

UserServiceImpl.java 实现了 IUserService.java 接口，同时需要调用数据持久层的 UserDao.Java，利用 @Resource 来实现对数据持久层接口的调用。

UserServiceImpl.java 主要实现的属性与方法如下：

```
package com.buptsse.spm.service.impl;
@Transactional
@Service
publicclass UserServiceImpl implements IUserService {
    @Resource
    private IUserDao iUserDao;
    @Override
    public User login(String userName,String password);
    @Override
    public User findUser(String userName);
    @Override
    public boolean deleteUser(String username);
    @Override
    public boolean addUser(User user);
}
```

4. 数据持久层

登录模块的数据持久层能对用户数据进行增删改查。登录模块数据持久层列表如表 5-8 所示。

表 5-8 登录模块数据持久层列表

事 件	DAO	调用数据模型	说 明
登录	IUserDao.java UserDaoImpl.java	调用 user.Java	对用户信息进行增删改查操作

IUserDao.java 接口是定义对用户信息进行增、删、改、查的接口：

```
package com.buptsse.spm.dao;
/**
* @description    用户信息持久层接口定义，包括用户的增加、保存、查询
*/
publicinterface IUserDao {
    public User findUser(User user);              /* 查找用户信息 */
    public boolean insertUser(User user);         /* 插入用户信息 */
```

```
    public List<User> searchUser(List<Object> choose);    /* 查找用户信息 */
    public boolean deleteUser(String username);           /* 删除用户信息 */
    public boolean addUser(User user);                    /* 增加用户信息 */
}
```

UserDaoImpl.java 是 **IUserDao.java** 接口的实现：

```
package com.buptsse.spm.dao;
/**
* @description      用户信息持久层接口定义，包括用户增加，保存，查询
*/
@Repository
publicclass UserDaoImpl extends BaseDAOImpl implements IUserDao {
    public User findUser(User user);                      /* 查找用户信息 */
    public boolean insertUser(User user);                 /* 插入用户信息 */
    public List<User> searchUser(List<Object> choose);    /* 查找用户信息 */
    public boolean deleteUser(String username);           /* 删除用户信息 */
    public boolean addUser(User user);                    /* 增加用户信息 */
}
```

5. 域模型层

登录模块用到了域模型层中的 User.java，User.java 是一个公用域模型，在涉及用户信息查询等操作时，就会调用该模型，登录模块域模型层列表如表 5-9 所示。

表 5-9　登录模块域模型层列表

域模型	描　述
User.java	对用户信息的增、删、改、查操作

User.java 主要属性与方法如下：

```
package com.buptsse.spm.domain;
/**
* @description      User 表的信息记录
*/
publicclass User implements Serializable{
    privateString id;                /*id 识别 */
    privateString userName;          /* 用户名 */
    privateString password;          /* 密码 */
    privateString password1;         /* 验证密码 */
    privateString position;          /* 身份信息 */
    privateString userId;            /* 用户 ID*/
    privateint videoTime;            /* 用户学习时间 */

    /* 编写对上述各个属性的 getter 与 setter 方法 */
}
```

总之，这个案例采用了 UML 顺序图、活动图、伪代码等手段完成了登录模块的详细设计，详细说明了在多层架构设计下该模块如何实现其功能的。

与其他方法不同的是，面向对象详细设计的步骤可以在任何时候重复进行，实际上在系统实现的过程中，在不同层次上重复设计步骤是必需的。为了确定何时需要重复设计，可以参考以下原则：假设一个操作的实现需要大量代码（例如大于 200 行代码），就应该将这个操作的功能作为一个新问题进行陈述，然后对这个新问题重复进行设计。

5.5　敏捷化的整洁设计

敏捷设计强调简单设计，简单设计是很重要的敏捷实践，其基本思想是仅编写必要的代码，使程序结构保持最简单、最小、最富有表现力，即保持代码整洁、设计整洁。

5.5.1　整洁设计

整洁设计是通过持续的迭代设计而达到整洁的目标的。正如 Kent 所述，只要遵循如下规则，设计就可以变得简单整洁。

（1）规则一：运行所有的测试

设计必须制造出如预期一般工作的系统，这是首要因素，而且只要系统可测试，就会向保持类短小且目的单一的设计方案靠拢。遵循编写测试并且持续运行测试的简单、明确的规则，系统就会更加贴近低耦合、高内聚的目标。

（2）规则二：持续重构

为了保持代码和类的整洁，需要递增式重构代码，添加一些代码之后，需要暂停，看看设计是否退步了，如果是，就需要清理，并运行测试，保证没有破坏设计。在重构过程中，继续提升低耦合、高内聚、模块化等特质，缩小函数和类的大小，消除重复，保持表达力，尽可能减少类和方法的数量。

（3）规则三：不可重复

重复是良好设计的大敌，它代表额外的工作、额外的风险和额外且不必要的复杂度。

5.5.2　基于 TDD 的详细设计

测试驱动开发（Test Driven Development，TDD）是敏捷开发中的一项核心实践和技术，也是一种设计方法论。TDD 的原理是在开发功能代码之前，先编写单元测试用例代码，以确定需要编写什么产品代码。TDD 的基本思路就是通过测试来推动整个开发的进行，但测试驱动开发并不只是单纯的测试工作，而是把需求分析、设计、代码质量控制量化的过程。TDD 要求软件开发人员每次添加一个行为代码时，先编写一个失败的测试，然后编写刚好使测试通过的代码，这样可以快速发现错误。

TDD 的三大定律如下：
- 除非为了使一个失败的单元测试通过，否则不允许编写任何产品代码；
- 在一个单元测试中只允许编写刚好能够导致失败的内容；
- 只允许编写刚好能够使一个失败的单元测试通过的产品代码。

TDD 实践要求每个必要的行为都输入两次，一次作为测试，一次作为使测试通过的代码，两次输入相辅相成，正如复式记账中负债与资产的互补。这个测试用例可以作为详细设计的输出，是后续编程的基础。

例如，对一个面向对象类 BasicEarthquakeInfo（基本震情）的有关日期（date）操作方法进行详细设计时，可以应用 TDD 的测试用例作为详细设计的结果，如图 5-36 所示，以驱动后续的开发。

```
basicEarthquakeInfo.setDate("2021-05-24 18:05:00");
Mockito.when(mockBasicEarthquakeService.getBasicEarthquakeInfo( id: "2021-05-24 18:05:00")).thenReturn(basicEarthquakeInfo);
assertEquals( expected: "2021-05-24 18:05:00",
        mockBasicEarthquakeService.getBasicEarthquakeInfo( id: "2021-05-24 18:05:00")
                .getDate());
```

图 5-36　作为详细设计的测试用例

5.6 详细设计文档

一般来说，详细设计规格说明没有统一的标准，有的以伪代码的方式体现，最后可能与源代码合为一体，有的可能是文档格式的。下面列出一个详细设计规格说明文档模板，以供参照。

---

1. 导言

1.1 目的

说明文档的目的。

1.2 范围

说明文档覆盖的范围。

1.3 缩写说明

定义文档中所涉及的缩略语（若无则填写无）。

1.4 术语定义

定义文档内使用的特定术语（若无则填写无）。

1.5 引用标准

列出文档制定所依据、引用的标准（若无则填写无）。

1.6 参考资料

列出文档制定所参考的资料（若无则填写无）。

1.7 版本更新信息

记录文档版本修改的过程，具体版本更新记录如下表所示：

修改编号	修改日期	修改后版本	修改位置	修改内容概述

2. 系统设计概述

本节描述的主要内容包括：

- 系统的整体结构（文字和框图相结合）。
- 模块划分和分布（如果采用 OO 技术，则可用构件图和包图表示）。
- 系统采用的技术和实现方法。

3. 详细设计概述

本节以模块为单位，简要描述以下内容：

- 模块用途。
- 模块功能。
- 特别约定。

4. 详细设计

本节以模块为单位，详细描述以下内容：

- 模块的定义。
- 模块的关联。
- 输入 / 输出数据说明，包括变量描述（重要的变量及其用途），以及约束或限制条件。
- 实现描述 / 算法说明，包括：说明本模块的实现流程，即条件分支和异常处理；模块的应用逻辑；模块的数据逻辑。

这部分可以通过合适的详细设计表示形式体现。

5. 程序提交清单

程序提交清单以模块为单位分别进行描述，格式如下表所示：

模块	文件名	文件类别	用途

5.7　MSHD 项目案例——详细设计

项目案例名称：多源异构灾情管理系统（MSHD）

项目案例文档：详细设计说明书

项目详细设计简介

本项目详细设计主要是对概要设计中的每个类进行详细描述，采用流程图、伪代码等方法对设计类的属性、方法进行详细描述。图 5-37 是本项目详细设计文档目录，这个文档是通过敏捷迭代渐进式完善而成的，下面以"数据管理模块"为例，说明模块的详细设计过程。

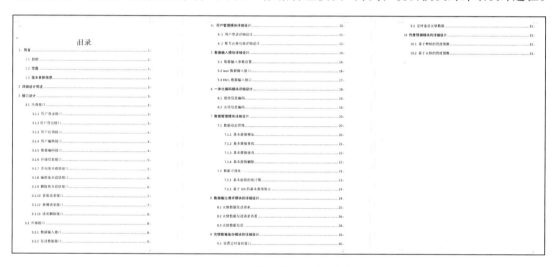

图 5-37　详细设计文档目录

数据管理模块详细设计

1. 数据动态管理

数据动态管理类图如图 5-38 所示，下面以基本震情管理为例说明其详细设计过程。

（1）基本震情增加

增加基本震情数据的功能时序图如图 5-39 所示。在基本震情页面，提交基本信息时，通过接口 /v1/addRecode 向后端 upload 微服务发起请求。后端接收到请求和数据后，调用函数 addRecode，该函数首先读取前端传入的参数，并调用 AddRecord 函数读入数据，通过接口 /v1/disasterInfoCodeToRecode 向微服务 disasterInfoCode 发送请求，该微服务收到后进行数据编码，然后，通过接口 /v1/informationStorage 向微服务 storageinformation 发送请求，该微服务收到请求后，通过传入数据的编码确认所需的存储数据类型，并将基本震情信息入库。

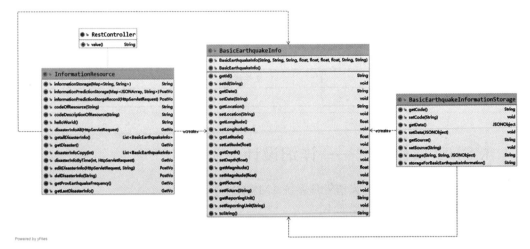

图 5-38 数据动态管理类图

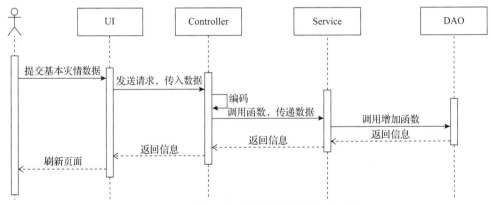

图 5-39 增加基本震情数据的功能时序图

（2）基本震情查询

基本震情查询功能的逻辑实现，在该项目中由 storageinformation 微服务负责，需要对数据库表中的 BasicEarthquakeInfo 表进行映射，其时序图如图 5-40 所示。

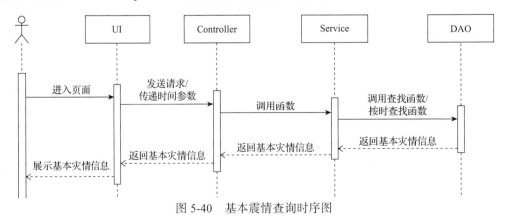

图 5-40 基本震情查询时序图

当数据管理员进入基本震情的页面后，前端会向后端通过接口 /v1/disasterInfo 发送请求，当后端 storageinformation 微服务收到请求后，会立刻调用 disasterInfoAll 函数，该函数接收前端发送的请求，包括每页容纳的最大数据量以及所处页数，之后通过 getAllDisasterInfo 获取到所有基本灾情数据的信息以及个数，再调用 getDisasterInfoByPage 函数对数据进行分页查询，并将结果返回前端，前端通过 Layui 的 table.render 函数将数据展示到表格中。

同时该功能还支持查找限制时间内的基本震情数据，支持最近 24 小时、最近 7 天、最近 1 个月、最近 6 个月、最近 1 年。当用户选择时间后，前端通过接口 /v1/disasterInfo/{time} 向后端发起请求，后端调用函数 disasterInfoByTime 进行查找，过程与上述查找过程类似，不同的是多了一个时间参数，在对数据库进行查询时，通过现在的时间与时间参数的差，获得所要查询的时间段，进行有时间限制的基本震情数据的分页查询，将结果返回前端，通过 table.render 函数将数据展示到表格中。

当数据管理员在前端进行翻页操作和修改每页的最大数据量时，会通过上述接口传递新的所在页和最大数据量参数，进行新的查询。

（3）基本震情修改

基本震情编辑功能的逻辑实现由 storageinformation 微服务负责，需要对数据库表中的 BasicEarthquakeInfo 表进行映射，其时序图如图 5-41 所示。

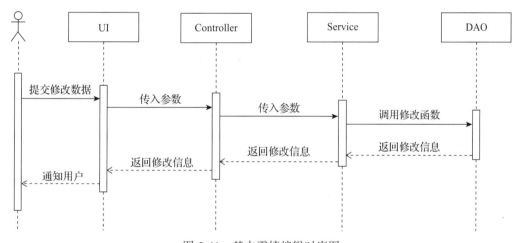

图 5-41 基本震情编辑时序图

当数据管理员在表格中输入需要进行修改的相关数据后，单击"编辑"，前端会通过接口 @PutMapping("/v1/disasterInfo/{id}") 将信息传递给后端，后端收到信息后，调用函数 editDisasterInfo 获得参数，接着调用 update 函数将修改的信息更新入库。若编辑成功，将信息返回前端，更新信息；若编辑失败，将信息返回前端，提示用户。

（4）基本震情删除

基本震情删除功能的逻辑实现由 storageinformation 微服务负责，需要对数据库表中的 BasicEarthquakeInfo 表进行映射，其时序图如图 5-42 所示。

当数据管理员选择基本震情数据，并单击"删除"后，前端通过接口 @DeleteMapping("/v1/disasterInfo/{id}") 将请求发送到后端微服务中，后端调用函数 delDisasterInfo 获得参数，调用 delete 函数将数据管理人员选择的数据在数据库中删除，成功后将信息返回到前端，提示用户。

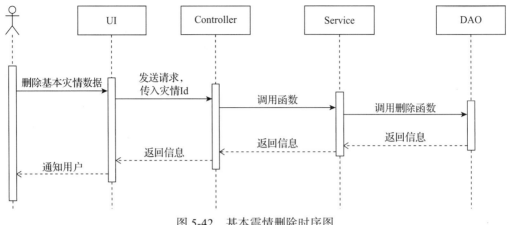

图 5-42 基本震情删除时序图

2. 数据可视化

基本震情的可视化包括基本震情的统计图表展示和基于 GIS 的震情展示。

（1）基本震情的统计分析可视化

基本震情的统计分析图表展示功能由 storageinformation 微服务负责，其时序图如图 5-43 所示。

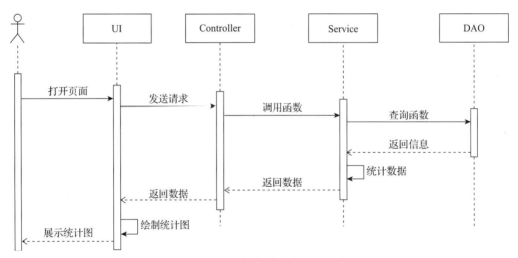

图 5-43 基本震情统计图表展示时序图

前端通过接口 /v1/provEarthquakeFrequency 向后端发送请求，后端调用函数 getProvEarthquakeFrequency 将统计分析的结果返回给前端。前端接收到数据后，使用 echart 库来进行震情统计分析的可视化展示。

（2）基于 GIS 的基本震情展示

基本震情的 GIS 可视化需要 storageinformation 微服务负责，对数据库表中的 BasicEarthquakeInfo 表进行映射，其时序图如图 5-44 所示。

当数据管理员在前端打开该页面后，前端通过 v1/getalldisasterinfo 接口向后端发送请求。前端接收到请求后，调用 getallDisasterInfo 函数查找所有的基本震情数据，将数据发送到前端。

前端接收到数据后，调用 loadmap 函数进行地图的绘制，这里使用了天地图的 API，之后以从后端获得的基本震情数据中的每一条经纬度为坐标，在地图上进行覆盖点的绘制，并且添加点击动作打开信息窗口，展示出每一次地震的基本情况。

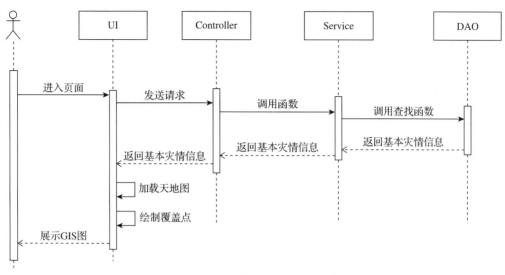

图 5-44　基本震情 GIS 可视化时序图

5.8　小结

　　详细设计将概要设计的内容具体化、明细化，将概要设计转换为可以操作的软件模型，是编程之前的一个设计环节，可以视具体情况而省略这个过程。本章讲述了详细设计的内容、方法以及具体的表示形式，介绍了结构化详细设计方法、面向对象的详细设计方法，还介绍了整洁设计的规则。

5.9　练习题

一、填空题

1. PDL 又称 _____ ，它是一种非形式化的比较灵活的语言。

2. 软件的详细设计可采用图形、_____ 和过程设计语言等形式的描述工具表示模块的处理过程。

3. 软件详细设计需要设计人员对每个设计模块进行描述，确定所使用的 _____ 、接口细节和输入 / 输出数据等。

4. 结构化设计方法与结构化分析方法一样，采用 _____ 技术。结构化设计方法与结构化分析方法相结合，依照数据流图设计程序的结构。

5. 软件中详细设计一般在 _____ 基础上才能实施，它们一起构成了软件设计的全部内容。

6. 在 Warnier 方法中，采用 _____ 表示数据结构和程序结构。

7. 面向数据结构的设计方法主要包括 _____ 和 _____ 。

8. 在详细设计阶段，除了对模块内的算法进行设计之外，还应对模块内的 _____ 进行设计。

二、判断题

1. JSD 方法的原理与 Warnier 方法的原理类似，也是从数据结构出发设计程序，但后者的逻辑要求更严格。（　　）

2. 软件详细设计要求设计人员为每一个程序模块确定所使用的算法、数据结构、接口细节和

输入 / 输出数据等。（　　　）

3. 伪代码可以被直接编译，它体现了设计的程序的框架或者代表了一个程序流程图。（　　　）

4. 在详细设计阶段，一种历史最悠久、使用最广泛的描述程序逻辑结构的工具是程序流程图。（　　　）

5. PAD 是一种改进的图形描述方式，其优点是能够反映和描述自顶向下的历史和过程。（　　　）

6. 详细设计阶段的任务还不是具体地编写程序，而是要设计出程序的"蓝图"，以后程序员根据这个蓝图编写实际的代码。（　　　）

7. 过程设计的描述工具包括程序流程图、N-S 图、PAD、PDL 伪代码等。（　　　）

8. 重复是良好设计的大敌，整洁设计强调不可重复。（　　　）

三、选择题

1. JSD 设计方法是由 Jackson 所提出的，它是一种面向（　　　）的软件设计方法。

    A. 对象　　　　　　　B. 数据流　　　　　　　C. 数据结构　　　　　　　D. 控制结构

2. 数据元素组成数据的方式的基本类型是（　　　）。

    A. 顺序的　　　　　　B. 选择的　　　　　　　C. 循环的　　　　　　　D. 以上全部

3. 程序流程图中的箭头代表的是（　　　）。

    A. 数据流　　　　　　B. 控制流　　　　　　　C. 调用关系　　　　　　D. 组成关系

4. 伪代码又称为过程设计语言（PDL），一种典型的 PDL 是仿照（　　　）编写的。

    A. Fortran　　　　　　B. 汇编语言　　　　　　C. Pascal 语言　　　　　D. COBOL 语言

5. 伪代码作为详细设计的工具，其缺点在于（　　　）。

    A. 每个符号对应于源程序的一行代码，对于提高系统的可理解性作用很小

    B. 不如其他图形工具直观，对复杂的条件组合与动作间的对应关系的描述不够明了

    C. 容易使程序员不受任何约束，随意转移控制

    D. 不支持逐步求精，使程序员不去考虑系统的全局结构

6. 结构化程序流程图中一般包括 3 种基本结构，下述结构中（　　　）不属于其基本结构。

    A. 顺序结构　　　　　B. 条件结构　　　　　　C. 选择结构　　　　　　D. 嵌套结构

7. 在详细设计阶段，一种二维树形结构并可自动生成程序代码的描述工具是（　　　）。

    A.PAD　　　　　　　　B.PDL　　　　　　　　C.IPO　　　　　　　　D. 判定树

8. 软件详细设计的主要任务是确定每个模块的（　　　）。

    A. 算法和使用的数据结构　　　　　　　　　B. 外部接口

    C. 功能　　　　　　　　　　　　　　　　　D. 编程

9. 为了提高模块的独立性，模块之间最好是（　　　）。

    A. 公共耦合　　　　　B. 控制耦合　　　　　　C. 内容耦合　　　　　　D. 数据耦合

10. 为了提高模块的独立性，模块内部最好是（　　　）。

    A. 逻辑内聚　　　　　B. 时间内聚　　　　　　C. 功能内聚　　　　　　D. 通信内聚

11. 软件设计中，可应用于详细设计的工具有（　　　）。

    A. 数据流程图、PAD、N-S 图

    B. 业务流程图、N-S 图、伪代码

    C. 数据流程图、PAD、N-S 图和伪代码

    D. 顺序流程图、PAD、N-S 图和伪代码

第6章

软件项目的编程

完成软件项目的概要设计和详细设计以后，应开始考虑如何将设计变为代码，即软件的编程。这需要通过编程过程来完成，编程是将软件设计的结果翻译成用某种程序设计语言书写的程序，是软件工程的实施阶段。本章进入路线图的第四站——编程，如图 6-1 所示。

图 6-1　路线图——编程

6.1　编程概述

软件程序需要通过设计和编程来执行许多不同类型的任务。它们接收用户输入，执行业务逻辑，访问数据库，进行网络通信，向用户显示信息，等等。因此，程序中的每个功能都可能需要大量的代码来实现。乔布斯认为："我们每个人都应该学习编程，因为它教会你思考。"

软件代码是软件设计的自然结果，因此，程序的质量主要取决于软件设计质量，但是所选用的程序设计语言的特点、编程风格、编程方法等，也会对程序的可靠性、可读性、可测试性和可维护性产生深远影响。软件开发的最终目标是产生能够在计算机上执行的程序代码，在系统分析和设计阶段产生的文档不能在计算机上执行，只有编程阶段才能够产生可以在计算机上执行的代码，能够将软件的需求真正付诸实现，所以这个阶段也称为软件实现阶段。

实现设计（编写代码，简称编码或者编程）有很多选择，因为存在多种实现语言和工具，但是一般来说，在设计中会直接或者间接地确定实现语言。编程有很多创造性的成分，在实现设计时有更大的灵活性。

编程过程的一个主要标准是代码与设计的对应性和统一性。如果没有按照设计的要求进行编程，那么设计就没有意义了。设计过程中的算法、功能、接口、数据结构都应该在编程过程中体现。需求发生变更的时候，设计也要对应地发生变更，同时代码也应该一致地发生变更，这可以通过配置管理来控制。

编程过程在一定程度上依赖人的技能（艺术），如同不同的厨师做出的饭菜味道不同，体悟不同，结果不一定相同。

有人说我们正在面临代码的终结点，不久的将来，代码会自动产生，不需要人工编程，我们应该更加关注模型和需求，业务人员可以从规格直接生成程序。但是很多专家持否定的意见，认为这是不可能的，我们永远抛不掉代码，代码是最终用来表达需求的语言，尽管我们可以创造各种与需求接近的语言，但是无法做到像代码那样精确。在某些层面上，这些细节无法被忽略或者抽象，将需求明确到机器可以执行的细节程度，就是编程序要做的事情。

但是现实中，我们很多时候没有真正把质量构建在设计和编程中，没有防御式编程的习惯，在代码重构、代码整洁等方面也都做得不够好。

6.1.1 编程语言

编程语言就是用于编写计算机程序的语言，也是一种实现性的计算机软件语言。编程语言有低级语言和高级语言之分。低级语言具有较低的抽象级别，因为它包含特定 CPU 或微处理器家族的命令；高级语言使用基于人类语言的命令词和语法，提供了屏蔽底层低级语言的抽象级别。自 20 世纪 60 年代以来，人们已经设计和实现了很多编程语言，可以将编程语言分为五类。

第一代语言——从属于机器的语言。机器语言是由机器指令代码组成的语言，不同的机器有不同的机器语言，它们都是二进制代码的形式，而且所有的地址分配都是以绝对地址的形式处理的，是计算机能直接识别和执行的语言。机器语言的优点是不需要翻译，占用内存少，执行速度快；缺点是随机而异，通用性差，而且因指令和数据都是二进制代码形式，难于阅读和记忆，编程工作量大，难以维护。

第二代语言——汇编语言。汇编语言比机器语言直观，它的每一条指令与相应的机器指令有对应关系，同时又增加了一些其他功能，如宏、符号地址等。存储空间的安排可以由机器解决，减少了程序员的工作量，也降低了出错率。第一代语言和第二代语言都属于低级语言。

第三代语言——高级程序设计语言。高级程序设计语言从 20 世纪 50 年代开始出现，并已被多数人所熟悉，典型的高级程序设计语言有 BASIC、Fortran、Pascal、C、C++、Ada、COBOL 等。

第四代语言（4GL）。20 世纪 80 年代出现了"第四代语言"的说法，虽然，第二代语言和第三代语言提高了编程语言的抽象级别，但是仍然需要具体规定十分详细的算法过程，第四代语言将语言的抽象层次提高到了一个新的高度。20 世纪 90 年代，大量基于数据库管理系统的 4GL 商品化软件在应用软件开发领域得到广泛应用，成为面向数据库应用开发的主流工具，Oracle 应用开发环境、Informix-4GL、SQL Windows、Power Builder 等都是有代表性的工具。第四代语言又叫面向应用的语言，主要特点是：非过程性，采用图形窗口和人机对话形式，基于数据库和"面向对象"技术，易编程、易理解、易使用、易维护。

第五代语言——智能化语言。它主要应用在人工智能领域，帮助人们编写推理、演绎程序。基于声明式编程范式的计算机语言，例如 Prolog 被认为第五代语言，但一些专家不同意这种分类。

程序员通常发现，根据所使用的项目类型对语言进行分类是很有用的，例如一些语言用于 Web 编程，其他用于移动应用程序、游戏和企业应用程序。一些最常用的编程语言包括：Fortran、LISP、COBOL、BASIC、C、Prolog、Ada、C++、Objective-C、Perl、Python、Visual Basic(VB)、Ruby、Java、JavaScript、PHP、C# 和 Swift。

6.1.2 编程环境

开始编程之前，需要安装开发环境，搭建基础设施。程序员通常会下载并安装包含一组编程工具的 SDK 或 IDE，这些工具箱可能包括编译器、调试器和编辑器等。其中，SDK（Software Development Kit，软件开发工具包）是一组特定语言的编程工具，程序员可以在特定的计算机平台上开发应用程序。IDE（Integrated Development Environment，集成开发环境）是一种 SDK，它将一组开发工具打包到编程应用程序中。

程序员用高级语言创建的易读性程序称为源代码，必须首先使用编译器或解释器将源代码翻译成机器语言，然后机器才可以执行这个程序。有两种翻译工具，即编译器和解释器。编译器将程序中的所有语句一次性批量转换为机器语言，并将生成的指令集合（称为目标代码）放在一个新文件中；解释器在程序运行时一次转换和执行一条语句，一旦执行完毕，解释器将转换并执行下一条语句。

6.1.3 编程范式

编程范式指的是一种将计算机执行的任务概念化和结构化的方法，程序员使用支持某种范例的编程语言进行编程，主要有过程编程范式、面向对象编程范式、申明式编程范式，如表 6-1 所示。

表 6-1 编程范式及其特征

编程范式	特征描述
过程编程范式	强调向计算机提供如何解决问题或执行任务的线性步骤，程序详细说明了如何解决问题，适用于数字处理任务
面向对象编程范式	将程序定义为一系列对象和方法，这些对象和方法相互作用以执行特定的任务，程序定义对象、类和方法，适合解决现实世界对象的问题
申明式编程范式	着重于使用事实（fact）和规则（rule）来描述问题，程序就是描述问题，适合处理文字和语言问题

编程主要是根据详细设计完成模块的编程工作，这个编程工作主要包括模块的逻辑处理和数据结构处理。在结构化编程方法中，这两部分是分开的；而在面向对象的方法中，这两部分是结合在一起的。程序语言的发展很迅速，尤其是面向对象语言和数据库语言的强大功能以及类库、构件库和中间件的出现，不但使编程工作的效率大大提高，也大大提高了代码的质量。

6.2 面向过程（结构化）编程

面向过程编程也称为结构化编程，传统的编程方法使用过程范式（有时称为命令式范式），将问题的解决方案概念转化为一系列步骤，支持过程化范式的编程语言称为过程化语言（或者结构化语言），例如 C 语言。面向过程编程语言非常适合用线性的算法解决问题。最早的编程语言是过程式的，可以生成快速运行和有效使用系统资源的程序。过程模式非常灵活和强大，可以应用于许多类型的问题中。世界上第一个计算机程序员就采用了这种面向过程编程方法来解决使用计算机的问题。

在概要设计和详细设计中已经确定程序模块的主要控制结构，在编程过程中要继承设计中确定的结构，程序结构要反映设计中的控制结构。

6.2.1　算法实现

设计时可以对模块的实现算法进行说明和描述，在编程实现这些算法时可以有很大的灵活性，当然还要受编程语言和硬件的限制。例如，在实现代码的时候要考虑性能和效率的问题，我们最初可能认为代码运行速度越快越好，但是代码速度快可能隐匿地让我们付出更高的成本：

- 编写运行速度更快的代码，技术要复杂一些，需要花费更多的时间。
- 在测试的时候，复杂技术需要更多的测试案例，需要花费更多的测试时间。
- 读者可能需要花费更多的时间阅读代码。
- 修改代码的时间也增加了。

所以，需要平衡执行时间与设计的质量、标准、需求之间的关系，尤其要避免出现为了追求速度而牺牲程序清晰性和正确性的情况。如果速度真的很重要，就要学会如何优化代码，否则结果可能适得其反。例如，如果程序中有一个三维数组，你为了提高效率通过一个一维数组的计算代替三维数组的位置索引，这样你的代码是 index=$3*i+2*j+k$。其实，编译器对数组的索引位置的计算是在注册表中进行的，所以速度是很快的，如果使用这种额外的计算索引的方法，计算的速度反而变慢了。

6.2.2　控制结构

计算机处理多种问题的能力的关键在于控制程序结构的能力，控制结构是指计算机执行程序语句的顺序，主要有顺序控制结构、选择控制结构、循环控制结构三种形式，这三种构造方法是结构化编程的基本技术。

1. 顺序控制结构

在顺序控制结构执行过程中，首先执行程序中的第一条语句，然后执行第二条语句，以此类推，直到执行完程序中的最后一条语句。例如，下面是一个用 Python 编程语言编写的简单程序，输出内容："This is the fist line"和"This is the next line."。

```
print ("This is the first line.")
print ("This is the next line.")
```

顺序控制结构通过计算机指令来改变指令执行的顺序，例如在下面的简单程序中，一个 goto 命令告诉计算机直接跳转到标记为"ABC"的指令：

```
print ("This is the first line.")
goto ABC
print ("This is the next line.")
ABC: print ("All done!")
```

顺序控制结构将计算机导向函数中包含的语句，当语句被执行后，计算机返回主程序，函数是程序的一部分，但不包含在主顺序执行路径中。

2. 选择控制结构

选择控制结构告诉计算机根据一个条件的真假来做什么。选择控制结构的一个简单示例是 if…else 命令，如图 6-2 所示。

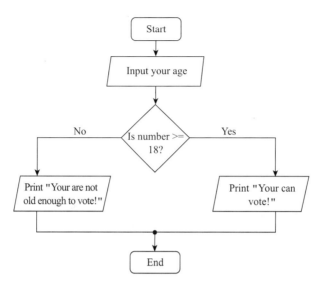

图 6-2　选择控制结构

3. 循环控制结构

循环控制结构引导计算机重复执行一条或多条指令，直到满足一定的条件为止。重复代码的选择通常被称为循环或迭代，如图 6-3 所示。

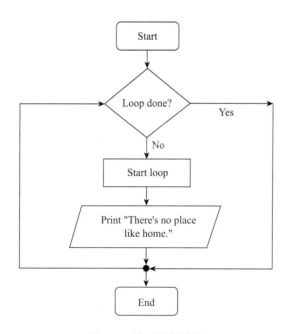

图 6-3　循环控制结构

6.2.3 编程过程规则

编程过程中需要注意一些必要的规则。

1. 避免无规则跳转

在编程过程中要尽量避免程序的无规则跳转，编写的代码尽量让读者很容易地自上而下阅读。例如，下面程序中的多次跳转使程序的流程很乱：

```
        GetMoney=min;
        If (age<70)  goto A;
        GetMoney=max;
        goto C;
        If (age<60)  goto B;
        If (age<50)  goto C;
A:      If (age<60) goto B;
        GetMoney= GetMoney *2+bonus;
        goto C;
B:      If (age<50)  goto C;
        GetMoney= GetMoney *2;
C:      Next Statement
```

Edsger Dijkstra 认为结构化的函数中，每个代码块都应该只有一个入口、一个出口，这个规则意味着：每个函数中应该只有一个 return 语句，循环中不能有 break 或者 continue，而且永远不能有 goto 语句。我们重新整理上面的代码，以实现同样的功能。整理后代码可读性很好，控制结构也很好：

```
If (age<50)  GetMoney=min;
Elseif(age<60)  GetMoney= GetMoney *2;
Elseif(age<70)  GetMoney= GetMoney *2+bonus;
Else GetMoney=max;
```

我们知道模块化是一个好的设计属性，代码的模块化程度越高，程序的可维护性就越好，可复用性也越强，所以，在编写代码时，使代码更通用是一个好习惯。但是也不要为了追求通用性而影响代码的性能和可读性。

在编程过程中还要考虑程序的耦合性和内聚性，注意参数的命名和参数说明，以便展示模块之间的关联关系。例如，编写一个计算收入税的模块时，你可能会使用其他模块提供的毛利和扣除额的参数值，在注释程序时最好写为：

```
Estimate IncomeTax Based on values of GROSS_INC and DEDUCTS.
```

另外，最好明确地说明程序中每个模块的输入和返回参数，以免给测试和维护带来不便。模块之间的关系应该很透明。

2. 数据结构

数据结构是数据的各个元素之间逻辑关系的一种表示，数据与程序是密不可分的，采用的数据结构不同，底层的处理算法也不同。数据结构设计应确定数据的组织方式、存取方式、相关程度，以及信息的不同处理方式。数据结构的组织方法和复杂程度可以灵活多样，但是典型的数据结构的种类是有限的，图 6-4 所示是典型的数据结构。

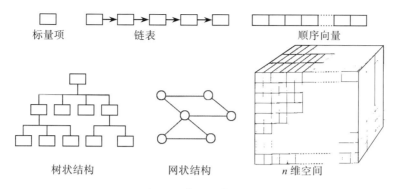

标量项　　　链表　　　　　　顺序向量

树状结构　　　　网状结构　　　　　　n 维空间

图 6-4　典型的数据结构

标量是所有数据结构中最简单的一种，标量项即单个的数据元素，如一个整数、一个实数、一个字符串等。可以通过名字对它们进行存取。如果将多个标量项按照某种先后顺序组织在一起，则可形成线性结构，可以用链表或顺序向量来存储线性结构的数据。如果对线性结构上的操作进行限制，可形成栈和队列两种数据结构。当然，也可以将顺序向量扩展到二维、三维、…、n 维，形成 n 维向量空间。

同时，基本的数据结构可以构成其他的数据结构，例如，用包含标量项、向量或者 n 维空间的多重链表建立分层的树状结构和网状结构，利用它们又可以实现多种集合的存储。

在编程过程中，为了对数据进行很好的处理，需要对数据的格式和存储进行安排，如何通过数据结构来组织程序的技术有很多，基本原则就是尽可能保持程序简单。

在详细设计时可能已经对数据结构做了说明，但是这些数据结构说明更多是对模块之间的接口关系以及模块的总体流程的描述。程序中如何处理数据直接影响到数据结构的选择，选择数据结构时应尽可能使程序简单明了。例如，在计算个人所得税的程序中，假设计算税率的要求如下：

- 收入低于 10 000 元，扣税 10%；
- 收入为 10 000 元到 20 000 元，扣税 12%；
- 收入为 20 000 元到 30 000 元，扣税 15%；
- 收入为 30 000 元到 40 000 元，扣税 18%；
- 收入超过 40 000 元，扣税 20%。

可以实现这个模块如下：

```
tax=0;
if (taxable_income==0)  goto EXIT;
if (taxable_income>10000)  tax= tax +1000;
else
{
    tax= tax +0.1* taxable_income;
    goto EXIT;
}
if (taxable_income>20000)  tax= tax +1200;
else
{
    tax= tax +0.12*( taxable_income-10000);
```

```
        goto EXIT;
    }
    if (taxable_income>30000)  tax= tax +1500;
    else
    {
        tax= tax +0.15*( taxable_income-20000);
        goto EXIT;
    }
    if (taxable_income<40000)
    {
        tax= tax +0.18*( taxable_income-30000);
        goto EXIT;
    }
    else
        tax= tax +1800+0.2*( taxable_income-40000);
    EXIT;
```

我们可以通过设计一个税率表（如表 6-2 所示），使每一个级别的收入对应一个税收基数和一个税率。

表 6-2　税率表

收入（bracket）	基数（base）	税率（percent）
0～10 000	0	10%
10 000～20 000	1 000	12%
20 000～30 000	2 200	15%
30 000～40 000	3 700	18%
40 000 以上	5 500	20%

通过使用这个表，我们可以简化上述程序的算法：

```
tax=0;
for (int i=2;level=1;i<=5;i++)
    if (taxable_income>bracket[i])
        level=level+1;
tax=base[level]+percent[level]*(taxable_income- bracket[level]);
```

可见，通过修改数据结构使程序简单了，程序也更容易阅读、更容易测试和维护。数据结构可以决定程序结构，在上面计算个人所得税的例子中，数据结果影响了程序的组织和流程。有时数据结构也可以影响编程语言的选择。例如，LISP 语言被设计为一个列表处理器，它在处理列表方面比其他语言更强大；Ada 语言在处理非正常状态时比其他语言更强大。

在定义一个递归数据结构时，首先定义一个初始元素，然后按照初始元素循环生成数据结构。例如，一个有根的树结构是由节点和线组成的图形，它满足下面的条件：

- 只有一个节点，设为根节点；
- 如果连接根节点的线被删除后会产生很多非相交的图形，则每个图形有一个根节点。

图 6-5 所示就是一个有根的树结构，图 6-6 就是删除根节点之后分解出的几个有根的树结构，分解后的每个树结构的根是连接原来树结构根的节点，所以这个有根的树结构是由根

和子树结构组成的，这是递归的定义。

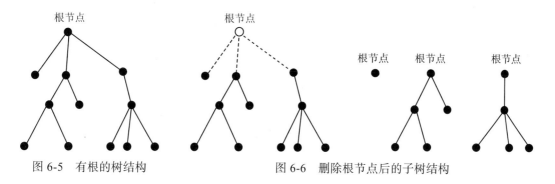

图 6-5 有根的树结构   图 6-6 删除根节点后的子树结构

6.3 面向对象编程

如果在需求和设计阶段采用了面向对象的方法，则编程过程就是面向对象的编程（OOP）过程，OOP 是对需求分析和设计的发展和实现。现实世界包含一系列有特定属性和行为的对象，这些对象之间的交互不能一直以包括一系列步骤的算法的形式来实现，因此不能基于过程范式进行编程。程序不是一系列步骤，而是一些相互连接以交换数据的对象，面向过程编程与面向对象编程的区别如图 6-7 所示，面向过程编程是通过一系列有序的步骤执行程序的，而面向对象编程是通过对象之间的相互调用执行程序的。

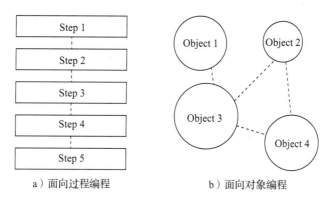

a）面向过程编程   b）面向对象编程

图 6-7 面向过程编程与面向对象编程的对比

6.3.1 对象和类

为了更好地理解类或者对象的实质概念，我们先看一个例子："什么是人类？"首先我们来看看人类所具有的特征，这个特征包括属性（一些参数，数值）和方法（一些行为，他能干什么）。也就是说，人类的特征有身高、体重、年龄、血型等属性，还有会劳动、会直立行走、会用自己的头脑去创造工具等方法。人之所以能区别于其他动物，是因为每个人都具有"人类"这个群体的属性与方法。"人类"只是一个抽象的概念，是不存在的实体。但是所有具备"人类"这个群体的属性与方法的对象都叫"人"。"人"这个对象是实际存在的实体。每个人都是"人类"这个群体的一个对象。熊猫为什么不是人？因为它不具备"人类"这个群体的属性与方法，熊猫不会直立行走、不会使用工具，所以熊猫不是人。

对一组对象的描述就是类，一个类的特定成员就是对象或者实例，例如 Mycar 是 Car 这个类的一个对象实例。类在编译时存在，而对象在运行时存在。对象的特性通过类的属性变量体现，对象的操作通过类的方法体现。方法是定义一个动作的一个或多个语句；方法中的代码可能是一系列步骤，类似于过程程序中的代码段，在面向对象程序中，对象之间通过方法进行交互。一个方法被一条消息激活，这条消息包含在一行程序代码中，这有时被称为调用，在面向对象的世界中，对象通常通过发送和接收消息进行交互以解决问题

由此可见，类描述了一组有相同特性（属性）和相同行为（方法）的对象。在程序中，类实际上就是数据类型，如整数、小数等。整数也有一组特性和行为。面向过程的语言不允许程序员自己定义数据类型，只能使用程序中内置的数据类型，而为了模拟真实世界，以便更好地解决问题，我们往往需要创建解决问题所必需的数据类型，面向对象编程为我们提供了解决方案。

因此，面向对象编程语言最大的特性就是可以编写自己所需要的数据类型，以便更好地解决问题。必须搞清楚类、对象、属性、方法之间的关系。"人"这个类是什么也做不了的，因为"人类"只是一个抽象的概念，并不是实实在在的"东西"，而"东西"就是所谓的对象。只有"人"这个对象才能去工作。而类是对象的描述，对象从类中产生，此时，对象具有类所描述的所有属性以及方法。

类是属性与方法的集合，而这些属性与方法可以被声明为私有的（private）、公共的（public）或受保护的（protected），它们描述了对类成员的访问控制。下面介绍类的相关特性的概念。

- 公共的（public）：把变量声明为公共类型之后，就可以通过对象来直接访问，一切都是公开的。
- 私有的（private）：当把变量声明为私有的时，想要得到私有数据，对象必须调用专用的方法。
- 受保护的（protected）：表明该成员允许在派生类中使用，但不允许通过本类对象的用户代码直接使用。这实际上是对设计人员的"有限度"授权和对用户的"拒绝"授权。
- 继承（inheritance）：继承指的是将某个特征从一个类传递给其他类，用继承的属性生成新类的过程创建了一个包括超类（superclass）和子类（subclass）的类层次结构；超类是任何可以继承其属性的类；子类（或派生类）是任何从超类继承属性的类。
- 多态性（polymorphism）：多态性有时也称为重载，是在子类中重新定义方法的能力，它允许程序员为过程创建一个单一的、通用的名称，该过程对不同的类具有独特的行为方式。
- 封装：封装是指将类的某些信息隐藏在类的内部，不允许外部程序直接访问，而是通过该类提供的方法来实现对隐藏信息的操作和访问。为了实现数据的封装，提高数据的安全性，我们一般会把类的属性声明为私有的，而把类的方法声明为公共的。这样，对象能够直接调用类中定义的所有方法，当对象想要修改或得到自己的属性时，必须调用已定义好的专用的方法才能够实现，即"对象调方法，方法改属性"。

面向对象任务涉及具体的面向对象实现方法，例如，选择程序设计语言、类的实现、方法的实现、用户接口的实现、准备测试数据等，C++ 和 Java 语言是面向对象编程语言的代表。当今大多数流行的编程语言，如 Java、C++、Swift、Python 和 C# 都具有面向对象特性。1983 年，面向对象（OO）特性被添加到 C 编程语言中，C++ 成为编程游戏和应用程序的流行工具。Java 最初计划作为消费类电子产品的编程语言，但它演变为用于开发 Web 应用程序的面向对象编程平台。

例如，对于设计阶段完成的 Rabbit 类，如图 6-8 所示，编程阶段要完成的属性（变量定义）、方法的实现如下。

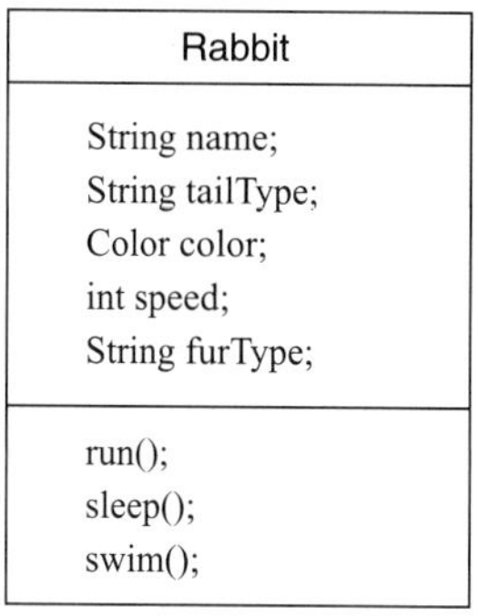

```java
/**
 * 标题：Rabbit.java
 * 描述：这是一个包含 rabbit 定义的类
 * Copyright: Copyright (c) 2016
 * @author casey BUPT
 * @version 1.0
 */
public class Rabbit {
// 实例变量的声明
String name, tailType, furType;
Color color;
int speed;
public String getFurType() {
return furType;
}
/**
 * 这个函数得到兔子的皮毛类型 .
 * @return String Type of fur.
 */
public void setFurType(String furType) {
// 检查 furType 是否对兔子有效
if((furType.equals("scaley") || (furType.equals("bald")){
System.out.println("ERROR: Illegal fur type.");
}
else this.furType = furType;
}

/** 这是一个兔子休眠函数，它表示兔子睡了几分钟
 * @param duration 睡眠的分钟数
 */
public void sleep(int duration){
// 兔子睡眠的代码实现
System.out.println("I am sleeping for " + duration + " minutes.");
}
/** 这是一个兔子奔跑函数
 * 兔子奔跑的距离取决于兔子跑了多长时间，以及它是否以 z 字形奔跑
 * @param duration 兔子奔跑的时间
 * @param zigzag 兔了是否以 z 字形奔跑
 * @return int 兔子跑了多少公里
 */
public int run(int duration, boolean zigzag){
    System.out.println("I am running "
                        + (zigzag? "in a zigzag" : "straight")
                        + " for "
                        + duration
                        + " minutes.");
    int distanceRun = duration * speed; // 假设速度为 m/min
    if (zigzag) {
    /* 当兔子以 z 字形奔跑时，所跑过的距离是原本的 1/3
        return distanceRun/3;
    }
    else return distanceRun;
}
```

Rabbit
String name; String tailType; Color color; int speed; String furType;

run();
sleep();
swim();

图 6-8　Rabbit 类定义

6.3.2 面向对象编程的基本结构

在一个面向对象的程序结构中，包含类定义、方法定义、初始化、输出结果等，例如在 Java 程序中，计算机通过一个名为 main() 的标准方法开始执行程序，该方法包含通过调用方法向对象发送消息的代码。下面通过一个例子说明面向对象编程的结构。

1）详细设计中的一个 Cat 类如图 6-9 所示。

2）使用 Java 语言完成 Cat 类（Cat.java），如图 6-10 所示。

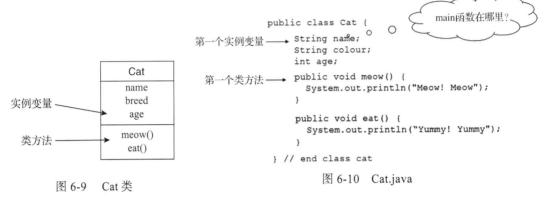

图 6-9 Cat 类

图 6-10 Cat.java

3）采用 Java 语言完成对 Cat 类的调用（测试），即 CatTestClass.java，如图 6-11 所示。

```java
public class CatTestClass {
    public static void main(String[] args) {
        // cat test code ...
        Cat myCat = new Cat(); // make a new cat
        myCat.name = "Fluffy"; // set the cat's name
        myCat.meow();// make it meow!
    }
} //end class CatTestClass
```

图 6-11 CatTestClass.java

4）将 Cat.java 和 CatTestClass.java 放在同一个目录下，编译并运行 CatTestClass，如图 6-12 所示。这就生成了一个 Cat 对象，并赋值到 myCat 变量中。

Cats creation

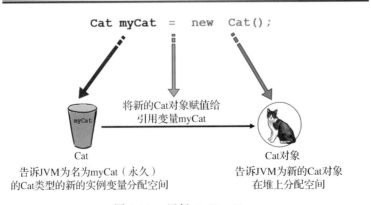

图 6-12 运行 CatTestClass

6.3.3　面向对象编程与面向过程编程的对比

下面通过一个例子来对比面向过程编程与面向对象编程的区别。

编程需求：在 GUI 上有一些图形，如正方形、圆形、三角形，当用户点击图形时，图形将按照顺时针方向旋转 360°，并且针对特定的图形运行一个 AIF 声音文件。

针对上面的编程需求，采用面向过程的程序如下：

```
rotate(shapeNum)
{
//make the shape rotate 360
}

playSound(shapeNum)
{
//use shapenum to loop-up which sound to play and play it
}
```

针对上面的编程需求，采用面向对象的程序如图 6-13 所示。

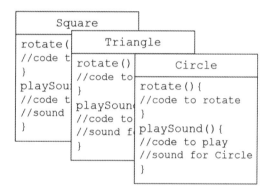

图 6-13　面向对象的程序

如果我们增加一个需求：增加第 4 个图形——变形虫图（amoeba），当用户点击这个图形时，旋转之后，要运行一个 .hif 文件。

针对上面增加的需求，采用面向过程的程序修改如下：

```
playSound(shapeNum)
{
//if shape is not an amoeba as before
//else play amoeba
}
```

而采用面向对象的程序修改如图 6-14 所示，即在保持原来程序不变的情况下，再增加一个 Amoeba 类。

由上可以看出面向过程编程与面向对象编程有如下区别。

- 面向过程编程：有 2 个函数，而且函数针对不同的图形有不同的处理，需求规格的任何变化都需要修改这些函数。
- 面向对象编程：采用了 4 个类，每个类中有 2 个方法，每个类只控制自己的图形，与其他图形无关。

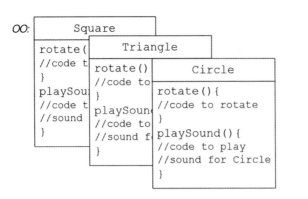

图 6-14　修改后的面向对象的程序

其实，面向过程（OP）编程和面向对象（OO）编程本质的区别在于，分析方式的不同最终导致了编程方式的不同。面向对象编程是将事物高度抽象化，面向过程编程是一种自顶向下的编程；面向对象编程必须先建立抽象模型，之后直接使用该模型即可。包含在方法中的代码可能是一系列步骤，类似于过程程序中的代码段。

6.4　声明式编程

声明式编程（declarative programming）描述问题解决方案的各个方面，使用声明性语言声明与程序相关的事实、面向过程（结构）方法、面向对象方法描述如何解决问题，面向声明的编程只是描述问题。声明式编程主要的编程语言是 Prolog，它使用事实（fact）和规则（rule）的集合来描述问题。在 Prolog 程序的上下文中，事实是为计算机提供解决问题的基本信息的语句，规则是关于事实之间关系的一般陈述。采用 Vue 框架进行前端编程就采用了声明式编程。

Prolog 编程易于使用，标点主要由句号、逗号和括号组成，因此程序员不必跟踪一层又一层的花括号，括号中的单词称为参数，它代表一个事实所描述的主要主题之一。图 6-15所示为描述 pizza 是圆形的事实（fact）语句。

图 6-15　Prolog 编写的语句

Prolog 程序中的每个事实都类似于数据库中的记录，但可以通过问一个问题来查询 Prolog 程序的数据库，这个问题被称为目标，例如通过输入目标，可以很容易地查询到以下事实：

```
priceof (pizza1,10).
sizeof (pizza1,12).
shapeof (pizza1,square).
priceof (pizza2,12).
sizeof (pizza2,14).
shapeof (pizza2,round).
```

如果只考虑事实和目标，Prolog 只不过是一个数据库，而规则为程序员提供了一套处理事实的工具。与其他编程语言不同，Prolog 程序中规则的顺序对程序工作通常不是至关重要的。图 6-16 是用 Prolog 编写的一段程序。

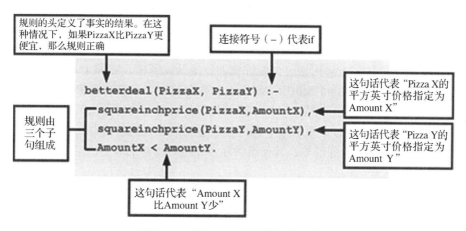

图 6-16 用 Prolog 编写的一段程序

6.5 编程模式与策略

目前有很多编程模式，例如面向组件编程（Component Oriented Programming，COP）、面向切面编程（Aspect-Oriented Programming，AOP）等，这些模式为高效编程提供了很多手段。

6.5.1 面向组件编程

Java 中的 JavaBean 规范和 EJB 规范都是典型的组件。组件的特点在于它定义了一种通用的处理方式。例如，JavaBean 拥有内视的特性，这样就可以通过工具来实现 JavaBean 的可视化。而 EJB 规范定义了企业服务中的一些特性，使 EJB 容器能够为符合 EJB 规范的代码增加企业计算所需的能力，例如事务、持久化、池等。所以，与对象相比，组件的进步就在于引入了通用的规范。通用规范往往能够为组件添加新的能力，但也给组件添加了限制，例如需要实现 EJB 的一些接口。

面向组件编程（Component Oriented Programming，COP）是对面向对象编程的补充，帮助实现更加优秀的软件结构。与面向对象编程不同，组件的粒度可大可小，取决于具体的应用。面向组件编程比面向对象编程（OOP）更进一步。通常 OOP 将数据对象组织到实体中。这种方法有很多优点。但是，OOP 有一个大的限制：对象之间的相互依赖关系。打破这个限制的一个好方法就是组件。组件和一般对象之间的关键区别是组件是可以替代的。

在 COP 中有几个重要的概念，如服务和组件等。服务（service）是一组接口，供客户端程序使用，例如验证和授权服务、任务调度服务，服务是系统中各个部件相互调用的接口。组件（component）实现了一组服务，此外，组件还必须遵循容器订立的规范，例如初始化、配置、销毁。COP 是一种组织代码的思路，尤其是服务和组件这两个概念。Spring 框架中就采用了 COP 的思路，将系统看作一个个组件，通过定义组件之间的协作关系（通过服务）来完成系统的构建。这样做的好处是能够隔离变化，合理划分系统，而框架的意义就在于定义组件的组织方式。

Microsoft 公司的 Windows 操作系统早期提出的动态链接库（Dynamic Link Library, DLL）技术体现的就是面向组件的编程思想。DLL 是一个库，其中包含可由多个程序同时使用的代码和数据。这有助于促进代码重用和内存的有效使用。Microsoft 最初在设计 Windows 时没有估计到 DLL 会得到如此广泛的应用，而大量使用 DLL 导致了搜索路径问题以及版本冲突问题，甚至陷入了"DLL 地狱"（DLL Hell）。1993 年，Microsoft 提出的 COM（Component Object Model）架构是一个组件化的技术开发架构，它源于 Microsoft 早期的对象链接与嵌入（Object Linking and Embedding，OLE）技术。COM 解决了 DLL 地狱问题，是面向组件开发思想的进一步发展。COM 提供与编程语言无关的方法制作软件模块，因此可以在其他环境中执行。COM 要求某个组件必须遵照一个共同的接口，该接口与组件的实现无关，因此可以隐藏实现的细节，其他组件在不知道其内部细节的情形下也能够正确使用这些组件。

在软件系统里，我们通常将复杂的大系统拆分为独立的组件来降低复杂度。比如网页里通过前端的组件化减少重复开发成本、微服务架构通过服务和数据库的拆分降低服务复杂度和系统影响面等。一种游戏架构设计——ECS（Entity-Component-System）架构做到了极致，即每个对象内部都实现了组件化。通过将一个游戏对象的数据和行为拆分为多个组件和组件系统，实现组件的高度复用性，降低重复开发成本。

6.5.2　面向服务编程

SOA 的思想明显不同于面向对象的编程，面向对象编程强烈建议将数据与其操作绑定。例如播放一个 CD 时，你可以将要播放的 CD 放入 CD 机中，CD 机将为你播放这张 CD，CD 机提供了一个 CD 播放服务。这样做的好处就是你可以用不同的 CD 机去播放同一张 CD，它们能提供同样的 CD 播放服务，但是服务质量是不同的。在面向对象编程风格中，每张 CD 有自己的 CD 播放机，它们之间不能被拆开。这听起来很奇怪，但是这就是我们建立许多已存软件系统的方式。

面向服务编程以服务为出发点，组织和协调相关的对象来提供目标服务，对外提供必要的参数输入接口，将服务的结果作为输出，而"服务"本身的计算过程和组织则被封装在一起，对用户透明。其实面向服务也以功能（服务）为中心，但其强调的是功能的整体性、封装性、自包性，而不是过程性和协作性。整体性指的是服务对外是作为一个整体来体现的；封装性指的是服务完成的计算和处理过程、自有属性都不直接暴露给外部，除了通过公共的服务接口进行交互外，用户无法也不用知道内部具体是如何组织和协调的；自包性指的是服务的完成不依赖于服务的调用方，服务系统本身就可以完成服务所需的功能；因此面向服务编程在程序组织上处于更高的层次，是一种粗粒度的组织方法。面向服务编程与面向过程编程、面向对象编程本质上没有什么不同，区别就在于考虑问题的层面不同。面向对象编程和面向过程编程多用于系统内部的组织和管理，而面向服务编程主要用于系统间的组织和管理。面向服务是更大的对象或者过程。服务提供、服务注册、服务请求的关系如图 6-17 所示。

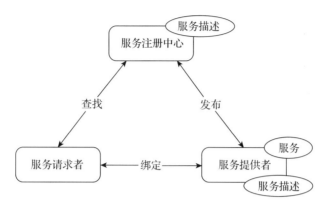

图 6-17　SOA 的服务提供、服务注册、服务请求的关系

6.5.3　面向切面编程

面向切面编程（Aspect Orient Programming，AOP）是对 OOP（Object Orient Programming）的一种补充，用于处理一些具有横切性质的服务。通常用于日志输出、安全控制等。将通用需求功能从不相关的类中分离出来；同时，能够使很多类共享一个行为，一旦行为发生变化，不必修改很多类，只要修改这个行为即可。面向切面编程就是这种实现分散关注的编程方法，它将"关注"封装在"方面"中。其优点如下：
- 降低模块之间的耦合度；
- 使系统容易扩展；
- 更好的代码复用。

AOP 用来封装横切关注点，具体可以在下面的场景中使用：权限（Authentication）、缓存（Caching）、内容传递（Context passing）、错误处理（Error handling）、懒加载（Lazy loading）、调试（Debugging）、记录跟踪－优化－校准（logging, tracing, profiling and monitoring）、性能优化（Performance optimization）、持久化（Persistence）、资源池（Resource pooling）、同步（Synchronization）、事务（Transaction）。

6.5.4　低代码模式

低代码是一种软件开发模式，通过简单的"拖、拉、拽"即可快速搭建软件。低代码的形式是"可视化编程"，核心是"复用"，提高复用率是低代码模式的关键。低代码平台本身是一个开发框架，平台的功能很大程度依赖于框架本身的能力。

低代码平台与"中台"也有类似之处，由专家级开发团队打造便于改进的高质量代码。采用"复用""统一"的理念，降本增效、打破孤岛。同样，低代码平台也需要警惕"中台陷阱"，本欲"赋能"业务，不料变成瓶颈，以至业务"无能"。Bug 界有个绝对真理，即"代码越少，Bug 越少"，低代码平台开发应用所需的代码量决定了其 Bug 量极少，甚至"No

Code，No Bug"。

低代码没有脱离软件工程的思路，而是软件开发技术持续迭代，在进一步降低技术门槛、提高开发效率需求推动下产生的生产力工具。可视化、组件化以及框架化是其发展的主要方向，旨在通过为开发者提供可视化的应用开发环境，降低或去除应用开发对原生代码编写的需求量，进而实现便捷构建应用程序的一种解决方案。

6.5.5　编程策略

在软件编程过程中，可以采用几种编程策略，如自顶向下、自底向上、自顶向下和自底向上相结合及线程模式等。

1. 自顶向下的编程策略

自顶向下的开发，即从模块的最高层开始逐步向下编程，在面向对象的系统中，首先开发实现执行的那个类，在实现该类的时候，开始编写 main()、init() 等方法，这时需要编写桩程序。

2. 自底向上的编程策略

自底向上进行编程时，编程开始于类继承的底层。先编程的类快完成的时候，需要编写驱动类，即调用这些即将编写完的底层类的类，以便测试编写好的底层类，测试完成后就转向高一层的类，而高一层的类就成为调用原始类或者已定义类的类。不断重复这个过程，直到所有类都被实现。

3. 自顶向下和自底向上相结合的编程策略

自顶向下和自底向上相结合的编程策略是常用的方法。顶层模块一般是系统的总体界面、初始化、配置等，可以先实现，看到系统的全貌和交互部分后，再开始实现底层的基础模块，它们是上层模块经常调用的基础操作，而且通常是重用部分。

4. 线程模式的编程策略

线程是执行关键功能的最小模块集合，它们可以来自设计层次的不同层，通过跨层次的交互来实现一定的功能。线程可以并行开发、独立编写和测试。采用线程开发方法，可以并行地开发系统的关键构件。一个线程完成测试后，其他完成的模块可以加入进来。

6.6　敏捷化编程实践

作为一个软件程序员，只有经历过测试驱动开发、重构、简单设计、结对编程等敏捷实践，才能真正体会敏捷开发的核心。

6.6.1　测试驱动开发

测试驱动开发（Test Driven Development，TDD）是敏捷开发的一项核心实践，同时也是一种设计技术和方法。TDD 的基本思想就是在开发功能代码之前，先编写测试代码，然后编写相关的代码满足这些测试用例。在开发功能代码之前，先编写单元测试用例代码，测试代码能确定需要编写什么样的产品代码。TDD 虽然是敏捷方法的核心实践，但不只适用于 XP（Extreme Programming），同样适用于其他开发方法和过程。TDD 是一种卓有成效地提高工作效率的办法，与敏捷相辅相成。开发围绕测试展开；开发的目的是让测试运行通过；TDD 人员认为，不应该完成开发之后再写测试，这通常只是"马后炮"，而应当在写代码之前先写测试。测试本质上相当于设计文档。

收支平衡的复式记账法是会计学的基本法则，即每笔交易被写入账本 2 次，一笔记录贷款项，一笔记录借款项，最后汇总平衡表总差额是否为 0，如果不为 0 就一定有错误。TDD 的思路类似，同样要求每个行为有 2 次输入，一次作为测试，一次作为测试通过的产生代码，两次输入相辅相成，正如负债与资产的互补，当测试与生产代码一起执行时，2 次输入产出的结果为 0，即失败的测试数为 0。

TDD 可以描述为以下三条简单的规则（三定律）：
- 先编写一个因为缺少代码而失败的测试用例，然后才可以编写代码；
- 只允许编写一个刚好失败的测试用例；
- 只允许编写刚好使当前失败测试通过的代码。

6.6.2　重构

重构（refactoring）是对软件的一种内部调整，目的是在不改变软件基本功能和性能（可察行为）的前提下，提高其可理解性，降低维修成本。从某种角度看，重构很像是整理代码，但是还不只如此，因为重构需要一定的准则和技术。重构应该随时随地进行，而且在如下三个时机更不要错过：
- 添加功能的时候；
- 修改错误的时候；
- 复查代码的时候。

重构与设计可以互补。初学编程的人往往一开始就埋头编程，然后很快发现预先设计（upfront design）可以降低返工的成本，于是又加强预先设计。

软件开发过程与机械加工不同，机械加工中的设计如同画工程图，可以完全按照图纸进行施工，这是一种低级劳动。但是软件是可塑性很强的，它完全是思想产品，正如 Alistair Cockburn 所说，"软件设计可以让我们思考更快些，但是其中充满着小漏洞"。

软件中的预先设计可以避免很多变更问题。有一种观点认为重构可以替代预先设计，这时预先设计可被看成是代码的重构，就是说预先设计不做设计，只是按照需求开始编写一些代码，让代码试着运行，而将来再重构这些代码。如果没有重构就必须保证设计是准确无误的，这很难做到。因为将来修改设计时成本会很高，所以需要把更多的时间和精力放在设计上，避免以后修改。但是，如果选择重构的理念，仍然要做预先设计，只不过不是正确无误的解决方案，而是一个足够合理的解决方案。在实现这个初始解决方案的过程中，对问题的理解也会逐步加深，可能会发现最佳的解决方案和最初的解决方案不同，但是只要使用重构技术，就可以解决这个问题。

重构使软件设计向简单化发展。如果没有重构，我们会力求得到灵活的解决方案，需要考虑需求的变化。这是因为变更设计的代价很高，所以应开发一个灵活的、足够坚固的解决方案，以便能够应对将来的需求变化。但是，这样做的成本是难以估算的，灵活的解决方案比简单的解决方案复杂得多，最终的软件也更难维护，如果在所有可能出现变化的地方都考虑了灵活性，那么系统的复杂度和维护难度会大大提高。有了重构，可以通过一条不同的途径来应对变化带来的风险。重构既可以带来简单的设计，又不损失灵活性，还降低了设计过程的难度，减轻了设计过程的压力。

重构是在不改变软件功能的前提下重新设计该软件。开发人员无须在着手开发之前做出详细的设计决策，只需要在开发过程中不断小幅调整设计即可，这不但能够保证软件原有的功能不变，还可使整个设计更加灵活易懂。自动化的单元测试套件能够保证对代码进行相对安全的试验。这个过程解放了开发人员，使他们不再需要提前考虑将来的事情。

敏捷重构的理念是随时进行的重构实践。重构是持续进行的，不是在项目结束时、发布版本时、迭代结束时甚至是每天快下班时才进行的，重构是随时进行的实践，是每隔一个小时或者半个小时就需要做的事情，通过持续的重构，可以持续地保持尽可能干净、简单且具有表现力的代码。

然而，几乎所有关于重构的文献都专注于如何机械地修改代码，以使其更具可读性或在非常细节的层次上有所改进。如果开发人员能够看准时机，利用成熟的设计模式进行开发，那么"通过重构得到模式"（refactoring to pattern）这种方式就可以让重构过程更上一层楼。不过，这依然是从技术视角来评估设计的质量。

有些重构能够极大地提高系统的可用性，它们要么源于对领域的新认知，要么能够通过代码清晰地表达出模型的含义。这些重构不能取代设计模式重构和代码细节重构，这两种重构应该持续进行。但前者添加了另一种重构层次：为实现更深层模型而进行的重构。要在深入理解领域的基础上进行重构，通常需要实现一系列的代码细节重构，但这么做绝不仅仅是为了改进代码的状态。相反，代码细节重构是一组操作方便的修改单元，通过这些重构可以得到更深层次的模型。其目标在于：开发人员通过重构不仅能够了解代码实现的功能，还能明白其中原因，并把它们与领域专家的交流联系起来。

下面给出一个来自《持续交付 2.0》重构的例子。

1. 原始代码

下面是伪代码：

```
public class A {
    @Autowired private BService b;
    public A() {
    }
    public doWork() {
        ...
        C c = b.doSomething ();
    ...
    }
}
```

A 是一个 Domain 对象，却被注入了 BService。显然，这是不对的，但是问题在哪里呢？

2. 重构前的问答

● 问题一：这个对象的生命周期是怎样的呢？

从两个类的命名上看，两者并没有什么必然的联系，追溯代码发现，在 A 的 doWork() 中调用了 BService 的某个方法。

● 问题二：为什么在这里调用了 BService 的方法呢？

因为 A 的 doWork() 中需要调用 BService 的 doSomething() 来得到其提供的对象 C。

- 问题三：为什么注入 BService，而不直接注入 C 呢？

看来找到问题了，那么就让我们注入这个对象吧！

3. 开始重构

- 问题四：A 的 doWork() 方法中为什么要使用对象 C 呢？从类名上看，对象 C 应该负责 A 所要达到的目的吗？

A 需要 doX() 能力，而对象 C 可以提供这个能力。当然，对象 C 还提供一些其他方法，如 doY() 和 doZ()，而这些方法似乎与 A 不相关。

- 问题五：那么究竟是 C 只应该提供 doX() 呢？还是应该由别的对象来提供 doX()？

从命名上看，C 应该负责提供 doY() 和 do Z()，而 doX() 这个能力应该由名为 D 的对象来提供。

- 问题六：这个新的对象 D 是不是应该由 BService 来提供呢？

似乎应该由 BService 来提供，因为目前除了 BService，没有任何对象拥有，可以提供对象 D 的能力。检验对象 BService，查看其所有 Public 方法，观察方法的命名，你是否发现所有方法名称中的异样了呢？之前，该对象的责任非常单一。但加入某个新功能以后，BService 就对外提供不同的 Domain 对象，而这两个 Domain 对象并不在同一个领域抽象层次上。所以，我们应该增加新的对象 EService。

- 问题七：那么我们要在 A 中注入 EService 吗？

不应该注入 EService，而应该是对象 D。自此，我们找到了两个缺失的对象，重构之后，代码如下。

```
public class A {
    public A() {
    }
    public void doWork(D) {
        d.doXXX ();
    }
}

public class D {
    public D() {
    }
    public boolean doXXX() {
        ...
        return m=null? true.false,
    }
}

public class EService {
    public EService(...) {
    }
    public D findDByID(int id) {
        ...
        return d;
    }
}
```

而调用的方法则改为如下所示：

```
a.doWork(eService.findDbyID(id));
```

6.6.3 结对编程

结对编程（pair programming）是 Beck 极限编程（eXtreme Programming，XP）模式中的一个最佳实践，它将代码复查的积极性发挥到了极致，它要求所有的编程任务都由两名开发人员在同一台机器上进行，这样可以在开发过程中随时进行代码复查工作。

结对是指两个人共同解决同一个编程问题，他们可以分饰不同的角色，第一位程序员先编写一个测试，第二位程序员编程让测试通过后再编写下一个测试，让第一位程序员实现，但是，更多时候结对没有明确的角色划分，根据双方的习惯或者喜好来结对或者解散，结对的持续时间和形式都可以自行决定。结对是团队成员之间共享知识并且防止形成知识孤岛的最佳方法，要确保团队中没有人不可或缺。

结对是一种代码评审的方式，比一般的代码评审方式优越很多，结对的两个人在结对期间是共同作者，他们会阅读并评审代码，而且会发现更多问题，因此能够提高代码质量。

6.6.4 红 - 绿 - 蓝循环

在 TDD 的三定律基础上，结合重构过程，就是有名的"红 - 绿 - 蓝（重构）"循环，如图 6-18 所示。

1）创建一个测试用例，测试（空）代码，测试失败，即"红"。

2）（编写可用代码）使测试通过，即"绿"。

3）清理和重构代码，即"蓝"。返回步骤 1）。

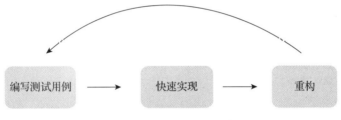

图 6-18 红 - 绿 - 蓝的循环

因此 TDD 三定律的改进如下：

1）编写一个测试失败的测试用例；

2）编写使上述测试用例通过的代码；

3）完善代码；

4）返回步骤 1）。

编写可用代码和编写整洁代码是编程的两个维度，尝试同时控制这两个维度有些困难，即让代码正常工作都很难，更不用说使代码整洁了。因此，上述循环将这两个维度分解为两个不同的活动。首先让代码工作起来，然后，一旦代码工作起来并且通过测试，就开始清理代码。而且重构是一个持续的过程，是每分钟、每小时都应该进行的软件开发活动。

例如，对于 MSHD 项目案例中的震情编码模块类（震情 ID 编码应该符合编码标准）的 TDD 和重构过程如下。

1. 红 - 绿 - 蓝循环之"红"

创建测试用例，如下所示。执行测试用例，即测试（空）代码，测试失败，即红（fail），如图 6-19 所示。

```
Given:
<info>
<province> 北京市 </province>
<city> 市辖区 </city>
<country> 东城区 </country>
<town> 东华门街道 </town>
<village> 多福巷社区居委会 </village>
<category> 基本震情 </category>
<date>2021-04-21 10:16:57</date>
<location> 北京东城区 </location>
<longitude>116.63</longitude>
<latitude>40.16</latitude>
<depth>10</depth>
<magnitude>2.3</magnitude>
<reportingUnit> 北京地震局 </reportingUnit>
<picture>bj1.jpg</picture>
</info>
When: 对该数据进行震情 ID 编码
Then: 该条数据的震情 ID 编码为 < 地区编号 > + 20210421101657
```

```
org.springframework.web.client.HttpServerErrorException$InternalServerError: 500 : [{"timestamp":"2021-09-02T07:40:02
.113+0000","status":500,"error":"Internal Server Error","message":"No message available","trace":"java.lang
.NullPointerException\r\n\tat com.earthquake.managementPlatf... (7330 bytes)]
    at org.springframework.web.client.HttpServerErrorException.create(HttpServerErrorException.java:100) ~[spring-web-5
.2.5.RELEASE.jar:5.2.5.RELEASE]
    at org.springframework.web.client.DefaultResponseErrorHandler.handleError(DefaultResponseErrorHandler.java:172)
~[spring-web-5.2.5.RELEASE.jar:5.2.5.RELEASE]
    at org.springframework.web.client.DefaultResponseErrorHandler.handleError(DefaultResponseErrorHandler.java:112)
~[spring-web-5.2.5.RELEASE.jar:5.2.5.RELEASE]
    at org.springframework.web.client.ResponseErrorHandler.handleError(ResponseErrorHandler.java:63) ~[spring-web-5.2.5
.RELEASE.jar:5.2.5.RELEASE]
    at org.springframework.web.client.RestTemplate.handleResponse(RestTemplate.java:782) ~[spring-web-5.2.5.RELEASE
.jar:5.2.5.RELEASE]
java.lang.NullPointerException: null
    at com.earthquake.managementPlatform.service.DisasterInformationStorageService.disasterInformationStorage
(DisasterInformationStorageService.java:17) ~[classes/:na]
    at com.earthquake.managementPlatform.service.DisasterInformationStorageService$$FastClassBySpringCGLIB$$62696908
.invoke(<generated>) ~[classes/:na]
    at org.springframework.cglib.proxy.MethodProxy.invoke(MethodProxy.java:218) ~[spring-core-5.2.5.RELEASE.jar:5.2.5
.RELEASE]
    at org.springframework.aop.framework.CglibAopProxy$CglibMethodInvocation.invokeJoinpoint(CglibAopProxy.java:771)
~[spring-aop-5.2.5.RELEASE.jar:5.2.5.RELEASE]
    at org.springframework.aop.framework.ReflectiveMethodInvocation.proceed(ReflectiveMethodInvocation.java:163)
~[spring-aop-5.2.5.RELEASE.jar:5.2.5.RELEASE]
```

图 6-19 测试执行失败（红）展示

2. 红 – 绿 – 蓝循环之 "绿"

根据测试失败提示，构建代码，编写震情编码类，如下所示。

```
package com.earthquake.managementPlatform.entities;

import com.earthquake.managementPlatform.mapper.AdministrativeRegionCode12Mapper;
import lombok.extern.slf4j.Slf4j;
import org.springframework.stereotype.Repository;
import javax.annotation.Resource;
```

```
@Slf4j
@Repository
public class AdministrativeRegionCode12 implements AdministrativeRegionCode{
    private String province;
    private String city;
    private String country;
    private String town;
    private String village;

    @Resource
    AdministrativeRegionCode12Mapper administrativeRegionCode12Mapper;

    public String getProvince() {
        return province;
    }

    public void setProvince(String province) {
        this.province = province;
    }

    public String getCity() {
        return city;
    }

    public void setCity(String city) {
        this.city = city;
    }

    public String getCountry() {
        return country;
    }

    public void setCountry(String country) {
        this.country = country;
    }

    public String getTown() {
        return town;
    }

    public void setTown(String town) {
        this.town = town;
    }

    public String getVillage() {
        return village;
    }

    public void setVillage(String village) {
        this.village = village;
    }

    public void setAdministrativeRegionCode12(String province, String city,
        String country, String town, String village) {
        this.province = province;
```

```java
        this.city = city;
        this.country = country;
        this.town = town;
        this.village = village;
    }

    @Override
    public String codeForAdministrativeRegion() {
        if(province!=null){
            province = administrativeRegionCode12Mapper.getProvinceCode(province);

        }
        else{
            province = "000000000000";
            return province;
        }
        if(city!=null){
            String provinceCode = province + "0000000000";
            city = administrativeRegionCode12Mapper.getCityCode(city,provinceCode);
        }
        else{
            city = "0000000000";
            return province+city;
        }
        if(country!=null){
            String cityCode = city + "00000000";
            country = administrativeRegionCode12Mapper.getCountryCode(country,
                cityCode);
        }
        else{
            country = "00000000";
            return city+country;
        }
        if(town!=null){
            String countryCode = country + "000000";
            town = administrativeRegionCode12Mapper.getTownCode(town,countryCode);
        }
        else{
            town = "000000";
            return country+town;
        }
        if(village!=null){
            String townCode = town + "000";
            village = administrativeRegionCode12Mapper.getVillageCode(village,townCode);
        }
        else{
            village = "000";
            return town+village;
        }
        return village;
    }
}
```

针对上述单元代码，执行测试用例，测试通过（绿），如图 6-20 所示。

```
2021-09-02 15:44:02.360  INFO 4048 --- [nio-8006-exec-1] c.e.m.controller.CodeResource
110101000000202104211101657入库成功
```

| | 110101000000202104211101657 | 2021-04-21 10:16:57 | 北京东城区 | 116.63 | 40.16 | 10 | 2.3 | NULL |

图 6-20　单元代码测试通过

3. 红－绿－蓝循环之"蓝"（重构）

虽然单元代码通过了测试用例，但代码中存在一些质量问题，对于特定情况（例如在地理编码中找不到街道名称）时，编码显示会有问题。为此，进行代码重构，重构代码如下所示，重构后的代码更加整洁。

```
/**
 * @Project Name:MSHD
 * @File Name: AdministrativeRegionCode12
 * @Description:对数据进行地区编码
 * @ HISTORY:
 *   Created  2021.9.2   AAA
 *   Modified  2021.11.2  BBB
 */

package com.earthquake.managementPlatform.entities;

import com.earthquake.managementPlatform.mapper.AdministrativeRegionCode12Mapper;
import lombok.Data;
import lombok.extern.slf4j.Slf4j;
import org.springframework.stereotype.Repository;
import javax.annotation.Resource;

@Slf4j
@Repository
@Data
public class AdministrativeRegionCode12 implements AdministrativeRegionCode{
    private String province;
    private String city;
    private String country;
    private String town;
    private String village;

    @Resource
    AdministrativeRegionCode12Mapper administrativeRegionCode12Mapper;

    public void setAdministrativeRegionCode12(String province, String city,
        String country, String town, String village) {
        this.province = province;
        this.city = city;
        this.country = country;
        this.town = town;
        this.village = village;
    }

    @Override
    public String codeForAdministrativeRegion() {
        if(province!=null){
            province = administrativeRegionCode12Mapper.getProvinceCode(province);
        }
```

```
        if(province == null){
            province = "000000000000";
            return province;
        }
        if(city!=null){
            String provinceCode = province +"0000000000";
            city - administrativeRegionCode12Mapper.getCityCode(city,provinceCode);
        }
        if(city == null){
            city = "0000000000";
            return province+city;
        }
        if(country!=null){
            String cityCode = city+"00000000";
            country = administrativeRegionCode12Mapper.getCountryCode(country,
                cityCode);
        }
        if(country == null){
            country = "00000000";
            return city+country;
        }
        if(town!=null){
            String countryCode = country+"000000";
            town = administrativeRegionCode12Mapper.getTownCode(town,countryCode);
        }
        if(town == null){
            town = "000000";
            return country+town;
        }
        if(village!=null){
            String townCode = town+"000";
            village = administrativeRegionCode12Mapper.getVillageCode(village,
                townCode);
        }
        if(village == null){
            village = "000";
            return town+village;
        }
        return village;
    }

}
```

重构前后的代码质量对比如图 6-21 和图 6-22 所示，可以明显地看出，重构后代码的 issue 从 6 个减少到 1 个，代码质量提高了。

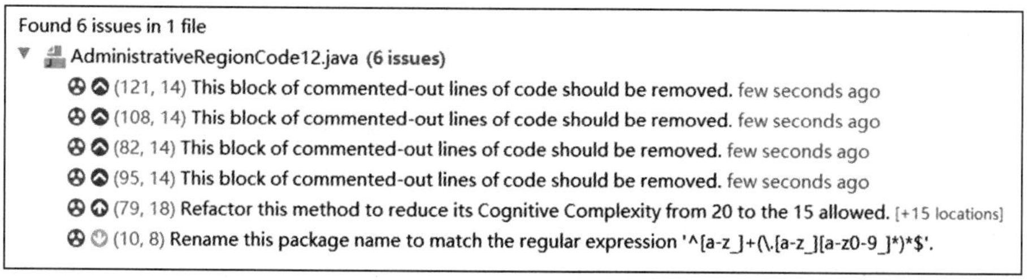

图 6-21　重构前的代码质量

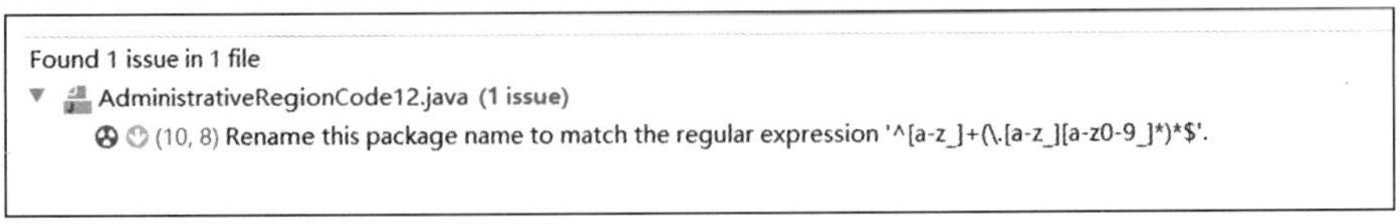

图 6-22　重构后的代码质量

6.7　整洁代码

要想成为优秀的程序员，编写的代码应该是整洁的、优美的，不应该是糟糕的。

6.7.1　什么是整洁代码

有多少程序员，就有多少对整洁代码的定义。下面看看几个软件专家给出的定义。

- C++ 语言发明者 Bjarne Stroustrup："我喜欢优雅和高效的代码，代码逻辑应直截了当，尽量减少依赖，使之便于维护，性能调至最优。"
- 《面向对象分析与设计》的作者 Grady Booch："整洁代码简单直接，整洁的代码如同优美的散文，从不隐藏设计者的意图，充满了干净利索的抽象和直截了当的控制语句。"
- OTI 恭送创始人、Eclipse 战略教父 Dave Thomas："整洁代码只有尽量少的依赖关系，而且要明确地定义和提供清晰的、尽量少的 API。代码应通过其字面表达含义。"
- Smalltalk 语言和面向对象的思想领袖、极限编程的创始人之一 Ward Cunningham："如果每个程序让你感到深合己意，就是整洁代码。如果代码看起来是专为解决某问题而存在，就是漂亮的代码。"
- Michael Feathers："整洁代码几乎没有改进的余地。"

编写整洁代码的程序员就像艺术家，他们编写的代码很优雅，包括整洁变量、整洁函数、整洁类、整洁注释等。一定要牢记：程序是给别人看的，不是给机器看的。2020 年 5 月 27 日，知名游戏公司 EA 把《命令与征服》系列中两个游戏的部分源码开源了，当看到这些 10 多年前的代码时，有人惊呼：真是"秀色可餐"。图 6-23 是其中的部分代码。

6.7.2　整洁的命名

软件程序中有很多需要命名的内容，如变量名、函数名、参数名、类名、包名、目录名，整洁的命名规则有很多，例如：

- 名副其实：名称应该告诉别人存在的理由、做什么事情、应该如何使用等，如果名称需要注释来解释的话，就不算名副其实。名副其实的名称让人容易理解和修改代码。
- 避免误导：避免使用掩盖代码本意的名称，避免使用与本意相悖的词语。
- 读得出来的名称：人类擅长记忆和使用单词，名称应该可以读得出来。
- 使用可以搜索的名称：长名称好过短名称，搜索得到的名称好过自我编造的名称，如果某些变量、常量在代码中被多次使用，则应该赋予其便于搜索的名称。
- 避免思维映射：避免让读者将你的名称翻译为他们自己熟知的名称。
- 类名和对象名称应该是名词或者名词短语，不应该是动词。
- 方法名称应该是动词或者动词短语。
- 每个概念对应一个词，并且一以贯之。

- 不要用双关语。
- 添加有意义的语境。

```
17   /**********************************************************************************
18   ***           C O N F I D E N T I A L  ---  W E S T W O O D   S T U D I O S        ***
19   **********************************************************************************
20   *                                                                                *
21   *                 Project Name : Command & Conquer                               *
22   *                                                                                *
23   *                    File Name : AIRCRAFT.CPP                                     *
24   *                                                                                *
25   *                   Programmer : Joe L. Bostic                                   *
26   *                                                                                *
27   *                   Start Date : July 22, 1994                                   *
28   *                                                                                *
29   *                  Last Update : November 2, 1996 [JLB]                          *
30   *                                                                                *
31   *--------------------------------------------------------------------------------*
32   * Functions:                                                                     *
33   *   AircraftClass::AI -- Processes the normal non-graphic AI for the aircraft.    *
34   *   AircraftClass::Active_Click_With -- Handles clicking over specified cell.      *
35   *   AircraftClass::Active_Click_With -- Handles clicking over specified object.    *
36   *   AircraftClass::AircraftClass -- The constructor for aircraft objects.         *
37   *   AircraftClass::Can_Enter_Cell -- Determines if the aircraft can land at this location. *
38   *   AircraftClass::Can_Fire -- Checks to see if the aircraft can fire.            *
39   *   AircraftClass::Cell_Seems_Ok -- Checks to see if a cell is good to enter.     *
40   *   AircraftClass::Desired_Load_Dir -- Determines where passengers should line up. *
41   *   AircraftClass::Draw_It -- Renders an aircraft object at the location specified. *
42   *   AircraftClass::Draw_Rotors -- Draw rotor blades on the aircraft.              *
43   *   AircraftClass::Edge_Of_World_AI -- Detect if aircraft has exited the map.     *
44   *   AircraftClass::Enter_Idle_Mode -- Gives the aircraft an appropriate mission.  *
45   *   AircraftClass::Exit_Object -- Unloads passenger from aircraft.                *
46   *   AircraftClass::Fire_At -- Handles firing a projectile from an aircraft.       *
2643 /**********************************************************************************
2644 * AircraftClass::New_LZ -- Find a good landing zone.                              *
2645 *                                                                                *
2646 *    Use this routine to locate a good landing zone that is nearby the location specified. *
2647 *    By using this routine it is possible to assign the same landing zone to several *
2648 *    aircraft and they will land nearby without conflict.                         *
2649 *                                                                                *
2650 * INPUT:   oldlz -- Target value of desired landing zone (usually a cell target value). *
2651 *                                                                                *
2652 * OUTPUT:  Returns with the new good landing zone. It might be the same value passed in. *
2653 *                                                                                *
2654 * WARNINGS:   The landing zone might be a goodly distance away from the ideal if there is *
2655 *             extensive blocking terrain in the vicinity.                         *
2656 *                                                                                *
2657 * HISTORY:                                                                        *
2658 *   06/19/1995 JLB : Created.                                                     *
2659 *===============================================================================*/
2660 TARGET AircraftClass::New_LZ(TARGET oldlz) const
2661 {
2662         assert(Aircraft.ID(this) == ID);
2663         assert(IsActive);
2664
2665         if (Target_Legal(oldlz) && (!Is_LZ_Clear(oldlz) || !Cell_Seems_Ok(As_Cell(oldlz)))) {
2666                 COORDINATE coord = As_Coord(oldlz);
2667
2668                 /*
2669                 **     Scan outward in a series of concentric rings up to certain distance
2670                 **     in cells.
2671                 */
2672                 for (int radius = 0; radius < Rule.LZScanRadius / CELL_LEPTON_W; radius++) {
2673                         FacingType modifier = Random_Pick(FACING_N, FACING_NW);
2674                         CELL lastcell = -1;
2675
2676                         /*
2677                         **     Perform a radius scan out from the original center location. Try to
2678                         **     find a cell that is allowed to be a legal LZ.
2679                         */
```

图 6-23 游戏公司 EA 部分代码

下面我们以 C++ 语言为例来说明变量名的命名规则。变量名是编程的核心，只有全面理解系统的编程人员才能给出适合系统的名称。只有名称是合适的，程序组合才能自然，关联关系才能清晰，含义才能不言而喻，同时也能符合一般人的想法。表 6-3 展示了变量名说明示例。

表 6-3   变量名说明

项	命名规则	举 例
类	分隔字母大写，其他字母小写； 第一个字母大写； 不要使用下划线 "_"	`class NameOneTwo` `class Name`

类库	为了避免冲突，类库的名字最好具有唯一前缀，这个前缀通常是 2 个字母，但是长些更好	`class JjLinkList`
		`{`
		`}`

方法	采用类名同样的规则	`class NameOneTwo`
		`{`
		`  public:`
		`    int   DoIt();`
		`    void HandleError();`
		`}`

类的属性	属性的名字以 "m" 开头；
	"m" 后面采用与类名同样的规则；
	"m" 一直领先于其他修饰语，例如指针修饰语 "p"
		`class NameOneTwo`
		`{`
		`  public:`
		`    int VarAbc();`
		`    int ErrorNumber();`
		`  private:`
		`    int mVarAbc;`
		`    int mErrorNumber;`
		`    String*  mpName;`
		`}`

方法的参数	一定要确定哪些变量需要传递；
	可以采用类似类名的名字，不要与类名冲突
		`class NameOneTwo`
		`{`
		`  public:`
		`    int  StartYourEngines(`
		`      Engine& someEngine,`
		`      Engine& anotherEngine);`
		`}`

堆栈变量	全部采用小写字母，用 "_" 作为分隔符	`int NameOneTwo::HandleError(int errorNumber)`
		`  {`
		`    int error= OsErr();`
		`    Time time_of_error;`
		`    ErrorProcessor error_processor;`
		`  }`

指针变量	大多数情况下，指针以 "p" 开头，紧靠指针类型一方，不是变量一方。用 "*" 标识	`String* pName= new String;`
		`String* pName, name, address; // 说明：只有 pName`
		`是指针`

引用变量和返回引用	引用应该用 "r" 开头	`class Test`
		`{`
		`  public:`
		`    void DoSomething(StatusInfo& rStatus);`
		`    StatusInfo&   rStatus();`
		`    const StatusInfo&  Status() const;`
		`  private:`
		`    StatusInfo&   mrStatus;`
		`}`

（续）

项	命名规则	举　例
全局变量	全局变量用"g"开头	`Logger  gLog;`
全局常量	所有全局常量应该是一个完整的语句，用"_"作为分隔符	`Logger* gpLog;` `const int A_GLOBAL_CONSTANT= 5;`

静态变量	静态变量用"s"开头	`class Test`
		`{`
		`  public:`
		`  private:`
		`    static StatusInfo msStatus;`
		`}`

类型	基于本地类型的定义尽可能用 typedef，类型定义的名字应该采用与"类"相同的命名规则，用"Type"作为后缀	`typedef uint16  ModuleType;` `typedef uint32  SystemType;`

枚举	全部大写，用"_"作为分隔符，如果 enum 没有嵌套在一个类中，要保证标签前使用不同的名字，以防止名字冲突	`enum PinStateType`
		`{`
		`  PIN_OFF,`
		`  PIN_ON`
		`}`
		`enum { STATE_ERR,  STATE_OPEN, STATE_RUNNING,`
		`STATE_DYING};`

定义类型或者宏	定义类型和宏都是大写的，用"_"作为分隔符	`#define MAX(a,b) blah` `#define IS_ERR(err) blah`

在开发过程中，目录结构也应该通过标准化和规范化确定下来，例如，下面是一个项目组对开发过程中的目录要求：

　　Java——存放 Java 项目文件，控制其子目录下所有的 Java 代码。
　　　com——存放通用的标准，以防止出现问题。
　　　　BUPTC——公司产品的唯一标识。
　　　　　components——包括所有模块。
　　　　　　productcatalog——产品目录模块。
　　　　　　　business——产品目录模块中的 Business 对象类。
　　　　　　　database——产品目录模块中的数据库操作对象类。
　　　　　　　transaction——产品目录模块中的 MTS/COM 或 JMS/EJB 对象。
　　　　　　其他组件
　　　　　……
　　　　kernel——被多个模块使用核心服务程序模块。
　　　　　Admin——管理模块。
　　　　　　……（子目录与产品目录模块）
　　　　……
　　　　Util——与 utility 对象相关的服务。
　　　　　……（子目录与产品目录模块）
　　　　……

6.7.3　整洁函数

函数是所有程序的第一组代码，一个整洁的函数也应该遵守相关规则：

- 函数一定要短小，尽管没有绝对的短小标准，但是 Kent Beck 编写的程序中的函数都只有 3、4 行，每个函数一目了然，只做一件事情，这就是函数应该达到的短小程度。
- 确保函数只做一件事情，函数中的语句要在同一抽象层级上，代码应该有自顶向下的阅读顺序。
- 函数的参数尽量少，最理想的函数是没有参数，其次是 1 个参数，再次是 2 个参数，避免使用 3 个参数，有足够理由才可以用 3 个以上的参数。
- 分离指令和询问，函数要么做什么事情，要么回答什么事情，不能兼得。函数或者修改某个对象的状态，或者返回该对象的有关信息，如果二者都做，会出现混乱。
- 使用异常替代返回错误码。
- 避免重复代码。

6.7.4　整洁注释

有表现力的代码是不需要注释的，注释仅用于代码无法准确表达程序意图的情况。不准确的注释比没有注释糟糕得多，只有代码才能准确告诉我们它做的事情，也是唯一真正准确的信息来源，所以，尽管有时候需要注释，但是我们应该花更多心思减少注释量。与其花时间编写糟糕代码的注释，不如花时间清理糟糕的代码，注释不能美化糟糕的代码。其实，可以用代码解释程序的大部分意图。当然，有些注释时必需的，也是有利的。下面分别是程序头注释、函数头注释和程序注释的模板示例。

例 6-1　程序头注释模板

```
/***************************************************************
** 文件名:
** Copyright (c) 2013-2018  ×××公司技术开发部
** 创建人:
** 日  期:
** 修改人:
** 日  期:
** 描  述:
** 版  本:
**-----------------------------------------------------------
```

例 6-2　函数头注释模板

```
/***************************************************************
** 函数名:
** 输  入: a,b,c
**     a---
**     b---
**     c---
** 输  出: x---
**      x 为 1,表示...
**      x 为 0,表示...
** 功能描述:
** 全局变量:
** 调用模块:
** 作  者:
```

```
** 日    期:
** 修    改:
** 日    期:
** 版    本:
****************************************************************/
```

例 6-3　程序注释模板

```
/*----------------------------------------------------------*/
/* 注释内容                          */
/*----------------------------------------------------------*/
```

1. 模块头注释

模块头注释告知读者程序完成什么功能，并对程序实现方法进行概要介绍。对于需要重用这个模块的人，模块头注释已经足够。对于维护程序的人来说，模块头注释也有很大的帮助。头文件就如同描述一个故事的时候首先概述谁、在哪里、什么时间、做了什么、如何做和为什么做等。它应该在每个程序的开头位置，是对程序的介绍，包括:

- 模块名称;
- 模块功能描述;
- 谁完成这个模块;
- 这个模块在设计中的位置;
- 模块是何时编写、何时修改的;
- 模块的重要性;
- 模块中的数据结构、算法和控制等。

例如，某开发团队要求每个程序的开头为版权声明，然后按时间逆序排列开发人员的姓名、时间、工作内容:

```
/**
 * @author Copyright (c) 2021 by XXX ,Inc. All Rights Reserved.
 * @description: The function of arithmetic calculator
 * @creator: Casey (Aug 31,2016)
 * @modify : Brad (Sep 1, 2021)
 *          add comment
 * @modify : Tom (Sep 2, 2021)
 *          change deposit to 'double'
 */
```

2. 程序中注释

程序中注释可以让别人比较容易地阅读程序，帮助他们理解在头文件中描述的“蓝图”是如何通过程序实现的。当代码被修改后，也应该同时修改这些注释。

6.7.5　整洁对象和数据结构

整洁对象和数据结构的规则如下:

1）不暴露数据细节，以抽象形态表述数据。

2）对象与数据结构之间的二分原理:过程（结构）式编程（使用数据结构）便于在不改动原有数据结构的前提下添加新函数;面向对象编程便于在不改动原有函数的前提下添加新类。

3）得墨忒耳定律。著名的得墨忒耳定律（The law of Demeter）认为，类 C 的方法 f 只应该调用以下对象的方法：

- C；
- 由 f 创建的对象；
- 作为参数传递给 f 的对象；
- 由 C 的实体变量持有的对象。

4）数据传递变量。最为精炼的数据结构是一个只有公共变量、没有函数的类，这种数据结构有时被称为数据传递对象（Data Transfer Objects，DTO），DTO 是非常有用的结构。

5）避免代码重复。当我们有不同的对象但又有相同或类似的行为时，OOP 会不可避免地导致代码的重复。一个可能的解决办法是有一个通用的父类。对象继承导致代码强依赖父类逻辑，违反开闭原则（Open Closed Principle，OCP）。开闭原则规定"对象应该对于扩展开放，对于修改封闭"，继承虽然可以通过子类扩展新的行为，但因为子类可能直接依赖父类的实现，导致一个变更可能会影响所有对象。在一个复杂的软件中建议"尽量"不要违背 OCP，最核心的原因就是一个现有逻辑的变更可能会影响原有的代码，导致一些无法预见的影响。这个风险只能通过完整的单元测试覆盖来保障，但在实际开发中很难保证单测的覆盖率。OCP 能尽量规避这种风险，当新的行为只能通过新的字段 / 方法来实现时，老代码的行为自然不会变。

6.7.6　整洁交付

程序的交付也要尽量实现"原子性提交"原则，从"原子性提交"原则的遵从率上可以看出开发团队的持续交付能力。程序变更也应该控制原子性提交，一定要尽最大的努力使一次变更的代码少于 800 行，大部分都应该在 400 行以下，最好能在 100 行以下。据调查报告显示，每小时最多可以评审 500 行代码，而一次变更的代码少于 400 行，更容易最大化收益。

6.7.7　复用原则

在完成一个程序的过程中，编程人员可能会花一部分时间阅读别人的代码，一方面看其是否可以复用，另一方面看是否可以在此基础上进行修改以满足新的需求。

在编写代码时应该有复用的理念，首先看看能否复用别的项目中的程序，同时，考虑自己的代码能否给同项目组的其他人或者别的项目复用。

复用有两种类型，一种是生产者复用，另一种是消费者复用。生产者复用是开发的模块，可以为本项目后续复用。消费者复用是使用其他项目开发的模块。很多企业都有领域范围的复用或者企业范围的复用计划。

如果你是复用的消费者，下面 4 项属性可以帮助你检查将要复用的模块：

- 该模块的功能和提供的数据与你的要求是否相符；
- 如果需要进行很小的修改，对该模块的修改量是否比重新开发一个模块的工作量少；
- 该模块是否有良好的文档说明。若文档说明较全面，你可以很快理解该模块，而不需要一行一行地仔细了解它的实现过程。
- 该模块是否有完整的测试记录和修改记录，以便确定它基本没有缺陷。

如果你是复用的生产者，需要记住如下几点：

- 让模块更具有通用性，在系统调用该模块的地方尽可能使用参数和预先定义条件；

- 减少模块的依赖关系；
- 模块的接口更加通用，进行很好的定义；
- 包含模块中发现的缺陷和解决缺陷的信息记录；
- 采用清晰的命名规则；
- 数据结构和算法要文档化；
- 将通信和控制错误的部分尽可能分开，以便于维护。

6.7.8　McCabe 程序复杂度

McCabe 复杂度是通过对软件结构进行严格的算术分析得来的，实质上是对程序拓扑结构复杂性的度量，明确指出了任务复杂部分。McCabe 复杂度包括圈复杂度、基本复杂度、模块设计复杂度、设计复杂度、集成复杂度、规范化复杂度、全局数据复杂度、局部数据复杂度、病态数据复杂度。下面主要介绍 McCabe 环路复杂度，环路复杂度用于度量程序的逻辑复杂度。

McCabe 度量法是由 Thomas McCabe 提出的一种基于程序控制流的复杂性度量方法。McCabe 复杂性度量又称环路度量。它认为程序的复杂性很大程度上取决于程序图的复杂性。单一的顺序结构最为简单，循环和选择结构所构成的环路越多，程序就越复杂。这种方法以图论为工具，先画出程序图，再用该图的环路数作为程序复杂性的度量值。程序图是退化的程序流程图。也就是说，把程序流程图中的每一个处理符号都退化成一个节点，原来连接不同处理符号的流线变成连接不同节点的有向弧，这样得到的有向图就叫作程序图。

程序图仅描述程序内部的控制流，完全不表现对数据的具体操作分支和循环的具体条件。因此，它往往把一个简单的 IF 语句的复杂性与循环语句的复杂性看成是一样的，把嵌套的 IF 语句的复杂性与 CASE 语句的复杂性看成是一样的。

根据图论，在一个强连通的有向图 G 中，环的个数 $V(G)$ 由以下公式给出：$V(G) = m - n + 2$。其中，$V(G)$ 是有向图 G 中的环路数，m 是图 G 中的弧数，n 是图 G 中的节点数，这样就可以使用上面的公式计算环路复杂性了。同理，在程序控制流程图中，节点是程序代码的最小单元，边代表节点间的程序流。因此，一个有 e 条边和 n 个节点的流程图 F，其圈复杂度为 $V(F) = e - n + 2$。环路复杂度越高，程序中的控制路径就越复杂。

如图 6-24 所示，其弧数 m 为 9，节点数 n 为 6，则 McCabe 度量法计算环路复杂性为 $V(G) = m - n + 2 = 5$。

圈复杂度指出为了确保软件质量应该检测的最少基本路径的数目。在实际中，测试每一条路径是不现实的，测试难度会随着路径的增加而增加。但测试基本路径对衡量代码复杂度的合理性是很必要的。McCabe & Associates 建议圈复杂度最高到 10，因为圈复杂度越高，测试就越复杂，软件错误产生的概率也越大。圈复杂度度量以软件的结构流程图为基础。控制流程图描述了软件模块的逻辑结构。一个模块在典型的语言中是一个函数或子程序，有一个入口和一个出口，也可以通过调用 /返回机制设计模块。软件模块的每个执行路径，都有与从模块的控制流程图中的入口到出口的节点相符合的路径。

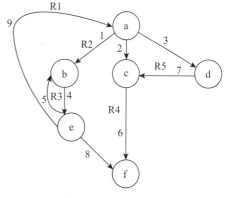

图 6-24　程序复杂性

6.7.9 防御性编程

在编程过程中应该具备防御性编程的能力。防御性编程（也称为安全编程）是一种软件开发方法，在这种方法中，程序员可以预测程序运行时可能出现的问题，并采取适当步骤处理这些情况。下面就是与防御性编程相关的技术。

- 走查。开源软件经过广泛的公众审查，可以识别安全漏洞，但专有软件也可以通过不断走查识别问题。
- 简化。复杂的程序比简单的程序更难调试。简化复杂的部分有时可以减少程序受攻击时的脆弱性。
- 过滤输入。不要假设用户的输入都是有效的输入，攻击者已经成为编制导致缓冲区溢出和运行不规范的 HTML 脚本的专家。程序员应该对所有输入字段使用一组严格的过滤器。

编程过程中还有一项重要的防御性工作，即代码复查（code review），这有助于尽早发现程序中的错误，而且让别人看自己的程序更容易发现错误。代码复查可以改善开发过程，也有助于有经验的开发人员将知识传播给经验不足的人，并帮助更多的人理解软件系统，而且代码复查对于编写清晰代码也很重要，因为自己认为很清晰的代码别人不一定也这样认为。代码复查可以让更多的人提出更好的建议，集思广益，共同进步。

6.7.10 编程标准和规范

编程阶段的任务是将软件的详细设计转换为用程序设计语言实现的程序代码，编程语言的工程特性对软件项目的成功与否也有重要影响。在从设计到代码的实现中，程序标准和规范可以发挥一定的作用，开发人员可以保持代码模块与设计模块的一致性，从而使设计与代码的修改保持同步。

一个团队在开发软件时，如果每个人都有自己的一套方式，甚至有人有几套方式，那么，当几个人在一起工作时，最终的结果只能是一片混乱。因此需要一套规则，大家都按规则来工作，问题就会少得多。好的规则就叫作规范，规范是由相关专家根据经验总结出来的，并经过长时间的历练，不断地得以补充和修正。因此按照规范来工作，对于提高软件质量和工作效率大有帮助。

标准是必须遵守的规则，而规范是建议的最佳做法、推荐的更好方式。标准没有例外情况，是结构严谨的，而规范相对来说要求松一些。我们将其统称标准和规范。

制定一套好的标准和规范，并要求大家按照标准和规范执行项目，这样就会减少问题的出现，而且可以提高软件质量和工作效率。

代码的标准和规范可以帮助开发人员组织自己的想法，同时避免错误。标准中以文档形式说明了如何更清晰地编写代码和使代码易于阅读。标准可以摆脱对个人的依赖，不用跟踪编程人员在做什么，而且对定位错误和变更管理很有用，因为它对程序的描述很清晰，对于程序每部分完成什么功能都有很清晰的说明。

另一方面，标准和规范对企业也很重要。一个人完成编程工作之后，可能由其他人对软件进行测试或者维护，因此将开发人员的代码规范化和标准化是很重要的，这样可以保证其他人在修改代码的时候，容易读懂代码。编写计算机可以理解的代码很容易，但是只有编写出人类容易理解的代码才是优秀的程序员。很多开发人员不喜欢看别人写的代码或者不愿意修改别人的代码，原因之一就是每个人的编程标准和风格不一样，阅读别人的代码是一件很痛苦的事情。通常一个软件项目做到一半的时候别人都不愿意接手，因为别人完成的代码对于自己来说可能是黑盒子，花时间读别人编写的代码可能比自己编写这些代码所花费的时间还长。而对于加工到一半的元器件，安排另外的人接手是很容易的事情，因为加工工艺是标准的。

　软件开发要实现工程化，软件行业要实现更多的复用，没有统一的标准（工艺）是不行的。首先要了解团队的标准，然后要了解企业标准，最后我们希望实现行业的标准统一。很多公司都会制定统一的编程标准，项目开始时对项目组的所有人进行编程标准和相关文档标准培训。作为一个开发团队，没有规范大家就会各自为政，为了提高代码的质量，不仅需要有良好的程序设计风格，而且需要大家遵守一致的编程规范。程序设计风格包括程序内部文字描述规范化、数据结构的详细说明、清晰的语句结构、遵守统一编程规范等，例如命名规范、界面规范、提示与帮助信息规范、热键定义规范等。

　标准化不是特殊的个人风格，因此当项目尝试遵循公用的标准时，会有以下好处：
- 程序员可以了解任何代码，弄清程序的状况；
- 新人可以很快适应环境；
- 防止新人出于节省时间的需要，自创一套风格并养成不良习惯；
- 防止新人重复同样的错误；
- 在一致的环境下，人们可以减少犯错的机会。

　当然，我们也可以谈一下标准的缺点。如果制定标准的人不是专家，标准可能很蹩脚，在一定时间内可能会降低效率；另外，标准强迫人们遵守太多的格式，所以很多人会忽视标准。

　许多的项目经验证明，采用好的编程标准可以使项目更加顺利地完成。对一个标准细节的大部分争论主要源自自负思想。所以不要有自负思想，记住，任何项目的成功都取决于团队的合作努力。

6.8　MSHD 项目案例——编程过程（系统构建）

项目案例名称：多源异构灾情管理系统（MSHD）
项目案例文档：软件开发过程文档
　图 6-25 是软件开发过程文档目录，这个文档是通过敏捷迭代渐进式完善而成的，下面举例介绍编程过程。

6.8.1　项目开发环境的建立

MSHD 项目开发环境的建立过程如下：
1）Java 开发工具的建立，即 JDK 的建立。
2）Java 集成开发环境的建立，即 IDEA 的建立。
3）数据库环境的建立，即 MySQL 的建立。
4）Web 服务器的建立，即 Tomcat 的建立。
5）文件服务器的建立，即 FTP 服务器的建立。
6）版本管理工具的建立，即 GitHub 上 Repository 的建立。
7）微服务架构的建立，即 Spring Cloud 组件包的导入。
8）MSHD 程序安装，导入 MSHD 程序包，并使用 Maven 安装相关依赖。

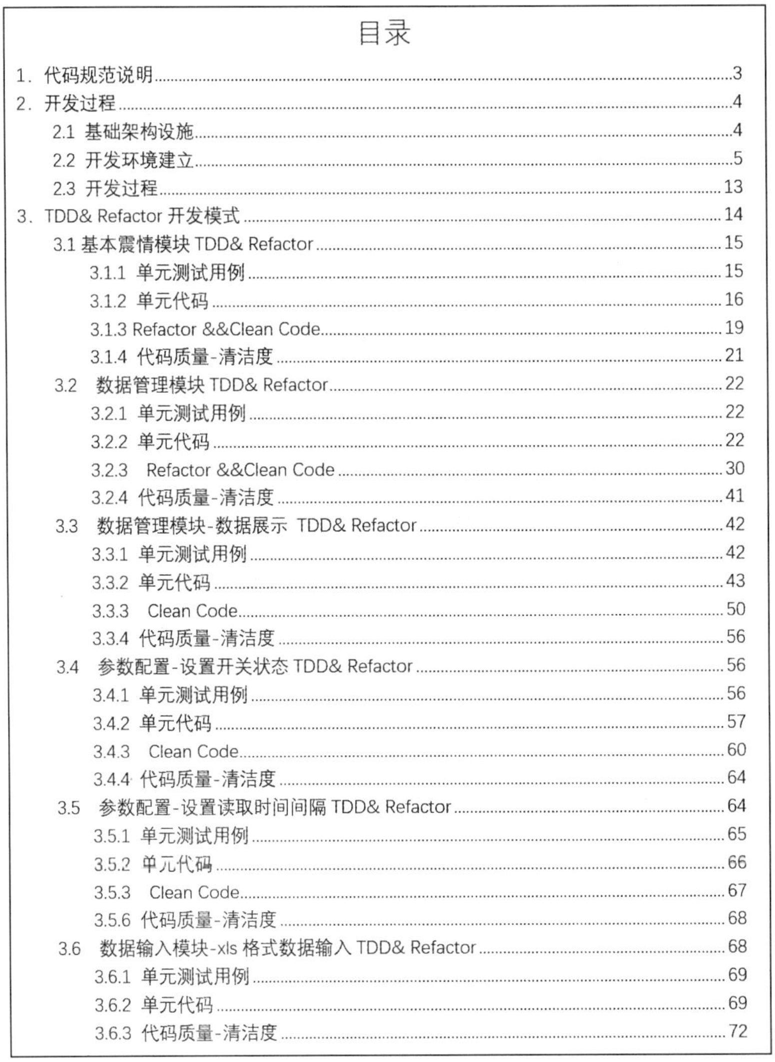

图 6-25　开发过程文档目录

在开发过程中，团队采用 GitHub 作为版本控制工具，实现多人协同合作开发，将代码持续集成、持续部署到云服务器上，并实现持续测试，如图 6-26 所示。

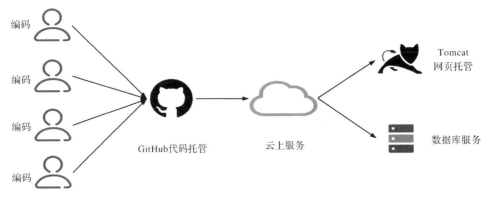

图 6-26　开发流程

通过 GitHub，可以实施监控代码的提交情况，如图 6-27 所示。

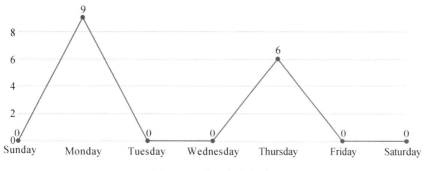

图 6-27　代码提交频率

6.8.2　编程标准和规范

程序头注释统一如下：

```
/**
 * @Project Name:MSHD
 * @File Name:用户登录
 * @Description:实现用户登录逻辑
 * @ HISTORY:
 *    Created   2021.9.1  Tom
 *    Modified  2021.9.2  Jack
 */
```

命名规则如下：

1）代码中的名称均不能以下划线或美元符号开始，也不能以下划线或美元符号结束。

反例：_name/__name/$Object/name_/name$/Object$。

2）代码中的名称严禁使用拼音与英文混合的方式，更不允许直接使用中文的方式。正确的英文拼写和语法可以让阅读者易于理解，避免歧义。注意，也要避免采用纯拼音命名方式。

- 正例：alibaba / taobao / youku / hangzhou 等国际通用的名称，可视同英文。
- 反例：DaZhePromotion [打折] / getPingfenByName() [评分] / int 某变量 = 3。

3）类名使用 UpperCamelCase 风格，必须遵从驼峰形式，但以下情形例外：（领域模型的相关命名）DO / BO / DTO / VO 等。

- 正例：MarcoPolo / UserDO / XmlService / TcpUdpDeal / TaPromotion。
- 反例：macroPolo / UserDo / XMLService / TCPUDPDeal / TAPromotion。

4）方法名、参数名、成员变量、局部变量都统一使用 lowerCamelCase 风格，必须遵从驼峰形式。

正例：localValue / getHttpMessage() / inputUserId。

5）常量命名全部大写，单词之间用下划线隔开，力求语义表达完整清楚，不要怕名称长。

- 正例：MAX_STOCK_COUNT。
- 反例：MAX_COUNT。

格式规则如下：

1）大括号的使用约定。如果大括号内为空，则简洁地写成 {} 即可，不需要换行；如果是非空代码块则：

- 左大括号前不换行。
- 左大括号后换行。
- 右大括号前换行。
- 右大括号后还有 else 等代码则不换行；表示终止右大括号后必须换行。

2）左括号和后一个字符之间不出现空格；同样，右括号和前一个字符之间也不出现空格。

3）if/for/while/switch/do 等保留字与左右括号之间都必须加空格。

4）任何运算符左边和右边必须加一个空格。运算符包括赋值运算符（=）、逻辑运算符（&&）、加减乘除符号、三目运算符等。

5）方法参数在定义和传入时，多个参数逗号后边必须加空格。

- 正例：下例中实参的 "a"，后边必须要有一个空格。

```
method("a","b","c");
```

6.8.3 TDD&Refactor 开发模式

本项目开发过程中遵循 TDD&Refactor 的敏捷实践过程，即在 TDD 基础上结合 Refactor(重构) 过程，这样就形成了著名的红 – 绿 – 蓝循环的敏捷实践，如图 6-28 所示。

1）创建单元测试用例，执行测试用例，测试失败（红）。

2）（编写可用代码）使测试通过（绿）。

3）清理（Clean）和重构（Refactor）代码（蓝）。

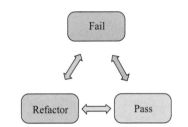

图 6-28　TDD&Refactor 开发模式图

下面以基本震情编码模块为例进行说明。

1. 测试用例

```
震情 ID 编码符合震情 ID 编码标准
Given:
<info>
<province> 北京市 </province>
<city> 市辖区 </city>
<country> 东城区 </country>
<town> 东华门街道 </town>
<village> 多福巷社区居委会 </village>
<category> 基本震情 </category>
<date>2021-04-21 10:16:57</date>
<location> 北京东城区 </location>
<longitude>116.63</longitude>
<latitude>40.16</latitude>
<depth>10</depth>
<magnitude>2.3</magnitude>
<reportingUnit> 北京地震局 </reportingUnit>
<picture>bj1.jpg</picture>
</info>
When: 对该数据进行震情 ID 编码
Then: 该条数据的震情 ID 编码为 < 地区编号 > + 20210421101657
```

2. 执行测试用例，测试失败

测试执行结果如图 6-29 所示。

org.springframework.web.client.HttpServerErrorException$InternalServerError: 500 : [{"timestamp":"2021-09-02T07:40:02
.113+0000","status":500,"error":"Internal Server Error","message":"No message available","trace":"java.lang
.NullPointerException\r\n\tat com.earthquake.managementPlatf... (7330 bytes)]
    at org.springframework.web.client.HttpServerErrorException.create(HttpServerErrorException.java:100) ~[spring-web-5
.2.5.RELEASE.jar:5.2.5.RELEASE]
    at org.springframework.web.client.DefaultResponseErrorHandler.handleError(DefaultResponseErrorHandler.java:172)
~[spring-web-5.2.5.RELEASE.jar:5.2.5.RELEASE]
    at org.springframework.web.client.DefaultResponseErrorHandler.handleError(DefaultResponseErrorHandler.java:112)
~[spring-web-5.2.5.RELEASE.jar:5.2.5.RELEASE]
    at org.springframework.web.client.ResponseErrorHandler.handleError(ResponseErrorHandler.java:63) ~[spring-web-5.2.5
.RELEASE.jar:5.2.5.RELEASE]
    at org.springframework.web.client.RestTemplate.handleResponse(RestTemplate.java:782) ~[spring-web-5.2.5.RELEASE
.jar:5.2.5.RELEASE]
java.lang.NullPointerException: null
    at com.earthquake.managementPlatform.service.DisasterInformationStorageService.disasterInformationStorage
(DisasterInformationStorageService.java:17) ~[classes/:na]
    at com.earthquake.managementPlatform.service.DisasterInformationStorageService$$FastClassBySpringCGLIB$$62696908
.invoke(<generated>) ~[classes/:na]
    at org.springframework.cglib.proxy.MethodProxy.invoke(MethodProxy.java:218) ~[spring-core-5.2.5.RELEASE.jar:5.2.5
.RELEASE]
    at org.springframework.aop.framework.CglibAopProxy$CglibMethodInvocation.invokeJoinpoint(CglibAopProxy.java:771)
~[spring-aop-5.2.5.RELEASE.jar:5.2.5.RELEASE]
    at org.springframework.aop.framework.ReflectiveMethodInvocation.proceed(ReflectiveMethodInvocation.java:163)
~[spring-aop-5.2.5.RELEASE.jar:5.2.5.RELEASE]

图 6-29　震情编码测试结果（失败）

3. 根据测试用例编写单元代码

编写的单元代码如下。

```java
package com.earthquake.managementPlatform.entities;

import com.earthquake.managementPlatform.mapper.AdministrativeRegionCode12Mapper;
import lombok.extern.slf4j.Slf4j;
import org.springframework.stereotype.Repository;

import javax.annotation.Resource;

@Slf4j
@Repository
public class AdministrativeRegionCode12 implements AdministrativeRegionCode{
    private String province;
    private String city;
    private String country;
    private String town;
    private String village;

    @Resource
    AdministrativeRegionCode12Mapper administrativeRegionCode12Mapper;

    public String getProvince() {
        return province;
    }

    public void setProvince(String province) {
        this.province = province;
    }
    public String getCity() {
        return city;
    }

    public void setCity(String city) {
```

```java
            this.city = city;
    }

    public String getCountry() {
        return country;
    }

    public void setCountry(String country) {
        this.country = country;
    }

    public String getTown() {
        return town;
    }

    public void setTown(String town) {
        this.town = town;
    }

    public String getVillage() {
        return village;
    }
    public void setVillage(String village) {
        this.village = village;
    }

    public void setAdministrativeRegionCode12(String province, String city,
        String country, String town, String village) {
        this.province = province;
        this.city = city;
        this.country = country;
        this.town = town;
        this.village = village;
    }

    @Override
    public String codeForAdministrativeRegion() {
        if(province!=null){
            province = administrativeRegionCode12Mapper.getProvinceCode(province);
//            log.info(province);

        }
        else{
            province = "000000000000" ;
            return province;
        }
        if(city!=null){
            String provinceCode = province +" 0000000000" ;
            city = administrativeRegionCode12Mapper.getCityCode(city,provinceCode);
//            log.info(city);
        }
        else{
            city = "0000000000" ;
            return province+city;
        }
        if(country!=null){
            String cityCode = city+" 00000000" ;
            country = administrativeRegionCode12Mapper.getCountryCode(country,cityCode);
//            log.info(country);
        }
```

```
            else{
                country = "00000000";
                return city+country;
            }
            if(town!=null){
                String countryCode = country+"000000";
                town = administrativeRegionCode12Mapper.getTownCode(town,countryCode);
//              log.info(town);
            }
            else{
                town = "000000";
                return country+town;
            }
            if(village!=null){
                String townCode = town+"000";
                village = administrativeRegionCode12Mapper.getVillageCode(village,tow
                    nCode);
            }
            else{
                village = "000";
                return town+village;
            }
            return village;
        }
}
```

4. 再次执行测试用例，测试通过（绿）

该测试的执行结果如图 6-30 所示。

```
2021-09-02 15:44:02.360  INFO 4048 --- [nio-8006-exec-1] c.e.m.controller.CodeResource
  1101010000002021042110165 入库成功
```

图 6-30 震情编码测试结果（成功）

5. 重构代码

重构 if-else，简化判断逻辑。重构后的代码如下：

```
/**
 * @Project Name:MSHD
 * @File Name: AdministrativeRegionCode12
 * @Description: 对数据进行地区编码
 * @ HISTORY:
 *    Modified  2021.9.2  ljh
 */

package com.earthquake.managementPlatform.entities;

import com.earthquake.managementPlatform.mapper.AdministrativeRegionCode12Mapper;
import lombok.Data;
import lombok.extern.slf4j.Slf4j;
import org.springframework.stereotype.Repository;

import javax.annotation.Resource;

@Slf4j
@Repository
@Data
```

```
public class AdministrativeRegionCode12 implements AdministrativeRegionCode{
    private String province;
    private String city;
    private String country;
    private String town;
    private String village;

    @Resource
    AdministrativeRegionCode12Mapper administrativeRegionCode12Mapper;

    public void setAdministrativeRegionCode12(String province, String city,
        String country, String town, String village) {
        this.province = province;
        this.city = city;
        this.country = country;
        this.town = town;
        this.village = village;
    }

    @Override
    public String codeForAdministrativeRegion() {
        if(province!=null){
            province = administrativeRegionCode12Mapper.getProvinceCode(province);

        }
        if(province == null){
            province = "000000000000";
            return province;
        }
        if(city!=null){
            String provinceCode = province +"0000000000";
            city = administrativeRegionCode12Mapper.getCityCode(city,provinceCode);

        }
        if(city == null){
            city = "0000000000";
            return province+city;
        }
        if(country!=null){
            String cityCode = city+"00000000";
            country = administrativeRegionCode12Mapper.getCountryCode(country,
                cityCode);
        }
        if(country == null){
            country = "00000000";
            return city+country;
        }
        if(town!=null){
            String countryCode = country+"000000";
            town = administrativeRegionCode12Mapper.getTownCode(town,countryCode);
        }
        if(town == null){
            town = "000000";
            return country+town;
        }
        if(village!=null){
            String townCode = town+"000";
            village = administrativeRegionCode12Mapper.getVillageCode(village,
                townCode);
        }
```

```
        if(village == null){
            village = "000";
            return town+village;
        }
        return village;
    }
}
```

6. 重构代码质量的提升

代码重构后，去除代码荣誉部分，减少警告（warning）信息，图 6-31 和图 6-32 展示了重构前后的质量对比，可见提高了代码质量，提升了代码的清洁度，持续重构代码，才可以形成整洁代码。

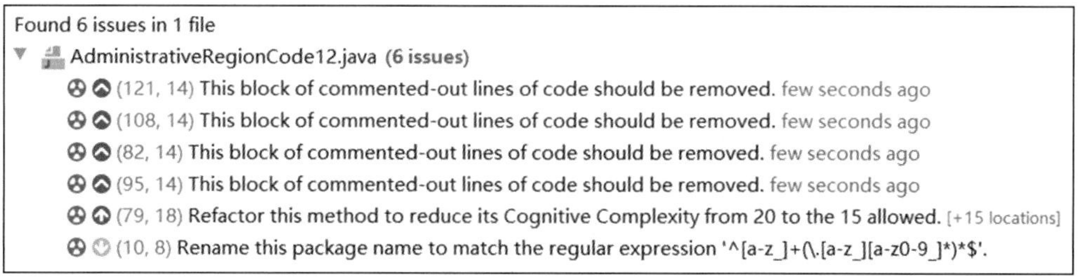

```
Found 6 issues in 1 file
▼ 📑 AdministrativeRegionCode12.java (6 issues)
    ⊗ ⊙ (121, 14) This block of commented-out lines of code should be removed. few seconds ago
    ⊗ ⊙ (108, 14) This block of commented-out lines of code should be removed. few seconds ago
    ⊗ ⊙ (82, 14) This block of commented-out lines of code should be removed. few seconds ago
    ⊗ ⊙ (95, 14) This block of commented-out lines of code should be removed. few seconds ago
    ⊗ ⊙ (79, 18) Refactor this method to reduce its Cognitive Complexity from 20 to the 15 allowed. [+15 locations]
    ⊗ ⊙ (10, 8) Rename this package name to match the regular expression '^[a-z]+(\.[a-z][a-z0-9_]*)*$'.
```

图 6-31　震情编码代码质量（重构前）

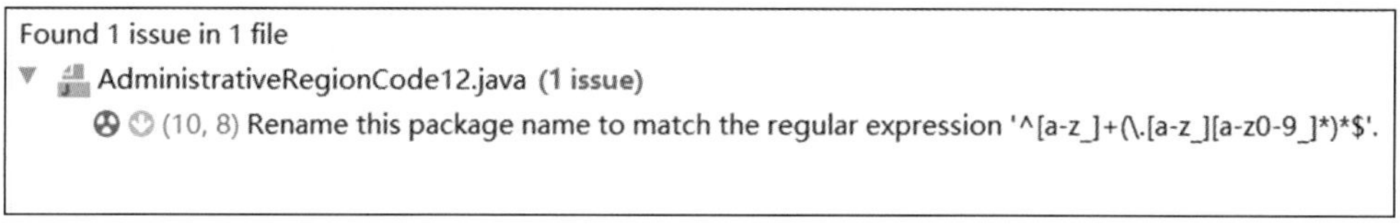

```
Found 1 issue in 1 file
▼ 📑 AdministrativeRegionCode12.java (1 issue)
    ⊗ ⊙ (10, 8) Rename this package name to match the regular expression '^[a-z]+(\.[a-z][a-z0-9_]*)*$'.
```

图 6-32　震情编码代码质量（重构后）

6.9　小结

本章讲述了软件工程的编程过程。编程是按照设计要求进行的，即按照设计完成软件的实现过程。设计过程中的算法、功能、接口、数据结构都应该在编程过程中体现。本章介绍结构化编程、面向对象编程、声明式编程等范式以及面向组件、面向服务、面向切片、低代码等编程模式，也介绍了编程策略。最后介绍了 TDD、结对编程、重构等敏捷开发实践，以及整洁代码理念。

6.10　练习题

一、填空题

1. 编程范式主要有过程编程范式、＿＿＿＿＿＿＿、申明式编程范式。

2. 在软件编程过程中，可以采用自顶向下、自底向上、自顶向下和自底向上相结合以及＿＿＿＿＿＿等几种编程策略。

3. 可以将程序设计语言分为第一代语言、第二代语言、第三代语言、第四代语言和＿＿＿＿＿＿五类。

4. 任何程序都可由_____、_____和_____三种基本控制结构构造。这三种基本控制结构的共同点是_____和_____。

5. 从"原子性提交"原则的遵从率上可以看出开发团队的_____。

二、判断题

1. 在树状结构中，位于最上面的根部是顶层模块。（　　　）

2. 应该尽量使用机器语言编写代码，提高程序运行效率，而减少高级语言的使用。（　　　）

3. 在TDD的三定律基础上，结合重构过程，就是有名的"红－绿－蓝（重构）"。（　　　）

4. 敏捷重构的理念是随时进行的重构实践。（　　　）

三、选择题

1. 结构化程序设计要求程序由顺序、循环和（　　　）三种结构组成。

    A. 分支　　　　　　　B. 单入口　　　　　　　C. 单出口　　　　　　　D. 随意跳转

2. 软件调试的目的是（　　　）。

    A. 发现错误　　　　B. 改正错误　　　　　C. 改善软件的性能　　　　D. 挖掘软件的潜能

3. 将每个模块的控制结构转换成计算机可接受的程序代码是（　　　）阶段的任务。

    A. 编程　　　　　　B. 需求分析　　　　　C. 详细设计　　　　　　D. 测试

4. 编程高效率原则包括提高运行效率、提高存储效率和提高（　　　）。

    A. 输入/输出效率　　B. 开发效率　　　　　C. 测试效率　　　　　　D. 维护效率

5. 下面哪些不是敏捷化编程实践？（　　　）

    A. TDD　　　　　　B. 重构　　　　　　　C. 需求规格　　　　　　D. 结对编程

6. 下列伪代码中，A=14，B=20，则X的值是（　　　）。

```
START
INPUT(A,B)
X=0
IF A>10
    THEN X=10
ENDIF
IF B<20
    THEN X=X+100
ENDIF
PRINT(X)
STOP
```

    A. 0　　　　　　　　B. 10　　　　　　　　C. 110　　　　　　　　D. 100

7. 下面是一段求最大值的程序，其中datalist是数据表，n是数据表的长度，则其McCabe环路复杂性为（　　　）。

```
int GetMax(int n, int datalist[ ]) {
int k=0;
for ( int j=1; j<n; j++ )
if ( datalist[j] > datalist[k] )
k=j;
return k;
}
```

    A. 1　　　　　　　　B. 2　　　　　　　　C. 3　　　　　　　　D. 4

第7章

软件项目的测试

软件测试是指在软件投入使用之前对软件需求、软件设计和软件程序进行检查和复审，以期发现其中的错误。软件测试可以分为两个阶段，编程和单元测试阶段的测试属于第一阶段，对软件系统进行的各种综合测试（即俗称的测试阶段）属于第二阶段。本章讲述的软件测试包含各个阶段的测试技术和过程。下面进入路线图的第五站——测试，如图7-1所示。

图7-1　路线图——测试

"曲则全，枉则直"，任何人和事情一定要经历曲折、问题、困难才可以成全，才可以圆满。多次反复、不断纠正错误是必然要经历的正确之路。因此，任何一个软件如果没有经历多次测试、修正等过程，就不是好产品。这是大道规律，我们不能走捷径。

7.1　软件测试概述

软件测试是从软件工程中演化出来的一个分支，有着非常广泛的内容，并且随着软件产业的发展而变得越来越重要。业界一直在进行关于软件测试的研究，然而国内在该领域的研究却相当薄弱。目前，测试科学在本质、方法和技术上还不成熟。

软件危机曾经是软件界甚至是整个计算机界最热门的话题。为了解决软件危机，软件从业人员、专家和学者做出了大量的努力。现在人们已经逐步认识到：所谓软件危机其实是一种状况，那就是软件中有错误，正是这些错误导致了软件开发在成本、进度和质量上的失控。有错是软件的属性，而且是无法改变的，因为软件是由人来完成的，所有由人完成的工作都不会是完美无缺的。问题在于如何避免错误的产生并消除已经产生的错误，使程序中的错误密度尽可能低。图7-2给出了测试的发展历程，1878年第一次用Bug描述系统中的缺陷，1957年之前的测试以调试为主（debugging oriented），1957—1978年的测试以证明为主（demonstration oriented），1979—1982年是以破坏为主的测试（destruction oriented），1983—

1987 年是以评估为主的测试（evaluation oriented），1988 年至今是以预防为主的（prevention oriented）的测试。

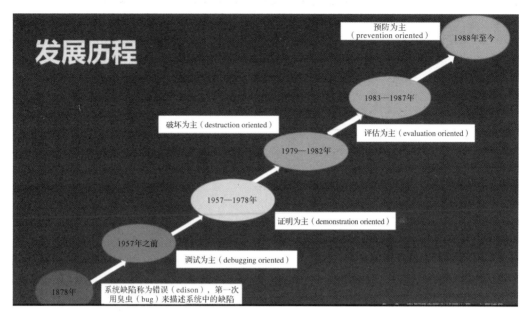

图 7-2　测试的发展历程

7.1.1　什么是软件测试

　　软件系统的开发过程包括一系列开发活动，而软件又是人脑高度智力化的体现，所以在开发过程中人为的错误就有可能被引入软件产品中。软件与生俱来就可能存在缺陷。为了防止和减少这些可能存在的缺陷，进行软件测试是必要的，测试是有效地排错和防止缺陷与故障的手段。很多软件开发企业花费在测试上的费用是总项目费用的 30%～40% 或者更多，飞行控制等软件的测试费用更是达到项目其他费用的 3～5 倍。

　　软件测试是对软件需求分析、设计、编程实现的审查，是保证软件质量的关键步骤。软件测试是指根据软件开发各个阶段的规格说明和程序的内部结构而精心设计一批测试用例（即输入数据及其预期的输出结果），并利用这些测试用例运行程序以及发现错误的过程，即执行测试步骤。

　　测试应该尽早进行，因为软件的质量是在开发过程中形成的，缺陷是在不知不觉中被引入的。测试的目的就是设计测试用例，通过这些测试用例来发现和排除缺陷。

　　众所周知，软件测试行业在国内的发展远远比软件开发甚至项目管理缓慢，很多国内的企业甚至国外的中小企业，一直把缩短软件测试周期当成缩短整个项目周期的关键。这种重开发、轻测试的观念在短期内是看不出严重后果的，但是随着软件企业的发展，以及软件规模和复杂度的增长，人们越来越认识到软件测试是必不可少的，甚至是关系项目成败的关键一环。统计表明，开发规模较大的软件时，有 40% 以上的精力是耗费在测试上的，即使是富有经验的程序员，也难免在编码中产生错误，甚至有的错误产生在设计甚至需求分析阶段。无论是早期埋下的错误还是编码中新引入的错误，若不及时排除，轻者会降低软件的可靠性，重者则会导致整个系统的失败。为防患于未然，强调软件测试的重要性是必要的。

软件测试工程师的工作就是利用测试工具按照测试方案和流程对产品进行功能和性能测试（有时还要根据需要编写不同的测试工具），设计和维护测试系统，并对测试方案可能出现的问题进行分析和评估。执行测试用例后，需要跟踪故障，以确保开发的产品适合需求。

7.1.2　软件测试技术综述

软件测试的过程与软件开发的过程是相反的，在早期开发过程中，软件工程师试图从一个抽象的概念构建一个实实在在的系统。在测试过程中，软件工程师试图通过设计测试用例来"破坏"这个构建好的系统。所以开发是构造的过程，测试是破坏的过程。而测试的破坏性主要体现在：

- 测试是为了发现缺陷而执行程序的过程；
- 好的测试方案是尽可能发现迄今为止尚未发现的错误；
- 成功的测试是发现了至今为止未发现的错误。

对于软件测试技术，可以从不同的角度加以分类。

1）从是否需要执行被测软件的角度分为静态测试和动态测试。

- **静态测试**：不实际运行被测软件，而只是静态地检查程序代码、界面或文档可能存在的错误的过程。
- **动态测试**：实际运行被测程序，输入相应的测试数据，检查输出结果和预期结果是否相符的过程。动态测试技术更像通常意义上的"测试"。

2）从测试是否针对系统内部结构和具体实现算法的角度分为黑盒测试、白盒测试和灰盒测试。

- **黑盒测试**：只关心输入和输出的结果，不关心软件内部结构的测试。
- **白盒测试**：通过软件内部结构、程序结构检测缺陷的方法。
- **灰盒测试**：介于黑盒测试与白盒测试之间的测试。

3）从软件测试级别角度分为单元测试、集成测试、系统测试、验收测试。

- **单元测试**：对软件中的最小可测试单元进行检查和验证。单元测试可能需要桩模块和驱动模块。桩模块是指模拟被测模块所调用的模块，驱动模块是指模拟被测模块的上级模块。驱动模块用来接收测试数据、启动被测模块并输出结果。
- **集成测试**：单元测试的下一阶段，是指将通过测试的单元模块组装成系统或子系统，再进行测试，重点测试不同模块的接口部分。集成测试用来检查各个单元模块结合到一起能否协同配合，正常运行。
- **系统测试**：将整个软件系统看作一个整体进行测试，包括对功能、性能，以及软件所运行的软硬件环境进行测试。
- **验收测试**：在系统测试的后期，以用户测试为主，或有测试人员等质量保障人员共同参与的测试，是软件正式交给用户使用的最后一道工序。

4）从测试次数角度分为冒烟测试、首次测试、回归测试等。

- **冒烟测试**：在对一个新版本进行大规模测试之前，先验证一下软件的基本功能是否实现，是否具备可测性。冒烟测试可以随时进行。
- **首次测试**：对测试对象进行第一次正式测试。
- **回归测试**：根据测试结果，修复软件之后重复进行测试的过程。

5）从测试设计角度分为计划性测试、探索性测试、即兴测试等。

- **计划性测试**：根据测试对象，通过测试设计完成测试用例，根据测试用例进行测试，即"先设计，后执行"。
- **探索性测试**：同时设计测试和执行测试。由 Cem Kaner 提出的探索性测试，相比即兴测试是一个精致的、有思想的过程。
- **即兴测试**：通常是指临时准备的、即兴的 bug 搜索测试过程。从定义可以看出，谁都可以做即兴测试。

6）从测试需求角度分为功能测试、性能测试。

- **功能测试**：属于黑盒测试，它检查软件的功能是否符合用户的需求，包括逻辑功能测试、界面测试、易用性测试等。
- **性能测试**：软件的性能主要有时间性能和空间性能两种。时间性能主要指软件的一个具体事务的响应时间。空间性能主要指软件运行时所消耗的系统资源。软件性能测试可以包括可靠性测试、压力测试、负载测试、容量测试、恢复性测试、安全测试、兼容性测试等。

测试需要以最小的成本，在最短的时间内通过设计合适的测试用例，系统地发现不同类别的错误。所以，测试可以证明软件有错误，而不能证明软件没有错误。

既然测试的目的是发现缺陷，那么测试要尽可能覆盖所有的情况。衡量测试的一个非常重要的指标是覆盖率：

$$覆盖率＝至少被执行一次的项数 / 总项数$$

衡量覆盖率不是目的，只是一种手段，测试的目标是尽可能发现错误，寻找被测试对象与既定风格的不一致性。

7.2 静态测试

最开始，软件测试只是指通过运行软件来发现缺陷的质量活动，随着测试理论的发展，走查、检查、评审等静态的质量活动也进入软件测试的范畴。静态测试是对被测程序进行特性分析的一些方法的总称，这种方法的主要特性是不利用计算机运行被测程序，而是采用其他手段达到检测的目的。

静态测试是一种不通过执行程序来进行测试的技术。它检查软件的表示和描述是否一致，主要覆盖程序的编程格式、程序语法，检查独立语句的结构和使用，以及相应的文档。静态测试可以通过人工进行，也可以借助工具自动进行。例如，语法分析器就是一个静态分析工具。静态测试也对被测软件文档的一致性、完整性和准确性进行检查，审核文档的内容和质量，从而发现文档中的错误，消除文档中存在的不一致问题。

7.2.1 文档审查

软件产品由可以运行的程序、数据和文档组成，文档是软件的重要组成部分，在软件的整个生命周期中有很多文档，各个阶段都以文档作为前一阶段工作的成果和后一阶段工作的依据。文档包括开发文档、用户文档、管理文档等。开发文档包括软件需求规格说明书、概要设计说明书、详细设计说明书等，用户文档包括用户手册、操作手册等，管理文档包括项目开发计划、测试计划、测试报告等。对软件文档的审查也是静态测试的一部分，文档审查测试方法主要以类似表 7-1 中所示的审查单的形式进行，过程如图 7-3 所示。

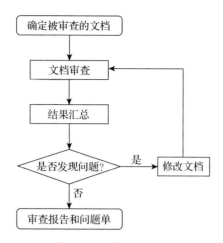

图 7-3　文档审查过程

表 7-1　文档审查单模板

项目名称			
文档名称			
审查内容		结　　论	说明
一、完整性			
是否有软件研制任务书		□是　　□否　　□不适用	
是否有软件需求规格说明书		□是　　□否　　□不适用	
是否有软件概要设计说明书		□是　　□否　　□不适用	
是否有软件详细设计说明书		□是　　□否　　□不适用	
是否有软件配置项测试说明书		□是　　□否　　□不适用	
是否有软件配置项测试报告		□是　　□否　　□不适用	
是否有软件用户手册		□是　　□否　　□不适用	
任务书	是否明确了运行环境要求	□满足　　□基本满足　　□不满足	
	是否明确了功能、性能、输入、输出、数据处理、接口、固件等技术要求	□满足　　□基本满足　　□不满足	
	设计约束的描述是否完整	□满足　　□基本满足　　□不满足	
	是否描述了可靠性、安全性和维护性要求	□满足　　□基本满足　　□不满足	
	是否明确了进度和控制结点	□满足　　□基本满足　　□不满足	
软件需求规格说明书	是否描述了功能需求、性能需求、接口需求、软件质量特性等方面的全部工程需求	□满足　　□基本满足　　□不满足	
	是否描述了需求可追踪性	□满足　　□基本满足　　□不满足	
	是否描述了合格性需求	□满足　　□基本满足　　□不满足	
	是否描述了交付准备	□满足　　□基本满足　　□不满足	
详细设计说明书	是否描述了软件部件的过程设计、部件及单元划分、部件间数据流图与控制流图、单元的详细流程图与算法解释等	□满足　　□基本满足　　□不满足	
	是否描述了数据文件	□满足　　□基本满足　　□不满足	

（续）

审查内容		结　　论			说明
用户手册	是否描述了软件所有功能的操作过程、系统和用户输入、预期输出	□满足	□基本满足	□不满足	
	是否描述了出错信息及其处理	□满足	□基本满足	□不满足	
二、一致性					
概要设计说明书是否能覆盖软件需求规格说明书的需求，内容是否一致，是否进行了追溯		□满足	□基本满足	□不满足	
详细设计说明书的内容及其程序流程图是否与概要设计说明书的内容一致		□满足	□基本满足	□不满足	
用户手册的内容与软件需求规格说明书的要求是否一致		□满足	□基本满足	□不满足	
一份文档的内容和术语的含义前后是否一致，是否存在自相矛盾的地方		□满足	□基本满足	□不满足	
各文档版本是否一致		□满足	□基本满足	□不满足	
各文档对相同内容的描述是否一致		□满足	□基本满足	□不满足	
文档描述是否与软件实现一致		□满足	□基本满足	□不满足	
三、准确性					
文档中是否有二义性的描述和定义		□无	□个别	□偏多	
是否存在错别字		□无	□个别	□偏多	
四、规范性					
文档中的图、表等是否符合规范要求		□满足	□基本满足	□不满足	
文档的格式是否统一		□满足	□基本满足	□不满足	
文档中的图示是否有明确的图标识		□满足	□基本满足	□不满足	
文档中的图示是否位于引用文字之后		□满足	□基本满足	□不满足	
文档的目录索引是否完整并能正确链接正文内容		□满足	□基本满足	□不满足	
五、易读性					
文档是否有难以理解的专业术语，如果有，是否做了相应的解释		□满足	□基本满足	□不满足	
是否有一定的图表帮助理解，并标以正确的图表号		□满足	□基本满足	□不满足	
审查人员		审查时间			

7.2.2　代码检查

代码检查包括自我代码走查（walk through）、小组代码检查（inspection）和代码评审（review）等方式，主要检查代码和设计的一致性，检查代码对标准的遵循程度、代码的可读性、代码逻辑表达的正确性、代码结构的合理性等。

自我代码走查是一种非正式的评审过程，没有明确的过程描述，主要由开发人员对自己的代码进行静态结构分析，检查代码是否符合标准和规范、是否存在逻辑错误。静态结构分析主要分析程序的内部结构，如函数的调用关系、函数内部的控制关系等。

小组代码检查是一种比较正式的检查和评估方法，通常由代码检查小组进行，通过逐步检查源代码中有无逻辑和语法错误来进行测试。小组中有不同的角色，如仲裁人（组长）、作者、检查者、记录人等，每人各司其职，一般由仲裁人提前向小组成员分发检查文件（代码），小组成员在开会之前先熟悉这些材料，然后开会并在会议上讨论，其中很重要的一点是利用一个缺陷检查表来进行检查。

代码评审是更正式的方式，通常在小组代码检查后进行，审查小组根据代码审查的结果来评估程序，对软件的功能性、可靠性、易用性、效率、可维护性和可移植性等方面进行评估，以决定是否需要重新审议。

7.2.3 技术评审

技术评审（Technical Review，TR）的目的是尽早发现工作成果中的缺陷，并帮助开发人员及时消除缺陷，从而有效地提高产品的质量。

技术评审的目标是确定：

- 软件产品是否符合技术规范；
- 软件产品是否遵循项目可用的规定、标准、指导方针、计划和过程；
- 软件产品的变更是否被恰当地实现，以及变更的影响等。

技术评审的主体一般是产品开发中的一些设计产品，这些产品往往涉及多个小组和不同层次的技术。评审的主要对象有软件需求规格说明书、软件设计说明书、代码、测试计划、用户手册、维护手册、系统开发规程、安装规程、产品发布说明等。

技术评审应该采取一定的流程，这在企业质量体系或者项目计划中应该有相应的规定，例如，下面是一个技术评审的建议流程：

1）召开评审会议。一般应有 3～5 个相关领域人员参加，会前每个参加者做好准备，评审会每次一般不超过 2h。

2）在评审会上，由开发小组对提交的评审对象进行讲解。

3）评审组可以对开发小组进行提问，提出建议和要求，也可以与开发小组展开讨论。

4）会议结束时必须做出以下决策之一：

- 接受该产品，不需做修改；
- 由于错误严重，拒绝接受；
- 暂时接受该产品，但需要对某一部分进行修改。开发小组还要将修改后的结果反馈至评审组。

5）完成评审报告与记录。所提出的问题都要进行记录，在评审会结束前产生一个评审问题表，另外必须完成评审报告。

技术评审可以把一些软件缺陷消灭在代码开发之前，尤其是一些架构方面的缺陷。在项目实施中，为了节省时间，应该优先对一些重要环节进行技术评审，这些环节主要有项目计划、软件架构设计、数据库逻辑设计、系统概要设计等。如果时间和资源允许，可以考虑适当增加评审内容。表 7-2 是项目实施中技术评审的一些评审项。

表 7-2　项目实施中的技术评审

评审内容	评审重点与意义	评审方式
项目计划	重点评审进度安排是否合理	整个团队相关核心人员共同进行讨论、确认
架构设计	架构决定了系统的技术选型、部署方式、系统支撑并发用户数量等诸多方面，这些都是评审重点	邀请客户代表、领域专家进行较正式的评审
数据库设计	主要是数据库的逻辑设计，这些既影响程序设计，也影响未来数据库的性能表现	进行非正式评审，在数据库设计完成后，可以把结果发给相关技术人员，进行"头脑风暴"方式的评审
系统概要设计	重点是系统接口的设计。接口设计得合理，可以大大节省时间，避免返工	设计完成后，相关技术人员一起开会讨论

很多软件项目由于性能等诸多原因最后导致失败，实际上都是设计阶段技术评审不够全面所造成的。

对等评审是一种特殊类型的技术评审，它是由与产品开发人员具有同等背景和能力的人员对工作产品进行的一种技术评审，目的是在早期有效地消除软件工作产品中的缺陷，并对软件工作产品和其中可预防的缺陷有更好的理解。对等评审是提高生产率和产品质量的重要手段。

检查表（checklist）的技术评审方法对软件前期的质量控制起到非常重要的作用。检查表是一种验证软件需求的结构化的工具，它检查所有应完成的工作点是否都按标准完成了、所有应该执行的步骤是否都正确执行了，所以它首先确认该做的工作，其次落实是否完成。一个成熟度较高的软件企业应该具有详细、全面、可执行性较高的评审流程和各种交付物的评审检查表（review checklist）。

7.3　白盒测试方法介绍

白盒测试又称为结构测试、基于程序的测试、玻璃盒测试等，它是一种逻辑测试。白盒测试将测试的对象看作一个打开的盒子，测试者能够看到其内部（如源程序），如图 7-4 所示。白盒测试可以分析被测试程序的内部结构，盒子是可视的，需要测试者了解内部的结构和工作原理，测试的焦点是根据内部结构设计测试用例。可通过测试来检测软件内部动作是否按照规格说明书的规定正常进行，按照程序内部的结构测试程序，检验程序中的每条通路是否都能按预定要求正确工作。

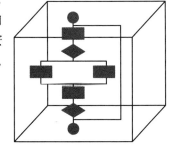

白盒测试设计的测试用例应该能够：

- 保证模块中的独立路径至少被执行一次；
- 保证所有的逻辑值（True 或 False）均被测试；
- 在上、下边界和可操作范围内运行所有的循环；
- 检查内部数据结构的有效性。

图 7-4　白盒测试

白盒测试方法需全面了解程序内部逻辑结构，对所有逻辑路径进行测试。测试者必须检查程序的内部结构，从检查程序的逻辑着手，得出测试数据。有时，贯穿程序的独立路径数是天文数字，即使测试了每条路径仍然可能有错误，因为：第一，穷举路径测试绝不能查出程序违反了设计规范，即程序本身是一个错误的程序；第二，穷举路径测试不可能查出程序中因遗漏路径而出现的错误；第三，穷举路径测试可能发现不了一些与数据相关的错误。

白盒测试作为结构测试方法，按照程序内部的结构测试程序，检查程序中的每条通路是否能够按照预定要求工作，主要的技术是基于控制流的测试和基于数据流的测试，变异测试技术也属于白盒测试。白盒测试投入较大。

7.4　白盒测试方法——基于控制流的测试

7.4.1　语句覆盖

语句覆盖方法选择足够的测试用例，使程序中的每一条可执行语句至少被执行一次。

语句覆盖率＝至少被执行一次的语句数量／可以执行的语句总数

例如，表 7-3 中所示的程序共有 4 条语句，我们选择的测试用例如表 7-4 所示，Condition1 和 Condition2 为 True，则这 4 条语句都可以被执行一次。

表 7-3　语句覆盖测试程序

1. if (Condition1 and Condition2) then
2. Do_something;
3. End if
4. Another_Statement;

表 7-4　语句覆盖测试用例

TestCase1	Condition1=True，Condition2=True

虽然语句覆盖可以保证程序中的每条语句都得到执行，但是它不能全面检查每一条语句，所以它不是一种充分的检查方法，例如上面的程序中，如果把"Condition1 and Condition2"错写成"Condition1 or Condition2"，使用上面的测试用例是不能发现这个错误的。

7.4.2　判定覆盖

判定覆盖是选择足够的测试用例，使程序中每一个判定的每一种可能结果都至少被执行一次，也就是使程序中的每个判定至少获得一次"真"值和"假"值。判定覆盖也叫分支覆盖。

判定覆盖率＝判定结果被评价的次数 / 判定结果的总数

对于表 7-3 中的程序，要实现判定覆盖，至少应该选择 2 个测试用例，表 7-5 所示的测试用例就可以实现判定覆盖。

表 7-5　判定覆盖测试用例

TestCase1	Condition1=True，Condition2=True
TestCase2	Condition1=False

上面的两个测试用例满足了判定覆盖的同时也满足了语句覆盖，因此判定覆盖比语句覆盖功能更强。但是还是存在问题，例如，如果 Condition 2 是 X>1，但错写成 X≥1，虽然使用上面的两个测试用例同样满足了判定覆盖，但是无法确定判定内部条件的错误，所以需要条件覆盖。

7.4.3　条件覆盖

在一个程序中，一个判定中通常包含若干个条件，而条件覆盖是选择足够的测试用例，使程序中每一个判定中的每一个条件的可能结果都至少被执行一次。

条件覆盖率＝条件操作数值至少被评价一次的数量 / 条件操作数值的总数

例如，表 7-3 中的程序要实现条件覆盖，要求每个条件（Condition1 和 Condition2）的可能值（True 和 False）至少满足一次。表 7-6 是满足表 7-3 所示程序的条件覆盖的测试用例，即 Condition1 和 Condition2 的可能值（True 和 False）至少满足一次，但是我们知道这两个测试用例并没有满足判定覆盖，因为所有的判断结果（Condition1 and Condition2）都是 False。所以，满足了条件覆盖，可能不满足判定覆盖。

表 7-6　条件覆盖测试用例

TestCase1	Condition1=True，Condition2=False
TestCase2	Condition1=False，Condition2=True

7.4.4　判定 / 条件覆盖

判定 / 条件覆盖要求设计足够的测试用例，使其同时满足判定覆盖和条件覆盖，即判定中的每个条件的所有情况（True 和 False）至少出现一次，并且每个判定本身的判断结果（True 和 False）也至少出现一次。

判定 / 条件覆盖率＝条件操作数值或者判定结果至少被评价一次的数量 /

（条件操作数值总数 + 判定结果的总数）

表 7-7 的测试用例满足了判定 / 条件覆盖。

表 7-7　判定 / 条件覆盖测试用例

TestCase1	Condition1=True，Condition2=True
TestCase2	Condition1=False，Condition2=False

虽然表 7-7 的测试用例满足了判定组合和条件覆盖，但是并没有覆盖所有的 True、False 取值的条件组合。

7.4.5　条件组合覆盖

条件组合覆盖是通过选择足够的测试用例，使程序中每一个分支判断中的每一个条件的每一种可能组合结果都至少被执行一次。所以，满足条件组合覆盖的测试用例一定满足判定覆盖、条件覆盖和判定 / 条件覆盖。

条件组合覆盖率＝被评价的分支条件组合数量 / 分支条件组合总数

表 7-3 所示程序中的判定中的两个条件（Condition1 和 Condition2）的组合有 4 种，表 7-8 满足了条件组合覆盖。

表 7-8　条件组合覆盖测试用例

TestCase1	Condition1=True，Condition2=True
TestCase2	Condition1=True，Condition2=False
TestCase3	Condition1=False，Condition2=True
TestCase4	Condition1=False，Condition2=False

7.4.6　路径覆盖

路径能否全面覆盖是软件测试中很重要的问题，因为程序要得到正确的结果，就必须能够保证程序总是沿着特定的路径顺序执行，只有程序中的每条路径都经受了检验，才能使程序得到全面检查。路径覆盖是指设计足够的测试用例，使程序中所有的可能路径都至少被执行一次。路径覆盖技术最早由 Tom McCabe 提出。

路径覆盖率＝至少被执行一次的路径数 / 总的路径数

图 7-5 所示是下面程序的程序路径图。

```
if (A>1) and (B=0) then  X=X/A;
if (A=2) or (X>1) then  X=X+1;
```

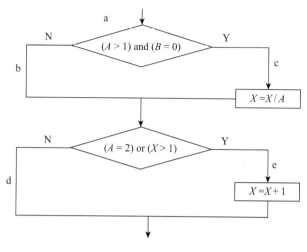

图 7-5　程序路径图

这个程序的路径共有 4 条:

- 路径 1: abe
- 路径 2: ace
- 路径 3: abd
- 路径 4: acd

为了满足路径覆盖,设计如表 7-9 所示的测试用例。

表 7-9　路径覆盖测试用例

测试用例	输入值			覆盖路径
	A	B	X	
TestCase 1	1	0	3	abe
TestCase 2	1	1	1	abd
TestCase 3	2	0	3	ace
TestCase 4	6	0	1	acd

需要指出的是,一个不是很复杂的程序,其路径却可能是一个庞大的数字,测试中覆盖这些路径几乎无法实现。为了解决这些问题,可以将覆盖路径数量压缩到一定的限度内,例如,程序中的循环体只执行一次。

7.4.7　ESTCA 规则

实际上,关于逻辑覆盖还有很多其他的覆盖准则,如 ESTCA、LCSAJ、MC/DC 等。

覆盖的准则是希望做到全面,没有遗漏,但是实际情况是测试并不能做到无遗漏,而且恰恰越容易出错的地方,越容易遗漏。因此,测试工作应该重点针对容易出现错误的地方设计更多的测试用例。K. A. Foster 通过大量的实验确定了程序中谓词是最容易出现错误的部分,得出一套错误敏感测试用例分析(Error Sensitive Test Cases Analysis,ESTCA)规则。ESTCA 规则如下:

- 规则 1。对于 A rel B（rel 为 <、=、>）型的分支谓词，应适当地选择 A 与 B 的值，使测试执行到该分支语句时，$A<B$、$A=B$、$A>B$ 的情况分别出现一次。
- 规则 2。对于 A rel C（rel 可以是 < 或 >，A 是变量，C 是常量）型的分支谓词，当 rel 为 < 时，适当选择 A 的值，使 $A=C-M$（M 是距 C 最小的容许正数，当 A 和 C 均为整型时，$M=1$）。同样，当 rel 为 > 时，适当选择 A，使 $A=C+M$。
- 规则 3。对外部输入变量赋值，使其每一测试用例均有不同的值和符号，并与同一组测试用例中其他变量的值与符号不一致。

显然，上述规则 1 是为了检测 rel 的错误；规则 2 是为了检测"差一"之类的错误，例如，将 $A>1$ 错写成 $A>0$；规则 3 是为了检测程序语句中的错误，例如，引用一个变量时错误地引用了另外一个常量。

上述规则虽然并不完备，但是很有效，因为规则本身针对程序人员容易发生的错误或者围绕出错频率高的地方，提高了发现错误的命中率。

7.4.8 LCSAJ 覆盖

LCSAJ 覆盖（Linear Code Sequence and Jump Coverage，线性代码序列与跳转覆盖）是 Woodward 等人提出的覆盖规则。一个 LCSAJ 是一组顺序执行的代码，以控制流跳转为其结束点，定义如下：

- 它起始于程序的入口或者一个可能导致控制流跳转的点；
- 它结束于程序的出口或者一个可能导致控制流跳转的点；
- 对于该点，一个跳转在后面的序列中产生。

LCSAJ 的起始点是根据程序本身决定的，它的起始是程序的第一行或者转移语句的入口点，或者是控制流可以跳转达到的点。因此，几个 LCSAJ 首尾相接构成 LCSAJ 串，组成程序的一条路径。第一个 LCSAJ 起点为程序的起点，最后一个 LCSAJ 终点为程序的终点。一条程序路径可能是由两个、三个或者多个 LCSAJ 组成的，基于 LCSAJ 与路径的这一关系，Woodward 提出了 LCSAJ 覆盖准则。这是一个分层的覆盖准则：

［第 1 层］：语句覆盖。

［第 2 层］：分支覆盖。

［第 3 层］：LCSAJ 覆盖，即程序的每一个 LCSAJ 都至少在测试中经历过一次。

［第 4 层］：两两 LCSAJ 覆盖，即程序中每两个首尾相连的 LCSAJ 组合起来在测试中都要经历一次。

  ⋮

［第 $n+2$ 层］：每 n 个首尾相连的 LCSAJ 组合在测试中都要经历一次。

所以，层级越高，LCSAJ 覆盖准则越难满足。在实施测试时，若要实现上述的 Woodward 层次 LCSAJ 覆盖，需要产生被测试程序的所有 LCSAJ。尽管 LCSAJ 覆盖比判定覆盖复杂很多，但是 LCSAJ 的自动化实施相对还是容易的。

7.4.9 MC/DC 覆盖

MC/DC 覆盖（Modified Conditional/Decision Coverage，更改条件 / 判定覆盖）是判定 / 条件覆盖的一个变体，它主要为多条件测试的情况提供了方便，通过分析条件、判定的覆盖来增加测试用例，防止测试工作量呈指数上升。MC/DC 标准满足下列需求：

- 被测试程序模块的每个入口点和出口点都必须至少被执行一次，并且每一个程序判定的结果至少被覆盖一次；

- 程序的判定被分解为基本的布尔条件表达式，每个条件独立地作用于判定的结果，覆盖所有条件的可能结果。

下面我们来看判定 $[X \text{ and } (Y \text{ or } Z)]$ 的 MC/DC 的情况，表 7-10 是它的分析情况。

表 7-10 MC/DC 分析表

测试用例	X	Y	Z	结果
TestCase1	T	T	T	T
TestCase2	T	T	F	T
TestCase3	T	F	T	T
TestCase4	T	F	F	F
TestCase5	F	T	T	F
TestCase6	F	T	F	F
TestCase7	F	F	T	F
TestCase8	F	F	F	F

为了使判定 X 对判定结果独立起作用，假设 Y 和 Z 都是 T，因此 TestCase1 和 TestCase5 是必需的。为了使判定 Y 对判定结果独立起作用，需要假设 X 是 T，Z 是 F，因此 TestCase2 和 TestCase4 是必需的。为了使判定 Z 对判定结果独立起作用，需要假设 X 是 T，Y 是 F，因此 TestCase3 和 TestCase4 是必需的。作为结果，测试用例 TestCase1、TestCase2、TestCase3、TestCase4、TestCase5 满足了 MC/DC 覆盖。当然，这个结果不是唯一可能的组合。

7.5 白盒测试方法——基于数据流的测试

基于数据流的测试主要包括定义 / 使用测试和程序片测试。

7.5.1 定义 / 使用测试

定义 / 使用测试方法主要针对程序的变量进行测试，实际上，每个变量的使用分别出现在定义时（definitional）、计算时（computation-use）和判断时（predicate-use），将其分别表达为 def（定义）、c-use（计算使用）、p-use（谓词使用或者判断使用）。如图 7-6 所示是一个程序及其对应的数据流图，这个程序对应的定义 / 使用节点如表 7-11 所示。

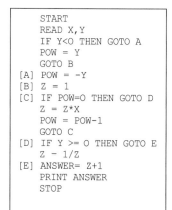
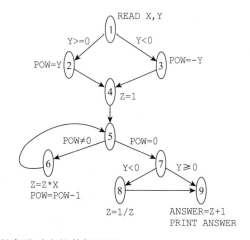

图 7-6 程序及对应的数据流图

表 7-11　变量的定义 / 使用

节点	c–use	def	边	p–use
1	$\varnothing$	$\{X, Y\}$	$(1, 2)$	$\{Y\}$
2	$\{Y\}$	$\{POW\}$	$(1, 3)$	$\{Y\}$
3	$\{Y\}$	$\{POW\}$	$(5, 6)$	$\{POW\}$
4	$\varnothing$	$\{Z\}$	$(5, 7)$	$\{POW\}$
5	$\varnothing$	$\varnothing$	$(7, 8)$	$\{Y\}$
6	$\{X, Z, POW\}$	$\{Z, POW\}$	$(7, 9)$	$\{Y\}$
7	$\varnothing$	$\varnothing$	—	—
8	$\{Z\}$	$\{Z\}$	—	—
9	$\{Z\}$	$\varnothing$	—	—

首先对定义 / 使用测试的概念进行定义。

（1）定义节点

节点 $n \in G(P)$ 是变量 $v \in V$ 的定义节点，记作 DEF(v, n)，当且仅当变量 v 的值由对应节点 n 的语句片段处定义。

（2）使用节点

节点 $n \in G(P)$ 是变量 $v \in V$ 的使用节点，记作 USE(v, n)，当且仅当变量 v 的值由对应节点 n 的语句片段处使用。

（3）p-use 和 c-use

使用节点 USE(v, n) 是一个谓词使用（记作 p-use），当且仅当语句 n 是谓词语句；否则，USE(v, n) 是计算使用（记作 c-use）。

（4）定义 – 使用路径

关于变量 v 的定义 – 使用路径（记作 du-path）是 PATHS(P) 中的路径，对某个 $v \in V$，存在定义和使用节点 DEF(v, m) 和 USE(v, n)，使 m 和 n 是该路径的最初和最终节点。

（5）定义清除路径（Clear Path）

关于变量 v 的定义清除路径（记作 dc-path），是具有最初和最终节点 DEF(v, m) 和 USE(v, n) 的 PATHS(P) 中的路径，使该路径中没有其他节点是 v 的定义节点。

定义变量的目的是使用该变量，下面定义 def/use 准则。令 i 是一个节点，x 是任意变量，$x \in \text{def}(i)$。

- 从定义到计算使用准则：dcu(x, i) 是所有节点 j 的集合，有 $x \in$ c-use(j)，且从 i 到 j 有一条清除路径。
- 从定义到判断使用准则：dpu(x, i) 是所有的 (j, k) 的集合，有 $x \in$ p-use(j, k)，从 i 到 (i, k) 有一条清除路径。

表 7-12 是图 7-6 数据流图中变量节点的 dcu 和 dpu。

最初，定义 / 使用测试是随着编译系统要生成有效的目标码而出现的，主要用于代码优化。现在主要为发现定义 / 引用异常缺陷，例如：

- 变量被定义，但是从来没有使用。
- 使用的变量没有被定义。
- 变量在使用之前被定义两次。

在进行程序定义 / 使用测试时，需要参考相应的原则，下面给出一些测试原则。

表 7-12 数据流图中变量节点的 dcu 和 dpu

变量	节点	dcu	dpu
X	1	{6}	$\varnothing$
Y	1	{2,3}	{(1,2),(1,3),(7,8),(7,9)}
POW	2	{6 }	{(5,6),(5,7)}
POW	3	{6}	{(5,6),(5,7)}
Z	4	{6,8,9}	$\varnothing$
Z	6	{6,8,9}	$\varnothing$
POW	6	{6}	{(5,6),(5,7)}
Z	8	{9}	$\varnothing$

- 全用法（all-uses）测试：针对跟踪变量的数据定义、计算和判断使用情况，将变量的所有使用方法彻底进行测试。全用法（all-uses）测试在工程中是不太现实的，只能偏重于某个方面，例如，执行计算或变量定义。
- 全定义（all-defs）测试：要求对每个变量的定义至少测试一次。
- 全判断（all-p-uses）测试：从每个变量定义到该变量用于判断的使用的清除路径进行测试。
- 全计算和部分判断（all-c-uses/some-p-uses）测试：从变量定义到该变量用于计算的清除路径进行测试。如果定义只是在判断中使用，至少测试一条判断使用的路径。
- 全判断和部分计算部分（all-p-uses/some-c-uses）测试：从变量定义到该变量用于判断的清除路径进行测试。如果定义只是在计算中使用，至少测试一条到计算使用的路径。

7.5.2 程序片测试

程序片测试是一种数据流分析方法，程序片是确定或影响某个变量在程序某个点上取值的一组程序语句。程序片也就是给定的一个程序行为的子集，通过切片技术把程序分解到最小化形式，并且仍可执行。所有那些包含改变某变量的语句，就是该变量的程序片。指定的程序片就是一条路径，可以对其进行测试。

$S(V, n)$ 的定义为：给定一个程序 P、一个给出语句及语句片段编号的程序图 $G(P)$，以及 P 中的一个变量集合 V，变量集合 V 在语句片段 n 上的一个片记作 $S(V, n)$，表示程序 P 中，在语句 n 以前对 V 中的变量值做出贡献的所有语句片段编号的集合。

现在先假设 $S(V, n)$ 是一个变量的片，即集合 V 由单一变量 v 组成，则：

- 如果语句片段 n 是 v 的一个定义节点，则 n 包含在该片中。
- 如果语句片段 n 是 v 的一个使用节点，则 n 不包含在该片中。
- 其他变量的谓词使用和计算使用，要包含其执行会影响变量 v 取值的节点。

需要建立程序片的基本规则如下：

- 不要在没有出现变量的语句 n 上建立程序片；
- 在一个变量上建立程序片；
- 对于所有赋值定义节点都要建立程序片；
- 对于谓词使用节点建立程序片；
- 非谓词使用节点上的程序片并不是很有意义；
- 考虑使程序片可执行。

例如，对于下面的程序：

```
1. begin
2.    input(x,y);
3.    total=0;
4.    sum=0;
5.    if x<=1
6.      then sum=y
7.      else begin
8.            read(z);
9.            total=x*y
10.          end;
11.   print (total,sum)
12. end
```

如下可执行的程序片是变量 x 在语句 12 处的程序片 $S1(x,12)=\{1,2,12\}$：

```
1  begin
2  read(x,y);
12  end
```

变量 z 在语句 12 处的程序片如下：

```
1. begin
2.        input (x, y );
5. if x <= 1
6.          then sum = y
7.          else begin
8.               read (z);
10.              end;
12. end
```

通过程序片法可以将一个复杂程序分解成几个相对简单的可执行程序，这样的程序片相对原来的程序代码逻辑清晰，理解方便，简单且易于测试。程序片法提供一种方便的消除变量之间交互的手段，只关注到某变量的所有细节，容易找出潜在错误。

例如，对于如图 7-7 所示的程序，变量 t 的程序片如图 7-8 所示，通过程序片测试，发现首指针 t 一直没有变化，因此可以断定程序有问题，缺少"t++"语句。

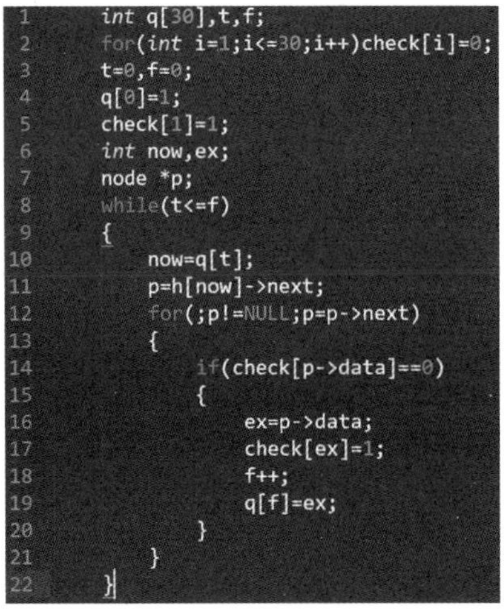

图 7-7　某程序

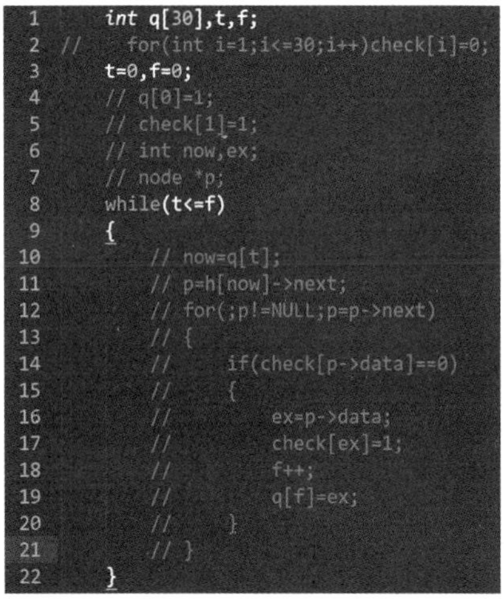

图 7-8　变量 t 的程序片

7.6　白盒测试方法——变异测试

变异测试（Mutation Testing）是一种错误驱动的测试，是在细节方面改进程序源代码的测试方法。这些所谓的变异是基于良好定义的变异操作，这些操作或者是模拟典型应用错误（例如使用错误的操作符或者变量名字），或者是强制产生有效的测试（例如使每个表达式都等于 0），目的是帮助测试者发现有效的测试，或者定位测试数据的弱点。

变异测试于 1970 年首次被提出，变异测试最初是为了定位并揭示测试单元的弱点。如果一个变异被引入，同时出现的行为（通常是输出）不受影响，那么这就说明变异代码从没有被执行过（产生了过剩代码）或者测试单元无法定位错误。为了使之适用于所有情况，必须引入大量的变异，导致这个程序的大量副本被编译和执行。变异测试的花费问题也阻碍了它的实际应用。

变异测试最初由 Dick Lipton 提出，被 DeMillo、Lipton 和 Sayward 首次发现并公之于众。第一个变异测试工具是由 Timothy Budd 于 1980 年在耶鲁大学实现的。

假设有程序 P 和一个测试集合 T，用 T 的每个"测试用例"测试 P，如果 P 得到错误的结果（与预期的不一样），T 就完成了自己的任务，程序 P 必须被修改。反过来，假设程序 P 对于测试集合 T 中每个测试用例都得到正确的结果，就继续用测试集合 T，但是按特定的规则 G，修改程序 P 为 P_i，每个 P_i 只是对 P 的一点点修改，例如，用"a+"替代原先的"a-"或修改某个语句，称 P_i 是 P 的一个变异体 (mutant)，G 称为变异操作符 (mutagenic operators)。原始程序 P 和变异体 P_i 称为程序邻居。图 7-9 中的 M1 和 M2 就是 Program1 的两个变异体。

如果用 T 中的一些测试用例对变异体 P_i 进行测试，当变异体 P_i 测试产生与 P 测试不同的结果时，则测试用例已经"杀掉"该变异体，说明测试用例能够查出变异体中的错误。一旦变异体被杀掉，它就是死亡的变异体（dead mutant），就不再用后面的测试用例对其测试了。

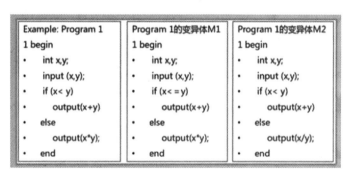

图 7-9　程序的变异体

例如，考虑某项目的 C++ 代码片段：

```
1. if (a && b) c = 1;
2. else c = 0;
```

条件变异操作可以用"||"来替换"&&"，产生下面的变异体：

```
1. if (a || b) c = 1;
2. else c = 0;
```

为了使测试杀死这个变异体，需要满足以下条件。

- 测试输入数据必须对突变和原始创新引起不同的程序状态，例如一个测试（a=1, b=0）可以达到这个目的。

● c 的值应该传播到程序输出并被测试检查。

弱的变异测试只要求满足第一个条件，强的变异测试要求满足两个条件。强变异更有效，因此它保证测试单元可以真实地捕捉错误。弱变异近似于代码覆盖方法，它只需较少的计算能力来保证测试单元满足弱变异测试。

7.7 黑盒测试方法

黑盒测试也称为行为测试（behavioral test），主要关注软件的功能测试和性能测试，而不是内部的逻辑结构测试。黑盒测试是软件测试中使用最早、最广泛的测试，在测试中，被测试对象的内部结构、运作情况对于测试人员来说是不可见的，测试人员主要根据规格说明，验证软件与规格说明的一致性，所以黑盒测试又可以称为基于规格的测试。黑盒测试关注的是结果，如图 7-10 所示。黑盒测试把被测对象看成一个黑盒，只考虑其整体特性，不考虑其内部具体实现；黑盒测试针对的被测对象可以是一个系统、一个子系统、一个模块、一个子模块、一个函数等。

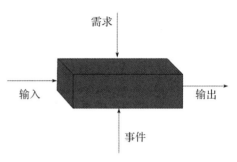

图 7-10 黑盒测试示意图

黑盒测试也称功能测试或数据驱动测试，它是在已知产品所应具有的功能的情况下，通过测试来检测每个功能是否都能正常使用。在测试时，把程序看作一个不能打开的黑盒子，在完全不考虑程序内部结构和内部特性的情况下，测试者在程序接口进行测试，它只检查程序功能是否按照需求规格说明书的规定正常使用，程序是否能适当地接收输入数据而产生正确的输出信息，并且保持外部信息（如数据库或文件）的完整性。黑盒测试着眼于程序外部结构，不考虑内部逻辑结构，针对软件界面和软件功能进行测试。实际上测试情况有无穷多个，人们不仅要测试合法的输入，而且要对那些不合法但是可能的输入进行测试。

常见的黑盒测试方法有边界值分析、等价类划分、规范导出法、错误猜测法、基于故障的测试方法、因果图法、决策表法、场景法等。

7.7.1 边界值分析

边界值分析（Boundary Value Analysis，BVA）是一种很实用的黑盒测试方法，它具有很强的发现程序错误的能力，它关注的是输入空间的边界。边界值分析基于的原理是：错误更可能发生在输入的边界值附近，因此设计测试用例的输入值时尽可能采用输入的边界值。边界值分析的基本思想是在最小值、略高于最小值、正常值、略低于最大值、最大值等处取输入变量值。

例如，一个程序的输入是变量 X_1、X_2，它们的取值范围是 $a \leqslant X_1 \leqslant b$，$c \leqslant X_2 \leqslant d$，程序的边界值分析测试用例如图 7-11 所示。

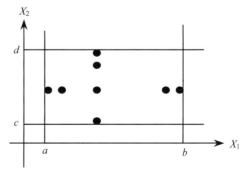

图 7-11 两个变量函数边界值分析测试用例

7.7.2 等价类划分

等价类划分是一种最典型的黑盒测试方法，它不考虑程序的内部结构，对需求规格说明书中的各项需求，特别是对功能需求进行细致的分析，同时对输入和输出区别对待和处理，在测试时，它将输入域划分为若干部分，从每个部分中取少数有代表性的数据作为测试用例的输入。等价类划分测试方法基于的原理是：由于很多情况下实现穷举所有的输入是不现实的，因此测试人员从大量的可能数据中选择一部分作为测试数据，这样每个类的代表数据在测试中的作用等价于这个类中的其他值，可以避免冗余。

进行等价类划分之前，需要从功能规格说明书中找到输入条件，然后为每个输入条件划分等价类。所谓等价类就是输入域的某个子集合，所有的等价类的并集就是整个输入域，等价类可以保证完备性和无冗余性。

以下是进行等价类划分的几项依据：

- **按照区间划分**。如果功能规格说明书规定了输入条件的取值范围或者值的数量，则可以确定一个有效等价类和两个无效等价类。例如，如果输入为月份，则 1～12 为一个有效等价类，小于 1、大于 12 为两个无效等价类。
- **按照数值划分**。如果功能规格说明书规定了输入数据的一组值，而且软件要对每个输入值分别进行处理，则可以为每一个值确定一个有效等价类，此外根据这组值确定一个无效等价类，即所有不允许的输入值的集合。
- **按照数值集合划分**。如果功能规格说明书规定了输入值的集合，则可以确定一个有效等价类（该集合有效值之内）和一个无效等价类（该集合有效值之外）。
- **按照限制条件或者规则划分**。如果功能规格说明书规定了输入数据必须遵守的规则或者限制条件，则可以确定一个有效等价类（即符合规则）和若干个无效等价类（即违反规则）。
- **细分等价类**。等价类中的各个元素在程序中的处理方式各不相同，则可以将此等价类进一步划分成更细小的等价类，同时构成等价类表。

利用等价类进行测试有两个目的，一个是希望进行完备的测试，另一个是希望避免冗余。设计测试用例时，应同时考虑有效等价类和无效等价类的设计。测试人员总是希望通过最少的测试用例覆盖所有的有效等价类，但是对一个无效等价类，设计一个测试用例来覆盖即可。

根据已经列出的等价类表可以确定测试用例，具体步骤如下：

1）为每个等价类分别编制一个编号。

2）设计一个新的测试用例，使它能够尽量覆盖尚未覆盖的有效等价类，重复这个步骤，使所有的有效等价类均被测试用例覆盖。

3）设计一个新的测试用例，使它覆盖一个无效等价类，重复这个步骤，使所有的无效等价类均被测试用例覆盖。

针对是否对无效数据进行测试，可以将等价类测试分为弱一般等价类、强一般等价类、弱健壮等价类、强健壮等价类。这里的"弱"代表单缺陷假设；"强"代表多缺陷假设；"一般"代表只有有效等价类；"健壮"代表除包括有效等价类之外，还包含无效等价类。单缺陷假设基于这样的可靠性理论：失效极少是由两个（或多个）缺陷同时发生引起的。而多缺陷假设拒绝这种假设，意味着我们关心当多个变量取极值时会出现什么情况。

- **弱一般等价类测试**：通过使用一个测试用例中的每个等价类（区间）的一个变量实现。
- **强一般等价类测试**：基于多缺陷假设，因此需要等价类笛卡儿积的每个元素对应的测试用例。

- **弱健壮等价类测试**：对于有效输入，使用每个有效类的一个值；对于无效输入，测试用例将拥有一个无效值，并保持其余的值都是有效的。
- **强健壮等价类测试**：说它"强"是因为多缺陷假设，说它"健壮"是因为这种测试考虑了无效值。

例如，函数 F 实现一个程序，它有两个输入变量 X_1、X_2，它们的取值范围是：

- $a \leqslant X_1 \leqslant d$，区间是 $[a, b]$，(b, c)，$[c, d]$；
- $e \leqslant X_2 \leqslant g$，区间是 $[e, f]$，$[f, g]$。

变量 X_1、X_2 的无效等价类分别是 $X_1 < a$，$X_1 > d$ 和 $X_2 < e$，$X_2 > g$。图 7-12 是对应的弱一般等价类测试用例，图 7-13 是对应的强一般等价类测试用例，图 7-14 是对应的弱健壮等价类测试用例，图 7-15 是对应的强健壮等价类测试用例。

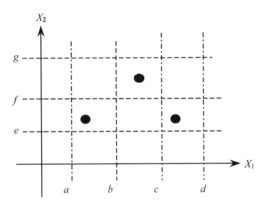

图 7-12　弱一般等价类测试用例

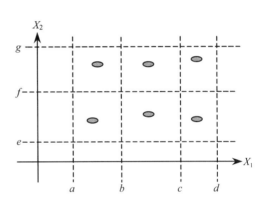

图 7-13　强一般等价类测试用例

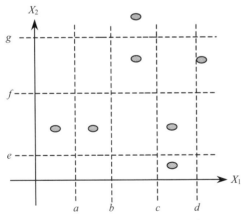

图 7-14　弱健壮等价类测试用例

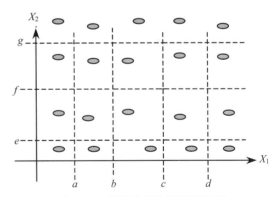

图 7-15　强健壮等价类测试用例

7.7.3　规范导出法

规范导出法是根据相关规格说明的规范陈述来设计测试用例的，每一个测试用例用来测试一个或者多个规范陈述语句，一个比较实际的方法是根据规范陈述所用语句顺序来相应地为被测试对象设计测试用例。

例如，一个计算平方根函数的规格说明可以表达如下：当输入一个大于等于 0 的实数时，返回正的平方根；当输入一个小于 0 的实数时，显示错误信息"平方根非法——输入值小于 0"，并返回 0；Print_Line 库函数可以用来输出错误信息。

在这个规格说明中有 3 个陈述，可以用以下两个测试用例来对应。

1）Testcase1：输入 16，输出 4。

这个测试用例对应规格说明中的第一句陈述：当输入一个大于等于 0 的实数时，返回正的平方根。

2）Testcase2：输入 -1，输出"平方根非法——输入值小于 0"。

这个测试用例对应规格说明中的第二、第三句陈述：当输入一个小于 0 的实数时，显示错误信息"平方根非法——输入值小于 0"，并返回 0；Print_Line 库函数可以用来输出错误信息。

7.7.4 错误猜测法

错误猜测法是在经验的基础上，测试设计者猜测错误的类型以及特定软件中的错误位置，并设计用例来发现它们。错误猜测法的基本思想是某处发现了缺陷，则可能会隐藏更多的缺陷，在实际操作中，列出程序中所有可能的错误和容易发生的特殊情况，然后依据经验做出选择。

7.7.5 基于故障的测试方法

一般来说，软件中会存在很多类型的故障，基于故障的测试方法是试图证明软件系统中不存在某个故障，一旦这种故障发生，必能导致该软件系统发生错误，应该尽量避免。故障检测的一般步骤是：假设故障，给出该故障的测试用例，故障模拟。基于故障的测试方法也可以应用于白盒测试中。

7.7.6 因果图法

因果图（Cause Effect Graphing，CEG）法基于这样的思想：一些程序的功能可以用判定表的形式表示，并根据输入条件的组合情况规定相应的操作，因此，可以考虑为判定表中的每一列设计一个测试用例，以便测试程序在输入条件某种组合下的输出是否正确。概括地说，因果图法就是从程序规格说明的描述中找出因（输入条件）和果（输出结果或者程序状态的改变）的关系，通过因果图转换判定表，最后为判定表中的每一列设计一个测试用例。

等价类划分和边界值分析方法着重考虑输入条件，而不考虑输入条件的组合，也不考虑各个输入条件之间的相互制约关系。如果在测试时必须考虑输入条件的各种组合，则可能的组合数目也许是一个天文数字，因此必须考虑一种适合于描述多种条件的组合产生多个相应动作的方法，这就需要因果图法。

因果图法着重分析输入条件的各种组合，每种组合条件就是"因"，它必然有一个输出的结果，这就是"果"。等价类划分和边界值分析的缺陷是没有检查各种输入条件的组合，而因果图能有效地检测输入条件的各种组合可能引起的错误。

因果图法中使用简单的逻辑符号，以直线连接左右节点，左节点表示输入状态（原因），右节点表示输出状态（结果）。因果图用 4 种符号表示规格说明中的 4 种因果关系，图 7-16 表示了常用的 4 种符号所代表的因果关系，它们分别表示"是""非""与""或"的关系。

例如，如果第一个字符是 A 或者 B，第二个字符是数字，则更新文件；如果第一个字符不正确，则产生 X_{12} 信息；如果第二字符不正确，则产生 X_{13} 信息。

明确了上述要求之后，可以将原因和结果分开如下。

- 因（输入）：

1：第一字符 A。

2：第一字符 B。

3：第二字符是数字。

- 果（输出）：

70：更新文件。

71：产生信息 X_{12}。

72：产生信息 X_{13}。

则其因果图如图 7-17 所示。

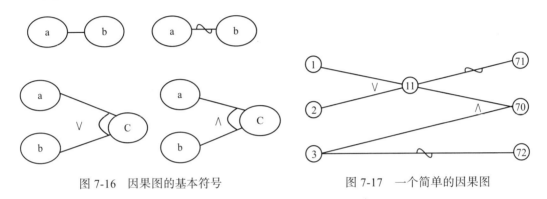

图 7-16　因果图的基本符号　　　　　图 7-17　一个简单的因果图

7.7.7　决策表法

通过决策表也可以设计测试用例进行黑盒测试。决策表通常由 4 部分组成，如表 7-13 所示。其中：

- 条件桩：列出问题的所有条件，除特殊说明外，所列条件的先后次序无关紧要。
- 条件项：针对条件桩给出的条件，列出所有可能的取值。
- 动作桩：给出问题规定的可能采取的操作，操作顺序一般没有约束。
- 动作项：与条件项紧密相关，指出在条件项的各种取值情况下应该采取的动作。

表 7-13　决策表的组成

条件桩	条件项
动作桩	动作项

决策表的突出优点是能够将复杂的问题按照各种可能的情况全部列举出来，简明而且可避免遗漏，因此，利用决策表能够设计出完整的测试用例集合。运用决策表设计测试用例，可以将条件理解为输入，将动作理解为输出。等价类划分的不足之处是机械地选取输入值，可能会产生"奇怪"的测试用例，这是因为等价类划分和边界值分析测试均假设变量是独立的，若变量之间在输入定义域中存在某种逻辑依赖关系，那么这些依赖关系在机械地选取输入值时可能会丢失，决策表法通过使用"不可能动作"的概念表示条件的不可能组合来强调这种依赖关系。

下面是 NextDate 函数的决策表测试用例设计。

NextDate 是有 3 个变量 month、day、year 的函数，输出为输入日期后一天的日期。例如，如果输入为 1999 年 12 月 11 日，则该函数的输出是 1999 年 12 月 12 日。因此，NextDate

函数能够使用 5 种操作：month 变量加 1，day 变量加 1，month 变量复位操作，day 变量复位操作，year 变量加 1。

首先定义等价类：

- M1 = { 月份：每月有 30 天 }
- M2 = { 月份：每月有 31 天，12 月除外 }
- M3 = { 月份：此月是 12 月 }
- M4 = { 月份：此月是 2 月 }
- D1 = { 日期：1≤日期≤27}
- D2 = { 日期：日期 =28}
- D3 = { 日期：日期 =29}
- D4 = { 日期：日期 =30}
- D5 = { 日期：日期 =31}
- Y1 = { 年：是闰年 }
- Y2 = { 年：不是闰年 }

表 7-14 所示的决策表共有 22 条规则：规则 1～5 处理有 30 天的月份；规则 6～10 和规则 11～15 处理有 31 天的月份，其中规则 6～10 处理 12 月之外的月份，规则 11～15 处理 12 月，不可能规则也列出来，如规则 5 处理在有 30 天的月份中考虑 31 日；最后的 7 条规则处理 2 月和闰年问题。

表 7-14　NextDate 函数决策表

	1	2	3	4	5	6	7	8	9	10
条件										
月份在	M1	M1	M1	M1	M1	M2	M2	M2	M2	M2
日期在	D1	D2	D3	D4	D5	D1	D2	D3	D4	D5
年在	—	—	—	—	—	—	—	—	—	—
行动										
不可能					×					
日期加 1	×	×	×			×	×	×	×	
日期复位				×						×
月份加 1				×						×
月份复位										
年加 1										

	11	12	13	14	15	16	17	18	19	20	21	22
条件												
月份在	M3	M3	M3	M3	M3	M4	M4	M4	M4	M4	M4	M4
日期在	D1	D2	D3	D4	D5	D1	D2	D2	D3	D3	D4	D5
年在							Y1	Y2	Y1	Y2		
行动												
不可能										×	×	×
日期加 1	×	×	×	×		×	×					
日期复位					×			×	×			
月份加 1								×	×			
月份复位					×							
年加 1					×							

可以进一步简化上面的 22 条规则，若决策表中有两条规则的动作项相同，则一定至少有一个条件能够将这两条规则用不关心条件合并，例如，规则 1～3 都涉及有 30 天的月份 day 类 D1、D2、D3，并且它们的动作都是 day 加 1，因此可以将规则 1～3 合并。类似地，有 31 天的月份的 day 类 D1、D2、D3 和 D4 也可以合并，2 月份的 D4 和 D5 也可以合并，简化后的决策表如表 7-15 所示。

表 7-15　简化后的 NextDate 函数决策表

选　项		规　则												
		1～3	4	5	6～9	10	11～14	15	16	17	18	19	20	21～22
条件	Month 在	M1	M1	M1	M2	M2	M3	M3	M4	M4	M4	M4	M4	M4
	Day 在	D1～D3	D4	D5	D1～D4	D5	D1～D4	D5	D1	D2	D2	D3	D3	D4～D5
	Year 在	—	—	—	—	—	—	—	—	Y1	Y2	Y1	Y2	—
动作	不可能			√								√	√	√
	Day 加 1	√			√		√			√	√			
	Day 复位		√			√		√				√		
	Month 加 1		√			√						√		
	Month 复位								√					
	Year 加 1								√					

可以根据简化后的决策表设计测试用例，如表 7-16 所示。

表 7-16　NextDate 函数的测试用例

测试用例	Month	Day	Year	预期输出
Testcase1 ～ Testcase3	8	16	2001	17/8/2001
Testcase4	8	30	2004	31/8/2004
Testcase5	9	31	2001	不可能
Testcase6 ～ Testcase9	1	16	2004	17/1/2004
Testcase10	1	31	2001	1/2/2001
Testcase11 ～ Testcase14	12	16	2004	17/12/2004
Testcase15	12	31	2001	1/1/2002
Testcase16	2	16	2004	17/2/2004
Testcase17	2	28	2004	29/2/2004
Testcase18	2	28	2001	1/3/2001
Testcase19	2	29	2004	1/3/2004
Testcase20	2	29	2001	不可能
Testcase21 ～ Testcase22	2	30	2004	不可能

7.7.8　场景法

所谓场景就是事务流，主要用于事件触发流程中，当某个事件被触发后就形成相应的场景流程，不同的事件触发、不同的顺序和不同的处理结果形成了一系列的事件流结果。通过分析设计模拟出设计者的设计思想，即整理出充分的场景，这样的测试设计不但便于测试设计人员充分理解系统，同时也较紧密地体现了被测系统的业务关系。

我们可以把事务流划分为基本流和备选流，如图 7-14 所示。基本流就是事务最基本的发生路径。备选流就是事务发生较少的处理顺序或操作顺序——尽管少，但还是会发生，而且对系统设计的健壮性或者完备性来讲是很重要的补充。用例场景要通过描述流经用例的路径来确定，这个流经过程要从用例开始到结束遍历其中所有基本流和备选流。图 7-18 中经过用例的每条不同路径都反映了基本流和备选流，都用箭头来表示。图中直线表示基本流，是经过用例的最简单的路径。曲线表示备选流，一个备选流可能从基本流开始，在某个特定条件下执行，然后重新加入基本流中（如备选流 1 和备选流 3）；也可能起源于另一个备选流（如备选流 2 起源于备选流 1），或者终止用例而不再重新加入某个流（如备选流 2 和备选流 4）。

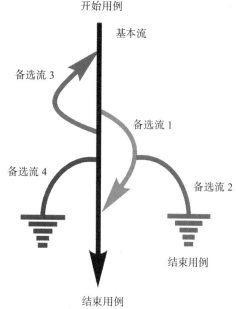

图 7-18 基本流与备选流

遵循图 7-14 中每个经过用例的可能路径，可以确定不同的用例场景。从基本流开始，再将基本流和备选流结合起来，可以确定表 7-17 所示的用例场景。

表 7-17 用例场景

场景 1	基本流		
场景 2	基本流	备选流 1	
场景 3	基本流	备选流 1	备选流 2
场景 4	基本流	备选流 3	
场景 5	基本流	备选流 3	备选流 1
场景 6	基本流	备选流 3	备选流 1	备选流 2
场景 7	基本流	备选流 4	
场景 8	基本流	备选流 3	备选流 4

注：为方便起见，场景 5、场景 6、场景 8 只描述了备选流 3 指示的循环执行一次的情况。

常用软件的安装过程就可以采用场景法设计测试用例，在默认（如安装路径已有默认值）的情况下进行逐步安装是基本流；如果用户可以修改安装路径，可以将其看作备选流 1；在安装过程中，如果有"上一步"操作，可以将其看作备选流 3；可以将中途退出看作备选流 2 和备选流 4。表 7-18 展示了一个 ATM 提款用例的基本流和某些备选流。

表 7-18 ATM 提款用例的基本流和某些备选流

基本流	本用例的开端是 ATM 处于准备就绪状态。 1. 准备提款：客户将银行卡插入 ATM 的读卡机。 2. 验证银行卡：ATM 从银行卡的磁条中读取账户代码，并检查它是否属于可接受的银行卡。 3. 输入账户密码：ATM 要求客户输入 6 位密码。 4. 验证账户代码和密码：确定该账户是否有效以及所输入的密码对该账户来说是否正确。对于此事件流，账户是有效的而且密码对此账户来说正确无误。 5. ATM 选项：ATM 显示在本机上可用的各种选项。在此事件流中，银行客户通常选择"提款"。 6. 输入金额：输入要从 ATM 中提取的金额。对于此事件流，客户需选择预设的金额（100 元、200 元、500 元、1000 元、2000 元）。 7. 授权：ATM 通过将卡 ID、密码、金额以及账户信息作为一笔交易发送给银行系统来启动验证过程。对于此事件流，银行系统处于联机状态，而且对授权请求给予答复，批准完成提款过程，并且据此更新账户余额。 8. 出钞：提供现金。 9. 返回银行卡：银行卡被返还。 10. 收据：打印收据并提供给客户，ATM 相应地更新内部记录。 用例结束时 ATM 又回到准备就绪状态
备选流 1：银行卡无效	在基本流步骤 2 中，如果卡是无效的，则卡被退回，同时会通知相关消息
备选流 2：ATM 内没有现金	在基本流步骤 5 中，如果 ATM 内没有现金，则"提款"选项将无法使用
备选流 3：ATM 内现金不足	在基本流步骤 6 中，如果 ATM 内的金额少于请求提取的金额，则将显示适当的消息，并且在步骤 6 处重新加入基本流
备选流 4：密码有误	在基本流步骤 4 中，客户有三次机会输入密码。如果密码输入有误，ATM 将显示适当的消息。如果还有输入机会，则此事件流在步骤 3 处重新加入基本流。如果最后一次尝试输入的密码仍然错误，则该卡将被 ATM 保留，同时 ATM 返回到准备就绪状态，本用例终止
备选流 5：账户不存在	在基本流步骤 4 中，如果银行系统返回的代码表明找不到该账户或禁止从该账户中提款，则 ATM 显示适当的消息并且在步骤 9 处重新加入基本流
备选流 6：账面金额不足	在基本流步骤 7 中，银行系统返回代码表明账户余额少于在基本流步骤 6 内输入的金额，则 ATM 显示适当的消息并且在步骤 6 处重新加入基本流
备选流 7：达到每日最大的提款金额	在基本流步骤 7 中，银行系统返回的代码表明包括本提款请求在内，客户已经或将超过在 24 小时内允许提取的最多金额，则 ATM 显示适当的消息并在步骤 6 处重新加入基本流
备选流 8：记录错误	如果在基本流步骤 10 中，记录无法更新，则 ATM 进入"安全模式"，在此模式下所有功能都将暂停使用；同时向银行系统发送一条适当的警报信息，表明 ATM 已经暂停工作
备选流 9：退出	客户可随时决定终止交易（退出）。交易终止，银行卡随之退出
备选流 10："翘起"	ATM 包含大量的传感器，用以监控各种功能，如电源检测器、不同的门和出入口处的测压器以及动作检测器等。在任一时刻，如果某个传感器被激活，则警报信号将发送给警方而且 ATM 进入"安全模式"，在此模式下所有功能都暂停使用，直到采取适当的重启/重新初始化的措施

可以从上述用例生成下列场景，如表 7-19 所示。

这 7 个场景中的每一个场景都需要确定测试用例。可以采用矩阵或决策表来确定和管理测试用例。表 7-20 显示了一种通用格式，其中各行代表各个测试用例，而各列则代表测试用例的信息。本示例中，对于每个测试用例，存在一个测试用例 ID、条件（或说明）、测试用例中涉及的所有数据元素（作为输入或已经存在于数据库中）以及预期结果。

表 7-19　ATM 提款用例的场景

场景 1：成功提款	基本流	
场景 2：ATM 内没有现金	基本流	备选流 2
场景 3：ATM 内现金不足	基本流	备选流 3
场景 4：密码有误（还有输入机会）	基本流	备选流 4
场景 5：密码有误（不再有输入机会）	基本流	备选流 4
场景 6：账户不存在 / 账户类型有误	基本流	备选流 5
场景 7：账户余额不足	基本流	备选流 6

注：为方便起见，备选流 3、备选流 6（场景 3、场景 7）内的循环以及循环组合未纳入上表。

表 7-20　ATM 取款的部分测试用例

测试用例 ID	场景 / 条件	密码	账号	输入的金额（或选择的金额）	账面金额	ATM 内的金额	预期结果
1	场景 1：成功提款	V	V	V	V	V	成功提款
2	场景 2：ATM 内没有现金	V	V	V	V	I	提款选项不可用，用例结束
3	场景 3：ATM 内现金不足	V	V	V	V	I	警告消息，返回基本流步骤 6，输入金额
4	场景 4：密码有误（还有不止一次输入机会）	I	V	N/A	V	V	警告消息，返回基本流步骤 4，输入密码
5	场景 4：PIN 有误（还有一次输入机会）	I	V	N/A	V	V	警告消息，返回基本流步骤 4，输入密码
6	场景 4：PIN 有误（不再有输入机会）	I	V	N/A	V	V	警告消息，卡予以保留，用例结束

通过从确定执行用例场景所需的数据元素入手构建矩阵。然后，对于每个场景，至少要确定包含执行场景所需的适当条件的测试用例。例如，在表 7-18 所示的矩阵中，V（有效）用于表明这个条件必须是有效的才可执行基本流，而 I（无效）用于表明这种条件下将激活所需备选流。表 7-18 中的 "N/A"（不适用）表明这个条件不适用于此测试用例。

在表 7-18 所示的矩阵中，6 个测试用例执行了 4 个场景。对于基本流，上述测试用例 1 称为正面测试用例。它一直沿着用例的基本流路径执行，未发生任何偏差。基本流的全面测试必须包括负面测试用例，以确保只有在符合条件的情况下才执行基本流。这些负面测试用例由测试用例 2～6 表示。虽然测试用例 2～6 对于基本流而言都是负面测试用例，但它们相对于备选流 2～4 而言是正面测试用例。而且对于这些备选流中的每一个而言，至少存在一个负面测试用例（测试用例 1）。

每个场景只具有一个正面测试用例和负面测试用例是不充分的，场景 4 正是这样的一个示例。要全面地测试场景 4（密码有误），至少需要三个正面测试用例（以激活场景 4）：

- 输入了错误的密码，但仍存在输入机会，此备选流重新加入基本流中的步骤 4（输入账户密码）；
- 输入了错误的密码，而且不再有输入机会，则此备选流将保留银行卡并终止用例；
- 最后一次输入时输入了正确的密码。备选流重新加入基本流中的步骤 5（ATM 选项）。

在上面的矩阵中，无须为条件（数据）输入任何实际的值。以这种方式创建测试用例矩阵的一个优点在于容易看到测试的条件是什么。由于只需要查看 V 和 I，因此这种方式还易于判断是否已经确定了充足的测试用例。从表 7-18 中可发现存在几个条件不具备阴影单元格，这表明测试用例还不完全，如场景 6（账户不存在 / 账户类型有误）和场景 7（账户余额不足）就缺少测试用例。

一旦确定了所有的测试用例，则应对这些用例进行复审和验证以确保其准确且适度，并取消多余或等效的测试用例。测试用例一经认可，就可以确定实际数据值（在测试用例实施矩阵中）并且设定测试数据，如表 7-21 所示。

表 7-21　测试用例实施矩阵

测试用例 ID	场景 / 条件	密码	账号	输入的金额（或选择的金额）	账面金额	ATM 内的金额	预期结果
1	场景 1：成功提款	123456	95588123	50.00	500.00	2000	成功提款
2	场景 2：ATM 内没有现金	123456	95588123	100.00	500.00	0.00	提款选项不可用，用例结束
3	场景 3：ATM 内现金不足	123456	95588123	100.00	500.00	70.00	警告消息，返回基本流步骤 6：输入金额
4	场景 4：密码有误（还有不止一次输入机会）	123458	95588123	N/A	500.00	2000	警告消息，返回基本流步骤 4，输入密码
5	场景 4：PIN 有误（还有一次输入机会）	123457	95588123	N/A	500.00	2000	警告消息，返回基本流步骤 4，输入密码
6	场景 4：PIN 有误（不再有输入机会）	123458	95588123	N/A	500.00	2000	警告消息，卡予以保留，用例结束

以上测试用例只是在本次迭代中需要用来验证提款用例的一部分测试用例，当然在实际的取款过程中，还需要从功能、性能、安全等角度去完善测试用例。

7.8　其他测试技术

7.8.1　回归测试

回归测试（regression testing）是对更新版本的测试，用来验证修改的或新增的部分是否正确以及这些部分有没有导致其他部分产生错误。回归测试的主要目的是验证系统的变更没有影响以前的功能，并且保证当前的变更是正确的。回归测试可以发生在任何一个测试阶段，测试时主要是重复原来的测试用例。在进行回归测试时需要考虑两个重要方面：一是回归测试的范围，二是回归测试的自动化。

回归测试的目标是检查系统变更之后是否引入新的错误或者旧的错误重新出现，尤其是在每次重建系统之后和稳定期测试的时候。测试时一般会使用测试工具，依赖于测试用例库和缺陷报告库。

7.8.2　随机测试

随机测试（random testing）是指测试中所有的输入数据都是随机生成的，其目的是模拟用户的真实操作，并发现一些边缘性的错误。

7.8.3　探索性测试

探索性测试是同时设计测试和执行测试的过程。在对测试对象进行测试的同时学习测试对象并设计测试，在测试过程中运用获得的关于测试对象的信息设计新的更好的测试。探索性测试过程如图 7-19 所示。

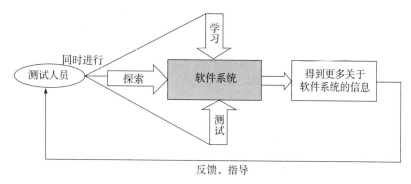

图 7-19　探索性测试过程

探索性测试强调测试设计和测试执行的同时性，这是相对于传统软件测试过程中严格的"先设计，后执行"来说的。测试人员通过测试来不断学习被测系统，同时把学习到的关于软件系统的更多信息通过综合的整理和分析，创造出更多的关于测试的想法。

探索性软件测试分为自由式探索测试、基于场景的探索测试、基于策略的探索测试和基于反馈的探索测试 4 种类型。下面将详细介绍这 4 种类型的应用场景。

1. 自由式探索测试

自由式探索测试指的是对一个应用程序的所有功能，以任意次序、使用任何技术进行随机探测，而不考虑哪些功能是否必须包括在内。自由式探索测试没有任何规则和模式，只是不停地去做。

一个自由测试用例可能会被选中成为一个快速的冒烟测试，用它来检查是否会找到重大的崩溃或者严重的软件缺陷，或是在采用先进的技术之前通过它来熟悉一个应用程序。显然，自由式探索测试无须也不应该进行大量的准备规则。事实上，它更像是"探索"而不是"测试"，所以我们应当相应地调整对它的期望值。

自由式探索测试不需要多少经验或者信息，但是，它同探索技术相结合后，将成为一个非常强大的测试工具。

2. 基于场景的探索测试

基于场景的探索测试和传统的基于场景的测试有类似之处，两者都涉及一个开始点，就是用户故事或者是文档化的端到端场景的开始之处，那也是我们所期望的最终用户开始执行应用程序的地方。这些场景可以来自用户研究、应用程序、以前版本的数据等，并作为脚本用于测试软件。探索式测试是对传统场景测试的补充，把脚本的应用范围扩大到了更改、调整和改变用户执行路径的范畴。

3. 基于策略的探索测试

将自由式探索测试与测试经验、技能和感知融合在一起，就成为基于策略的探索测试。它属于自由式的探索，只是它是在现有的错误搜索技术下引导完成的。基于策略的探索测试应用所有的已知技术（如边界值分析或组合测试）和未知的本能（如异常处理往往容易出现软件缺陷）来指导测试人员进行测试。

这些已知的策略是基于策略的探索式测试成功的关键，存储的测试知识越丰富，测试就会越有效率，这些策略源于积累下来的知识。

4. 基于反馈的探索测试

基于反馈的探索测试源于自由式测试，测试人员利用反馈来指导今后的探索。例如，根据代码改动数量和软件缺陷密集程度等信息来指导新的测试。

7.9　软件测试级别

我们这里讲的测试级别主要是指代码调试之后的动态测试级别，可以分为单元测试、集成测试、功能测试、系统测试、验收测试、上线测试等，而每次测试的过程中可能伴随着回归测试，如图 7-20 所示。

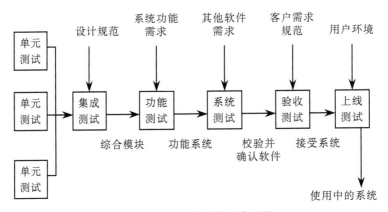

图 7-20　软件测试的基本过程

测试过程与开发过程是一个相反的过程，开发过程经历从需求分析、概要设计、详细设计到编程等逐步细化的过程，而从单元测试、集成测试到系统测试则是一个逆向的求证过程。单元测试求证的是详细设计和编程过程，集成测试求证的是概要设计过程，系统测试求证的是需求过程。

7.9.1　单元测试

单元是软件开发中的最小独立部分，例如，C 语言中的单元就是函数或者子过程，C++语言中的单元就是类。单元测试是检验程序的最小单位，即检查模块有无错误，它是在编程完成之后必须进行的测试工作。

单元测试是在系统实现的基础上对所有模块按照详细设计要求而进行的测试，其目的在于发现各模块内部可能存在的各种差错。单元测试需要从程序的内部结构出发设计测试用例，故主要采用白盒测试法。

单元测试集中检查软件设计的最小单位（模块），通过测试发现实现该模块的实际功能与定义该模块的功能说明不符合的情况，以及编码的错误。由于模块规模小、功能单一、逻辑简单，因此测试人员有可能通过模块说明书和源程序清楚地了解该模块的 I/O 条件和模块的逻辑结构，采用结构测试（白盒法）的用例，尽可能达到彻底测试，然后辅以功能测试（黑盒法）的用例，使之能鉴别和响应任何合理和不合理的输入。高可靠性的模块是组成可靠系统的坚实基础。

单元测试一般从以下 5 个方面来考虑：模块接口、模块局部数据结构、模块边界条件、模块独立执行路径和模块内部错误处理。

1. 模块接口测试

模块接口测试用于检查进出模块的数据是否正确。对模块接口数据流的测试必须在任何其他测试之前进行，因为如果不能确保正确地输入和输出数据，那么所有的测试都是没有意义的。例如，下面各项都是进行模块接口的测试：

- 模块的实际输入 / 输出与定义的输入 / 输出是否一致（个数、类型、顺序）；
- 模块中是否合理使用非内部 / 局部变量；
- 使用其他模块时，是否检查可用性和处理结果；
- 使用外部资源时，是否检查可用性并及时释放资源（如内存、文件、硬盘、端口等）。

2. 模块局部数据结构测试

模块的局部数据结构是经常发生错误的地方，模块局部数据结构测试主要检查局部数据结构能否保持完整性，例如：

- 变量从来没有被使用；
- 变量没有被初始化；
- 错误的类型转换；
- 数组越界；
- 非法指针；
- 变量或函数名称拼写错误。

3. 模块边界条件测试

经验表明，软件经常在边界处发生问题，模块边界条件测试用于检查临界数据是否正确处理，例如：

- 普通合法数据是否正确处理；
- 普通非法数据是否正确处理；
- 边界内最接近边界的（合法）数据是否正确处理；
- 边界外最接近边界的（非法）数据是否正确处理。

4. 模块独立执行路径测试

在单元测试中，最重要的测试是针对路径的测试，检查由于计算错误、判定错误、控制流错误导致的程序错误，例如：

- 死代码；
- 错误的计算优先级；
- 精度错误（如比较运算错误、赋值错误等）；
- 表达式的不正确符号（如 >、>=、=、==、!= 等符号）；
- 循环变量的使用错误，如错误赋值。

5. 模块内部错误处理测试

模块内部错误处理测试主要检查内部错误处理措施是否有效。程序运行中出现异常现象并不奇怪，良好的设计应该预先估计到投入运行后可能发生的错误，并给出相应的处理措施。例如：

- 检查在以下情况下错误是否出现：资源使用前后，其他模块使用前后。

- 出现错误后是否进行错误处理，包括：抛出错误，通知用户，进行记录。
- 错误处理是否有效，包括：在系统干预前处理，报告和记录的错误真实、详细。

对每个模块进行单元测试的时候，不能完全忽视它们与周围模块的相互关系。为了模拟这种关系，进行单元测试时需要设置一些辅助测试模块。辅助测试模块有两种：一种是驱动模块，用来模拟被测模块的上一级模块；另一种是桩模块，用来模拟被测模块工作中所有的调用模块。驱动模块在单元测试中接收数据，将相关的数据传送给被测模块，启动被测模块，并打印相关的结果。桩模块由被测模块调用，它们一般只进行很少的数据处理，如打印入口和返回，以便于检验被测模块与其下级模块的接口。图 7-21 所示就是单元测试的环境。

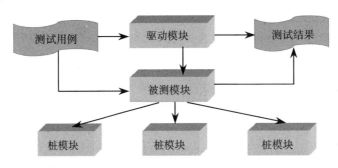

图 7-21　单元测试的环境

7.9.2　集成测试

尽管经过单元测试证明每个独立的模块没有问题，但所有模块组合在一起可能会出现问题，因为组合过程中存在各个模块的接口问题。集成测试是按照概要（总体）设计的要求组装成子系统或者系统，同时经过测试来发现接口错误的一种系统化的技术。

集成测试将模块按照设计的要求组装起来并进行测试，其主要目标是发现与接口有关的问题。例如，数据穿过接口时可能丢失，一个模块与另一个模块可能由于疏忽而造成有害影响，把子功能组合起来可能不产生预期的主功能，个别看起来是可以接受的误差可能积累到不能接受的程度，全程数据结构可能有错误，等等。

集成测试更多采用灰盒测试技术，也就是说它既有白盒测试技术的特点，又有黑盒测试技术的特点。集成测试策略可以与编程策略的自顶向下、自底向上、自顶向下和自底向上相结合等模式一致。集成测试主要有以下几种策略。

1. 大爆炸集成测试

大爆炸集成是一种非增量式集成，也称为一次性组装或者整体拼装。该策略是将所有的组件一次性集合到一起，然后进行整体测试，如图 7-22 所示。如果一切都顺利，大爆炸集成策略可以迅速完成集成测试。但是，由于程序中存在接口、全局数据结构等问题，一次性成功运行的可能性不是很大，而且发现错误之后，错误的定位和修改很困难，因为从集成在一起的大系统中分离出错误比较麻烦，况且错误被修改之后，可能又出现新的问题，这样不断循环下去会消耗很多的时间和精力。所以，我们不赞成这种大爆炸集成测试策略，而建议尽可能采用增量式的集成测试策略。

2. 自顶向下集成测试

自顶向下集成测试是一种增量式的集成测试，首先集成上层的模块并测试，然后逐步测试下层的模块。进行自顶向下集成时，可以采用深度优先或者广度优先的策略，如图 7-23 所示。

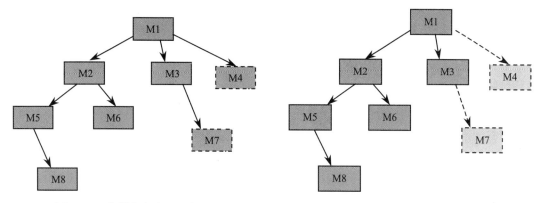

图 7-22 大爆炸集成测试策略   图 7-23 自顶向下集成测试策略

自顶向下集成测试的步骤如下：

1）以主模块为所测试模块的驱动模块，所有直接属于主模块的下属模块全部用桩模块替代，对主模块进行测试。

2）采用深度优先或者广度优先的策略，用实际的模块替代桩模块，再用桩模块替代它们直接的下属模块。

3）这样新的模块与已经测试的模块或者子系统组装成新的系统，对它进行测试。

4）进行回归测试，以保证没有引入新的错误。

5）用实际的模块替代其他桩模块，再用桩模块替代它们直接的下属模块。

6）判断是否所有的模块都集成在系统中，如果是，则结束集成测试，否则返回第 2 步。

3. 自底向上集成测试

自底向上集成测试是从模块结构的最底层开始组装和测试，采用自底向上的策略进行组装。对于给定的层次模块，它的子模块（包括子模块的所有下属模块）已经组装和测试完成，所以不需要桩模块，如图 7-24 所示。

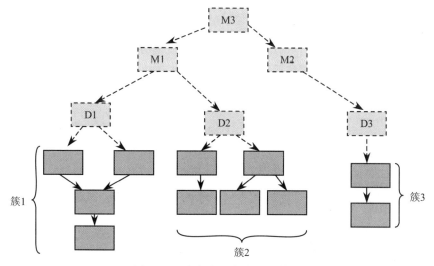

图 7-24 自底向上集成测试策略

自底向上集成测试的步骤如下：

1）测试起始于模块关系树的底层叶子模块，也可以将两个或者多个叶子模块合并在一起测试，或者将只有一个子节点的父模块与其子模块结合在一起测试。

2）使用驱动模块对上面选定的模块进行测试。

3）用实际模块替代驱动模块，它与已经测试的直属子模块组装成为一个更大的模块组进行测试。

4）重复上面的过程，直到系统的最顶层模块加入被测系统中。

4. 三明治集成测试

三明治集成测试也称为混合式集成测试，它综合了自顶向下策略和自底向上策略的特点，将系统分为三层，中间一层为目标层，对目标层的上面采用自顶向下的集成测试策略，对目标层的下面采用自底向上的集成测试策略，最后测试在目标层汇合，如图7-25所示。

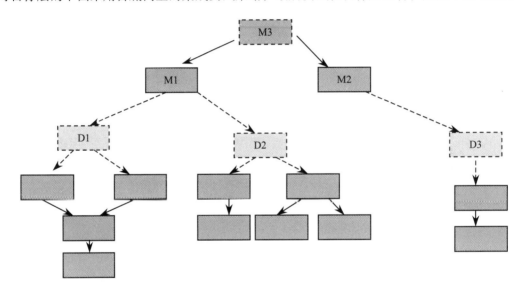

图7-25 三明治集成测试策略

5. 冒烟集成测试

当项目开发时间比较紧时，可以考虑冒烟集成测试的方法，软件团队的人员可以定期操作这个软件系统。冒烟集成测试包括如下活动：

1）将已经完成的模块集成为一个build系统，包括数据文件、库文件、重用模块和实现部分功能的组件。

2）对这个build系统做一系列的测试，以便发现错误，使该系统可以正确运行。

3）根据完成的功能，build系统不断扩大组合，最后组合为整合产品，该产品每天进行测试。在冒烟测试中，集成策略可以采用自顶向下策略和自底向上策略。

7.9.3 系统测试

通过单元测试和集成测试，可以保证软件开发的功能得以实现，但不能确认在实际运行时它能否满足用户的需求以及在实际使用时是否会出现错误等。为此，需要对完成的软件进行规范的系统测试，即需要测试它与系统其他部分配合时的运行情况，以确保软件在系统各部分协调工作的环境下可以正常运行。

系统测试可以是提交用户之前的最后一级测试（除非有验收测试），很多企业将它作为产品质量的最后一道防线。系统测试大多采用黑盒测试技术，它是将已通过集成测试的软件系统作为整个计算机系统的一个元素，与计算机硬件、外设、某些支持软件、数据和人员等元素组合在一起，对计算机系统进行一系列的组装测试和确认测试。系统测试的依据是需求规格说明，也就是说系统测试应该覆盖需求规格说明。

1. 功能测试

系统测试一般从功能测试开始，即主要考虑系统功能的实现情况，不考虑系统结构，所以需要知道系统完成的是什么功能。功能测试主要依据系统的功能需求，目标是对产品的功能需求进行测试，检验功能是否实现以及是否正确实现。

功能测试方法主要包括规范导出法、等价类划分、边界值分析、因果图、判断表和错误猜测法。

2. 性能测试

功能测试的依据是功能性需求，而性能测试的依据主要是非功能性需求。性能测试通过用户在非功能性需求中定义的性能目标来衡量。对产品的性能进行测试，目的是检验是否达标，是否能够保持性能目标。性能测试可能验证系统的反应速度、计算的精确性、数据的安全性等，主要包括如下几种测试。

配置测试是指分析系统中各种软件和硬件的配置情况、配置参数等，评估各种配置情况，保证每种配置都满足需要。该测试的主要测试方法是规范导出法。

可靠性测试是指连续运行被测系统并检查系统运行时的稳定程度。

时间测试用于验证产品对用户的时间反应和某个操作功能的时间等性能。如果一个事务处理必须在规定的时间内完成，那么时间测试就是执行这个事务，以便验证是否满足需要。时间测试常常与压力测试同时进行，以便测试系统在极度活跃的时候时间性能需求是否可以得到满足。该测试的主要测试方法是规范导出法。

并发测试过程是一个负载测试和压力测试的过程，即逐渐增加负载，直到系统的瓶颈，或者不能接受的性能点。并发测试的内容如下。

1）**负载测试**。负载测试是指在模拟不同数量的并发用户执行关键业务的情况下，测试系统能够承受的最大并发用户数。主要的监控指标如下。

- 每分钟事务处理数：不同负载下每分钟成功完成的事务处理数。
- 响应时间：服务器对每个应用请求的处理时间。该项指标反映了系统事务处理的性能，具体包括最小服务器响应时间、平均服务器响应时间、最大服务器响应时间、事务处理服务器响应的偏差（值越大，偏差越大）、90% 事务处理的服务器响应时间。
- 虚拟并发用户数：测试工具模拟的用户并发数量。

2）**压力测试**。压力测试是在人为设置的系统资源紧缺的情况下，检查系统是否发生功能或者性能上的问题。例如，可以人为减少可用的系统资源，包括内存、硬盘、网络、CPU占用、数据库反应时间。压力测试采用的测试方法包括规范导出法、等价类划分、边界值分析、错误猜测法等。

在进行负载测试及压力测试的同时，用测试工具对数据库服务器、应用服务器、认证及授权服务器上的操作系统、数据库以及中间件等资源指标进行监控，在测试中根据测试需求以及测试环境的变化，选取有意义的数据进行分析。

容量测试是在人为设置的高负载（大数据量、大访问量）的情况下，检查系统是否发生功能或者性能上的问题。可以人为生成大量数据，并利用工具模拟频繁并发访问的情况。容量测试采用的方法包括等价类划分、边界值分析、错误猜测法等。

安全性测试的目标是检查集成在系统内的保护机制是否能够在实际中保护系统不受非法侵入，一般与功能测试结合使用。安全性测试方法包括规范导出法、错误猜测法、基于故障的测试。

恢复测试的目标是验证系统从软件或者硬件失败中恢复的能力。一般可以通过在人为导致系统灾难（系统崩溃、硬件损坏、病毒入侵等）的情况下，检查系统是否能够恢复被破坏的环境和数据。恢复测试方法包括规范导出法、错误猜测法、基于故障的测试等。

兼容性测试的目标是测试应用对其他应用或者系统的兼容性。其主要测试方法包括规范导出法、错误猜测法等。

备份测试的目标是验证系统从软件或者硬件失败中备份数据的能力，可以参考恢复测试方法。备份测试方法包括规范导出法、错误猜测法、基于故障的测试等。

可用性测试的目标是检查系统界面和功能是否容易学习，使用方式是否规范一致，是否会误导用户或者使用模糊的信息，一般与功能测试结合使用。可用性测试可以采用用户操作、观察（录像）、反馈并评估等方式。测试方法包括规范导出法、错误猜测法等。

3. 其他测试

在系统测试过程中还包括很多其他种类的测试，如协议一致性测试、安装测试、文档测试、在线帮助测试、数据转换测试等。

- **协议一致性测试**的目标是检测实现的系统与标准协议的符合程度。
- **安装测试**的目标是验证成功安装系统的能力。在不同的硬件配置下，在不同的操作系统和应用软件环境中，检查系统是否发生功能或者性能上的问题。
- **数据转换测试**的目标是验证现有数据转换并载入一个新的数据库时是否有效。

7.9.4   验收测试

当系统测试成功完成之后，我们就可以确信系统满足了需求规格说明的要求。接下来的事情是询问用户是否满意，此时可以进行验收测试。验收测试是以用户为中心的测试，测试的目的是让用户确认这个系统是否满足其要求和期望，所以验收测试是用户自己完成测试并评估的过程，必要时开发人员可以给予支持。

为了向未来用户表明系统能够像预期那样工作，需要进一步验证软件的有效性，这就是验收测试的任务，即验证软件的功能和性能如同用户所合理期待的那样。验收测试有很多种，如基准测试、并行测试等。

基准测试是用户按照实际操作环境中的典型情况准备一套测试用例，用户对每个测试用例的执行情况进行评估，这要求测试人熟悉系统的需求，而且能够对实际执行的性能进行评估。用户在对多个企业开发的系统进行选择时可以采用基准测试方法。

并行测试是新旧两个系统同时运行，以验证新的系统可以取代旧的系统。在这种测试中，用户可以渐渐熟悉新系统，同时对比新旧系统的运行结果，从而增加用户对新系统的信心。

7.9.5　上线测试

上线测试主要是指用户在实际环境中试用系统，通过每天试用系统的各项功能来测试系统。这种测试没有基准测试正式化和结构化，有时是在提交给用户之前，开发人员与用户一起在企业内进行试用测试，相当于在用户进行真正的 pilot（试用）测试前先进行试用测试，我们称这种测试为 alpha 测试，而真正由用户进行的 pilot 测试为 beta 测试。

上线测试主要是在使用系统的过程中按照需求检验系统，同时可以提供如下结果：

- 运行中的缺陷记录；
- 缺陷修复时间；
- 缺陷分析报告。

7.10　面向对象的测试

面向对象测试和传统测试的目的是一样的，但是由于面向对象编程的特点导致测试战略和测试战术有所变化。结构化软件开发中的测试技术在面向对象测试中仍然可以使用，但是也存在不同。

面向对象开发方法中的封装、继承和多态等机制使面向对象的测试增加了新的特点，也增加了难度。传统测试方法的基本单位是功能模块，面向对象测试方法的基本单位是类和对象。

在进行测试时常常从局部测试开始，然后逐步增加测试范围，最后测试全局。一般来说，从单元测试开始，然后逐步进行集成测试，最后进行系统测试。传统测试中的单元是指可以编译的最小单元，如模块、过程、例程、构件等，当每个独立的单元测试完成之后，将各个独立的单元组合在一个程序结构中进行集成测试，以发现是否有接口等方面的错误，最后为整个系统测试。

面向对象测试带来了很多新的挑战：首先，测试的定义更宽泛了，例如完整性、连续性等需要验证，因此类似技术评审等也是一种测试方法；另外，面向对象的单元测试也失去了原来的意义，集成测试的策略也发生了很大变化。

由于结构化开发方法中需求分析、设计和编程阶段采用的概念和表示法不一致，因此，针对分析模型和设计模型的测试用例在代码阶段不能复用；而面向对象开发方法中需求分析、设计和编程所采用的概念和表示法是一致的，这有助于复用测试用例。

面向对象的软件测试覆盖面向对象分析、面向对象设计、面向对象编程全过程。因此，面向对象测试的参考模型如图 7-26 所示，面向对象的软件测试分为面向对象分析的测试、面向对象设计的测试、面向对象的单元测试、面向对象的集成测试、面向对象的系统测试。

7.10.1　面向对象分析的测试

面向对象分析的测试针对面向对象分析模型进行，检查分析模型是否符合面向对象分析方法的要求，检查分析结果是否满足软件需

图 7-26　面向对象测试的参考模型

求。面向对象分析的测试和面向对象设计的测试都属于静态测试。面向对象分析的测试主要包括以下内容。

- **对认定的对象的测试**。OOA 中认定的对象是对问题空间中的结构、其他系统、设备、被记忆的事件、系统涉及的人员等实例的抽象。
- **对认定的结构的测试**。认定的结构指的是多种对象的组织方式，用来反映问题空间中的复杂实例和复杂关系。
- **对认定的主题的测试**。主题是在对象和结构的基础上更高一层的抽象，是为了提供 OOA 分析结果的可见性。
- **对认定的属性和实例关联的测试**。属性用来描述对象或者结构所反映的实例的特性，而实例关联用来反映实例集合间的映射关系。
- **对认定的服务和消息关联的测试**。认定的服务是指定义的每一种对象的结构在问题空间所要求的行为，而消息关联反映问题空间中实例间的必要通信。

7.10.2 面向对象设计的测试

面向对象设计的测试针对面向对象设计模型进行，检查设计模型是否符合面向对象设计方法的要求，审查分析模型与设计模型的一致性，检查设计模型对编程实现的支持。由于 OOD 是 OOA 的进一步细化和更高层的抽象，因此一般很难严格区分 OOD 和 OOA 之间的界限。可以针对下面几种情况进行该测试。

- 对认定的类的测试。OOD 认定的类可以是 OOA 中认定的对象，也可以是对象所需要的服务的抽象、对象所具有的属性的抽象。
- 对构造的类层次结构的测试。测试主要包括以下方面：
  - 类层次结构是否涵盖了所有定义的类；
  - 是否能体现 OOA 中所定义的实例关联；
  - 是否能体现 OOA 中所定义的消息关联；
  - 子类是否具有父类所没有的新特性；
  - 子类间的共同特性是否完全在父类中得以体现。
- 对类库的支持的测试。

7.10.3 面向对象的单元测试

面向对象的程序是将功能的实现分布在类中，能正确实现功能的类通过消息传递来协同实现设计要求的功能，这是面向对象的程序风格；而且，将出现的错误精确地确定在某个具体的类中。因此，面向对象编程阶段将测试的重点放在类功能的实现和相应的面向对象程序风格上。

在面向对象的程序中，单元的概念有所变化。封装的概念决定了类和对象的定义，也就是说每个类和对象封装了数据（属性）和操作（方法），这里最小的测试单元是封装的类或者对象。由于一个类包括多种不同方法，一个特定的方法可能已经是其他类的一个方法，因此单元测试的意义与传统的意义相比已经有了变化。在这里我们可能不会独立地测试一个方法，这个方法相当于传统的单元测试的"单元"，将这个方法作为一个测试类的一部分。

面向对象中类的测试类似于单元测试，但是与传统的单元测试不同的是，类测试主要是通过被封装的方法以及类的状态驱动的，而传统的单元测试主要关注模块的算法以及数据流。

如果一个基类中有一个方法，继承类也继承了该方法，但是该方法可能在继承类中被私有数据和方法使用，那么尽管基类中已经测试了该方法，但是每个继承类也需要对该方法进行测试。

例如在下面的程序中，从传统的测试角度看，测试用例 test_driver() 已经执行了 100% 的语句覆盖、分支覆盖和路径覆盖，但是从面向对象角度看，程序没有被全部测试，因为没有测试 Base::bar() 和 Base::helper() 或者 Base::foo() 和 Derived::helper() 之间的接口。为此需要加强测试，如修改后的测试用例 test_driver_two() 可以满足需要。

```
Class Base{
Public:
        void foo()  {...Helper()...}
        void bar()  {...Helper()...}
Private:
        Virtual void helper()  {...}
        }
        Class Derived:public Base{
        Private:
            Virtual void helper()  {...}
        }
```

不完整的测试用例为：

```
Void test_driver_one()  {
        Base  base;
        Derived derived;
        base.foo();
        derived.bar();
}
```

测试用例修改之后为：

```
Void test_driver_two()  {
        Base  base;
        Derived derived;
        base.foo();
        base.bar();
        derived.foo();
        derived.bar();}
```

所以，继承性功能需要额外的测试。当继承性功能需要额外的测试时，那么说明：

- 这个继承被重新定义了；
- 在继承的类中它有特殊的行为；
- 类中的其他功能是一致的。

在进行面向对象软件测试时，传统的结构化的逻辑覆盖是不够的，还需要考虑上下文覆盖（context coverage）。上下文覆盖是一种收集被测试软件如何执行数据的方法。上下文覆盖可以应用到面向对象领域处理诸如多态、继承和封装的特性，同时也可以被扩展用于多线程应用。通过使用这些面向对象的上下文覆盖，结合传统的结构化覆盖方法，就可以保证代码的结构被完整地执行。

7.10.4　面向对象的集成测试

面向对象的集成测试能够检测出那些相对独立的、单元测试无法检测出来的、类相互作用时才会产生的错误。集成测试关注系统的结构和内部的相互作用，可以分为静态测试和动态测试。

　　静态测试主要针对程序的结构进行测试，检测程序结构是否符合设计要求。一些流行的测试软件可以提供"逆向工程"的功能，如 International Software Automation 公司的Panorama-2、Rational 公司的 Rose C++ Analyzer 等，通过源程序得到类关系图和函数功能调用关系图，将这些结果与 OOD 的结果进行比较，检测程序结构和实现上是否有缺陷，以便检测系统是否满足设计要求。

　　动态测试的基本步骤如下：

　　1）选定需要检测的类，参考 OOD，确定类的状态和行为、类成员函数间传递的消息、输入或者输出等。

　　2）确定覆盖标准，例如，达到类所有服务要求的一定覆盖率，或者依据类间传递的消息达到对所有执行线程的一定覆盖率，或者达到类的所有状态的一定覆盖率等。

　　3）利用结构关系图确定待测试类的所有关联。

　　4）根据程序中类的对象构造测试用例，确认使用什么输入激发类的状态、使用的类服务和期望产生什么行为等。

　　由于面向对象软件并没有一个分级的控制结构，因此传统的自顶向下和自底向上的集成测试策略在这里没有太大的意义。而且大爆炸集成测试策略也是没有意义的，因为一次将一个操作集成到类中是不太可能的。面向对象集成测试有两个不同的策略：一个是基于线程的测试，另一个是基于使用的测试。

7.10.5　面向对象的系统测试

　　系统测试尽可能搭建与用户实际使用环境相同的测试平台，并保证被测试系统的完整性。测试应该参考 OOA 的分析结果，对应描述的对象、属性和各种服务，检测软件是否能够完全"再现"需求。在系统层次，系统测试需要对被测试软件的需求进行分析，建立测试用例。测试用例可以从对象 – 行为模型和作为 OOA 的一部分的事件流图中导出。面向对象系统测试的具体测试内容与传统系统测试基本相同，包括功能测试、性能测试、安全性测试等。

7.11　测试过程管理

　　软件测试是软件开发中的重要过程，除了测试技术的选择之外，测试过程的管理也非常重要。一个成功的测试项目离不开对测试过程的科学组织和监控，测试过程管理已成为测试成功的重要保证。软件测试过程是一种抽象的模型，用于定义软件测试的流程和方法。众所周知，开发过程的质量决定了软件的质量，同样，测试过程的质量将直接影响测试结果的准确性和有效性。随着测试过程管理的发展，软件测试专家通过实践总结出很多很好的测试过程模型。这些模型对测试活动进行了抽象，并与开发活动有机地进行结合，是测试过程管理的重要参考依据。

　　按照测试生命周期，可以将测试分为几个阶段，即测试计划、测试设计、测试开发、测试执行、测试跟踪和测试评估，如图 7-27 所示。

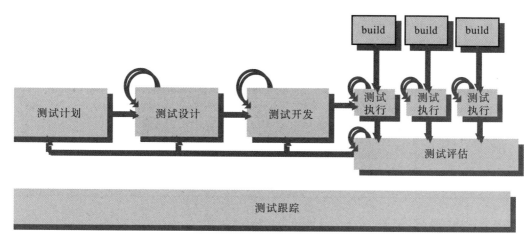

图 7-27　测试流程

7.11.1　软件测试计划

　　一个有效的测试必然存在一个有效的测试计划，规划测试对测试的质量和效率起着重要作用。软件的错误是无限的，而时间和资源是有限的，如何利用有限的测试时间和测试资源是测试计划的重点。为此，必须基于软件的需求风险进行重点识别和优先级判断。测试计划用于组织测试活动，制订测试计划首先从测试目标开始，然后定义测试级别（测试需求）、测试策略、测试资源和进度计划以及需要的相关资料等。

　　当设计工作完成以后，就应该着手测试的准备工作了。一般来讲，由一位对整个系统设计熟悉的设计人员编写测试大纲，明确测试的内容和测试通过的准则，设计完整、合理的测试用例，以便系统实现后进行全面测试。

　　首先，测试人员要仔细阅读有关资料，包括规格说明、设计文档、使用说明书及在设计过程中形成的测试大纲、测试内容及测试的通过准则，全面熟悉系统，编写测试计划，设计测试用例，做好测试前的准备工作。需要注意的是，测试计划不应该等到开发周期后期才开始制订，而应该尽早开始。在制订测试计划的时候，应该根据项目或者产品的特性，选用相应的测试策略。测试策略描述测试工程的总体方法和目标，描述进行哪个阶段的测试（单元测试、集成测试、系统测试）以及每个阶段进行的测试种类（功能测试、性能测试、压力测试等）。测试计划通常应包括：

- 项目概述；
- 测试需求；
- 要使用的测试技术和工具；
- 测试资源；
- 测试完成标准。

　　测试计划最关键的一步就是将软件分解成单元，编写测试需求。测试需求应详细说明被测软件的工作情况，指出测试范围和任务。测试需求有多种分类方法，最普通的一种就是按照功能分类。测试需求是测试设计和开发测试用例的基础，将其分成单元可以更好地进行设计，并且详细的测试需求是衡量测试覆盖率的重要指标。

　　测试资源包括人力资源、软件资源、硬件资源、网络资源以及各种辅助设施等。

　　测试计划还要描述测试的进度安排，包括总的测试时间、主要测试阶段及其开始时间和结束时间、将要测试的需求及其需要的时间、准备和评审测试报告的时间。例如，表7-22是某项目的简单测试安排。

表7-22 测试任务管理信息表

测试项目名称	数字环双中心功能测试		
下达任务日期	2011-6-8	下达任务部门	测试部
计划测试时间	30天	实际测试时间	32天
测试人员	郭××、张×、林××、万×、韩××	辅助测试人员	无
技术支持人员	何××	测试技术监督	章义
测试完成标准	数字环双中心功能全部执行测试2次以上		

7.11.2 软件测试设计

测试设计是测试成功与否的关键步骤，它主要定义测试的具体方法、设计测试用例及构造测试过程。测试设计过程中可以采用黑盒和白盒测试方法。

测试设计包括测试的总体设计和详细设计。测试的总体设计是指对测试过程设计出一个实用的总体结构，它指导整个测试，是对被测试软件和测试策略综合考虑的结果，如测试方案、测试用例的组织等。

- 测试方案介绍测试设计原则以及测试要求等内容，如测试数据的范围、测试类型的选择、测试覆盖程度、测试用例的数量、测试频次、测试通过标准等。
- 测试用例的分类与命名规则，测试用例的分类原则、内容组织原则，测试用例的编码或命名原则。
- 测试用例的存储规则，描述用例的版本或配置管理规则。

测试用例的设计是测试工作的核心，是决定软件测试成功与否的前提和必要条件，用例设计（测试详细设计）的设计原则如下：

- 定义预期结果；
- 定义用例的结果；
- 对测试用例和测试数据进行审查和走查；
- 用例可在以后重复利用；
- （可选）测试过程尽可能选择测试工具，使测试过程自动化，以减少测试本身的误差（如购买成熟的测试工具或测试用例库，或者编写测试程序）。

在设计测试用例过程中，还要考虑测试覆盖率。测试覆盖率是指测试用例对需求的覆盖情况。计算公式为

$$测试覆盖率＝已设计测试用例的需求数／需求总数$$

测试覆盖率从维度上包括广度覆盖和深度覆盖，从内容上包括用户场景覆盖、功能覆盖、功能组合覆盖、系统场景覆盖。"广度"考虑的是需求规格说明书中的每个需求项是否都在测试用例中得到设计，"深度"考虑的是能否通过客户需求文档挖掘出可能存在问题的地方。

在设计测试用例时，我们很少单独设计广度或深度方面的测试用例，而一般是两者结合在一起设计。为了从广度和深度上覆盖测试用例，我们需要考虑设计各种测试用例，如用户场景（识别最常用的20%的操作）、功能点、功能组合、系统场景、性能、语句、分支等。在执行时，需要根据测试时间的充裕程度按照一定的顺序执行，通常先执行用户场景的测试用例，然后执行具体功能点、功能组合的测试。例如，下面是表7-20中测试项目的一个测试设计方案。

1. 项目（指挥调度系统）的功能测试设计原则

　　1）功能测试用例需要包括正常情况的测试用例和异常情况的测试用例。

　　2）功能测试用例的设计应该基于需求。

　　3）分析测试需求，针对不同类别的测试需求运用等价类划分法、边界值法和场景法等黑盒测试方法进行设计。

2. 测试方案说明：

　　1）中心交换机 A 和 B 分别作为主用交换机和备用交换机。

　　2）中心交换机 A 和 B 采用不同的局号、相同的编号方案。

　　3）中心交换机 A 和 B 之间优选 DSS1 作为主路由，尽量不要使用数字环。

　　4）双接口调度台可以采用 U 口＋U 口、U 口＋E1、E1＋E1 的方式，这里我们采用与中心交换机 A 局用 E1 连接，与 B 局用 2B+D 连接，调度台与中心交换机 A 局之间的接口作为主用接口。

　　5）调度台主备用接口的电话号码除了局号之外的其他号码都相同，即在 A 局设为 71000000，在 B 局设为 71500000。

　　6）只有在调度台和 A 局的应急分机都无法接通的情况下才能接通位于上级局交换机的应急分机。

　　7）中心交换机 A 局和 B 局的数字环节点号分别设置为 0 和 1（即最小和次小）。当 0 节点（A 局）出现故障或断电时，1 节点（B 局）升为临时主用。

3. 双中心功能测试数据配置

　　1）第一路由：某用户呼叫双接口调度台，即 71000000，如用 C 局的用户呼叫 71000000，第一选择经过 A 局直接上调度台。

　　2）第二路由：如果该 E1 断，用户仍然拨 71000000，在配置中将 71000000 的应急分机设为 B 局设置的调度台号码，即 71500000，呼叫经过 A 局通过 DSS1 到 B 局，B 局与调度台通过 2B+D 连接。

　　3）第三路由：如果调度台与 A 局连接的 E1 和与 B 局连接的 2B+D 都断掉，或调度台／适配器关电／故障，呼叫将转到 A 局下设的应急分机，并在 B 局配置编号计划为 A 局应急分机的号码，选择路由为 B 到 A 的 DSS1 的路由。

　　4）第四路由：如果 A 局交换机故障／断电，调度台也出现故障／断电，即呼叫也无法转到 A 局下设的应急分机，此时，B 局升为临时主站，呼叫经过 B 局，接至位于上级局的应急分机。

4. 双中心功能的测试步骤

　　1）基本业务测试（单呼、会议、其他指挥调度）。

　　2）网管通道业务测试。

　　3）模拟如下故障，实现局部自动切换和自动恢复。

　　4）模拟如下故障，实现全局自动切换和自动恢复。

　　5）人工切换，手动恢复。

　　6）调度台本身故障，如调度台关电。

　　7）模拟灾难性故障的情形。

　　8）测试切换时间（包括自动切换与手动切换）。

　　在整个测试用例的设计过程中，参照项目需求分析的五大模块进行功能分解，分别运用了等价类划分法、边界值法、场景法和错误猜测法等，总共设计了 305 个功能测试用例，设计方法与对应的功能模块的分布如表 7-23 所示。

表 7-23 功能测试用例设计方法表

模块名称	场景法	边界值法	错误猜测法	等价类划分法
单呼	38	20	8	66
会议	40	15	9	64
其他指挥调度功能	34	15	8	57
网管通道	37	19	16	72
双中心故障	17	13	16	46

实际测试过程中需要混合各种方法进行测试用例的设计，在进行功能测试用例设计时，同时使用等价类划分法、场景法、边界值法和错误猜测法 4 种方法来进行设计。

在对指挥调度系统的双中心测试中，主要对其进行了五大模块的测试，测试用例类别分布如表 7-24 所示。

表 7-24 测试用例类别分布

测试类型	测试用例数量
单呼测试	66
会议测试	64
其他指挥调度功能测试	57
网管通道测试	72
双中心故障测试	46
总计	305

下面举例说明采用场景法设计测试用例的过程：选取调度台与普通用户正常通话过程作为场景法设计测试用例，如图 7-24 所示。

局内正常呼叫基本流如下：

1）主叫摘机到交换机送拨号音；

2）送号和数字分析；

3）来话分析并向被叫振铃；

4）被叫应答，双方通话；

5）双方挂机；

6）通话路由被切断。

从图 7-28 可以知道，正常的流程是按照步骤从开始到正常结束一直从上往下走下来，这是基本流。同时，加入了 4 个场景作为备选流，分别为 A、B、C、D。其备选流如表 7-25 所示。

- A：表示调度台使用按键呼出，而不是按数字键呼出。
- B：被叫用户通话中，调度台听忙音。
- C：调度台使用了保持键功能。
- D：通话过程中拔插 ASL 板。

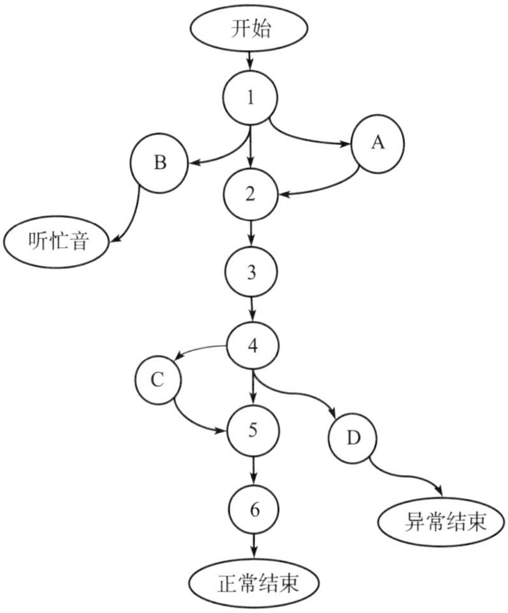

下面给出单呼模块测试用例中的一部分，如表 7-26 所示。

图 7-28 某调度系统模块的基本流和备选流

表 7-25　备选流

备选流	描　述	预期结果
1-A-2-3-4-5-6	调度台使用按键呼出该用户	能使用按键呼出
1-B	调度台呼出该用户，被叫用户通话中	调度台听忙音
1-2-3-4-C-5-6	通话过程中，调度台选择保持通话	模拟用户听保持音
1-2-3-4-D	通话过程中，拔插 ASL 板	通话中断
1-A-B	通过按键呼出，但被叫用户通话中	调度台听忙音
1-A-2-3-4-C-5-6	通过按键呼出，并能保持通话用户	交叉业务能交替运行
1-A-2-3-4-C-D	通过按键呼出，保持用户时，拔插 ASL 板	通话中断

表 7-26　单呼模块典型测试用例

测试点	测试项	测试步骤	预测结果
模拟用户 / 调度台	正常呼叫	本局用户拨打对局用户号码	本局用户听回铃音，对局用户振铃
		对局用户接听	正常通话，无杂音
		被叫用户挂机	主叫用户听忙音
		用户呼叫对局调度台	用户听回铃音，调度台振铃
		调度台拒接	用户听忙音
	业务异常呼叫	对局用户听拨号音中，呼叫对局用户	本局用户听忙音
	链路异常呼叫（单机）	对出局时隙做闭塞，仅留两条时隙	查看中继状态，只有两个空闲中继
		有两路用户通话占用两条中继	查看中继状态，所有中继都被占用
		主叫用户拨号呼叫	主叫用户听忙音

7.11.3　软件测试开发

测试开发主要是按照测试设计编写脚本，这个脚本可以是文字描述的测试过程，也可以采用编程语言编写测试脚本，很多时候采用工具来生成测试脚本，图 7-29 是通过 HP LoadRunner 工具开发测试脚本的过程。当然，不需要编写脚本时，测试执行过程按照测试设计的测试用例执行即可。

测试开发是指对在测试设计阶段已被定义的测试用例进行创建或修正（如脚本编写以及注意事项）。创建测试脚本时应注意：

- 尽量使测试脚本可重用；
- 尽可能减少维护的测试脚本量；
- 如果可能，尽量使用已有的测试脚本；
- 使用测试工具创建测试脚本，减少手工作业。

在测试开发过程中注意创建外部数据集，使用外部数据集的好处是：使测试脚本中不含数据，易于维护且使数据易于修改，不受脚本影响，方便增加测试用例，较少或避免修改测试脚本，外部数据能够被多个测试脚本共享。外部数据集中可包含用于控制测试脚本的数据值。

通过查阅测试用例、测试过程，使用适当的工具和方法创建数据集，利用数据集对测试脚本进行调整，调试测试脚本。

在实际测试过程中可以将测试设计和测试开发合并为一个过程。

7.11.4　软件测试执行

测试执行过程是指对被测软件进行一系列的测试并记录日志结果的过程，包括环境准备、测试执行结果记录、结果分析。

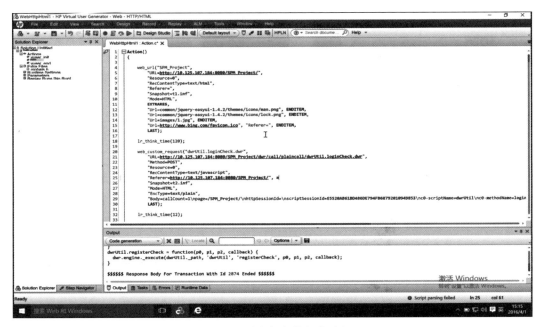

图 7-29　测试脚本的生成过程

搭建测试环境时要针对不同的测试目的构造不同的测试环境，应尽量有利于自动化。测试环境应能够很好地接收测试的输入，应能够把测试执行的结果反馈给测试人员。

执行测试用例时需配置输入条件，按用例执行步骤执行用例，并仔细观察每个可能的输出结果，与期望结果进行比较，记录差异点，发现可能的缺陷（由于用例不可能遍历每个可能的输出，因此不同的人在执行同一个测试用例时可能会得到不同的结果）。在测试执行时要注意避免用例之间的干扰，排除人为产生的错误，隔离缺陷，协助开发人员定位问题，如实记录每个缺陷（缺陷信息应当详尽，避免歧义，并利于问题的重现）。

测试执行应保证正常情况下所有的测试过程或测试标准按计划结束，如果不正常（测试失败或未达到预期的测试覆盖），要保证测试执行从失败中恢复，确定错误发生的真正原因，纠正错误，同时重新建立和初始化测试环境，重新执行测试。

测试执行过程包括以下活动：
- 选择测试用例；
- 在测试环境中针对测试用例进行测试；
- 记录测试的过程、结果及事件；
- 判断测试失败是由产品的错误引起的还是测试用例本身的问题；
- 对测试过程的产品进行版本管理，保证测试的针对性、准确性、可跟踪性以便于管理；
- 提交测试文档。

表 7-27 是表 7-24 所示测试用例的执行情况，表中给出了部分测试用例的执行结果、执行时间和执行人等信息。

7.11.5　软件测试跟踪

在测试执行过程中，需要记录测试执行过程中发现的问题（bug），表 7-28 给出了部分测试缺陷的具体描述，包括执行的用例、测试人员、问题描述等。

需要将上述缺陷文件、测试用例的执行结果文件提交给开发人员，开发人员根据缺陷描述修改被测系统，再由测试人员进行回归测试。表 7-29 所示为回归测试文件。

表 7-27　测试用例的执行情况

测试用例名称	测试步骤	预测结果	测试结果	实测结果	测试人	测试日期	测试时间
特殊数字环业务－数字环双中心组网－双中心的故障情形测试－DLL 板切换－手动恢复的故障情形测试－DLL 板切换－手动 DLL 主备切换 -01	1. 分系统 1 或分系统 2（C 局或 D 局）用户分别呼叫双接口调度台 2. 调度台摘机 3. 分别手动切换 A、B、C、D 局 DLL 主备	1. 主叫用户听回铃音，调度台振铃 2. 主叫用户与调度台正常通话 3. 不影响通话	PASS		张惠，张帅	2011-7-4	2
特殊数字环业务－数字环双中心组网－双中心的故障情形测试－DLL 板切换－网管恢复的故障情形测试－DLL 板切换 -01	1. 分系统 1 或分系统 2（C 局或 D 局）用户分别呼叫双接口调度台。 2. 调度台摘机 3. 分别网管切换 A、B、C、D 局 DLL 主备	1. 主叫用户听回铃音，调度台振铃 2. 主叫用户与调度台正常通话 3. 不影响通话	PASS		张惠，张帅	2011-7-4	2
特殊数字环业务－数字环双中心组网－双中心的故障情形测试－DLL 板拔出	主系统主用 DLL 板拔出	主系统备用数字环板升为主用，分系统可以直接呼通主系统调度台	PASS		张帅	2011-7-4	4
特殊数字环业务－数字环双中心组网－双中心的故障情形测试－DLL 板拔出	备用系统主用 DLL 板拔出	备用系统备用 DLL 板升为主用，分系统可以直接呼通主系统调度台和 B 局用户	PASS		张帅	2011-7-4	4
特殊数字环业务－数字环双中心	分别将主、备系统主备用 DLL 板都拔出	分系统 1 升为临时主用，分系统不可以直接呼通主系统调度台	PASS		张帅	2011-7-4	6
特殊数字环业务－数字环双中心组网－双中心的故障情形测试－DLL 板拔出 -04	1. 将分系统 1（C 局）主备用 DLL 板都拔出 2. 将板依次插回	1. 分系统 1（C 局）用户不能直接呼通主系统调度台，D 局用户可以直接呼通调度台 2. 分系统 1、2 都可以呼通调度台	PASS		张惠，张帅	2011-7-4	2
特殊数字环业务－数字环双中心组网	依次将主、备、分系统 1 的 DLL 板都拔出	分系统 1、分系统 2 依次变为临时主用	PASS		张帅	2011-7-4	4
特殊数字环业务－数字环双中心组网－双中心的故障情形测试－DLL 板软件死机 -04	手动长按主系统主用 DLL 板复位节点	模拟主系统主用 DLL 板软件死机，主系统备用数字环板升为主用，分系统可以直接呼通主系统调度台	PASS		张帅	2011-7-4	6
特殊数字环业务－数字环双中心组网－双中心的故障情形测试－DLL 板软件死机	手动长按备用系统主用 DLL 板复位节点	模拟备用系统主用 DLL 板软件死机，备用系统备用数字环板升为主用，分系统可以直接呼通主系统调度台	PASS		张惠，张帅	2011-7-4	2
特殊数字环业务－数字环双中心组网－双中心的故障情形测试－DLL 板软件死机 -03	手动同时长按分系统 1（C 局）主、备用 DLL 板复位节点	分系统 1（C 局）用户不能直接呼通主系统调度台，D 局用户可以直接呼通主系统调度台，重启后恢复正常	PASS		张惠，张帅	2011-7-4	1

表7-28　测试缺陷文件

编号	合作方人员	概述	测试环境	操作步骤	预测结果	问题描述	所属项目	严重等级	bug类型	能否重现
BUG10160	张帅	数据维护对话框调整大小时覆盖盖功能键（详见附件BUPT-Pic-BUG10160.jpg）	MDS3400v2.8 设置主分两个系统，通过数字环连接。主系统主控层有扩展层，主备插在扩展层 DLL(DLL-V2.8.9D110401.bin)主备系统无扩展层，DLL插在1、2槽；分系统主备插在5、6槽，RING插在15、16槽主备插在5、6槽。主分系统的DLL通过前2路E2进行物理连接，同时通过MDS数字环信令连接。主系统的中继线配置在1号槽位DLL板，分系统的中继线配置在6号槽位DLL板	1.在网管软件中，选择"设备维护"-"数据维护"选项，弹出对话框。2.将鼠标指针放在对话框下沿，向上拖动	1.弹出对话框	1.与预测结果相同。2.对话框变小，但覆盖盖功能键，不能覆盖功能键（详见附件BUPT-Pic-BUG10160.jpg）	MDS3400V2.8	3-High	功能缺陷	是
BUG10161	张蕙	软件下载进度条显示有误（详见附件BUPT-Pic-BUG10161.jpg）	MDS3400v2.8 设置主分两个系统，通过数字环连接。主系统主控层有扩展层，主备插在扩展层 DLL(DLL-V2.8.9D110401.bin)主备系统无扩展层，DLL插在1、2槽；分系统主备插在5、6槽，RING插在15、16槽主备插在5、6槽。主分系统的DLL通过前2路E2进行物理连接，同时通过MDS数字环信令连接。主系统的中继线配置在1号槽位DLL板，分系统的中继线配置在6号槽位DLL板	1.在网管软件中，"数据"-"单板软件"-"软件下载"选项，弹出对话框。2.开始下载，显示下载进度条及其更新进度	1.弹出对话框。2.开始更新单板软件，进度条与更新进度相符	1.与预测结果相同。2.开始更新单板软件，进度条与更新进度不符（详见附件BUPT-Pic-BUG10161.jpg）	MDS3400V2.8	2-Medium	设计与实现	是

表 7-29 回归测试文件

产生原因	解决办法	序号	指示灯	滞留天数	责任人	概述	提交人
两个功能使用的下拉框控件不同，都是经过封装的，所以 UI 风格不一致。我只是把背景色设置成了白色	两个功能能使用的下拉框控件不同，都是经过封装的，所以 UI 风格不一致。我只是把背景色设置成了白色	1		2	韩万江	"配置-设备列表"窗口下，"设备类型"选项条是灰色的，和其他地方不一致（见附件 BUPT-MDS-AnyManager-Pic-Bug10381）	韩万江　外包测试
null	null	2		2	韩万江	"设备管理-区间号码配置"下分别单击创建按钮，删除按钮以及修改按钮出现提示框不一致（见附件 BUPT-MDS-AnyManager-Pic-Bug10434-01,BUPT-MDS-AnyManager-Pic-Bug10434-02,BUPT-MDS-AnyManager-Pic-Bug10434-03）	韩万江　外包测试
null	null	3		2	韩万江	单击"设备维护-数据维护"-"全部下载"按钮。中断下载时，弹出的对话框标点有误（见附件 BUPT-MDS-AnyManager-Pic-Bug10413）	韩万江　外包测试
告警气球位置固定	当名称位置在设备上方时，将告警下移到名称下方。2011.9.6 日修改完毕	4		2	韩万江	创建调度交换机时，当选择名称位置在设备上方时，名称会被告警遮挡（见附件 BUPT-MDS-AnyManager-Pic-Bug10423）	韩万江　外包测试
null	问题已经修改	5		2	韩万江	网管手册中 4.11.4 配置步骤设置模调与实际不符	韩万江　外包手册
null	配置已经更新	6		2	韩万江	双网管配置不成功	韩万江　外包手册
null	已经修改，请下个版本测试验证	8		2	韩万江	FH100TL 越南语维护台：车站侧数据配置界面下的值班表下的"操作台号"翻译有误	韩万江　外包越南

7.11.6　软件测试评估与总结

软件测试评估的目的是确定测试是否达到标准。进行测试评估时，可参阅测试计划中有关测试覆盖和缺陷评估等策略，检查测试结果，分析缺陷，分析评估测试结果并判断测试的标准是否被满足，提交测试报告。

测试评估既是对已完成项目的总结，又是经验教训的积累，它主要评估设计的测试用例数、已执行的测试用例数、成功执行的测试用例数、测试缺陷解决情况等。测试评估主要有四个度量指标：测试覆盖率、测试执行率、测试执行通过率、测试缺陷解决率。

- 测试覆盖率：测试用例对需求的覆盖情况，它是一个很重要的评估指标。
- 测试执行率：实际执行过程中确定已经执行的测试用例比率（已执行的测试用例数 / 设计的总测试用例数）。
- 测试执行通过率：在实际执行的测试用例中执行结果为"通过"的测试用例比率（执行结果为"通过"的测试用例数 / 实际执行的测试用例总数）。
- 测试缺陷解决率：某个阶段已关闭缺陷占缺陷总数的比率（已关闭的缺陷 / 缺陷总数）。缺陷关闭包括两种情况，即正常关闭（缺陷已修复，且经过测试人员验证通过）和强制关闭（重复的缺陷、由外部原因造成的缺陷、暂时不处理的缺陷、经确认属于无效的缺陷）。

在项目进行过程中，开始时测试缺陷解决率上升很缓慢，随着测试工作的开展，测试缺陷解决率会逐步上升，在版本发布时，测试缺陷解决率将趋于100%。一般来说，在每个版本对外发布时，测试缺陷解决率都应该达到100%。也就是说，除了已修复的缺陷需要进行验证外，其他需要强制关闭的缺陷必须经过确认，且有对应的应对措施。可以将测试缺陷解决率作为测试结束和版本发布的一个标准。如果有部分缺陷仍处于打开状态，那么原则上该版本是不允许发布的。可以通过缺陷跟踪工具定期收集当前系统的缺陷数、已关闭缺陷数，通过这两个数据即可绘制出整个项目过程或某个阶段的测试缺陷解决率曲线。

表 7-30 是表 7-22 所示项目的测试用例执行的具体情况，本次测试共有 305 个测试用例，实际测试项数为 305 项，测试通过项数为 275 项，测试未通过项数为 29 项，未测试项数为 0 项，测试完成率为 100%。

表 7-30　测试执行记录

测试类型	总测试项数	实际测试项数	测试通过项数	测试未通过项数	未测项	测试完成率
单呼测试	66	66	61	5	0	100%
会议测试	64	64	61	2	0	100%
其他指挥调度功能测试	57	57	54	3	0	100%
网管通道测试	72	72	61	11	0	100%
双中心故障测试	46	46	38	8	0	100%
总计	305	305	275	29	0	100%

图 7-30 所示是对应的五大模块的测试结果统计图。通过对该系统五大模块的测试，在测试过程中发现的一些与预期测试结果不符的测试项情况如表 7-31 所示。

由图 7-31 和表 7-30 可知，出现问题较多的是轻微和一般情况下的测试项，不影响整体的系统功能，而真正影响系统运行状况的只有一个测试项，因此，整个系统从运行上来说基本能满足功能需求。

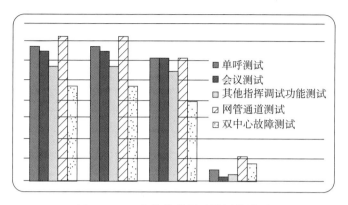

图 7-30　五大模块的测试结果统计图

表 7-31　首次测试未通过项级别统计

缺陷统计					
测试类型	严重	一般	轻微	建议	总计
单呼测试	0	0	5	0	5
会议测试	0	0	2	0	2
其他指挥调度功能测试	0	0	3	0	3
网管通道测试	1	3	7	0	11
双中心故障测试	0	0	8	0	8
总计	1	3	25	0	29

由图 7-32 和表 7-32 的信息可知，测试过程中，未通过测试的主要是设计与实现不符问题，其次是设计问题，整体而言，整个测试项目的测试质量还是比较好的，因为在回归测试之后这些问题都得到了解决，完成回归测试后，系统满足了所有的功能测试要求。

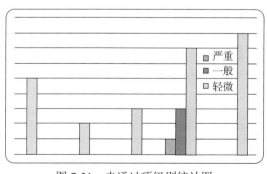

图 7-31　未通过项级别统计图

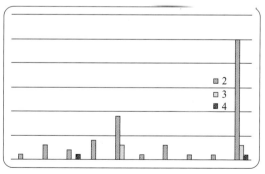

图 7-32　未通过项分类统计图

表 7-32 未通过项的分类

缺陷类型	严重等级				
	1（建议）	2（轻微）	3（一般）	4（严重）	总计
测试用例问题	0	1	0	0	1
功能缺陷	0	3	0	0	3
功能失效	0	2	0	1	3
设计问题	0	4	0	0	4
设计与实现不符	0	9	3	0	12
可维护性问题	0	1	0	0	1
性能问题	0	3	0	0	3
易用性问题	0	1	0	0	1
硬件问题	0	1	0	0	1
总计	0	25	3	1	29

测试不是一次测试执行就能完成的，一次完整的测试应该包括一次首次测试和多次回归测试，等到最后一次回归测试完成以后才能算一次完整的产品测试。回归测试的结果可以反映产品的版本的改进程度。具体数据如表 7-33 和图 7-33～图 7-36 所示。

表 7-33 回归测试结果统计

模块名称	实际测试项数	首次未通过项数	一次回归未通过数	二次回归未诵过数	三次回归未通过数	四次回归未通过数
单呼	66	5	2	1	0	0
会议	64	2	0	1	0	0
其他指挥调度功能	57	3	1	0	0	0
网管通道	72	11	3	1	1	0
双中心故障	46	8	2	0	0	0
总计	305	29	8	3	1	0

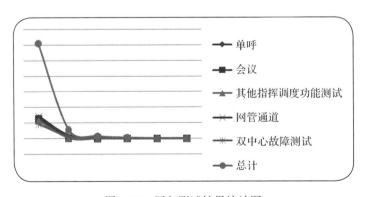

图 7-33 回归测试结果统计图

以上图表记录和反映了多次回归的缺陷数目的变化趋势（见图 7-33）以及首次测试（见图 7-34）和一次回归（见图 7-35）、二次回归（见图 7-36）的不同模块间的缺陷比例。

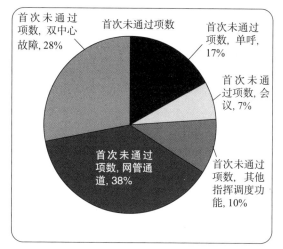

图 7-34　首次未通过项类型比例

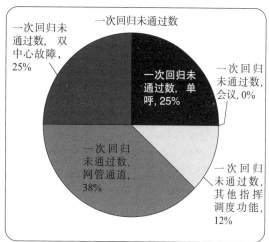

图 7-35　一次回归未通过项类型比例

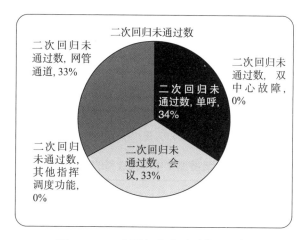

图 7-36　二次回归未通过项类型比例

7.12　敏捷测试

随着敏捷开发模式的流行，测试领域也在不断发生变化。敏捷开发模式和传统瀑布开发模式存在较大的区别，对于测试人员而言，如果在敏捷项目中还是使用传统瀑布开发模式的测试方法和实践，将会面临很多挑战。既然在敏捷环境下不能再按照传统的测试方式执行，那么就需要有一套适合敏捷环境的新的测试实践，我们称之为敏捷测试。关于敏捷测试的定义，并没有官方统一的标准。以下是维基百科对敏捷测试的定义："敏捷测试是遵从敏捷软件开发原则的软件测试实践。敏捷测试包括跨功能敏捷团队的所有成员，以及测试人员提供的特殊专业知识，以确保可持续的速度频繁地交付客户所需的业务价值。"

从定义中可以看出敏捷测试主要包含三个核心内涵。

- **敏捷测试遵从敏捷开发的原则，强调遵守**。所以敏捷价值观和敏捷宣言遵循的 12 原则同样适用于敏捷测试。
- **测试被包含在整体开发流程中，强调融合**。在敏捷开发过程中不再像传统项目那样有开发阶段和测试阶段之分，而是把开发和测试作为一个整体过程来看待。
- **跨职能团队，强调协作**。跨职能意味着团队需要具备不同专业技能的人才共同组成，彼此之间互相协作、互相帮助，发挥每个人在团队中的优势，从而使团队绩效最大化。

7.12.1 敏捷测试层次

敏捷有不同层次的工件，而在这些不同的敏捷工件中，我们需要的测试范围和测试策略也不一样。
- **代码（Code）**：在 Sprint 层级中，我们需要对代码进行质量扫描和单元测试，主要测试独立的代码单元是否正确。这个测试在单个 Sprint 内完成，不会跨 Sprint。
- **故事（Story）**：在 Sprint 层级中，我们主要的测试对象是用户故事。我们需要根据故事的验收标准进行测试，这个测试是在 Sprint 迭代过程中执行的，而且不会跨 Sprint。
- **特性（Feature）**：在版本发布层级中，我们的测试对象是特性，主要是测试一些故事之间如何协同工作以便向用户交付更大的价值。这个测试有些可以在 Sprint 内完成，有些需要跨 Sprint 才能完成。
- **史诗（Epics）**：在版本发布层级中，我们测试的对象是史诗，主要是跨多个特性的核心业务流程，通常是端到端的集成测试。这个测试通常都是跨 Sprint 才能完成。

除此之外，无论是用户故事、特性还是史诗，都需要考虑性能测试。在敏捷测试中，性能测试也需要提前并且分迭代来执行，而不能只在最后阶段考虑。

通过上面的介绍，我们知道对于不同级别的敏捷工件使用不同的测试策略有助于将测试集中在交付的完整功能集上，从单元测试级别粒度一直到端到端业务流，如表 7-34 所示。

表 7-34 敏捷测试中不同级别的测试类型

敏捷工件	测试工件	描述	是否在 Sprint 内
史诗	端到端集成测试	在更进一步的抽象层次上操作，通常跨越多个特性并表示组织的核心业务流程。在【程序增量】过程中执行（例如：发布 Release）	否
特性	特性或者能力验收测试	在用户故事的更高抽象层进行操作，通常测试一些用户故事之间如何协同工作以向用户交付更大的价值。在【程序增量】过程中执行（例如：发布 Release）	部分
故事	用户故事验收测试	功能测试旨在确保每个新用户故事的实现都交付了预期的行为（由验收标准定义）。测试是在迭代过程中执行的（例如：Sprint）	是
代码	单元测试和代码质量扫描	独立地测试小的、定义良好的代码单元，根据已知的输入检查期望的结果。每次代码签入时执行常规的代码质量扫描	是
用户故事、特性或史诗（L1、L2 或 L3 级别性能测试）	性能测试	测试一个组件、用户故事或版本的响应时间、可伸缩性和其他非功能性考虑	部分（L1 级别性能测试）

7.12.2 敏捷测试模型

图 7-37 是敏捷测试模式与传统测试模式的对比，由于左图看起来很像一个冰激凌，因此被称为"冰激凌"模式。传统的测试工作更多被推后到了 UI 层的测试，包括用户界面的

自动化测试和大量的手工测试。

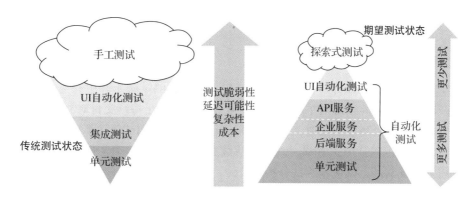

图 7-37　传统测试模式与敏捷测试模式的对比

"冰激凌"模式有以下几个弊端。

- 测试脆弱性：由于自动化测试脚本集中在 UI，而 UI 往往是最不稳定的部分。界面控件经常会发生变化，这对于 UI 端自动化测试脚本来说简直就是灾难。我们知道 UI 自动化测试是非常依赖 UI 的控件稳定，只要控件有变化，整个脚本就得重新调整和维护，否则脚本就会运行失败。所以自动化测试非常脆弱。
- 延迟可能性：由于单元测试、集成测试做得不够充分，把风险留到了后面的阶段，因此我们需要在后面的 UI 测试中花大量的时间进行测试，这时发现缺陷修复缺陷的周期变得非常长而且不可控，从而大大提高了延迟的可能性。
- 复杂性：假如我们在单元测试、集成测试阶段没有测试充分，在 UI 测试时如果发现缺陷，那么对于缺陷的定位、诊断和分析都变得更加复杂。
- 成本：我们知道测试的一个定律是越早发现缺陷，修复的代价越低。如果我们把一个缺陷留在后面阶段才发现的话，将会大大增加整个项目的成本。

由于"冰激凌"模式有这么多弊端，因此敏捷专家 Mike Cohn 在 2003 年提出了新的测试思路——测试金字塔。不过测试金字塔的真正流行是 2009 年 Mike Cohn 在他的著作 *Succeeding with Agile* 一书中正式提出后才开始的。而后在敏捷测试专家 Lisa Crispin 的著作《敏捷软件测试：测试人员与敏捷团队的实践指南》一书中再次提到测试金字塔，使其成为敏捷测试中最重要的测试模型之一。

测试金字塔最初的原型分为三层，底层是单元测试，中间层是 API 测试，上层是 UI 自动化测试。而且底层的单元测试需要做最多的测试工作，越往上测试工作应该越少。根据《Google 软件测试之道》中的经验，三者对于精力投入的比例是：70% 的精力放在单元测试，20% 的精力放在 API 测试，而剩下 10% 的精力放在 UI 自动化测试。

测试金字塔的理念和时下流行的"测试左移"的理念是一致的。测试左移（Shift Left Testing）是指要把质量保障的活动尽量前移到更早的开发生命周期中。这个理念和测试金字塔的思想不谋而合，也就是说要把测试工作往前移（对应于测试金字塔是往下沉），要把单元测试、集成测试做得更加充分和完善。而上面的 UI 测试只需要针对关键业务进行自动化回归测试即可。

当然，我们知道如果只靠自动化测试无法完全保证系统的质量，有些地方还是需要人工的介入、需要人的思维判断才行，比如用户体验测试等。所以后来 Lisa 在金字塔的塔尖再补上了一片"云"，这片"云"就是人工探索式测试（Exploratory Test，ET）。最终就形成了我们在图7-33右侧看到的样子。由于此模型形状像埃及的金字塔，因此被称为测试金字塔模型。

7.12.3　持续测试

持续测试是指从产品发布计划开始直到交付、运维，测试融于其中并与开发形影不离，随时暴露产品的质量风险，随时了解产品质量状态，从而满足持续交付对测试、质量管理所提出的新要求。从这个角度上来说，敏捷、DevOps中的一切测试活动都可以算作持续测试，既包括测试左移，也包括测试右移；既包括持续集成中的测试活动，也包括持续集成之后、上线部署前的测试活动；既包括测试分析和设计，也包括测试执行和结果呈现/报告。

由于很多软件公司都采用了敏捷和DevOps方法，软件行业经历了革命性、快速的演变，开发与测试的融合，整个研发与运维的融合。与此同时，"全生命周期开展测试"的理念得到了更广泛的接受，甚至"持续测试"理念也开始被逐渐接受，其目标是持续交付产品，软件测试也的确在发生着巨大的变化，越来越多的新兴技术产品需要相应的测试方法、技术、策略和工具来应对。持续测试需要DevOps工具链的支持，图7-38展示了持续测试在DevOps实践中的定位。

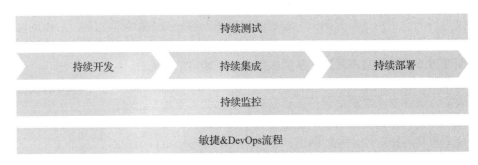

图7-38　持续测试在DevOps实践中的定位

狭义的持续测试指的是一次软件迭代开发中的主要测试活动，测试之所以会成为持续交付的瓶颈，就是因为没能做到持续测试。广义的持续测试不但包含设计评审、单元测试、用户故事实现的验证、集成测试等，也包含持续的新功能测试和持续的回归测试，以及性能测试、安全性测试、兼容性测试等针对软件质量属性的专项测试。

持续测试不等同于自动化测试，也包括手工测试，比如每次迭代中新功能的测试采用手工（探索式测试）测试更快，因为人更灵活、更智能。再比如人工的需求评审、设计评审和代码评审（Code Review）也必不可少，这些测试左移中的测试活动帮助团队在早期预防缺陷，让随后的研发活动更顺利。采用自动化的方式尽量提高回归测试的覆盖率也非常必要，以手工测试为主不可持续：要么为了赶进度，测试不充分，漏测的缺陷会越来越多，产品质量越来越差，团队会被技术债慢慢拖垮，越做越慢；要么为了测试充分，就需要大量时间，交付速度会受影响。两种情况都会让测试成为敏捷开发的瓶颈。采用自动化回归测试与手工探索式测试相结合的方式，使两种测试都持续进行，才能达到质效合一。

持续测试不等同于全面测试，即使自动化测试达到很高的覆盖率，要想在每一个发布的版本上进行全面测试，也是一件不可能的事情，首先是软件测试无法穷尽每条业务路径，其次也没有必要，要想做得既快又好，不仅要做加法，尽可能提高自动化测试覆盖率，让测试左移，尽可能提高单元测试、API 测试的覆盖率，更要做减法，拥抱基于风险的测试策略。精准测试就是一个很好的例子，基于对代码变更的分析和其他信息选择正确的测试范围，既不多测，也不少测。

7.12.4　自动化测试

我们经常听到一个词叫"分层自动化测试"。如果把测试金字塔顶尖上由 Lisa Crispin 补充的那块"云"（探索式测试）先去掉的话，那么分层自动化的内容和测试金字塔基本上是一回事，没有太大的区别。

分层自动化测试从"自动化"这个角度出发，说明了自动化需要按不同的层级来实施，不仅仅关注 UI 层，也需要关注 API 接口层和单元层。UI 层的自动化测试这个理念在过去的二三十年一直处于主导地位，大多数测试同行在实施自动化测试时一开始映入脑海的就是 UI 自动化测试，而且业界也提供了很多成熟的 UI 自动化测试工具，比如商业工具 QTP/UFT、开源工具 Selenium 等。

但是随着 UI 自动化测试本身的痛点日益明显，其脆弱性和复杂性也让人怀疑 UI 自动化测试的投入产出是否合理，因此当 Mike Cohn 提出测试金字塔模型后，人们改变了以前一直认为 UI 自动化测试为主导的意识，从最初我们所熟悉的 UI 自动化测试扩展到 API 层的自动化测试以及底层的自动化单元测试，使自动化能够在不同层级的测试中都发挥其作用，降低了测试的脆弱性和复杂性，提升了整个测试的效率，这就是我们说的分层自动化测试，如图 7-39 所示。

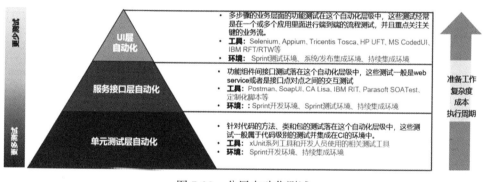

图 7-39　分层自动化测试

由于敏捷开发所谓"小步快跑"的方式迫使测试人员在更短的时间内完成整个测试过程，而以前纯手工测试应付这种"短平快"的开发节奏渐渐变得吃力起来，于是提升测试的速度和效率则成为能否很好支撑敏捷开发的关键。而提升了测试速度和效率，自动化就变得比以前任何时候更显得重要。

当我们谈自动化的时候，经常会听到两个词：自动化测试和测试自动化。这两个概念有本质上的区别。

- 所谓自动化测试，一般是指在测试执行过程中，通过自动化的工具或手段来代替人工执行的过程。它强调的是解决"测试执行过程"的效率。
- 测试自动化是指在测试领域中的任何方面都可以通过各种自动化的方式和手段来提高测试的效率，保证测试的质量，缩短软件交付的周期。所以它强调的范围是整个测试的过程而不仅仅是测试执行过程。比如测试数据准备的自动化、测试环境搭建的自动化都可以包含在测试自动化的概念里面。

从这个角度来说，测试自动化所包括的范围更广，而我们在项目中，更应该从自动化测试思维转换到测试自动化思维，从整个测试生命周期 STLC（Software Testing LifeCycle）中去寻找可以自动化的点，全方位提升测试的效率。

自动化测试使用一种自动化测试工具来验证各种测试的需求，包括测试活动的管理和实施。测试活动自动化在很多情况下很有价值。例如，测试某项特性时不仅要检查前面测试中发现的软件故障和缺陷是否得到了修复和改进，还要检查修复过程中是否引入了新的故障和缺陷，所以需要多次进行测试，这时使用自动化工具比较方便。又如，一个软件项目要验证系统容量等性能特性，可能需要几千甚至上万个测试个体并发进行，这时采用手工测试是不可能实现的，需要工具模拟用户并发访问系统，测试系统的响应时间、负载能力和可靠性。

常用的测试工具

为了选择合适的测试工具，需要对测试工具进行比较和分析，比较它们的测试能力和有效性，有时还需要自己开发工具或者手工测试。目前，软件测试方面的工具很多，下面就几种常用软件测试工具进行简单的对比。

1）代码测试工具 FindBugs。FindBugs 是一个静态分析工具，它检查类或者 JAR 文件，将字节码与一组缺陷模式进行对比以发现可能的问题。有了静态分析工具，就可以在不实际运行程序的情况下对软件进行分析。

2）单元测试工具 JUnit。 JUnit 是一个 Java 语言的单元测试框架。它由 Kent Beck 和 Erich Gamma 建立，逐渐成为源于 Kent Beck 的 sUnit 的 xUnit 家族中最成功的一个。 JUnit 有它自己的 JUnit 扩展生态圈，多数 Java 开发环境都集成了 JUnit 作为单元测试的工具，可以使测试代码和产品代码分开。

3）接口测试工具 Postman。Postman 是一款功能强大的网页调试与发送网页 HTTP 请求的 Chrome 插件。利用 Chrome 插件的形式把各种模拟用户 HTTP 请求的数据发送到服务器，可以用来方便地模拟 get 或者 post 或者其他方式的请求以调试接口。Postman 接口测试工具可以实现前后端的分离开发。

4）功能测试工具 Selenium 和 HP QTP（UFT）。

- Selenium 是一个用于 Web 应用程序测试的工具。Selenium 测试直接运行在浏览器中，就像真正的用户在操作一样。支持的浏览器包括 IE、Mozilla Firefox、Mozilla Suite 等。支持主流的编程语言，包括 Java、Python、C#、PHP、Ruby、JavaScript 等。
- HP QTP（UFT）可以录制测试脚本，通过已有的测试脚本执行重复的手动测试，用于功能测试和回归测试。

5）Web 界面链接测试工具 Web Link Validator。Web Link Validator 是一款网站分析工具，用于帮助网站管理员自动检查站点，寻找站点中存在的错误，增强站点的有效性。通过对整个站点以及所有页面的检查分析，找出站点中存在的无效链接，以及 JavaScript 和 Flash 等超级链接。但是，Web Link Validator 不仅限于链接的检查，它同样可以揭露孤立文件、HTML 代码错误、加载速度慢、过时页面等问题，还可以帮助网站管理员维护文字内容，通过内置的拼写检查器来找出并且改正英语及其他支持语言中的拼写错误。

6）性能测试工具——HP 公司的 LoadRunner 和 Apache JMeter。

- LoadRunner 是 HP 推出的一种预测系统行为和性能的负载测试工具，目前使用率很高。它通过模拟上千万用户实施并发负载及实时性能监测的方式来确认和查找问题，包括 Windows 和 UNIX 两个版本。LoadRunner 能够对整个企业架构进行测试，帮助企业最大限度地缩短测试时间、优化性能和加速应用系统的发布进度。LoadRunner 是一种适用于各种体系架构的自动负载测试工具，它能预测系统行为并优化系统性能。

- Apache JMeter 是 100% 纯 Java 桌面应用程序，用于测试 C/S 结构的软件（如 Web 应用程序）。它通常被用来测试包括基于静态和动态资源程序的性能，如静态文件、Java Servlets、Java 对象、数据库、FTP 服务器等。JMeter 可以用来模拟一个在服务器、网络或者某一对象上大的负载以测试或者分析在不同的负载类型下的全面性能。另外，JMeter 能够让大家用断言创造测试脚本，验证应用程序是否返回期望的结果，从而帮助使用者对程序进行回归测试。

7）安全漏洞测试工具 IBM Security AppScan。IBM Security AppScan 是用于 Web 应用程序和 Web 服务的安全漏洞测试工具。它包含可帮助站点免受网络攻击的高级测试方法，以及一整套的应用程序数据输出选项。

7.13 软件测试过程的文档

测试是比较复杂和困难的过程，为了很好地管理和控制测试的复杂性和难度，需要仔细编写完整的测试文档。

7.13.1 测试计划文档

这里提供了一个可供参考的系统测试计划模板。

---

1. 介绍

1.1 目的

说明文档的目的。

1.2 范围

说明文档覆盖的范围。

1.3 缩写说明

定义文档中所涉及的缩略语（若无则填写无）。

1.4 术语定义

定义文档内使用的特定术语（若无则填写无）。

1.5 引用标准

列出文档制定所依据、引用的标准（若无则填写无）。

1.6 参考资料

列出文档制定所参考的资料（若无则填写无）。

1.7 版本更新信息

记录文档版本修改的过程，具体版本更新记录如下表所示：

修改编号	修改日期	修改后版本	修改位置	修改内容概述

---

2. 测试项目

　　对被测试对象进行描述。

3. 测试特性

　　描述测试的特性和不被测试的特性。

4. 测试方法

　　分析和描述本次测试采用的测试方法和技术。

5. 测试标准

　　描述测试通过的标准、测试审批的过程以及测试挂起 / 恢复的条件。

6. 系统测试交付物

　　测试完成后提交的所有产品。

7. 测试任务

8. 环境需求

8.1　硬件需求

8.2　软件需求

8.3　测试工具

8.4　其他

9. 角色和职责

10. 人员及培训

11. 系统测试进度

7.13.2　测试设计文档

　　测试设计主要是根据相应的产品（需求、总体设计、详细设计等）设计测试方案、测试覆盖率以及测试用例等。这里提供一个可供参考的单元测试设计、集成测试设计和系统测试设计的模板。

单元测试设计模板

1. 介绍

1.1　目的

　　说明文档的目的。

1.2　范围

　　说明文档覆盖的范围。

1.3　缩写说明

　　定义文档中所涉及的缩略语（若无则填写无）。

1.4　术语定义

　　定义文档内使用的特定术语（若无则填写无）。

1.5　引用标准

　　列出文档制定所依据、引用的标准（若无则填写无）。

1.6　参考资料

列出文档制定所参考的资料（若无则填写无）。

1.7　版本更新信息

记录文档版本修改的过程，具体版本更新记录如下表所示：

修改编号	修改日期	修改后版本	修改位置	修改内容概述

2. 测试项目

对被测试对象进行描述。

3. 测试方法

单元测试包括静态测试和动态测试两个方面。

单元测试流程如图 D-1 所示，首先对整个代码进行静态测试，再针对代码的具体内容和性质，安排动态黑盒测试和白盒测试的内容，采用"先黑盒后白盒"的测试方法，针对复杂的模块，采用覆盖率测试方法。在测试过程中，每测试一遍，就根据发现的错误来修改代码，每次更改后即进行回归测试，这是一个不断反复的过程，直到符合要求后再进入下一阶段的测试。

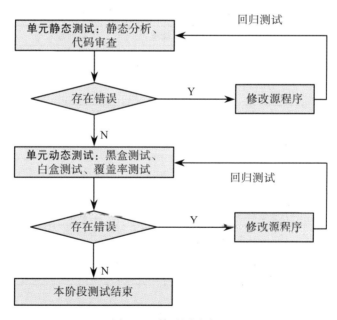

图 D-1　单元测试流程

其中：

1）通过准则：

- 语句、分支覆盖率达到 100%，关键模块 MC/DC 覆盖率达到 100%，如果覆盖率不到 100%，需以问题单的形式给出原因。
- 测试用例正确执行，测试用例文件注释正确、完整。

- 对于设计中给出的变量边界值，应有相应的测试用例。
- 对于变量、表达式的运算是否越界或溢出，应有充分的测试用例。

2）测试技术：白盒测试技术、黑盒测试技术。

3）提交文档：单元测试报告、测试用例文件、问题报告单。

4. 测试用例设计

测试用例是整个软件测试活动的主体，其数量和质量决定了软件测试的成本和有效性。在软件可靠性测试中，由于输入、输出空间，特别是输入空间的无限性，无法对软件进行全面的测试。因此，如何从大量的输入数据中挑选适量的、具有代表性的典型数据，特别是怎样用较少的测试用例对软件进行较全面的测试，是当今测试所面临的一大难题。

4.1 编号 -1 测试用例

表 D-1　测试用例 -1

用例编号	001
单元描述	
用例目的	
用例类型	
测试环境	

表 D-2　测试用例 -1 的子测试用例 1

子用例编号	方法名	输入标准	实际输入	状态
001-1				
	子用例目的	输出标准	实际输出	
预置条件				
测试方法说明				

......

表 D-3　测试用例 -1 的子测试用例 2

子用例编号	方法名	输入标准	实际输入	状态
001-2				
	子用例目的	输出标准	实际输出	
预置条件				
测试方法说明				

......

......

4.2 编号 -2 测试用例

......

4.n 编号 -n 测试用例

......

集成测试设计模板

1. 介绍

1.1　目的

说明文档的目的。

1.2　范围

说明文档覆盖的范围。

1.3　缩写说明

定义文档中所涉及的缩略语（若无则填写无）。

1.4　术语定义

定义文档内使用的特定术语（若无则填写无）。

1.5　引用标准

列出文档制定所依据、引用的标准（若无则填写无）。

1.6　参考资料

列出文档制定所参考的资料（若无则填写无）。

1.7　版本更新信息

记录文档版本修改的过程，具体版本更新记录如下表所示：

修改编号	修改日期	修改后版本	修改位置	修改内容概述

2. 测试项目

对被测试对象进行描述。

3. 测试方法

集成测试是将所有模块按照系统设计的要求集成为系统而进行的测试，该测试所要考虑的问题是：在把各个模块连接起来的时候，穿越模块接口的数据是否会丢失；一个模块的功能是否会对另一个模块的功能产生不利的影响；各个子功能组合起来，能否达到预期要求的父功能；全局数据结构是否有问题；单个模块的误差累计起来，是否会放大，从而达到不能接受的程度。集成测试流程如图 D-2 所示。

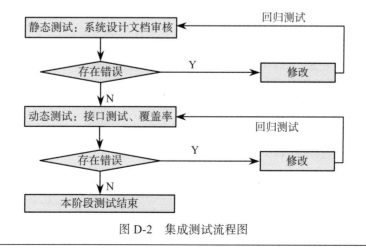

图 D-2　集成测试流程图

4. 测试用例设计

4.1   模块集成测试用例

4.2   接口测试用例

系统测试设计模板

1. 介绍

1.1   目的

说明文档的目的。

1.2   范围

说明文档覆盖的范围。

1.3   缩写说明

定义文档中所涉及的缩略语（若无则填写无）。

1.4   术语定义

定义文档内使用的特定术语（若无则填写无）。

1.5   引用标准

列出文档制定所依据、引用的标准（若无则填写无）。

1.6   参考资料

列出文档制定所参考的资料（若无则填写无）。

1.7   版本更新信息

记录文档版本修改的过程，具体版本更新记录如下表所示：

修改编号	修改日期	修改后版本	修改位置	修改内容概述

2. 项目概述

简述测试对象，即测试项目情况。

3. 测试计划

3.1   测试依据

给出项目文档和测试技术标准。

3.2   测试计划

给出测试时间、地点和人员的安排等。

3.2.1   测试时间

3.2.2   测试人员安排

4. 测试环境

描述测试网络环境、硬件环境、软件环境。

4.1   网络环境

用图示描述测试网络环境。

4.2   硬件环境

用图示描述测试硬件环境。

4.3 软件环境

描述测试软件环境。

5. 测试用例设计

系统测试是依据需求规格说明对系统进行测试，验证系统的功能和性能及其他特性是否与用户的要求相一致。在测试过程中，除了考虑系统的功能和性能外，还应对系统的可移植性、兼容性、可维护性、错误的恢复功能等进行确认。系统测试流程如图 D-3 所示。

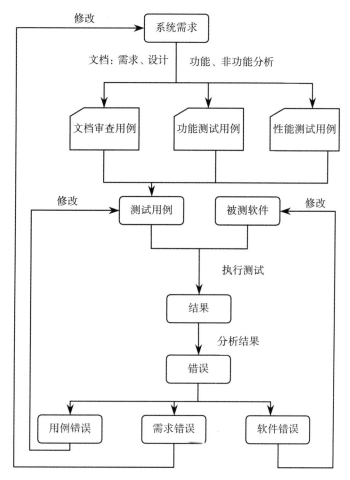

图 D-3 系统测试流程图

以下测试用例设计包括文档审查、功能测试、性能测试、可靠性测试、安全性测试等。

5.1 文档审查用例设计

用户文档是软件系统安装、维护、使用以及二次开发的重要依据，好的用户文档可以帮助用户进行系统安装、维护和日常使用，并且可以提高用户二次开发的效率和成功概率，因此文档审查过程中，需要根据如下指标对用户文档进行测试。

1）用户文档编写的规范性。

2）用户文档的完整性：一般手册应该包括软件需求说明书、概要设计说明书、详细设计说明书、数据库设计说明书、用户手册、操作手册、测试计划、测试分析报告等，文档应涵盖软件安装所需要的信息、产品描述中说明的所有功能、软件维护所需要的信息、产品描述中给出的所有边界值。

3）手册与软件实际功能的一致性：文档自身、文档之间或者文档与产品描述之间相互不矛盾，且术语一致。

4）正确性：文档中所有信息正确、没有歧义，无错误的描述。

5）易理解程度：用户手册对关键操作有无实例、图文说明，例图的易理解性如何，对主要功能和关键操作提供的图文应用有多少，实例的详细程度如何。

6）易浏览程度：用户文档是否易于浏览，相互关系是否明确，是否有目录或索引，对正常使用其产品的一般用户而言是否容易理解。

7）可操作性：对文档是否可以指导用户的实际应用进行考核。

8）文档质量：用户手册包装的商品化程度和印刷质量如何。

5.2　功能测试用例设计

5.2.1　功能测试内容

功能测试主要采用黑盒测试策略，分别对功能点和业务流程进行测试，测试中应覆盖规格说明要求的全部功能点和主要业务流程，其主要方法包括因果图法、等价类划分法、边界值分析法、错误猜测法等。

5.2.2　功能测试覆盖分析

对每个模块的功能覆盖率进行分析。首先，测试用例对所有的业务流程、数据流以及核心功能点的覆盖率应达到100%；其次，必须满足用户测试的需求。完成表D-4所示的测试用例的覆盖关系。

表D-4　功能测试用例与功能需求覆盖矩阵

序　　号	功能需求项	测试用例编号	测试用例名称	优先级

5.3　性能测试用例设计

5.3.1　性能测试内容

性能测试可从以下几个方面考虑：

1）负载压力测试。

2）系统资源监控（压力测试）。

3）疲劳测试。

5.3.2　性能测试覆盖分析

性能测试用例与性能需求的覆盖关系如表D-5所示。

<table>
<tr><th colspan="5">表 D-5 性能测试用例与性能需求覆盖矩阵</th></tr>
<tr><th>序 号</th><th>性能需求项</th><th>测试用例编号</th><th>测试用例名称</th><th>优先级</th></tr>
<tr><td></td><td></td><td></td><td></td><td></td></tr>
<tr><td></td><td></td><td></td><td></td><td></td></tr>
<tr><td></td><td></td><td></td><td></td><td></td></tr>
<tr><td></td><td></td><td></td><td></td><td></td></tr>
</table>

5.4 安全性测试用例设计

5.4.1 安全性测试内容

安全性测试的具体方法如下：

1）功能验证。

2）漏洞扫描。

3）模拟攻击试验。

4）侦听技术。

5.4.2 安全性测试覆盖分析

安全性测试用例与性能需求的覆盖关系如表 D-6 所示。

<table>
<tr><th colspan="5">表 D-6 安全性测试用例与性能需求覆盖矩阵</th></tr>
<tr><th>序 号</th><th>性能需求项</th><th>测试用例编号</th><th>测试用例名称</th><th>优先级</th></tr>
<tr><td></td><td></td><td></td><td></td><td></td></tr>
<tr><td></td><td></td><td></td><td></td><td></td></tr>
<tr><td></td><td></td><td></td><td></td><td></td></tr>
<tr><td></td><td></td><td></td><td></td><td></td></tr>
<tr><td></td><td></td><td></td><td></td><td></td></tr>
<tr><td></td><td></td><td></td><td></td><td></td></tr>
<tr><td></td><td></td><td></td><td></td><td></td></tr>
<tr><td></td><td></td><td></td><td></td><td></td></tr>
</table>

6. 测试结果标准

6.1 缺陷类型定义

定义系统测试过程中的缺陷类型。

6.2 严重程度

根据缺陷的严重程度进行优先排序。

6.3 系统测试通过准则

本次系统测试的通过标准如表 D-7 所示。

6.4 项目输出成果

6.4.1 软件测试方案

软件测试方案是关于软件测试项目的一个测试计划和执行方案，主要包括测试目的、评测依据、评测管理、评测内容及方法、测试配合要求、测试结果、测试环境要求以及项目输出成果等。

表 D-7　系统测试通过准则

测试内容		评价结果类型	说明
功能测试	业务流程测试	"通过"和"不通过"	只要业务流程不能完全实现，即视为"不通过"
	基本功能测试	"通过""基本通过"和"不通过"	出现"严重问题"，或一般问题的数量占被测系统总功能点的 10% 以上视为"不通过"； 出现"一般问题"且其数量占被测系统总功能点的 10% 以下，视为"基本通过"； 出现"建议问题"或无问题，视为"通过"
性能测试		"通过""不通过"	性能测试符合指标要求为"通过"，否则为"不通过"
安全可靠性测试		"通过""基本通过"和"不通过"	出现"严重问题"，或一般问题的数量占被测总功能点的 10% 以上视为"不通过"； 出现"一般问题"且其数量占被测系统总功能点的 10% 以下，视为"基本通过"； 出现"建议问题"或无问题，视为"通过"
兼容性测试		"通过""基本通过"和"不通过"	
可扩充性测试		"通过""基本通过"和"不通过"	
易用性测试		"通过""基本通过"和"不通过"	
用户文档测试		"通过""基本通过"和"不通过"	

6.4.2　测试问题报告

测试问题报告指在测试实施完成后测试工作组提交的一个软件缺陷报告，主要内容包括问题的严重等级、问题产生的详细操作过程及结果描述等。

6.4.3　软件测试报告

软件测试报告是由测试工作组提交的最终测试结果报告，主要内容包括对软件功能及其他质量特性的综合评价、测试要求的各项质量特性的实现情况、详细测试结果描述以及软件的测试环境描述等。

7.13.3　软件测试报告

下面的测试总结报告模板可供参考。

1. 介绍

1.1　目的

说明文档的目的。

1.2　范围

说明文档覆盖的范围。

1.3　缩写说明

定义文档中所涉及的缩略语（若无则填写无）。

1.4　术语定义

定义文档内使用的特定术语（若无则填写无）。

1.5　引用标准

列出文档制定所依据、引用的标准（若无则填写无）。

1.6　参考资料

列出文档制定所参考的资料（若无则填写无）。

1.7　版本更新信息

记录文档版本修改的过程，具体版本更新记录如下表所示：

修改编号	修改日期	修改后版本	修改位置	修改内容概述

2. 测试时间、地点和人员

3. 测试环境描述

4. 测试用例执行情况

测试执行过程中需要填写测试执行后的测试用例设计 / 执行单（意外事件记录在备注中），最好给出测试用例执行情况的跟踪图，如表 D-8 所示。

表 D-8　测试用例设计 / 执行单模板

测试用例名称	
测试用例标识	
测试用例追溯	
测试说明	
测试用例初始化	
前提与约束	
异常终止条件	测试环境异常终止 测试用例发生重大错误，无法执行而异常终止

		测试步骤		
序号	测试输入	期望测试结果	判断准则	实际测试结果
			与期望结果一致	
			与期望结果一致	

设计人员		设计日期		执行情况	
执行人员		执行日期		监督人员	
执行情况		是否通过		问题标识	

可以采用工具跟踪测试的结果，如表 D-9 所示就是一个测试错误跟踪记录表。目前市场上有很多缺陷跟踪的商用工具软件。

表 D-9　测试错误跟踪记录表

序号	时间	事件描述	错误类型	状态	处理结果	测试人	开发人
1							
2							
3							

……

4.1　测试用例执行度量

4.2　测试进度和工作量度量

4.3　缺陷数据度量

4.4　综合数据分析

计划进度偏差 =（实际进度 – 计划进度）/ 计划进度 ×100%；

用例执行效率 = 执行用例总数 / 执行总时间（小时）；

用例密度 = 用例总数 / 规模 ×100%；

缺陷密度 = 缺陷总数 / 规模 ×100%；

用例质量 = 缺陷总数 / 用例总数 ×100%；

缺陷严重程度分布饼图；

缺陷类型分布饼图。

5. 测试评估

5.1　测试任务评估

（例如，评估结论：本次测试执行准备充足，完成了既定目标。）

5.2　测试对象评估

（例如，评估结论：测试对象符合系统测试阶段的质量要求，可以进入下一个阶段。）

6. 遗留缺陷分析

7. 审批报告

提交人签字：　　　　　　　日期：

开发经理签字：　　　　　　日期：

产品经理签字：　　　　　　日期：

8. 附件

附件 1　测试用例执行表

附件 2　测试覆盖率报告

附件 3　缺陷分析报告

7.14　MSHD 项目案例——软件测试过程

项目案例名称： 多源异构灾情管理系统（MSHD）

项目案例文档： 测试用例设计；测试执行结果；测试报告

本项目测试案例是基于敏捷测试金字塔的测试过程，包括单元测试、接口测试、UI 测试、探索性测试、性能测试，最后还有测试结论等。图 7-40 是项目测试报告目录，下面展示部分测试过程和结论。

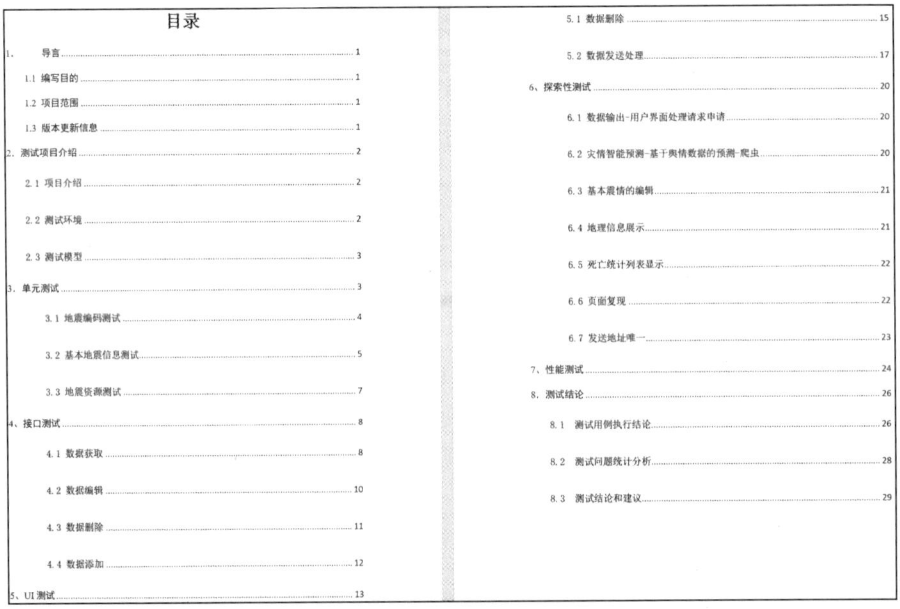

图 7-40　测试报告文档目录

7.14.1　单元测试

本节以"基本地震信息类"的单元测试为例说明基于 TDD 的单元测试过程，本测试对基本地震信息类进行单元测试，测试用例代码如图 7-41 所示。第一次执行测试用例，测试失败（因为基本地震信息类不存在），如图 7-42 所示。此时根据测试用例编写"基本地震信息类"，如图 7-43 所示，然后再次执行测试用例，测试通过，如图 7-44 所示。

7.14.2　接口测试

本项目接口测试采用 Postman 测试工具，对所有的微服务进行基于 Restful 的接口测试。共测试了 56 个接口，其中成功 50 个，失败 6 个，以下展示请求方式分别为 GET、PUT、POST、DELETE 各一个的接口测试过程（图 7-45～图 7-52）。

```
class BasicEarthquakeInfoTest {
    @Test
    public void Test(){
        final BasicEarthquakeInfoService mockBasicEarthquakeService =
                Mockito.mock(BasicEarthquakeInfoService.class);
        BasicEarthquakeInfo basicEarthquakeInfo = new BasicEarthquakeInfo();
        basicEarthquakeInfo.setId("13072210000120210222033554");

        Mockito.when(mockBasicEarthquakeService.getBasicEarthquakeInfo( id: "13072210000120
            assertEquals( expected: "13072210000120210222033554",
                    mockBasicEarthquakeService.getBasicEarthquakeInfo( id: "13072210000
                        .getId());
    }
}
```

图 7-41　测试用例代码

```
org.opentest4j.AssertionFailedError:
Expected :13062410020120210223012712
Actual   :null
<Click to see difference>

<5 internal calls>
    at EarthquakeCodeTest.Test(EarthquakeCodeTest.java:10) <31 internal calls>
    at java.util.ArrayList.forEach(ArrayList.java:1257) <9 internal calls>
    at java.util.ArrayList.forEach(ArrayList.java:1257) <25 internal calls>
```

图 7-42　测试失败

```
public class BasicEarthquakeInfo {
    private String id;
    private String date;
    private String location;
    private float longitude;
    private float latitude;
    private float depth;
    private float magnitude;
    private String picture;
    private String reportingUnit;
    public BasicEarthquakeInfo(String id, String date, String location, floa
            longitude, float latitude, float depth, float magnitude, String
                                    reportingUnit) {
        this.id = id;
        this.date = date;
        this.location = location;
        this.longitude = longitude;
        this.latitude = latitude;
        this.depth = depth;
```

图 7-43　基本地震信息类

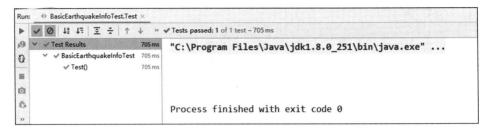

图 7-44　测试通过

1. 数据获取

测试步骤：

1）输入接口地址为 http://39.99.228.199:9006/v1/disasterInfo；

2）请求方式设为 GET；

3）设置参数 limit=10，page=1；

4）编写测试脚本，如图 7-45 所示；

5）执行测试，测试通过，如图 7-46 所示。

```
pm.test("response must be valid and have a body", function () {
    // assert that the status code is 200
    pm.response.to.be.ok; // 响应体是否OK
});
```

图 7-45　数据获取脚本

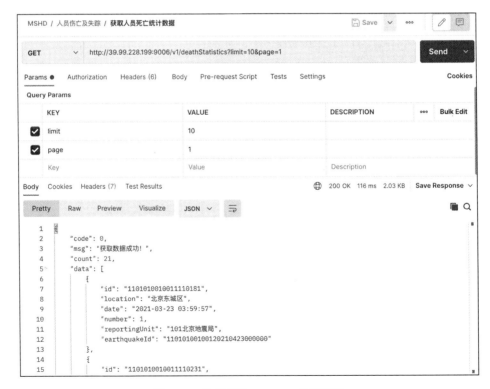

图 7-46　数据获取 Postman 界面展示

2. 数据编辑

测试步骤：

1）输入接口地址为 http://39.99.228.199:9006/v1/deathStatistics/{id}；

2）请求方式设为 put；

3）设置参数，如图 7-47 所示；

4）编写测试脚本，如图 7-48 所示；

5）执行测试，测试通过，如图 7-49 所示。

参数名	类型	说明	举例
date	string	发生时间	2021-02-22 03:35:54
location	String	参考位置	河北省保定市阜平县阜平镇阜平居委会
number	int	统计人员数量	2
earthquakeId	string	所属震情编码	1307221000012021022203355
4
reportingUnit	string	上报单位	101河北地震局

图 7-47　数据编辑参数设置

```
pm.test("response must be valid and have a body", function () {
    // assert that the status code is 200
    pm.response.to.be.ok; // 响应体是否OK
});
```

图 7-48　数据编辑脚本

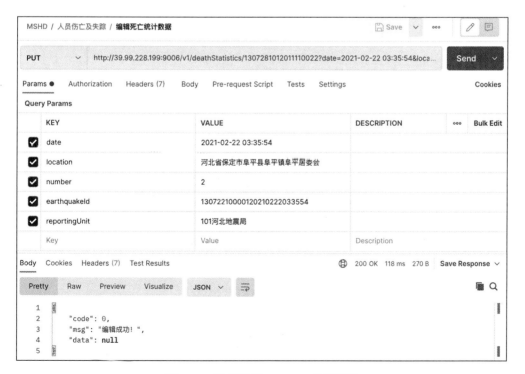

图 7-49　数据编辑 Postman 界面展示

3. 数据删除

测试步骤：

1）输入接口地址为 http://39.99.228.199:9006/v1/deathStatistics/{id}；

2）请求方式设为 DELETE；

3）编写测试脚本，如图 7-50 所示；

4）执行测试，测试通过，如图 7-51 所示。

```
pm.test("response must be valid and have a body", function () {
    // assert that the status code is 200
    pm.response.to.be.ok; // 响应体是否OK
});
```

图 7-50　数据删除脚本

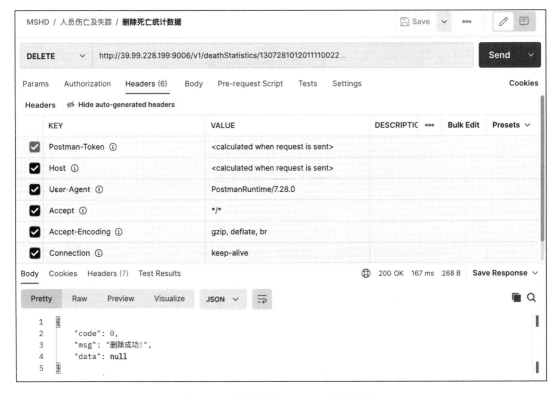

图 7-51　数据删除 Postman 界面展示

4. 数据添加

测试步骤：

1）输入 URL 为 http://39.99.228.199:8001/v1/addRecode；

2）请求方式为 POST；

3）点击 Send；

4）执行测试，测试通过，如图 7-52 所示。

图 7-52　数据添加 Postman 界面展示

7.14.3　UI 测试

UI 测试的目的是确保用户界面会通过测试对象来为用户提供相应的访问或浏览功能。通过 UI 测试来核实用户与软件的交互。UI 测试的目标在于确保用户界面向用户提供了适当的访问和浏览测试对象功能的操作。除此之外，UI 测试还要确保 UI 功能内部的对象符合预期要求，并符合标准。

本项目 UI 测试覆盖了多源灾情数据管理系统中的数据输入、数据管理、数据备份、用户管理的部分操作。测试使用 Selenium IDE 插件产生回归测试脚本文件，实现自动化测试。图 7-53～图 7-56 以测试数据请求管理中的处理请求为例介绍测试过程，生成的测试用例可以进行多次的自动化回归测试。

图 7-53　数据请求处理界面

1）进入数据请求管理列表，开启 Selenium IDE 插件进行录制。

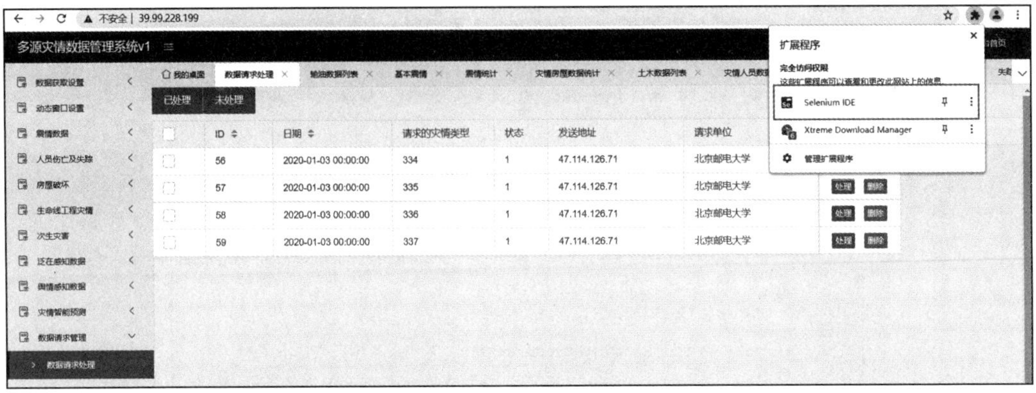

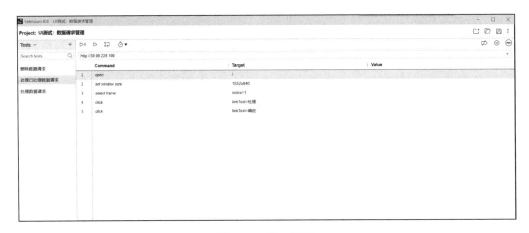

图 7-54 开启 Selenium

2）在 MSHD 系统上进行操作，选择一条请求记录点击处理，查看结果并结束录制。

图 7-55 录制

3）本次 UI 测试脚本记录如下。

图 7-56 脚本记录

下面看一下数据输入模块 UI 测试，数据输入模块 UI 测试包括测试数据输入的自动读取设置功能、测试数据输入的自动读取关闭功能、测试数据输入的手动读取设置功能三部分。

1. 测试数据输入的自动读取设置功能

Scenario：设置自动读取参数并打开

Given：开启读取文件开关，设置读取文件时间间隔为 1 分钟

When：点击应用

Then：每隔 1 分钟自动更新一次数据

图 7-57 是测试用例。

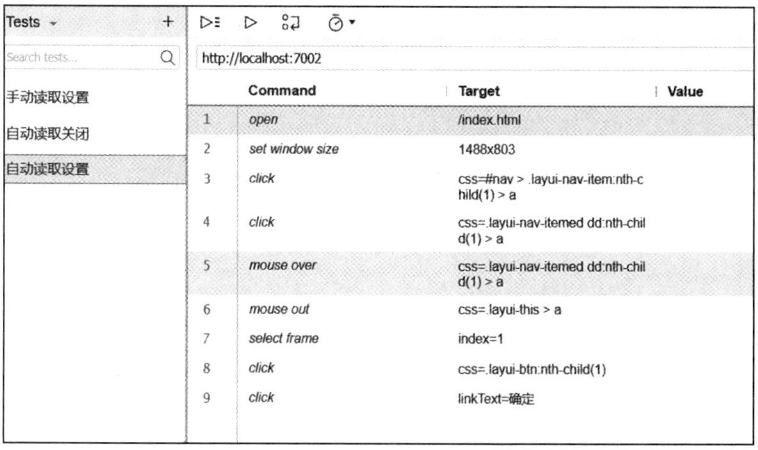

图 7-57 自动读取设置

2. 测试数据输入的自动读取关闭功能

Scenario：关闭自动读取数据

Given：选择关闭自动读取

When：点击应用

Then：系统不再自动读取 FTP 服务器上的文件

图 7-58 是测试用例。

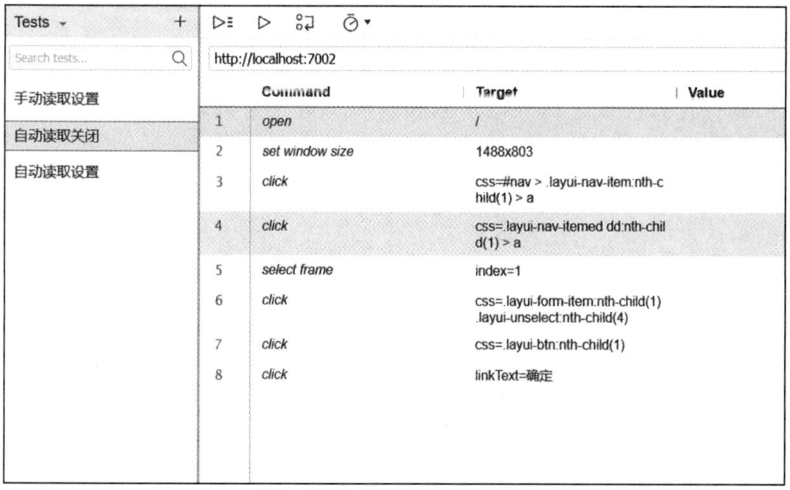

图 7-58 自动读取关闭

3. 测试数据输入的手动读取设置功能

Scenario：人工数据获取

Given：选择读取目录为北斗短报文

When：点击读取

Then ： 多源灾情数据管理系统自动读取 FTP 服务器中的 102 目录并将该目录中的所有灾情文件更新到对应的目录下

图 7-59 是测试用例。

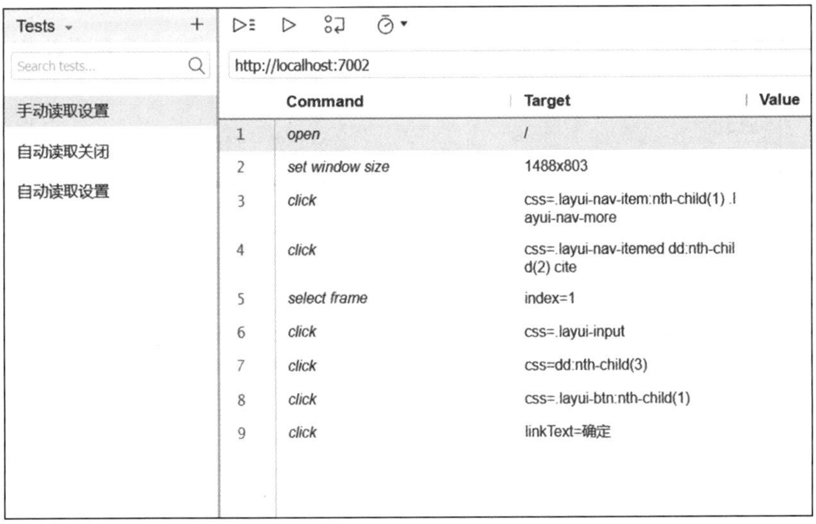

图 7-59　手动读取设置

7.14.4　探索性测试

探索性测试是一种测试思维技术，探索性强调测试人员的主观能动性，抛弃繁杂的测试计划和测试用例设计过程，强调在碰到问题时及时改变测试策略。本次探索性测试发现了 7 个 bug。

1. 数据输出 – 用户界面处理请求申请

1）操作步骤：输入网址，输入用户名和密码，进入首页，进入数据请求管理，处理未处理数据。

2）页面显示"114.116.249.36 发送失败"。

3）预测结果：页面显示"处理成功，已发送"。

4）实测结果：页面显示"114.116.249.36 发送失败"，如图 7-60 所示。

2. 灾情智能预测 – 基于舆情数据的预测 – 爬虫

1）操作步骤：输入网址，输入用户名和密码，进入首页，点击灾情智能预测，点击基于舆情数据的预测，输入信息，点击开始爬虫。

2）预测结果：页面显示"爬虫运行中请稍后"，一段时间后显示"爬虫已完成"。

3）实测结果：页面一直显示"爬虫运行中请稍后"，爬虫不成功，如图 7-61 所示。

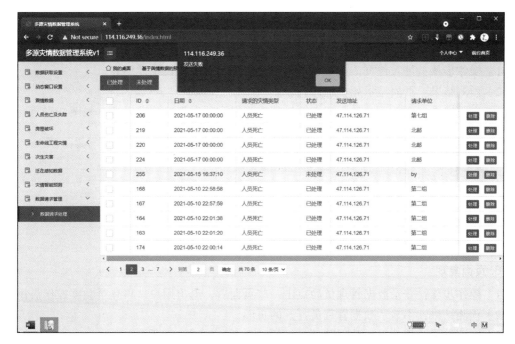

图 7-60　数据输出 – 用户界面处理请求申请 bug

图 7-61　灾情智能预测 – 基于舆情数据的预测 – 爬虫 bug

3. 基本震情的编辑

1）操作步骤：修改某条基本震情数据，将经纬度改为不规范形式（比如负数），然后点击编辑成功。

2）预测结果：页面提示数据格式不规范。

3）实测结果：页面仍显示编辑成功，如图 7-62 所示。

图 7-62　基本震情的编辑 bug

4. 地理信息展示

1）操作步骤：进入首页，点击震情数据，点击基本震情展示。

2）预测结果：页面正确标识地震发生的地点。

3）实测结果：页面无法加载指示地震发生地点的图片。

5. 死亡统计列表显示

1）操作步骤：进入首页，点击人员伤亡及失踪，点击死亡统计列表。

2）预测结果：页面显示死亡统计列表。

3）实测结果：页面无法显示死亡统计列表，提示数据接口请求异常，如图 7-63 所示。

图 7-63　死亡统计列表显示 bug

6. 页面复现

1）操作步骤：登录数据管理员后点击一些页面后，退出用户，再登录数据操作员用户。

2）预测结果：不显示数据管理员打开的页面。

3）实测结果：仍然显示数据管理员打开的页面，如图 7-64 所示。

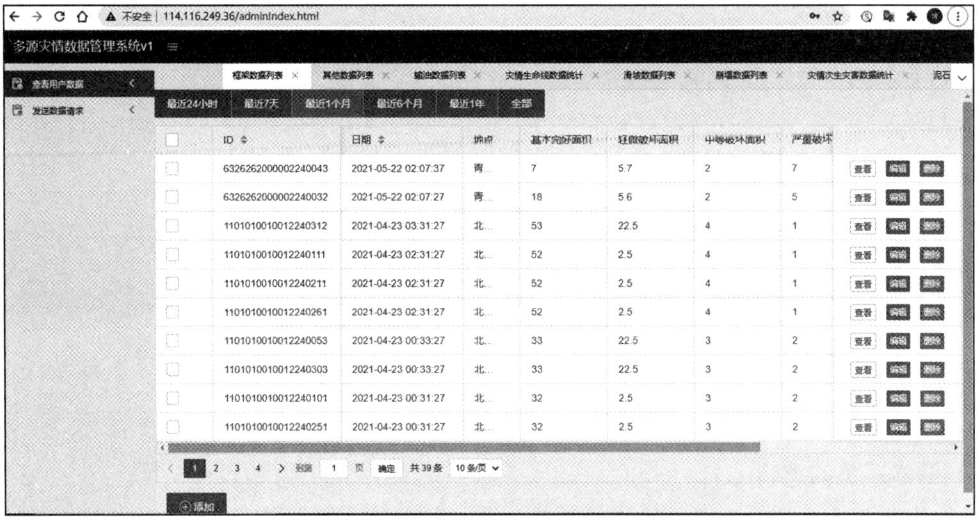

图 7-64　页面复现 bug

7. 发送地址唯一

1）操作步骤：登录数据操作员，进行发送数据请求，输入信息。

2）预测结果：发送地址可以由操作员输入。

3）实测结果：发送地址唯一，不可修改，如图 7-65 所示。

7.14.5　性能测试

本项目的性能测试使用 Jmeter 对 UserManagement 模块的微服务进行压力测试，每次测试时使用 1000 个线程进行测试，循环 10 次，测试配置如图 7-66 所示。

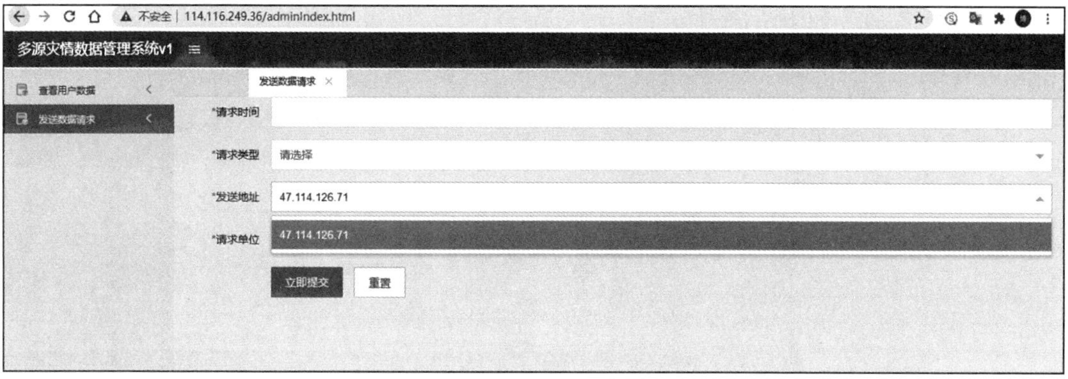

图 7-65 发送地址唯一 bug

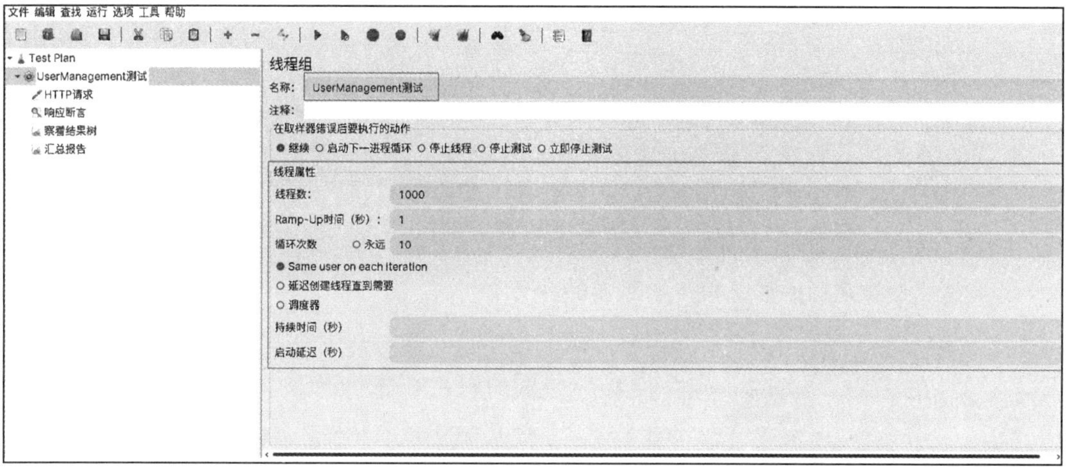

图 7-66 测试基本配置

创建 HTTP 请求并填写相关参数，如图 7-67 所示。

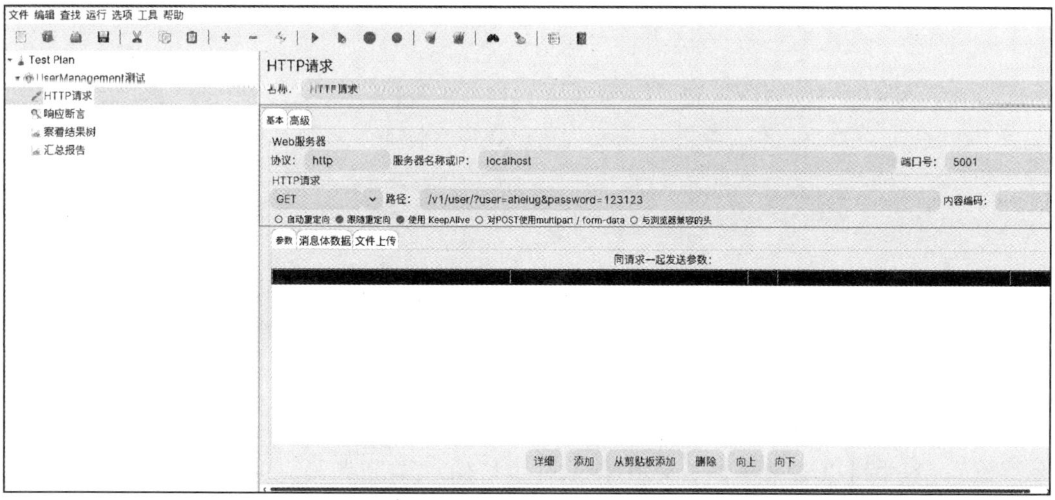

图 7-67 HTTP 请求参数配置

配置响应断言，如图 7-68 所示。

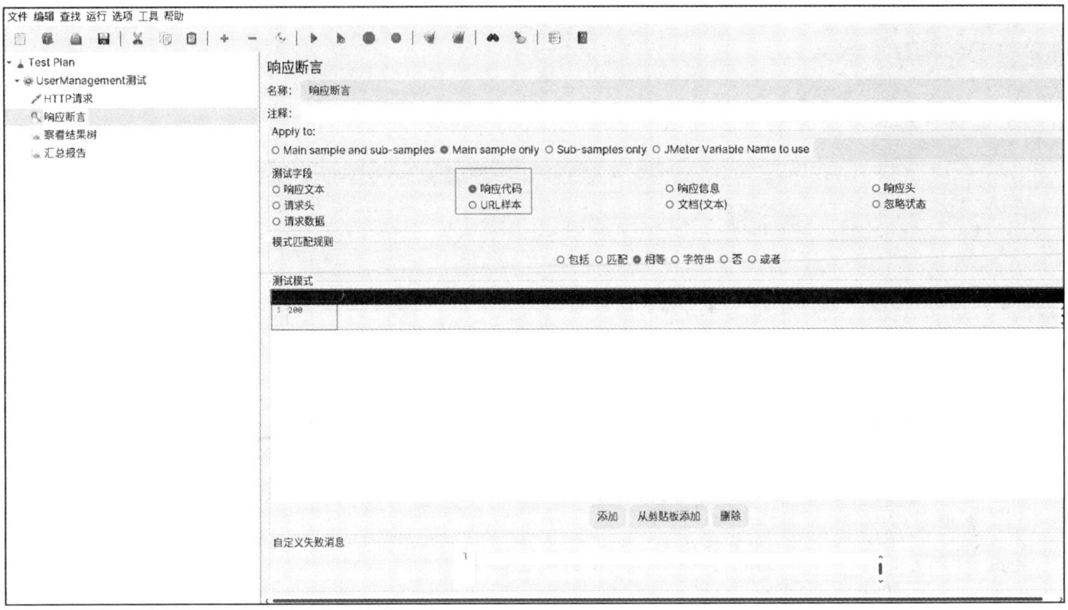

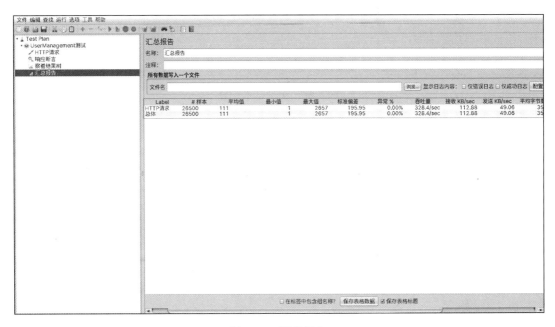

图 7-68 响应断言配置

运行压力测试之后的汇总报告如图 7-69 所示。

图 7-69 汇总报告

从汇总报告中可以看到总共发送了 26500 次 HTTP 请求，所有请求的相应结果都是正常的。测试过程中可以监测到 UserManagement 模块的 CPU 负载最高时达到 44%，如图 7-70 所示。

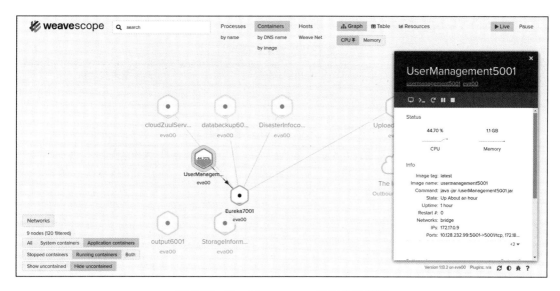

图 7-70　UserManagement 运行负载状况

系统响应时间的测试结果如下：平均响应时间为 37ms，中位数（即 50% 的线程响应时间）为 27ms，90% 的线程响应时间为 54ms，最小响应时间为 23ms，最大相应时间为 141ms，错误率为 0，吞吐率为 1.7/sec，如图 7-71 所示。

图 7-71　系统响应时间的测试结果

7.14.6　测试结论

1. 测试用例执行情况

本次测试中的测试方法及测试用例的分布如图 7-72 所示。

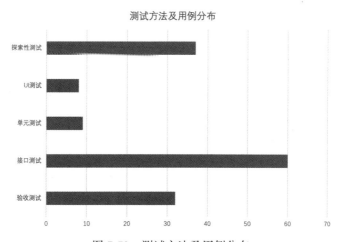

图 7-72　测试方法及用例分布

需求实现率的统计如表 7-35 所示，测试项与回归测试情况如表 7-36 所示，通过分析回归测试的结果可以反映产品的版本的改进程度。

表 7-35　需求实现率

出现问题的用例数	用例总数	需求实现率
15	146	89.73%

表 7-36　测试项与回归测试情况

模块名称	实际测试项数	首次未通过项数	一次回归未通过数	二次回归未通过数	三次回归未通过数	四次回归未通过数
验收测试	27	11	7	4	2	2
单元测试	3	1	0	0	0	0
接口测试	56	8	6	6	6	6
UI测试	3	1	0	0	0	0
探索性测试	35	10	10	7	7	7
总计	124	31	23	17	15	15

2. 测试问题统计分析

测试过程中发现的问题等级统计结果如表 7-37 所示，发现了很多严重问题，说明测试效率还不错。

表 7-37　bug 等级统计表

bug 统计				
严重（Urgent）	一般（High）	轻微（Medium）	建议（Low）	总计
10	30	30	20	90

3. 测试结论

（1）测试充分性评价

本次测试针对多源异构灾情数据管理系统进行了验收测试、单元测试、接口测试、UI测试、探索性测试，每个测试用例至少测试了两次。测试时间基本是系统常规使用时间，本次采用的测试技术有白盒测试，也有黑盒测试技术，这些技术基本满足任务的需求。

（2）测试结论

本系统可以将多源社会灾情数据通过接口输入到多源灾情数据管理服务系统平台，通过一体化编码后将数据输入到虚拟化管理系统，分为登录注册、数据获取设置、动态窗口设置、震情数据、人员伤亡及失踪、房屋破坏、生命线工程灾情、次生灾害、泛在感知数据、灾情智能预警和数据请求管理等功能模块，实现了对灾害数据的收集、分类、编辑以及对灾情的展示、预测的功能，从而实现灾情数据统一管理。系统界面设计风格一致，布局合理，操作较简单。系统的功能性等各方面满足需求的相关要求。在测试过程中，系统运行稳定，通过了项目组的验收测试。

7.15　小结

本章主要讲述测试的方法、技术、测试级别以及测试的管理过程。测试方法介绍了静态测试和动态测试（黑盒测试和白盒测试等）。白盒测试方法重点讲述了逻辑覆盖方法。黑盒测试方法介绍了等价类划分、边界值分析、错误猜测、规范导出等方法。测试级别主要分为单元测试、集成测试、系统测试以及验收测试等。在不同的测试级别中可以采用不同的测试方法。本章还介绍了面向对象的测试过程，以及其他的测试技术。测试的管理过程包括测试计划、测试设计、测试开发、测试执行、测试跟踪、测试评估、测试总结等。本章最后介绍了敏捷测试，说明了敏捷测试模式与传统测试模式的区别，以及持续测试、自动化测试等概念。

7.16 练习题

一、填空题

1. 从是否需要执行被测软件的角度来看，软件测试方法一般可分为两大类，即_____方法和_____方法。

2. 在白盒测试方法中，对程序的语句逻辑有 6 种覆盖技术，其中发现错误能力最强的技术是_____。

3. 若有一个计算类程序，它的输入量只有一个 X，其范围是 [−1.0，1.0]。现在设计一组测试用例，X 输入为 −1.001、−1.0、1.0、1.001，则设计这组测试用例的方法是_____。

4. 单元测试主要测试模块的 5 个基本特征是：_____、_____、重要的执行路径、错误处理和边界条件。

5. 黑盒测试主要针对功能进行测试，等价类划分、_____、错误猜测和因果图法等都是采用黑盒技术设计测试用例的方法。

6. 边界值分析是将测试边界情况作为重点目标，选取正好等于、刚刚大于或刚刚小于边界值的测试数据。如果输入/输出域是一个有序集合，则集合的第一个元素和_____元素应该作为测试用例的数据元素。

7. 集成测试的策略主要有_____、_____、_____、_____和_____。

8. 逻辑覆盖包括_____、_____、_____、_____、条件组合覆盖和路径覆盖等。

二、判断题

1. 回归测试是纠错性维护中最常用的方法。（　　　）

2. 软件测试的目的是尽可能多地发现软件中存在的错误，将它作为纠错的依据。（　　　）

3. 回归测试是指在单元测试基础上将所有模块按照设计要求组装成一个完整的系统进行的测试。（　　　）

4. 白盒测试主要以程序的内部逻辑为基础设计测试用例。（　　　）

5. 软件测试的目的是证明软件是正确的。（　　　）

6. "冰激凌"模式将传统的测试工作更多被推后到了 UI 层的测试。（　　　）

7. 持续测试既包括测试左移，也包括测试右移。（　　　）

三、选择题

1. 集成测试主要是针对（　　　）阶段的错误。
   A. 编程　　　　　　　B. 详细设计　　　　　C. 概要设计　　　　　D. 需求设计

2. 以下（　　　）不属于白盒测试技术。
   A. 基本路径测试　　B. 边界值分析　　　　C. 条件覆盖测试　　　D. 逻辑覆盖测试

3. （　　　）能够有效地检测输入条件的各种组合可能引起的错误。

　　A. 等价类划分　　　　B. 边界值分析　　　　　C. 错误猜测　　　　　　　D. 因果图

4. （　　　）方法需要考察模块间的接口和各个模块之间的关系。

　　A. 单元测试　　　　　B. 集成测试　　　　　　C. 确认测试　　　　　　　D. 系统测试

5. 在测试中，下列说法错误的是（　　　　）。

　　A. 测试是为了发现程序中的错误而执行程序的过程

　　B. 测试是为了表明程序的正确性

　　C. 好的测试方案是尽可能发现迄今为止尚未发现的错误

　　D. 成功的测试是发现了至今为止尚未发现的错误

6. 单元测试又称为（　　　　），可以用白盒法也可以采用黑盒法测试。

　　A. 集成测试　　　　　B. 模块测试　　　　　　C. 系统测试　　　　　　　D. 静态测试

7. 在软件测试中，设计测试用例主要由输入 / 输出数据和（　　　　）两部分组成。

　　A. 测试规则　　　　　B. 测试计划　　　　　　C. 预期输出结果　　　　　D. 以往测试记录分析

8. 通过程序设计的控制结构导出测试用例的测试方法是（　　　　）。

　　A. 黑盒测试　　　　　B. 白盒测试　　　　　　C. 边界测试　　　　　　　D. 系统测试

9. 下面哪项不是测试金字塔最初原型的三层之一。（　　　　）

　　A. 单元测试　　　B. API 测试　　　　　　C. UI 自动化测试　　　D. 性能测试

第8章

软件项目的交付

到本章为止，软件项目开发路线图已经走过了需求、设计、编程测试等过程，软件产品基本完成，项目已经接近结束。现在我们需要将项目的成果交付给用户，而且要保证这个系统可以正确运行。下面我们进入路线图的第六站——产品交付，如图 8-1 所示。

图 8-1 路线图——产品交付

8.1 产品交付概述

产品交付是项目实施的最后一个阶段，主要工作是开发者向用户移交软件项目，包括软件产品、项目实施过程中所生成的各种文档，项目将进入维护（运维）阶段。

项目验收是产品交付的前提，产品交付是项目收尾的主要工作内容。其中：

- 当项目验收完成后，如果验收的成果符合项目目标规定的标准和相关合同条款及法律法规，参加验收的项目团队和项目接收方人员应在事先准备好的文件上签字。这时项目团队与项目的合同关系基本结束，项目团队的任务转入对项目的支持和服务阶段。

- 当项目通过验收后，项目团队将项目成果的所有权交给项目接收方，这个过程就是项目的交付。当项目的实体交付、文件资料交付和项目款项结清后，项目移交方和项目接收方将在项目移交报告上签字。

这个阶段的很多工作是项目管理范围内的任务，但是也有开发工作，如安装部署、验收测试、产品部署、产品交付、用户培训等。

可能有的人认为产品交付过程是一个类似于剪彩的很正式的过程，其实，这个过程不是简单地将系统放到指定的位置，还需要让用户了解该系统，帮助用户掌握如何正确使用该系统，而且让用户感觉到这个产品很好。如果产品交付过程不成功，用户可能不会正确使用我们所开发的系统，因此不满意系统的性能甚至功能，那么前面的努力就白费了。

为了成功地将开发的软件交付给用户，首先需要完成项目安装部署、验收测试，交付验收结果，然后需要对用户进行必要的培训，同时交付必要的文档。

8.2　安装部署

软件项目交付给用户时，必须要进行安装部署，其实这些工作在项目规划阶段就有所安排。

8.2.1　软件安装

很多软件可以通过安装的形式交付，这要求开发方提供一个安装包，通过这个安装包将软件部署到工作环境中。一个好的安装包应该简单、安全、可靠。创建软件安装包需要如下几个步骤：

（1）确定安装环境

具体工作如下：

- 确定安装包需要的操作系统；
- 确定软件产品的语言支撑环境；
- 确定软件产品需要的软件支持；
- 确定其他要求。

根据软件项目的实现情况，结合所需要的支撑环境，列出需要的安装文件、初始数据、注册表等信息，注明它们在安装后将会出现的位置。

（2）设计、开发安装包

安装包的设计包括安装步骤、各个步骤的人机交互方式等，完成设计之后，就可以使用安装工具创建开发一个安装包，例如，InstallShicld 工具是一种非常成功的应用软件安装程序制作工具，以功能强大、灵活性好、容易扩展和强大的网络支持而著称，并因此成为目前极为流行的安装程序专业制作工具之一。该软件不仅提供了灵活方便的向导支持，也允许用户通过其内建的脚本语言 InstallScript 来对整个安装过程在代码上进行修改，可以像 VC 等高级语言一样对安装过程进行精确控制。InstallShield 也是 Visual C++ 附带的一个安装程序制作工具，在 VC 安装结束前将会询问用户是否安装 InstallShield 工具，如果当时没有安装，也可以在使用时单独从 VC 安装盘进行安装。

（3）测试安装包

安装包需要在目标环境下进行安装测试，发现问题，以便进行改善。需要注意的是，在开发方环境下可以正确执行的安装包，不一定可以在用户的环境下正确运行，因此，测试安装包需要在用户的工作环境下进行测试。

8.2.2　软件部署

软件部署是在开发人员直接操作目标环境下进行的，以便软件项目可以在目标环境下正常运行。在部署过程中需要执行安装任务，但是还有很多比安装任务更多、更复杂的其他任务，例如，设置和调整数据库系统，包括建立数据库和设置访问权限，安装和设置库文件、应用服务器等应用环境。

8.2.3　云原生部署

云是和本地相对的，传统的应用必须在本地服务器上运行，现在流行的应用都在云端运行，云包含 IaaS、PaaS 和 SaaS。原生就是土生土长的意思，我们在开始设计应用时就要考虑到应用将来是运行在云环境中的，要充分利用云资源的优点，比如云服务的弹性和分布式优势。

云原生（Cloud Native）的概念，由来自 Pivotal 公司的 Matt Stine 根据其多年的架构和咨询经验的总结于 2013 年首次提出，并于 2015 年 7 月由隶属于 Linux 基金会的云原生计算基金会（CNCF）详细定义："云原生计算"是一个用于部署微服务应用的开源软件堆栈，其方式是把各个组件都打包到容器中并动态调度容器以优化计算资源利用率。

"云原生计算"更侧重于云软件开发后的交付与部署，主要针对以容器为基础的云软件部署，即把一个云应用软件所需要的底层软件组件打包到一个标准化容器中，而容器可以把一次编写的云应用程序部署到本地数据中心或云上，进而无数的"小"容器横向连接起来形成了云软件般规模化扩展能力。可以说云原生能有效帮助企业更加轻松地构造一个可扩展、敏捷、高弹性、高稳定性的业务系统。

8.3　CI/CD

CI/CD 是指持续集成、持续交付、持续部署，如图 8-2 所示。持续集成（Continuous Integration）、持续交付（Continuous Delivery）和持续部署（Continuous Deployment）提供了一个优秀的 DevOps 环境。频繁部署、快速交付以及开发测试流程自动化都将成为未来软件工程的重要组成部分。

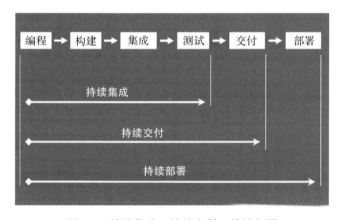

图 8-2　持续集成、持续交付、持续部署

8.3.1　持续集成

持续集成是指软件个人研发的部分向软件整体部分交付，频繁进行集成以便更快地发现其中的错误，持续集成的前提如下。

- 全面的自动化测试。这是实践持续集成和持续部署的基础，同时，选择合适的自动化测试工具也极其重要。
- 灵活的基础设施。容器、虚拟机的存在让开发人员和 QA 人员不必再大费周折。
- 版本控制工具，如 Git、CVS、SVN 等。
- 自动化的构建和软件发布流程的工具，如 Jenkins。

- 反馈机制。如构建 / 测试的失败，可以快速地反馈到相关负责人，以尽快解决从而得到一个更稳定的版本。

持续集成的优点如下：

- "快速失败"，在对产品没有风险的情况下进行测试，并快速响应；
- 最大限度地减少风险，降低修复错误代码的成本；
- 将重复性的手工流程自动化，让工程师更加专注于代码；
- 保持频繁部署，快速生成可部署的软件；
- 提高项目的能见度，方便团队成员了解项目的进度和成熟度；
- 增强开发人员对软件产品的信心，帮助建立更好的工程师文化。

8.3.2　持续交付

持续交付在持续集成的基础上，将集成后的代码部署到更贴近真实运行环境的类生产环境（production-like environment）中。持续交付优先于整个产品生命周期的软件部署，建立在高水平自动化持续集成之上。持续交付的好处如下：

- 快速发布，能够应对业务需求，并更快地实现软件价值；
- 编程→测试→上线→交付的频繁迭代周期缩短，同时获得迅速反馈；
- 高质量的软件发布标准，整个交付过程标准化、可重复、更可靠；
- 整个交付过程进度可视化，方便团队人员了解项目成熟度；
- 更先进的团队协作方式，从需求分析、产品的用户体验到交互设计、开发、测试、运维等角色密切协作，相比于传统的瀑布式软件团队，减少了人力资源的浪费。

8.3.3　持续部署

持续部署是指当交付的代码通过评审之后被自动部署到生产环境中。持续部署是持续交付的最高阶段。这意味着，所有通过一系列的自动化测试的改动都将自动部署到生产环境。它也可以被称为"Continuous Release"。

持续部署能够自动提供持续交付管道中发布版本给最终用户使用的想法。根据用户的安装方式，可能是在云环境中自动部署、App 升级（如手机上的应用程序）、更新网站或只更新可用版本列表。

持续部署主要好处是，可以相对独立地部署新的功能，并能快速地收集真实用户的反馈。

8.4　验收测试

验收测试（也称为接收测试）是项目交付使用前的最后一次检查，也是软件投入运行之前保证可维护性的最后机会。验收测试通常由用户参与设计测试用例及测试实施，并分析测试的输出结果。一般使用实际数据进行测试，以便决定是否接受该产品。验收测试过程如图 8-3 所示。

有时，客户可以委托第三方进行验收测试，即由独立于软件开发者和用户的第三方进行测试，旨在对被测软件进行质量认证。通常，第三方测试机构也是一个中介服务机构，通过自身专业化的测试手段为客户提供有价值的服务，第三方测试除了能发现软件问题之外，还能对软件进行科学、公正的评价。验收测试之后可以进入试运行阶段。

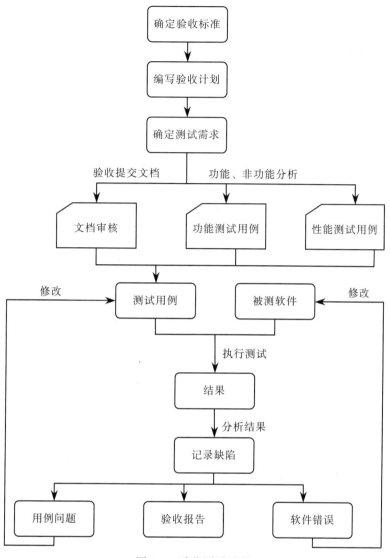

图 8-3 验收测试过程

试运行的目的是全面验证和确认系统是否能使用。在运行稳定后，转入正常的运行和维护阶段。在这个阶段，根据需要可以增加上线测试。上线测试是在试运行阶段对系统的测试过程，是系统正式运行前的最后测试，用以保证测试系统将来可以正确运行。上线测试的重点可以放在测试系统的性能上，当然也有功能方面的测试。可以确定测试级别，然后根据测试级别决定测试执行情况。其中测试用例设计和测试报告的标准可以参照系统测试，也可以根据测试级别进行简化。上线测试强调的是测试的结果和使用情况，主要是缺陷的记录和缺陷的修复情况。

8.5 培训

产品的使用者有两种类型：一种是用户，另一种是系统管理员。我们可以将他们比喻为司机和车辆维修工，司机是车辆的真正使用者，而车辆维修工可以对车辆进行维护和完善。

用户使用在需求规格说明中定义的主要产品功能，但是系统也需要执行一些其他任务来辅助主要功能的完成，例如，经常进行系统备份、系统恢复或者检查日志等工作，这些就是系统管理员应该完成的工作。所以进行培训的对象包括用户和系统管理员等。

8.5.1　培训对象

在实际项目中，用户与系统管理员可能是一个人，但是其执行任务的目的是不同的，所以培训时要有不同的侧重点。

用户的培训。用户培训主要是向用户介绍系统的主要功能及操作方式，培训时要将现有的操作方式和新的操作方式做很好的关联解释。困难的地方可能是用户内心比较认可先前的操作模式（先入为主），所以在培训的时候必须设计好培训方案。

系统管理员的培训。系统管理员的培训主要是让他们熟悉系统的支持管理功能，让他们明白系统如何工作，而不是系统完成什么功能。培训系统管理员可以有两个层次：一是培训他们如何配置和运行系统，二是培训他们如何对用户提供支持。对于第一个层次，需要让他们掌握如何配置系统、如何授权访问系统、如何分配任务规模和硬盘空间、如何监控和改进系统的性能等。对于第二个层次，需要让他们关注系统的特殊功能，例如如何恢复丢失的文件、如何与另外的系统通信、如何设置各种变化情况等。

特殊培训。特殊培训是针对有特殊需求的人进行的培训。例如，系统有生成报表的功能，一些人可能需要了解如何生成这些报表，而另外的人只需要查看这些报表。对不同的人提供不同的培训。

8.5.2　培训方式

培训的方式有很多种，不管采用哪种方式，必须为用户和系统管理员提供相应的信息，以便以后用户忘记如何操作某个功能时仍能够通过培训提供的信息来完成这些功能。

文档。为用户和系统管理员提供一个正式的操作手册，当出现问题的时候供用户或者系统管理员阅读。

用各种图表的方式，或者提供在线帮助。在设计系统时可以在操作界面上设置一些可读性好、操作比较简单的图表，这样用户就很容易记得各种功能的操作。另外，提供在线帮助也会使培训变得很容易，用户通过浏览在线帮助可以很快明白如何操作一些功能，而不需要看很长的文档。

演示讲座。演示讲座比文档和在线帮助更灵活、更有互动性，用户更喜欢这种边演示边讲解的培训方式，这样用户还可以试着使用这个系统。可以采用各种演示方式、各种多媒体等，让培训者通过听、读、写等方式很容易地了解系统功能。

专家用户。培训时可以先培训一些用户或者系统管理员，让他们演示如何操作这个系统，他们可以指出操作困难的地方，像专家一样指导其他人，这样使其他的培训者易于掌握这个系统。

8.5.3　培训指南

在进行培训时应该注意：
- 针对不同背景、不同经历、不同爱好的人，采用不同的培训方式；
- 在演示讲座培训过程中，培训内容最好分为多个单元进行；
- 培训者的不同位置决定采用不同的培训方式。

8.6 用户文档

产品交付给用户时，文档是很重要的一部分，提供文档也是培训方法中的一部分，文档的质量和类型不但对培训很重要，对系统的成功也很重要。在编写文档的时候，一定要考虑文档的使用者，用户、系统管理员、用户的同事、开发人员等都可能是文档的使用者。给系统分析人员看的文档与给用户看的文档不能相同，对系统管理员来说很重要的事项对一般用户可能不重要。

8.6.1 用户手册

用户手册对于系统用户来说是一个参考指南，这个手册应该是完整的、可以理解的。首先手册要描写目的、参考文献、术语、缩写等，然后要详细描写系统，应该一项一项地描述系统的功能，用户要明白该系统做什么，而不需要明白如何做。

用户手册主要包括如下内容：
- 系统的目的和目标；
- 系统的功能；
- 系统的特征、优点，包括系统各个部分清晰的图画。

描述系统功能时，要包括以下内容：
- 主要功能的图示，以及与其他功能的关系；
- 用户在屏幕上看到的功能的描述、目的，每个菜单或者功能键选项的结果；
- 每个功能输入的描述；
- 每个功能产生的输出的描述；
- 每个功能可以引用的特殊属性的描述。

8.6.2 系统管理员手册

系统管理员手册是为系统管理员准备的资料，它与用户手册不同的是，用户只想知道每个系统功能的详细说明和如何使用，而系统管理员需要明白系统性能的详细信息和访问系统的详细信息。所以系统管理员手册需要描述硬件、软件的配置，授权用户访问系统的方法，增加或者删除外围设备的过程，备份文件的技术等。

系统管理员手册也应该描述用户手册的一些内容，因为系统管理员知道该系统的功能，才能更好地做好系统管理员的工作。

8.6.3 其他文档

开发过程中的文档也是很重要的一部分，如需求、设计、详细设计文档等，这些对用户来讲可能不需要，但是有时用户进行系统维护的时候，可能需要一些开发过程的指南文档，如编程指南等。

8.7 软件项目交付文档

交付过程中的文档主要包括验收测试报告、用户手册、系统管理员手册以及产品交付文档等。下面的文档模板可供参照。

8.7.1 验收测试报告

验收测试报告的模板如下。

1. 导言

1.1 目的

说明文档的目的。

1.2 范围

说明文档覆盖的范围。

1.3 缩写说明

定义文档中所涉及的缩略语（若无则填写无）。

1.4 术语定义

定义文档内使用的特定术语（若无则填写无）。

1.5 引用标准

列出文档制定所依据、引用的标准（若无则填写无）。

1.6 参考资料

列出文档制定所参考的资料（若无则填写无）。

1.7 版本更新信息

记录文档版本修改的过程，具体版本更新记录如下表所示：

修改编号	修改日期	修改后版本	修改位置	修改内容概述

2. 测试运行环境描述

描述测试环境。

3. 测试执行结果

给出测试用例执行结果以及覆盖率等。

3.1 测试用例执行结果

给出所有测试用例的执行结果，如表 E-1 所示。

表 E-1　测试用例执行结果

测试类型	测试用例	是否与预期结果相符	备注
文档审查			
功能测试			
性能测试			

（续）

测试类型	测试用例	是否与预期结果相符	备注
可靠性测试			
安全性测试			

如果与预期结果不符合，见测试问题单。

3.2 测试问题单

验收测试过程中出现的问题描述如表 E-2 所示。

表 E-2 测试问题单

产品名称			版本号		
测试单位			联系人		
问题分析	问题总数量	严重性问题数量	一般性问题数量	建议项数量	
	各软件质量特性的问题分类及数量				
	1. 文档检查	严重性问题数量	一般性问题数量	建议项数量	
	2. 功能性	严重性问题数量	一般性问题数量	建议项数量	
	3. 性能性	严重性问题数量	一般性问题数量	建议项数量	
	4. 可靠性	严重性问题数量	一般性问题数量	建议项数量	
	5. 安全性	严重性问题数量	一般性问题数量	建议项数量	
	6. 其他	严重性问题数量	一般性问题数量	建议项数量	
修改意见					
修改确认	修改结果： 已完成修改数量——严重：　　一般：　　建议： 未完成修改数量——严重：　　一般：　　建议： 达到要求的程度——严重：　　一般：　　建议：				

3.3 缺陷分布

根据缺陷的严重程度和缺陷类型的分布给出图示。

4. 测试覆盖分析

根据测试的情况，分析测试覆盖率、测试执行率、测试执行通过率和测试缺陷解决率。

4.1 测试覆盖率

测试覆盖率是指测试用例对需求的覆盖情况。测试覆盖率 = 已设计测试用例的需求数 / 需求总数。

4.2 测试执行率

测试执行率指实际执行过程中确定已经执行的测试用例比率。测试执行率 = 已执行的测试用例数 / 设计的总测试用例数。

4.3 测试执行通过率

测试执行通过率指在实际执行的测试用例中执行结果为"通过"的测试用例比率。测试执行通过率＝执行结果为"通过"的测试用例数／实际执行的测试用例总数。

4.4 测试缺陷解决率

缺陷解决率指某个阶段已关闭缺陷占缺陷总数的比率。缺陷解决率＝已关闭的缺陷／缺陷总数。

5. 测试过程数据统计

5.1 回归测试

如果进行回归测试，描述回归测试以及增加的测试用例。

5.2 测试各阶段的统计汇总

给出各阶段的测试统计汇总，如表 E-3 所示。

表 E-3　测试过程统计汇总

测试阶段	版本	设计测试用例	重用用例数	新增用例数	执行用例数	通过用例	发现问题数
首轮动态测试							
一次回归							
二次回归							
三次回归							
……							

5.3 各阶段的缺陷统计

给出经过首轮测试和 n 轮回归测试所发现问题的统计信息，如表 E-4 和表 E-5 所示。

表 E-4　问题级别统计

问题总数	关键	重要	一般	建议改进	其他

表 E-5　问题分类

程序	文档	设计

5.4 测试各阶段问题的变化情况

采用图表的方式表示测试各阶段所发现问题的变化情况。

5.5 测试各阶段用例情况

1）采用图表的方式统计出各阶段的用例执行和通过情况。

2）采用图表的方式统计出各阶段的用例数和重用用例数。

6. 测试结论

6.1 测试任务评估

6.2 测试对象评估

6.3 测试结论

本次系统测试，根据 ××× 国家标准和系统测试方案，针对该系统的业务要求，分别对其功能、性能、安全性和用户文档等质量特性进行了全面、严格的测试。测试结论如下：

1）结构设计基本合理……

2）系统功能较完善……

3）系统易用性基本良好……

4）系统安全性良好……

5）系统潜在的缺陷风险分析……

测试结论："××系统"在功能实现上基本达到了测试方案中的要求；现场测试过程中系统运行基本稳定，通过了系统验收测试。

8.7.2　用户手册

用户手册模板如下。

1. 导言

1.1　目的

说明文档的目的。

1.2　范围

说明文档覆盖的范围。

1.3　缩写说明

定义文档中所涉及的缩略语（若无则填写无）。

1.4　术语定义

定义文档内使用的特定术语（若无则填写无）。

1.5　引用标准

列出文档制定所依据、引用的标准（若无则填写无）。

1.6　参考资料

列出文档制定所参考的资料（若无则填写无）。

1.7　版本更新信息

记录文档版本修改的过程，具体版本更新记录如下表所示：

修改编号	修改日期	修改后版本	修改位置	修改内容概述

2. 概述

对系统的特点进行适当的介绍，突出系统的优势，同时对公司及产品进行简要介绍。

说明系统交付时应同时交付给用户的附件，并且对手册的章节组织及使用时的注意事项进行明确说明。

3. 运行环境

本节说明系统运行时所需的硬件及软件支持环境。由于是用户手册，因此必须使系统使用者能正确利用相关软硬件设备运行本系统，软硬件说明具体应包含 CPU 的要求、适用操作系统以及对应操作系统的内存要求和硬盘所需容量。其他设备如显示卡、声卡、CD-ROM 等的说明可视软件产品的需要而定。

4. 安装与配置

本节应详细描述系统在不同操作系统环境下的安装过程及对应过程中的注意事项，描述要详细、准确。另外，要注明系统安装时的配置方法。

5. 操作说明

　　本节应分章节详细描述系统的使用方法，具体应包含系统功能菜单的各项指令说明，必要时加以图示。对于在使用过程中可能经常遇到的问题，可以视情况所需增加疑难解答。

6. 技术支持信息

　　本节给出用户购买产品遇到问题需要解决时如何与公司联系，具体包括公司的电话、传真、E-mail 和 Web 网址。

8.7.3　系统管理员手册

　　系统管理员手册如下。

1. 导言

1.1　目的

　　说明文档的目的。

1.2　范围

　　说明文档覆盖的范围。

1.3　缩写说明

　　定义文档中所涉及的缩略语（若无则填写无）。

1.4　术语定义

　　定义文档内使用的特定术语（若无则填写无）。

1.5　引用标准

　　列出文档制定所依据、引用的标准（若无则填写无）。

1.6　参考资料

　　列出文档制定所参考的资料（若无则填写无）。

1.7　版本更新信息

　　记录文档版本修改的过程，具体版本更新记录如下表所示：

修改编号	修改日期	修改后版本	修改位置	修改内容概述

2. 概述

　　这部分应对系统进行总括性介绍，突出系统的特点及优势，同时对公司及产品做简要介绍。另外还应对系统版权信息以及本手册中使用的一些约定（如特殊表达符号、命名约定等）进行说明。

　　还要指明此手册的读者对象是系统管理人员，说明系统交付时应同时交付给用户的附件，并且要对手册的章节组织及使用时的注意事项做明确说明。

3. 系统简介

　　本节应对系统进行较全面的介绍，包括系统结构、系统功能、特点、应用领域、版本信息等。

4. 运行环境

　　本节详细说明系统运行时所支持的硬件及软件环境，包括设备厂商、设备型号、网络环境、操作系统及其他必需的软硬环境。

5. 系统安装

本节应对系统的安装过程进行详细讲述。

6. 系统配置

本节应详细描述系统的配置过程及此过程中的注意事项，使系统管理员按照手册的说明即可顺利配置本系统。如有必要，应以附录的形式加以详述。

7. 系统启动和关闭

本节对系统启动和关闭过程进行说明，包括相应的注意事项、可能出现的错误以及补救方法。有关系统启动和关闭引发的故障及其处理方法的内容，可以放在第 11 节（故障诊断、处理和恢复）中说明，但在本节中必须指明相应的参考章节。

8. 管理命令

本节对于涉及系统管理的命令进行详细讲述，包括命令说明、参数列表、参数说明等。

9. 管理工具

本节讲述系统中提供的涉及系统管理的工具及其主要使用方法。如果有关工具有相应的手册详细讲述，在本节中必须指明相应的参考章节。

10. 安全策略

本节应描述系统所提供的安全策略，如用户账号分配、用户管理等内容。

11. 故障诊断、处理和恢复

说明对系统可能出现的故障应如何进行诊断和相应的处理方式，以及使系统恢复正常的方法。

8.7.4　产品交付文档

产品交付文档的模板如下。

1. 导言

1.1　目的

说明文档的目的。

1.2　范围

说明文档覆盖的范围。

1.3　缩写说明

定义文档中所涉及的缩略语（若无则填写无）。

1.4　术语定义

定义文档内使用的特定术语（若无则填写无）。

1.5　引用标准

列出文档制定所依据、引用的标准（若无则填写无）。

1.6　参考资料

列出文档制定所参考的资料（若无则填写无）。

1.7　版本更新信息

记录文档版本修改的过程，具体版本更新记录如下表所示：

修改编号	修改日期	修改后版本	修改位置	修改内容概述

2. 交付过程

概要说明软件产品各版本交付的日期和内容。

3. 系统环境

本节描述软件产品的应用环境（硬件和软件环境及数据库）、系统结构（网络、计算机和通信设备的结构图）和相互之间的关系。

4. 数据访问

本节描述数据访问所遵循的协议及物理环境。

5. 软件产品

5.1　产品清单

本节描述交付的软件产品清单及存放的目录位置和结构。

5.2　源程序

本节描述源程序的内容。

5.3　二进制文件

本节描述通过源程序生成的二进制文件的结构及内容。

5.4　外购软件

本节描述外购软件的内容，包括软件名称、生产厂家、用途。

6. 安装步骤

本节描述软件产品的安装环境、条件及安装步骤，并给出如下表所示的安装记录：

安装项	安装日期	安装人	安装确认

7. 签字

用户方和软件开发方在产品交付文档上签名盖章才有效。格式如下：

甲方授权代表（签字）：　　　　　　　乙方授权代表（签字）：

签字日期：　　　　　　　　　　　　　签字日期：

8.8　MSHD 项目案例——软件交付过程

项目案例名称：多源异构灾情管理系统（MSHD）

项目案例文档：安装部署手册；用户使用手册

下面给出案例文档的部分章节。

8.8.1　安装部署手册

1. 系统交付

在系统部署前，需要形成系统 jar 包，交付到产品库。通过 Maven 工具将系统的 8 个微服务打包，打包成功后，jar 包会在 target 文件夹下，将 jar 包交付到产品库。

2. 系统部署

（1）环境配置（Ubuntu 18.04）

1）Docker 的配置：

- 使用官方脚本自动安装：

```
curl -fsSL https://get.docker.com | bash -s docker --mirror （阿里云镜像）
```

- 手动安装：

```
sudo apt-get update                     # 更新 Ubuntu 的 apt 源索引
sudo apt-get install \
    apt-transport-https \
    ca-certificates \
    curl \
    software-properties-common     # 安装包允许 apt 通过 HTTPS 使用仓库
curl -fsSL https://download.docker.com/linux/ubuntu/gpg | sudo apt-key add
                                   # 添加 Docker 官方 GPG key

sudo add-apt-repository \
            "deb [arch=amd64] https://download.docker.com/linux/ubuntu \
$(lsb_release -cs) \ stable"            # 设置 Docker 稳定版仓库
sudo apt-get update                     # 添加仓库后，更新 apt 源索引
sudo apt-get install docker-ce          # 安装最新版 Docker CE（社区版）
sudo docker run hello-world             # 检查 Docker CE 是否安装正确
```

出现类似以下信息，表示安装成功：

```
Hello from Docker!
This message shows that your installation appears to be working correctly.

To generate this message, Docker took the following steps:
 1. The Docker client contacted the Docker daemon.
 2. The Docker daemon pulled the "hello-world" image from the Docker Hub.
    (amd64)
 3. The Docker daemon created a new container from that image which runs the
    executable that produces the output you are currently reading.
 4. The Docker daemon streamed that output to the Docker client, which sent it
    to your terminal.

To try something more ambitious, you can run an Ubuntu container with:
 $ docker run -it ubuntu bash

Share images, automate workflows, and more with a free Docker ID:
 https://hub.docker.com/

For more examples and ideas, visit:
 https://docs.docker.com/engine/userguide/
```

2）Docker 的启动与停止：

- # 启动 Docker

```
sudo service docker start
```

- 停止 Docker

```
sudo service docker stop
```

- 重启 Docker

```
sudo service docker restart
```

3）MySQL 的配置：

```
sudo apt-get update（更新 Ubuntu 的 apt 源索引）
sudo apt-get install mysql-server（安装 Ubuntu 官方 MySQL 源）
sudo mysql_secure_installation（初始化 MySQL 配置）
systemctl status mysql.service（检查 MySQL 服务状态）
sudo mysql -uroot -p（进入 MySQL）
GRANT ALL PRIVILEGES ON *.* TO root@localhost IDENTIFIED BY "******";（赋予权限与密码设置）
```

必要时可对防火墙进行配置以进行远程访问。

4）MongoDB 的配置：

```
sudo apt-get install mongodb（安装 MongoDB 官方镜像）
sudo systemctl status mongodb（检查服务是否成功安装并启动）
sudo systemctl start/stop/restart mongodb（MongoDB 的启动关闭与重启）
mongo（进入 mongo shell）
```

5）Nginx 的配置：

```
sudo apt-get install nginx（安装 Nginx 官方镜像）
service nginx start（启动 Nginx）
输入网址 /IP 地址访问，看到 Nginx 主页即为配置成功
```

（2）Docker 项目部署

1）Eureka 部署：

● 将 Eureka 的 jar 包复制至服务器部署目录下，如 /xxx/xxx/eureka/。

● 同一目录下创建 Dockerfile 文件（无后缀名），文件内容如下：

```
FROM java:8
EXPOSE 7001
VOLUME /tmp
ENV TZ=Asia/Shanghai
RUN ln -sf /usr/share/zoneinfo/{TZ} /etc/localtime && echo "{TZ}" >/etc/timezone
ADD cloudEurekaServer7001-1.0-SNAPSHOT.jar /eureka7001.jar
RUN bash -c 'touch /eureka7001.jar'
ENTRYPOINT ["java","-jar","/eureka7001.jar"]
```

● 同一目录下，执行命令（命令具体含义请参照 Docker 官方手册）：

```
docker build -t eureka7001 .（制作镜像，镜像名不可含大写字母）
```

```
docker run -p 7001:7001 --name Eureka7001 -d eureka7001 (创建容器)
docker logs -f Eureka7001 (查看部署结果)
```

- 访问 7001 端口

2）Zuul 服务器部署：

- 将 Zuul 的 jar 包复制至服务器部署目录下。
- 同一目录下创建 Dockerfile 文件（无后缀名），文件内容如下：

```
FROM java:8
EXPOSE 6542
VOLUME /tmp
ENV TZ=Asia/Shanghai
RUN ln -sf /usr/share/zoneinfo/{TZ} /etc/localtime && echo "{TZ}" >/etc/timezone
ADD cloudZuulServer6542-1.0-SNAPSHOT.jar /cloudZuulServer6542.jar
RUN bash -c 'touch /cloudZuulServer6542.jar'
ENTRYPOINT ["java","-jar","/cloudZuulServer6542.jar"]
```

- 同一目录下，执行命令（命令具体含义请参照 Docker 官方手册）：

```
docker build -t cloudzuulserver6542 . (制作镜像，镜像名不可含大写字母)
docker run -p 6542:6542 --name cloudZuulServer6542 -d cloudzuulserver6542 (创建容器)
docker logs -f cloudZuulServer6542 (查看部署结果)
```

- 测试接口，检测是否部署成功。

3）系统微服务部署：storageInformation 部署（其他系统微服务部署同理）。

- 将 storageInformation 的 jar 包复制至服务器部署目录下。
- 同一目录下创建 Dockerfile 文件（无后缀名），文件内容如下：

```
FROM java:8
EXPOSE 9006
VOLUME /tmp
ENV TZ=Asia/Shanghai
RUN ln -sf /usr/share/zoneinfo/{TZ} /etc/localtime && echo "{TZ}" >/etc/timezone
ADD storageInformation9006-1.0-SNAPSHOT.jar /storageInformation9006.jar
RUN bash -c 'touch /storageInformation9006.jar'
ENTRYPOINT ["java","-jar","/storageInformation9006.jar"]
```

- 同一目录下，执行命令（命令具体含义请参照 Docker 官方手册）：

```
docker build -t storageinformation9006 . (制作镜像，镜像名不可含大写字母)
docker run -p 9006:9006 --name StorageInformation9006  d storageinformation9006 (创建容器)
docker logs -f StorageInformation9006 (查看部署结果)
```

- 测试接口，检测是否部署成功。

4）前端部署。

- 进入 Nginx 安装目录下，找到 Nginx 的配置文件进行域名和前端页面的配置（不同版本配置文件名可能不同）。
- 在浏览器中输入 IP 地址 / 网址查看部署结果。

8.8.2 用户使用手册

用户使用手册通过数据管理员、系统管理员、游客 3 个角色来介绍平台的使用功能，图 8-4 给出了用户使用手册文档的目录，后面也给出了部分章节介绍。

图 8-4 用户使用手册目录

下面是用户使用手册中关于"数据管理"部分使用说明。

1. 人员伤亡及失踪数据的管理

操作流程如下。

1）编辑：进入系统→点击"人员伤亡及失踪"→选择"死亡统计列表 / 受伤统计列表 / 失踪统计列表"→点击表格项修改信息→点击"编辑"→编辑成功，如图 8-5 所示。

2）删除：进入系统→点击"人员伤亡及失踪"→选择"死亡统计列表 / 受伤统计列表 / 失踪统计列表"→点击"删除"→删除成功，如图 8-6 所示。

2. 房屋破坏数据的管理

操作流程如下。

1）编辑：进入系统→点击"房屋破坏"→选择"土木数据列表 / 砖木数据列表 / 砖混数据列表 / 框架数据列表 / 其他数据列表"→点击表格项修改信息→点击"编辑"→修改成功，如图 8-7 所示。

2）删除：进入系统→点击"房屋破坏"→选择"土木数据列表 / 砖木数据列表 / 砖混数据列表 / 框架数据列表 / 其他数据列表"→点击"删除"→删除成功，如图 8-8 所示。

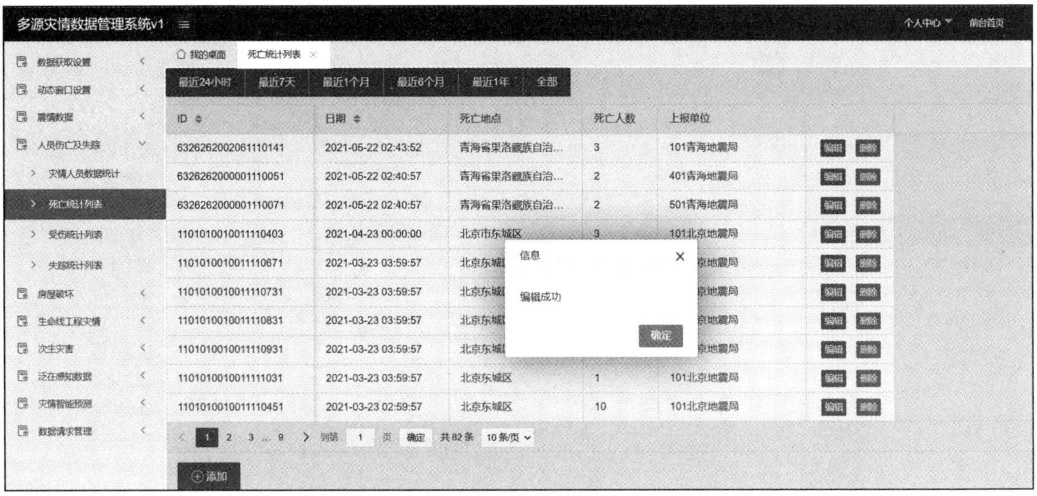

图 8-5　人员伤亡及失踪数据的编辑

图 8-6　人员伤亡及失踪数据的删除

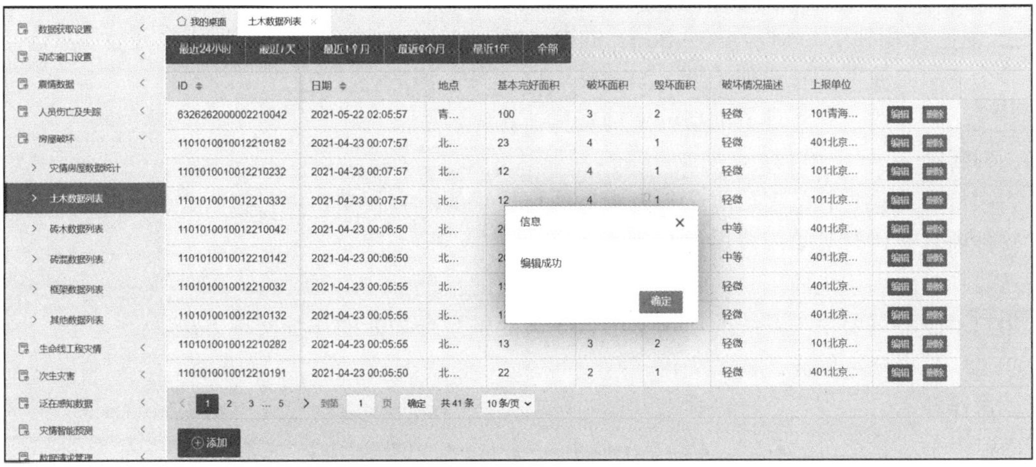

图 8-7　房屋破坏土木数据的编辑

图 8-8 房屋破坏土木数据的删除

8.9 小结

本章讲述了产品交付需要完成的任务——安装部署、验收测试、交付产品和培训，介绍了 CI/CD。交付产品的同时要交付相应的手册，包括用户手册、系统管理员手册等。在产品交付时，可以有一个产品交付说明书，双方在产品交付说明书上签字以说明产品交付结束。

8.10 练习题

一、填空题

1. 产品交付需要完成的主要任务是_____和_____。

2. _____是项目移交的前提，移交时，项目移交方和项目接收方将在项目移交报告上签字，形成项目移交报告。

3. _____是交付使用前的最后一次检查，也是软件投入运行之前保证可维护性的最后机会。

4. _____是由独立于软件开发者和用户的第三方所进行的测试，旨在对被测软件进行质量认证。

5. 一个产品的使用者有两种类型：一种是用户，另一种是_____。

6. _____是为系统管理员准备的文档资料。

二、判断题

1. 当项目通过验收后，项目团队不需要将项目成果的所有权交给项目接收方。（　　　）

2. 软件项目交付时要给用户提供必要的文档。（　　　）

3. 需要针对使用系统的用户的特殊要求进行不同的培训。（　　　）

4. 用户手册不仅要提供系统的使用方法，还需提供系统功能的详细实现方法。（　　　）

5. CI/CD 是指持续集成，持续交付，持续部署。（　　　）

三、选择题

下面哪一个不是交付过程的文档？（　　　）

    A. 验收测试报告   B. 用户手册   C. 系统管理员手册   D. 开发合同

第9章

软件项目的维护

前面探讨了构建软件系统的过程，软件系统的生命周期并没有随着产品的交付而结束。产品交付之后，系统进入运行和维护阶段。系统在使用过程中还存在很多的变化，所以，我们就面临着系统维护的现实。下面就进入路线图的第七站——维护，如图9-1所示。

图9-1　路线图——维护

9.1　软件项目维护概述

软件开发工作的结果是交付满足用户需求的软件产品。软件一旦投入运行，随着运行环境的变化以及用户新需求的出现，软件产品也需要随之变更或演化。在软件生命周期中，维护阶段从保修期或软件交付开始，但维护活动则出现得更早。软件维护（Software Maintenance）是以成本有效的方式为软件提供的全部支持性活动，这些活动在软件交付之前或交付之后进行。交付之前的活动包括为交付软件之后的运行和维护所做的计划，以及为各类变化所做的后勤支持方案。交付后的活动包括软件修改、用户培训、给用户提供技术支持。

当一个系统在实际环境中投入使用并可以进行正常操作后，我们就说系统开发完成了，以后对系统变更所做的任何工作都称为维护。维护工作是为了保证软件系统在一个相当长的时间内正常运行而做的工作。软件的维护与硬件的维护不同，硬件的维护更多是维修、预防器件的磨损，而软件维护更多是变更部分与原来系统的整合。开发的系统通常是不断进化的，也就是说在系统的生命周期内系统的特性是不断变化的。软件系统发生变更不仅仅是因为客户变换了工作方式等，还有系统本身的原因。现实世界包含很多不确定因素，还有很多我们不太理解的概念，而且软件系统的现实需求也是不断变化的。

维护的时候，一方面要了解原来开发的产品是否让用户和系统管理员用起来满意；另一方面，由于需求的变更、系统的变更、软硬件以及接口的变更等，还要预测可能引入的错误。维护的范围很广，需要更多的跟踪和控制。

9.1.1 软件维护活动

IEEE 对软件维护的定义是：软件维护是在交付之后修改软件系统或者其部件的活动过程，以修正缺陷、提高性能或者其他属性、适应变化的环境。IEEE 14764 中的维护过程活动如图 9-2 所示，具体包括以下几部分内容。

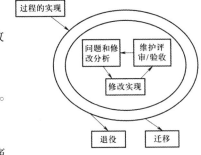

- 过程的实现：完成维护的各项活动。
- 问题和修改分析：分析造成问题的原因，以及修改后可能产生的影响。
- 修改实现：完成维护过程中的编程和测试。
- 维护评审 / 验收：对完成修改的产品进行质量评估。
- 迁移：将软件从一个平台移植到另一个平台。
- 退役：结束软件的使用。

图 9-2 软件维护过程活动示意图

软件工程有时候和养孩子类似：虽然生育的过程是痛苦和艰难的，但是把孩子养育成人的过程才是真正需要花费绝大部分精力的地方。一个软件系统 40%～90% 的花销其实是在开发建设完成之后不断维护过程中的花销。

项目生命周期中，用于设计和构建软件系统的时间精力通常少于系统上线之后用于维护和管理的精力。为了更好地维护系统可靠运行，需要考虑两种类型的角色：

- 专注于设计和构建软件系统；
- 专注于整个软件系统生命周期管理，包括从设计到部署经过不断改进，最后顺利下线。

第一类角色对应产品 / 基础技术研发，第二类角色对应 SRE（Site Reliability Engineering），二者的共同目标均是为了达成项目目标，协同为业务提供良好的服务。

最早对 SRE 的讨论来源于图书 *Site Reliability Engineering: How Google Runs Production Systems*。由 Google SRE 关键成员分享他们如何对软件进行生命周期的整体性关注，以及这样做为什么能够帮助 Google 成功地构建、部署、监控和运维世界上现存最大的软件系统。在此书中，对 SRE 日常工作状态有准确的描述：至多 50% 的时间精力处理操作相关事宜，50% 以上的精力通过软件工程保障基础设施的稳定性和可扩展性。

9.1.2 软件可维护性

软件的可维护性是软件设计的一个原则，IEEE 14764 将可维护性定义为软件产品可被修改的能力。修改可以包括纠错、改进、软件对环境的变化的适应、软件对需求和功能说明的变化的适应。软件的可维护性对于延长软件的生存期具有很重要的意义，因此，如何提高软件的可维护性是值得研究的课题。可维护性、可使用性、可靠性是衡量软件质量的几个主要质量特性，其中软件的可维护性是软件各个开发阶段的关键目标。一般来说，度量一个程序的可维护性可以考虑如下 7 个特性。

- **可理解性**。可理解性表明人们通过阅读源代码和相关文档，了解程序功能及其如何运行的容易程度，一个可以理解的程序应该具备的特征主要包括模块化、风格一致性、使用有意义的数据名和过程名、结构化、完整性等。
- **可靠性**。可靠性表明一个程序按照用户的要求和设计目标，在给定的时间和条件下正确执行的质量特性。度量的标准有平均失效间隔时间、平均修复时间、有效性等。

- **可测试性**。可测试性表明验证程序正确性的容易程度，程序越简单，说明其正确性越容易。设计合适的测试用例取决于对程序的全面理解，因此，一个可测试的程序应当是可以理解的、可靠的、简单的。
- **可修改性**。可修改性表明程序容易修改的程度，一个可修改的程序应当是可理解的、通用的、灵活的、简单的。
- **可移植性**。可移植性表明程序转移到一个新的计算环境中可能性的大小，或者它表明程序可以容易地、有效地在各种各样的计算环境中运行的容易程度。一个可移植的程序应该具有结构良好、灵活、不依赖于某一具体计算机或者操作系统的性能。
- **效率**。效率表明一个程序能够执行预定功能而又不浪费机器资源的程度，这些机器资源包括内存容量、外存容量、通道容量和执行时间。
- **可使用性**。从用户观点出发，将可使用性定义为程序方便、实用及易于使用的程度。一个可使用的程序应是易于使用的，允许用户出错和改变，并尽可能不使用户陷入混乱状态。

9.2　持续运维

当 DevOps 的概念逐渐被了解后，大家就一直在致力于实现持续交付，让需求能快速通过开发和测试，并能快速发布上线，真正做到持续交付，其实交付的不仅仅是产品功能，也是交付客户的价值。要想达到持续交付的过程，需要打通开发、运维之间的隔离墙，这正是 DevOps 的核心，即开发（Dev）和运维（Ops）同时敏捷起来，需要持续集成（CI）、持续测试（CT）、持续部署（CD）、持续运维（CO）。持续运维包括三个层次，即持续部署、持续运行和持续反馈与改进，如图 9-3 所示。

1. 持续部署

持续部署是完成从交付（Deliver）到部署（Deploy）的持续过程，通过配置管理实现整个过程标准化、清晰化和上线过程轻量化的快速部署；通过安全管理机制实现代码安全、过程安全、环境安全；通过变更管理实现变更流程化、自动化、可视化。

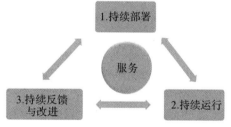

图 9-3　持续运维的层次

2. 持续运行

持续运行可保持系统持续稳定、健康运行，例如通过监控系统运行，收集、存储、查询、分析系统日志，巡检服务逻辑，关注预防和警告管理等手段来维持系统的持续运行。

3. 持续反馈与改进

通过不断跟踪指标、日志等信息进行持续反馈，优化和改进系统，保持系统的良性运行。

9.3　软件项目维护的类型

软件项目维护活动类似于开发过程，包括需求分析、评估系统、程序设计、编写代码、代码评审、测试变更、修改文档等，所以维护时也需要分析人员、编程人员和设计人员等角色。维护的时候需要关注系统改进过程中的四个方面：

- 系统功能是可控的；
- 系统修改是可控的；
- 保证没有改变原有功能的正确性；
- 预防系统的性能出现不可接受的情况。

软件维护的类型主要包括纠错性维护、适应性维护、完善性维护和预防性维护。

9.3.1　纠错性维护

在软件交付使用后，总会有一些隐藏的错误被带到运行阶段，这些隐藏的错误在某些特定的使用环境下会暴露出来。为了识别和纠正软件错误、改正软件性能上的缺陷、排除实施中的误使用，应对错误进行诊断和改正，这种维护叫作纠错性维护。

出现错误的情况时，一定要尽快完成纠错性维护。当发生错误的时候，项目人员先确定错误的原因，然后确定纠错方案，并且对需求、设计、代码、测试用例、文档等做必要的变更。最初的修补通常只是一个暂时的方案，一般是为了保持系统的正常运行，但不是最好的方案，以后要针对这种情况做更多的修正工作。

9.3.2　适应性维护

随着计算机的飞速发展，外部环境或数据环境可能发生变化，为了使软件适应这种变化，应修改软件，这种维护叫作适应性维护。

有时系统中一部分的变更可能会引起其他部分的变更，适应性维护就是针对这种变更情况进行的。例如，一个大型硬件和软件系统中原来有一个数据库管理系统，这个数据库升级版本后，原来的磁盘访问例程需要额外的参数，为了适应这种变化，需要增加参数，这种维护不是修改错误，而仅仅是让系统适应新的变化。

9.3.3　完善性维护

在软件的使用过程中，用户往往会对软件提出新的功能要求。为了满足这些要求，需要修改或再开发软件，以扩充软件功能、增强软件性能、改进加工效率、提高软件的可维护性，这种维护叫作完善性维护。

完善性维护是指通过检查需求、设计、代码和测试等试着完善系统。例如，增加一个系统功能时，可能需要重新修改设计以适应将来新增功能的要求。完善性维护主要是为了改善系统的某一方面而进行的变更，这种变更不一定是因为出现错误而进行的。

9.3.4　预防性维护

与完善性维护类似的是预防性维护，它是为了预防错误而对系统的某些方面进行的变更。例如，在程序中增加类型的检测、错误控制的完善等。预防性维护用于提高软件的可维护性、可靠性等，为以后进一步改进软件打下良好基础。

在软件维护阶段的整个工作量中，预防性维护工作量所占的比例很少，而完善性维护的工作量比较大。这是因为在软件的运行过程中，需要不断对软件进行修改完善，更正新发现的错误，适应新的环境并满足新的用户需求，而且在修改过程中可能会引入新的错误，这就需要大量的完善性维护。

9.4　软件运维指标

软件运维监控过程中的主要度量指标如下。

1. SLO（Service Level Objectives）

服务等级指标 SLI（Service Level Indicator）是衡量服务健康状况的指标。SLO 是指服务等级的目标值或范围值，由一个或多个服务等级指标 SLI 组成。

SLO 提供了一种形式化的方式来描述、衡量和监控微服务应用程序的性能、质量和可靠性。SLO 为应用开发和平台团队、运维团队提供了一个共享的质量基准，可作为衡量服务水平质量以及持续改进的参考。使用 SLI 组合定义的 SLO 能够帮助团队以更精确的方式描述服务健康状况。SLO 示例如下：

- 每分钟平均 QPS 大于 100 k/s；
- 99% 访问延迟小于 500 ms；
- 99% 每分钟带宽大于 200 MB/s。

2. 事中处置

包括故障发现、故障定位和故障恢复，用 MTTR（Mean Time To Repair，平均修复时间）指标度量，如图 9-4 所示。

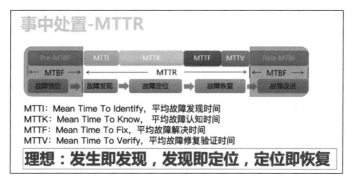

图 9-4　事中处置 -MTTR

故障度量的前提是拥有可靠的数据。要在设备故障中进行数据支持的改进，关键是要收集正确的数据并使数据准确。先进的故障统计需要大量有意义的数据，必须收集故障维护工时、故障次数、运行时间（例如：根据每周总预期运行小时数 − 总设备停机时间计算）的输入作为故障维护历史的一部分。尽管记录每次的故障维护数据可能很乏味，但这是改进操作的重要部分。图 9-5 展示了 MTTR 和 MTBF 的计算示例。

要计算 MTTR，就是将总维护时间除以给定时间段内维护操作的总数。例如，一个水泵在一个工作日内出现三次故障，修复故障所花费的总时间是 1h，在这种情况下，MTTR 将为 1h/3 = 20min。

3. MTTR

平均恢复时间（Mean Time To Recovery，MTTR）是指从首次发现故障点到恢复运行点之间的时间。因此，除了维修时间、测试周期和恢复正常工作状态外，我们还要捕获故障通知时间和诊断时间，如图 9-6 所示。

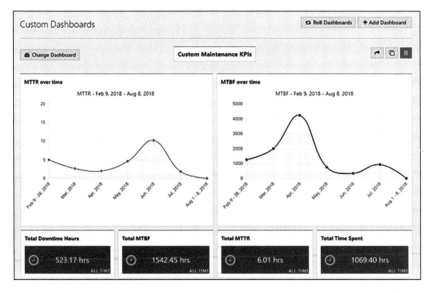

图 9-5　MTTR 和 MTBF 的计算示例

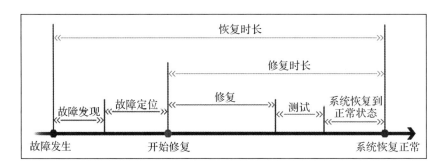

图 9-6　平均恢复时间

4. MTBF

平均无故障时间 (Mean Time Between Failures，MTBF) 是指在正常运行过程中，系统从一个故障到下一个故障之间经过的预期时间。简单地说，MTBF 可以帮助您预测系统在下一次计划外故障发生之前可以运行多长时间。对在某个时刻发生故障的预期（预测）是 MTBF 的重要部分。MTBF 用于未预见故障，但不考虑因例行定期维护或例行预防性升级而停机的服务。更确切地说，它捕获了由于设计条件导致的故障，这些设计条件使得在修复系统之前必须使系统停止运行。因此，MTTR 衡量可用性，MTBF 衡量可用性和可靠性。MTBF 的值越高，系统在发生故障前运行的时间就越长。

从数学上讲，从一个故障到下一个故障的时间间隔可以用运行时间之和除以故障次数来计算，即 MTBF = 总的运行时间 / 总的失败次数。

看一下 MTTR 中提到的水泵的例子。在 10h 的预期运行时间之外，它运行了 9h，并且三次故障消耗了一小时的时长。因此，MTBF=9h/3=3h。

从上面的例子可以看出，MTBF 的计算中不包括恢复时间。除了前面提到的设计条件外，其他常见因素往往会也影响现场系统的平均无故障时间。其中一个主要因素是人与人之间的互动。例如，MTBF 值比较低，可能说明运营商处理不当，也可能表示工程师工作执行不力。

平均无故障时间（MTBF）是可靠性工程中的一个重要标志，它起源于航空工业，在航空工业中，飞机故障会导致人员死亡。对于飞机、安全设备和发电机等关键资产，平均无故障时间是衡量其预期性能的重要指标。因此，制造商将它作为一个可量化的可靠性指标，并在许多产品的设计和生产阶段将它作为一个必不可少的工具。它现在常用于机械和电子系统设计、工厂安全操作、产品采购等。即使是购买某个特定品牌的汽车或计算机这样的日常决定，也会因为购买者渴望购买具有更高 MTBF 的产品而受到影响。

虽然 MTBF 不考虑计划性维护，但它仍然可以用于计算预防性更换的检查频率。如果已知某项资产在下一次故障前可能会运行一定的小时数，那么引入诸如润滑或重新校准之类的预防措施有助于将故障降至最低，并延长资产的正常运行时间。

5. MTTF

平均失效时间（MTTF）是衡量不可修复系统的可靠性的一个非常基本的指标，它表示一个系统预计持续运行直到失败的时长。MTTF 是我们通常所说的任何产品或设备的寿命，如图 9-7 所示。

图 9-7 运行周期

在制造业中，MTTF 是评价产品可靠性的常用指标之一。MTTF 和 MTBF 在定义上有一定的相似性，但两者不同的是：MTBF 仅用于可恢复系统时，MTTF 用于不可修复设备时。

当使用 MTTF 作为故障度量时，那对资产进行修复就不是一个好的选择了，只能更换。

MTTF 的计算方法是总运行小时数除以被跟踪的项目总数，即 MTTF=N 个设备正常运行的总时间 / 设备的总个数 N。

假设我们测试了三个相同的水泵，并且每个水泵都运行到发生一次故障。第一个水泵在 8h 后出现故障，第二个水泵在 10h 后出现故障，第三个水泵在 12h 后出现故障。

那么，它的 MTTF 为（8h+10h+12h）/3=10h。

由此得出结论：这种特殊类型和型号的泵平均每 10h 需要更换一次。提高 MTTF 的唯一可靠方法是寻找由更耐用的材料制成的更高质量的产品。

MTTF 是用于估计不可修复产品寿命的一个重要指标，这些产品的常见例子包括汽车的风扇皮带以及家和办公室的灯泡。

MTTF 对于可靠性工程师来说尤其重要，因为他们需要估计一个组件作为更大的设备的一部分可以使用多长时间。当整个业务流程对相关设备的故障非常敏感时，尤其如此。在这种情况下，MTTF 成为设备可靠性的主要指标，旨在最大限度地延长资产寿命。更短的 MTTF 意味着更频繁的停机和中断。

随着软件产品的广泛应用和需求的不断变化，软件维护成本也越来越高，逐渐超出开发成本。因此，软件项目的成功不仅仅是开发的成功，更是维护工作的成功，只有降低维护成本，才能降低整个软件工程的成本，软件维护的高代价性主要来自维护的困难性。

维护的困难性主要体现在对程序理解的困难，以及维护相关性的分析。对程序理解的困难体现在维护人员不是程序的编写人员，维护人员需要理解和掌握编写人员的逻辑和思路，另外，很多项目的文档不全面或者没有及时更新，维护人员无法获得足够的帮助。

维护相关性的分析更重要，每个软件功能不是独立实现的，每个功能的代码与其他功能代码之间有很多复杂的关系。维护一部分代码，也一定会影响其他部分的代码。

对于软件的可维护性，有一种简单的面向时间的度量，叫作平均变更等待时间（Mean Time To Change，MTTC）。这个时间包括开始分析变更要求、设计合适的修改、实现变更并测试它以及把这种变更发送给所有用户所需要的时间。

总之，在软件设计、开发阶段考虑到软件的可维护性，才能设计和开发出可维护性好的软件系统。

9.5 软件项目维护过程

软件项目维护的基本流程如图 9-8 所示。首先填写维护需求申请，然后确认维护需求，这需要维护人员与用户多次协商，确定维护类型，根据维护类型进行维护，在维护过程中提交维护记录，最后根据维护记录进行维护评价。

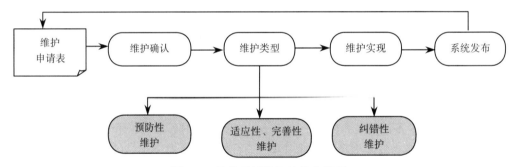

图 9-8　软件项目维护的基本流程

1）填写维护申请表记录用户的维护需求。

2）对用户的维护需求进行确认，指定产品维护管理者。产品维护管理者负责组织有关人员对用户的维护需求进行确认；对于确认过程中出现的问题，负责与用户进行协商。

3）对维护的需求进行分类，并确定响应策略。维护需求和响应策略一般有如下几种：

- 预防性维护和适应性维护，按优先级排列；
- 完善性维护，或按优先级排列，或拒绝；
- 纠错性维护，根据错误严重程度进行优先级排列。

4）按照维护策略进行软件维护，记录软件维护过程。

5）对维护工作进行评价。

9.5.1　维护申请

软件维护申请应该按照规定的方式提出，基本遵循变更控制系统的流程。由申请维护的用户提出，如果维护申请是纠错性维护，应该说明错误的基本情况；如果维护申请是适应性或者完善性维护，用户需要提交一份修改说明书，列出所有希望的修改。表 9-1 就是一个维护申请表。

　　根据用户的维护申请，软件维护组织应该提交一个软件维护报告，说明维护的内容、维护的类型、优先级别、所需要的工作量和预计修改后的结果。这个修改报告经过审批后，才可以进行维护。

9.5.2　维护实现

　　事实上，软件维护是软件工程的循环应用，只是不同类型的维护，任务的重点不同。无论哪种类型的维护，基本都需要进行如下工作：修改设计、设计评审、修改代码、单元测试、集成测试、回归测试、验收测试等。

表 9-1　维护申请表

软件维护申请表			
软件名称		维护软件部分	
申请人		申请日期	
维护内容			
维护补充材料			
维护负责人		维护类型	
审批人			
审批日期		维护结束日期	
维护检查人			

　　为了估计维护的有效程度，确定维护的产品质量，也为了更好地估算维护的工作量，需要在软件维护过程中增加维护记录，详细记录维护过程中的各种数据，如源程序行数、编程语言、安装日期、程序修改标识、增加和删除的代码行数、维护工时、日期、维修人员、维修类型等。

9.5.3　维护产品发布

　　维护后的软件产品版本升级，需要重新安装发布。升级后的软件版本应该纳入版本管理，并保存维护、设计记录。类似于产品提交过程，维护后的软件产品在用户现场安装，进行验收测试，确认测试，同时提交必要的使用手册等材料，对用户进行必要的培训，让用户签字认可。

9.6　软件再工程过程

　　预防性维护也称为软件再工程，典型的软件再工程过程模型如图 9-9 所示，它定义了6 类活动。在某些情况下，这些活动可以按照图 9-9 中的次序有序进行，但也不总是这样。图 9-9 中的软件再工程范型是一个循环模型，这意味着作为该范型组成部分的每一个活动都可能重复进行，而且对于某个特定的循环来说，可以在完成任意一个活动之后终止。

1. 库存目录分析

　　每个软件组织都应该保存所有应用的库存目录，以便为再工程工作的候选对象分配资源。这个目录应该定期整理修订。应用的状况可随时间变化，其结果使再工程的优先级发生变化。

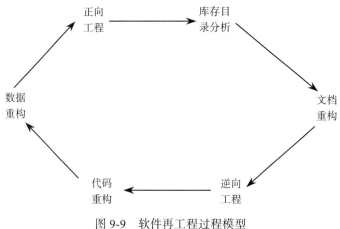

图 9-9 软件再工程过程模型

对软件的每个应用系统都进行预防性维护是不现实的，也是不必要的。预防性维护的对象通常为：

- 将在今后数年内继续使用的程序；
- 当前正在成功使用的程序；
- 近来可能要做较大修改的程序。

2. 文档重构

缺少文档是很多遗留系统共同存在的问题。建立文档是很耗时的，可以分三种情况处理：

- 如果系统可以正常稳定运行，则保持现状，可以不为它建立文档；
- 仅对系统当前正在进行改变的部分程序建立完整的文档，然后再逐步建立完整的文档；
- 某个维护很重要，需要重新建立文档，此时应该本着最小工作量的原则建立文档。

3. 逆向工程

逆向工程是一个对已有系统进行分析的过程，通过分析识别出系统中的模块、组件以及它们之间的关系，并以另外一种形式或在更高的抽象层次上创建出系统表示。软件的逆向工程是分析程序以便在比源代码更高的抽象层次上创建出程序的过程，即逆向工程是一个恢复设计结果的过程。

4. 代码重构

代码重构的目标是设计出具有相同功能但是比原程序质量更高的程序，一般来说，代码重构不修改程序的体系结构，只是关注各个模块的设计细节以及在模块中定义的局部数据结构。如果重构扩展到模块边界之外并涉及软件体系结构，则重构变为了逆向工程。

5. 数据重构

数据重构对数据定义、文件描述、I/O 以及接口描述的程序语句进行评估，目的是抽取数据项和对象，获取关于数据流的信息，并理解现有实现的数据结构。数据重构是一种全范围的再工程活动。数据结构对程序体系结构以及程序中的算法有很大的影响，因此，对数据的修改必然会导致程序体系结构或者代码层的改变。

6. 正向工程

正向工程也称为更新或者再造。正向工程过程应用现代软件工程的概念、原理、技术和方法，重新开发现有的某个应用系统，所以，经过正向工程后，软件系统不仅增加了新功能，也提高了整体性能。

9.7 软件维护过程文档

适应性维护和完善性维护的过程与产品开发过程基本相同，可参照产品开发过程进行，而且这类维护过程中的很多文档是对需求、总体设计、详细设计、编程、测试等文档的升级。而纠错性维护过程中至少要提交一个维护记录，记录维护日期、维护任务、维护的规模以及维护人员等信息，表 9-2 所示是一个维护记录的例子。

表 9-2 维护记录

产品名称：综合信息管理平台

序号	维护请求日期	问题描述	维护情况	提交日期	维护规模	维护人
1	2010-10-09	UI 整体风格过于暗沉	UI 进行了重新设计，UI 整体风格以蓝色调为基础	2010-10-12	2 人天	××
2	2010-10-13	数据库不支持 SQL Server 2005	数据库支持新增 SQL Server 2005	2010-10-15	3 人天	××
3	2010-10-21	用户操作事件入库能力每秒 200 条，比较慢	用户操作事件入库能力达到每秒 800 条	2010-10-26	5 人天	××
4	2010-10-26	海量事件查询响应时间慢，目前为 10 秒	海量事件查询响应时间小于 5 秒	2010-11-6	5 人天	××
5	2010-11-2	老版本的综合信息管理平台升级后不稳定	提高兼容性，平台稳定	2010-11-12	5 人天	××
6	2010-11-5	各个列表页使用大图标，表格撑开变形	各列表页均使用小图标	2010-11-7	2 人天	××
7	2010-11-21	各个页面脚本语言提示信息风格不统一	统一成在页面显示，不使用弹出窗口	2010-11-28	5 人天	××
8	2010-12-1	平台调试的输出 / 输入语句没有删除，在控制台都可以看见	屏蔽所有输出 / 输入语句	2010-12-1	1 人天	××

9.8 MSHD 项目案例——软件维护过程

项目案例名称： 多源异构灾情管理系统（MSHD）
项目案例文档： 运维监控、数据输入接口的维护方案

9.8.1 运维监控

在项目运行过程中，SRE 角色需要实时监控系统的运行情况，以便及时采取相应的维护措施，修复系统。本项目运行中使用了 weavescope 等工具对 Docker 内的性能进行监控，如图 9-10～图 9-14 所示。

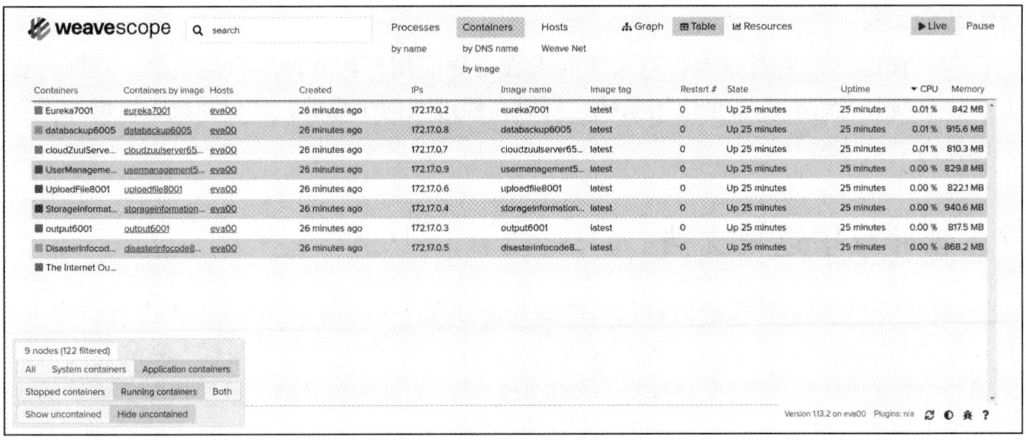

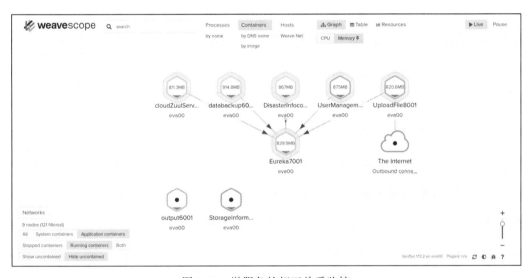

图 9-10 微服务运行情况

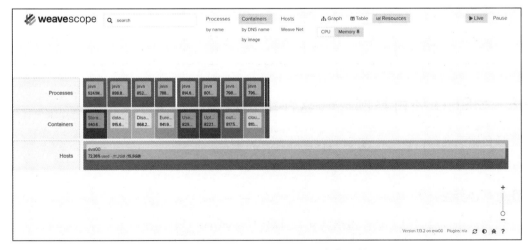

图 9-11 微服务的相互关系监控

图 9-12 不同容器中微服务的内存使用情况

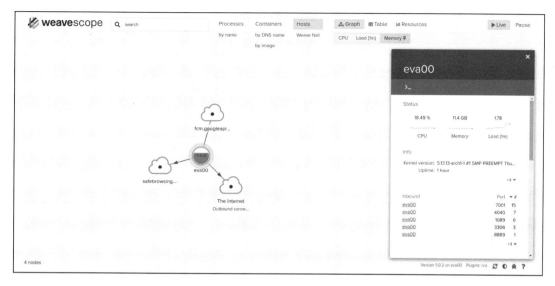

图 9-13　宿主机网络流量情况监控

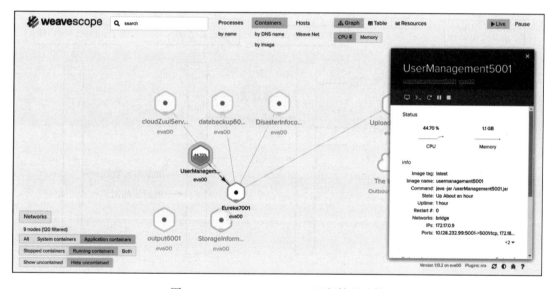

图 9-14　UserManagement 运行情况监控

9.8.2　维护任务

MSHD 项目交付之后，在使用过程中，用户根据使用过程中的问题对数据输入的接口格式提出了维护的需求，如表 9-3 所示。这个维护需求属于维护性请求。

1. 设计方案

在原有概要设计的基础上，增加基于 Excel 数据格式的输入读取的详细设计，如图 9-15 所示。系统导入 Excel 文件需要用户使用 FTP 服务器访问系统，在指定文件夹下存放文件，而后由系统定时读取并编码入库。

表 9-3 维护申请表

软件维护申请表		
软件名称	MSHD	维护软件部分	系统输入接口
申请人	×××	申请日期	2021-10-10
维护内容	随着应用环境的变化和客户对数据格式的不同要求，在原有的输入数据格式的基础上增加Excel数据格式的输入读取		
维护补充材料	见需求的用户故事		
维护负责人	×××	维护类型	适应性维护
审批人	×××		

2. 实现过程

基于 BDD 的用例描述如下。

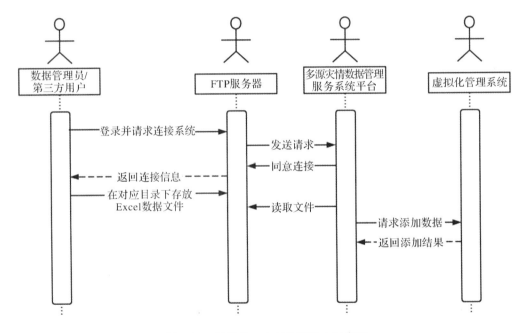

图 9-15 基于 Excel 文件的输入时序图

Given：xls 文件

province	city	country	town	village	category	date
北京市	市辖区	东城区	东华门街道	多福巷社区居委会	基本震情	2021-04-21 10:16:57
北京市	市辖区	西城区	东华门街道	多福巷社区居委会	基本震情	2021-04-19 10:16:57
location	longitude	latitude	depth	magnitude	reportingUnit	picture
北京东城区	116.63	40.16	10	2.3	北京地震局	bj1.jpg
北京东城区	116.63	40.16	10	2.3	北京地震局	bj1.jpg

When：读取数据

Then：数据库添加

1101010000000202104211016 57	2021-04-21 10:16:57	北京东城区	116.63	40.16	10	2.3	501北京地震局
1101020000000202104191016 57	2021-04-19 10:16:57	北京东城区	116.63	40.16	10	2.3	501北京地震局

系统实现结果如下：成功导入 Excel 文件，维护任务完成。

C:/Users/57168/Desktop/testdata\20210907\123.xls下载成功!
[{"date":"2021-04-21 10:16:57","country":"东城区","town":"东华门街道","city":"市辖区","latitude":40.16,"picture":"bj1.jpg","depth":10,"province":"北京市","location":"北京东城区","magnitude":2.3,"village":"多福巷社区居委会","category":"基本震情","reportingUnit":"北京地震局","longitude":116.63},{"date":"2021-04-19 10:16:57","country":"西城区","town":"东华门街道","city":"市辖区","latitude":40.16,"picture":"bj1.jpg","depth":10,"province":"北京市","location":"北京东城区","magnitude":2.3,"village":"多福巷社区居委会","category":"基本震情","reportingUnit":"北京地震局","longitude":116.63}]

9.9　小结

本章讲述软件项目维护的主要内容，包括维护的定义、维护的类型和维护过程中需要完成的任务，以及维护过程的性能指标。

9.10　练习题

一、填空题

1. 当一个系统已经在实际环境中投入使用，可以进行正常的操作时，我们就说系统开发完成了，以后对系统变更所做的任何工作，称为_____。

2. 软件的可维护性是指纠正软件系统出现的_____以满足新的要求而进行修改、扩充或压缩的容易程度。

3. 一个可移植的程序应该具有结构良好、灵活、_____的性能。

4. 软件维护的类型主要包括_____、适应性维护、完善性维护和预防性维护等。

5. 预防性维护也称为_____。

6. 软件的逆向工程是一个恢复_____的过程。

7. 如果软件是可测试的、可理解的、可修改的、可移植的、可靠的、有效的、可用的，则软件一定是可_____的。

二、判断题

1. 可维护性、可使用性、可靠性是衡量软件质量的几个主要质量特性，其中软件的可使用性是软件各个开发阶段的关键目标。（　　）

2. 可理解性表明人们通过阅读源代码和相关文档，了解程序功能及其如何运行的容易程度。（　　）

3. 可测试性表明验证程序正确性的容易程度，程序越简单，验证其正确性越容易。（　　）

4. 适应性维护是针对系统在运行过程中暴露的缺陷和错误而进行的，主要是修改错误。（　　）

5. 完善性维护主要是为了改善系统的某一个方面而进行的变更，可能这种变更是因为出现错误而进行的变更。（　　）

三、选择题

1. 度量软件的可维护性可以包括很多方面，下列（　　）不在措施之列。

    A. 程序的无错误性　　　　B. 可靠性　　　　　　C. 可移植性　　　　　　D. 可理解性

2. 软件按照设计的要求，在规定时间和条件下达到不出故障、持续运行要求的质量特性称为（　　）。

    A. 可靠性　　　　　　B. 可用性　　　　　　C. 正确性　　　　　　　D. 完整性

3. 为适应软件运行环境的变化而修改软件的活动称为（　　）。

    A. 纠错性维护　　　　B. 适应性维护　　　　C. 完善性维护　　　　　D. 预防性维护

4. 在软件生存期的维护阶段，继续诊断和修正错误的过程称为（　　）。

    A. 完善性维护　　　　B. 适应性维护　　　　C. 预防性维护　　　　　D. 纠错性维护

5. 软件维护是软件生命周期中的固有阶段，一般认为，各种不同的软件维护中以（　　）维护所占的维护量最小。

    A. 纠错性维护　　　　B. 代码维护　　　　　C. 预防性维护　　　　　D. 文档维护

6. 对于软件的（　　），有一种简单的面向时间的度量，叫作平均变更等待时间（Mean Time To Change，MTTC）。这个时间包括开始分析变更要求、设计合适的修改、实现变更并测试它以及把这种变更发送给所有的用户所需的时间。

    A. 可靠性　　　　　　B. 可修改性　　　　　C. 可测试性　　　　　　D. 可维护性

7. 产生软件维护的副作用，是指（　　）。

    A. 开发时的错误　　　　　　　　　　B. 隐含的错误

    C. 因修改软件而造成的错误　　　　　D. 运行时误操作

8. 下面哪一项不是持续运维包括的三个层次？（　　）

    A. 持续测试　　　　　　　　　　　　B. 持续部署

    C. 持续运行　　　　　　　　　　　　D. 持续反馈与改进

附录 1　软件工程相关文档

　　文档在软件工程中是不可或缺的，是软件产品的一部分，没有文档的软件就不能称其为软件。软件文档的编制在软件开发工作中占有突出的地位和相当大的工作量。高质量和高效的开发、分发、管理和维护文档对于转让、变更、修正、扩充和使用文档，对于充分发挥软件产品的效益有着重要的意义。本书路线图的每个章节项目案例中都用相应的文档输出，本书也给出了相应的文档模板，这些文档对整个项目的实施、理解、维护都有重要作用，是软件项目的组成部分。同时贯穿全书的项目案例（MSHD 项目）也根据文档模板给出了项目的如下文档：

- 软件需求规格
- 软件概要设计说明书
- 软件详细设计说明书
- 代码规格说明书
- 软件测试设计
- 软件测试报告
- 系统部署手册
- 用户使用手册

　　为了统一软件工程实践环节的输出，我们在设计需求分析、概要设计、详细设计、代码编写和测试报告模板的同时，也建设了软件工程文档自动化平台，利用该平台（通过必要的输入）可以生成相应的软件需求分析规格、软件概要设计说明书、软件详细设计说明书、软件代码框架、软件测试报告的文档。该平台可以方便学生进行需求分析、概要设计、详细设计、代码编写和测试的规划，智能化辅助学生进行阶段性结果输出，实现软件工程流水线的理念。

　　这个软件工程文档自动化平台可以根据项目实践要求进行灵活的设置，快速生成协同一致的项目文档，方便标准化管理。平台的输入可以是文件，也可以是界面文本录入或语音录入等。根据系统设定的文档模板模式，生成相应文档，并可以导出文档。例如，图 A、图 B、图 C 是第 4 章 MSHD 项目案例的软件需求分析规格说明书的生成过程，其模板选择了 User Story 模式的需求规格文档模板（图 A），通过必要的项目信息输入（Excel 文件或者系统界面录入，如图 B 所示），生成需求规格文档结果（图 C）。

图 A　需求规格文档模板（User Story 模式）

a）文件输入

图 B

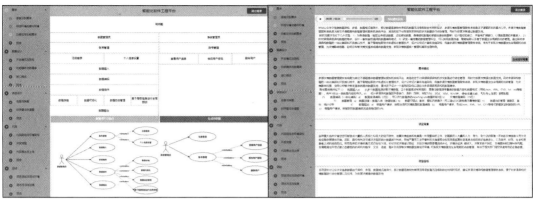

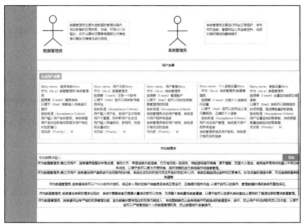

b）界面输入

图 B （续）

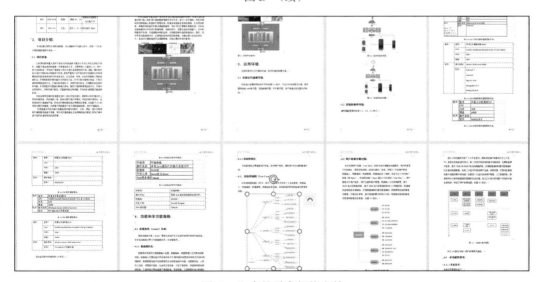

图 C 生成的需求规格文档

同理，利用该软件工程文档自动化平台也可以生成软件概要设计、软件详细设计、软件测试报告等文档。通过该自动化平台的协助不但可以高效完成软件工程实践成果的输出，也方便了（课程实践）项目的统一化和标准化管理。

附录 2 课程思政案例

党的二十大报告提出，要全面贯彻党的教育方针，落实立德树人根本任务，培养德智体美劳全面发展的社会主义建设者和接班人。这是教育工作的根本方向，是教育教学工作的出发点和落脚点。另外，党的二十大报告强调"不忘初心、牢记使命"的主题教育。习近平总书记强调，要把立德树人的成效作为检验学校一切工作的根本标准，真正做到以文化人、以德育人，不断提高学生思想水平、政治觉悟、道德品质、文化素养，做到明大德、守公德、严私德。要把立德树人内化到大学建设和管理各领域、各方面、各环节，做到以树人为核心，以立德为根本。

本书用路线图讲述了通过需求分析、概要设计、详细设计、编程、测试、交付、运维各个阶段才可以完成一个软件工程项目。首先我们要保证走在正确的道路上，然后才可能成功完成项目。

这里借用传统文化经典——《道德经》的原理，只有"重为轻根""知其白，守其黑"，才能开启"众妙之门"。对于软件项目，在开发过程中要抓住根本，这个根本就是用户需求（想法），即"初心"。在软件开发过程中要守住根本（守其黑），即不忘初心，努力执行任务，"生之、畜之"，积累足够的"玄德"，"重积德则无不克"，最后才可以成功完成软件项目。因此，通过守住根本，不忘初心，"重积德"，则"无不克"。

这里，通过将传统文化融入课程路线图，实现了"以文化人、以德育人"。借此，可以体会本书通过立德树人，培养社会主义建设者和接班人的理念。

参 考 文 献

[1] 韩万江，姜立新.软件工程案例教程：软件项目开发实践 [M]. 3 版.北京：机械工业出版社，2017.

[2] 萨默维尔.软件工程：第 10 版 [M].彭鑫，赵文耕，译.北京：机械工业出版社，2018.

[3] 福特，帕森斯，柯.演进式架构 [M].周训杰，译.北京：人民邮电出版社，2019.

[4] 马丁.敏捷软件开发：原则、模式与实践 [M].邓辉，译.北京：清华大学出版社，2003.

[5] 马丁.敏捷整洁之道：回归本源 [M].申健，何强，罗涛，译.北京：人民邮电出版社，2020.

[6] 马丁.代码整洁之道 [M].韩磊，译.北京：人民邮电出版社，2020.

[7] 戈尔.软件架构与模式 [M].贾山，译.北京：清华大学出版社，2017.

[8] 埃文斯.领域驱动设计：软件核心复杂性的应对之道 [M].赵俐，盛海艳，刘霞，译.北京：人民邮电出版社，2016.

[9] 塞若，贝茨.Head First Java：第 2 版·中文版 [M].杨遵一，译.北京：中国电力出版社，2007.

[10] 在嵌入式软件开发中实施 SCRUM[EB/OL]. https://blog.csdn.net/dragoncheng/article/details/5480750.

[11] 两张图告诉你：什么是软件工程价值链，又如何做到？[Z/OL]. https://www.sohu.com/a/405465621_711529.

[12] 关于中台的深度思考和尝试 [Z/OL]. https://www.ngui.cc/el/1350244.html?action=onClick.

[13] 阿里彻底拆中台了 [Z/OL]. https://weibo.com/ttarticle/p/show?id=2309404586267324055723.

[14] 效能度量与工程师文化 [Z/OL]. https://www.modb.pro/db/127100.

[15] 2020 年软件测试趋势报道：彻底实现持续测试（上）[Z/OL]. https://blog.csdn.net/software_test010/article/details/120790735.

[16] 谈谈持续集成，持续交付，持续部署之间的区别 [EB/OL]. https://www.jianshu.com/p/2c6ebe34744a.

[17] 教育部高等学校软件工程专业教学指导委员会.C-SWBOOK（软件工程知识体系）[M].北京：高等教育出版社，2018.

[18] Spring AOP 实现原理实例 [EB/OL]. https://blog.csdn.net/qq_43560721/article/details/88799573.

[19] GAMMA E, HELM R, JOHNSON R, et al. Design patterns: elements of reusable object-oriented software[M]. Amsterdam: Addison-Wesley, 1995.

[20] 我建议你了解一点儿 Serverless | IDCF[EB/OL]. https://mp.weixin.qq.com/s/NlfBYUe4axy 1T_8iYK-o4Q.

[21] 年志君 . 关于交付价值的一些思考 [J]. 敏捷家, 2020.

[22] 艾瑞咨询 . 定义软件开发新模式 [R]. 2021 中国企业级无代码开发白皮书, 2021.

[23] 我对 SRE 的理解 [Z/OL].https://blog.csdn.net/weixin_39860915/article/details/112057562.

[24] 拜尔，等 . SRE: Google 运维解密 [M]. 孙宇聪 . 译 . 北京：电子工业出版社, 2016.

[25] K Sierra, B Bates. Head First Java（第 2 版 · 中文版）[M]. 北京：中国电力出版社, 2007.

[26] 韩万江，陈淑文，韩卓言，等 . 基于微服务架构的分布式灾情管理系统设计 [J]. 中国地震, 2021, 37（4）: 806-818.

[27] SWEBOK V3.0. IEEE Computer Society, 2014.

推荐阅读

软件项目管理案例教程（第4版）

作者: 韩万江 姜立新 书号: 978-7-111-62920-7 定价: 69.00元

　　本书综合了多个学科领域，知识结构完整、逻辑清晰，以案例的形式讲述软件项目管理的全过程，在内容组织上注重理论与实践的结合，广受学校老师和学生的好评，是国内普通高校软件项目管理课程的主流教材，四版累计印量超过15万册，被选为普通高等教育"十一五"国家级规划教材，同时也是北京市精品教材。

本书特色

◎ 口碑好：在前3版的基础上修订而成，前3版在实践中得到了广大教师和学生的好评，近百所高校一直在采用，而且反响很好。第4版中吸收了一些教材使用者的意见和建议，新增"项目实践"篇，并完善和增加了敏捷项目管理的内容。

◎ 系统全面：以路线图的方式，系统地讲述从项目初始、项目计划、项目执行控制、项目结束到项目实践的软件项目管理全过程。知识系统全面，逻辑性强，重点突出。

◎ 实践性强：理论与实践相结合，注重知识应用和实际操作技能的介绍，强调对学生实践能力的培养，以项目案例贯穿始终。

◎ 教辅资源丰富: 本书有配套网站，提供了课程教案PPT、在线测试、案例分析、课程视频和一些实践视频等资源。

推荐阅读

嵌入式软件设计（第2版）

作者：康一梅（北京航空航天大学） 书号：978-7-111-70457-7 定价：69.00元

嵌入式软件是我国软件领域"十四五"需要重点发展的关键软件之一，在5G通信、自动驾驶、航空航天等领域有广泛应用。同时，嵌入式软件的开发需要更专业的软件设计，以满足实时性、稳定性、可靠性、扩展性、复用性等方面的要求。本书基于作者多年来从事嵌入式软件设计课程教学与工程研发的经验，力求系统展现当前主流嵌入式软件的分析建模和软件设计方法，培养读者的嵌入式软件设计能力。

嵌入式软件自动化测试

作者：黄松 洪宇 郑长友 朱卫星（陆军工程大学） 书号：978 7-111-71128-5 定价：69.00元

本书由浅入深地解析嵌入式软件自动化测试的特点、方法、流程和工具，通过理论打底、实践巩固、竞赛提升的递进式学习，使读者突破嵌入式软件自动化测试的能力瓶颈。

全书通过简化来自工业界的实践案例，使用Python语言进行测试脚本编写，使读者在实践中掌握自动化测试的基本原理，理解嵌入式软件测试仿真环境，打通读者嵌入式软件测试的软硬件知识鸿沟。